普通高等教育规划教材

化学教学论与案例

HUAXUE
JIAOXUE LUN
YU
ANLI

姜建文　编著

U0205647

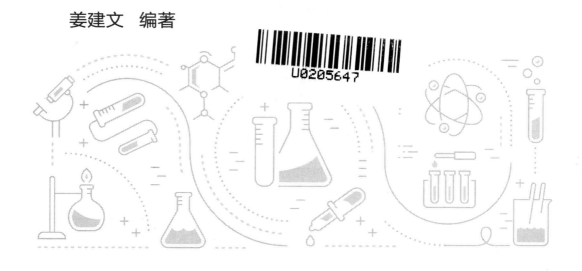

化学工业出版社

·北京·

内 容 简 介

《化学教学论与案例》旨在为化学课程与教学论学习提供鲜活的案例素材。全书共 8 章，主要内容包括绪论、化学课程变革与目标重建、化学教科书与内容建构、化学教与学理论、现代化学教学设计、化学教育测量与评价、化学教学技能、化学教学研究与教师专业发展。每一章都设置有典型案例，每个案例均力图真实再现一线教师在教学系统中的表现，为读者理解化学课程与教学论相关问题提供参考。

本书可作为师范院校学科教学（化学）专业、化学课程与教学论专业研究生以及化学教育专业本科学生相关课程的学习教材，也可作为一线教师、化学教育研究者的参考资料。

图书在版编目（CIP）数据

化学教学论与案例/姜建文编著. —北京：化学
工业出版社，2021.11
ISBN 978-7-122-39677-8

Ⅰ. ①化⋯ Ⅱ. ①姜⋯ Ⅲ. ①化学教学–教学研究–
高等学校–教材 Ⅳ. ①O6

中国版本图书馆 CIP 数据核字（2021）第 157086 号

责任编辑：旷英姿	文字编辑：陈　雨
责任校对：宋　夏	装帧设计：王晓宇

出版发行：化学工业出版社（北京市东城区青年湖南街 13 号　邮政编码 100011）
印　　装：三河市延风印装有限公司
787mm×1092mm　1/16　印张 18¼　字数 434 千字　2021 年 11 月北京第 1 版第 1 次印刷

购书咨询：010-64518888　　　　　　　　　售后服务：010-64518899
网　　址：http://www.cip.com.cn
凡购买本书，如有缺损质量问题，本社销售中心负责调换。

定　　价：55.00 元

本书为江西省研究生教学改革课题"专业学位研究生核心课程教学案例库建设"成果。

案例教学（case-based instruction）是由美国哈佛法学院前院长朗代尔（C.C.Langdell）于1870年首创，后经哈佛企管研究所所长郑汉姆（W.B.Doham）推广，并从美国迅速传播到世界许多地方，被认为是代表未来教育方向的一种成功教育方法。20世纪80年代，案例教学引入我国。

尽管案例教学最早用于医学教学，但今天用于教师教育是一种自然的选择，培养具有较强的专业能力和职业素养的高层次应用型人才，更应该大力提倡案例教学。为进一步推动教育专业学位教学案例开发与案例教学工作，鼓励各培养单位积极开发高质量的教学案例，实现教学案例的共建共享，全国教育专业学位研究生教育指导委员会（简称"教指委"）还专门组织开展全国教育专业学位教学案例征集工作。正是在这样的背景下，我们投入了较多的精力来参与这一工作。面对轰轰烈烈的课程改革，生动活泼的课堂教学，我们急于改革我们的教学方式，使用鲜活的案例开展教学迫在眉睫，我们愿做出一些尝试，目的在于抛砖引玉。

本书收集的案例是我们有意识针对化学课程与教学论研究的基本问题而开发的，因而有一定的逻辑性，也自成体系。但由于篇幅所限，我们无法面面俱到，选取的有些案例放的章节也未必合适，或案例本身质量不高，我们只想原原本本呈现团队对这项工作的探索。

本书在设计上具有以下特点：

（1）案例自成体系　案例本身是一类事件，是一个包含着问题的事件，是真实而又具有教育意义的典型事件。而我们这些案例共同构成一个体系，这个体系试图去回答化学课程与教学论涉及的基本问题。

（2）案例素材新颖　素材决定了案例的性质，也反映了它能否回答当下面对的问题，这些素材都来自当前轰轰烈烈的课改实践，特别是基于核心素养收集材料，为我们研制案例打下了扎实的基础，做出了切实的保障。

从2017年上半年到安徽合肥参加有关案例写作的会议萌生案例创作到现在结集成书，历时近4年。本书成稿得益于在案例创作过程中，赣州市教研室钟辉生老师、南昌外国语学校张秀球老师、厦门市教育科学研究院江合佩老师、深圳盐田中学桂耀荣老师、广东广雅中学钟国华老师以及江西师大附中翁浩男、叶婉、廖敏和刘浩等教师提供的众多真实教学事件。本书的成稿还得益于本人所在单位江西师范大学化学化工学院李永红教授、刘晓玲教授、盛寿日教授、张小亮教授和温祖标教授的大力支持。研究生郑莉、王丽珊、熊茜、曹贻利、曾琳、李婉冰、吴俊杰、袁欢、江婷婷、何翼、左晨澄、冯丽梅、徐淑凝、张婷、王洁、杨宇航等同学参与了案例素材的整理工作。南京大学陈学军教授、赣州市教研室钟辉生老师提出了许多宝贵的修改意见。在此感谢他们为此付出的辛勤劳动！

另外，感谢我们从网络等平台参考的各种资料原创者。

最后，感谢江西师范大学研究生院以及化学化工学院相关领导的无私帮助，感谢化学工业出版社编辑团队的付出。

由于作者的水平和能力有限，书中尚有疏漏之处，恳请广大读者不吝赐教。

编著者

2021年7月

目录

第 5 章
现代化学教学设计 106

第 6 章
化学教育测量与评价 180

第1章
绪论

1.1 化学课程与教学论研究的基本问题

1.1.1 化学课程与教学论的学科含义

课程论是依据对社会需求、学生心理特征、学科系统的不同认识和价值取向而建立起来的关于课程编制的理论和方法体系。课程研究的范畴主要包括"为什么教学"和"教学什么"。"为什么教学"侧重研究教学的目标，目的是弄清为什么要教的问题，物化形式就是课程计划和课程标准；"教学什么"侧重研究教学的内容，弄清应使用哪些方面的内容来完成教学目标，主要体现在以教科书为代表的教学材料上。教学论主要研究教学情境中教师引起、维持和促进学生学习的行为方式，同时对教师的行为方式进行科学概括，用以指导教学实践。教学论研究的范畴主要包括"教学是什么"和"怎样教学"。"教学是什么"侧重研究教学的本质，即学科性质方面的问题；"怎样教学"侧重研究培养人的方法和途径，着重研究创新教学方法和创立教学模式。

我国的学校课程长期由国家统一制定，所以学校和地方重视教学研究而轻视课程研究。随着新世纪我国课程改革的开展，课程和课程论研究也逐渐受到重视。然而，自西方现代的课程理论介绍到我国后，课程论和教学论的关系问题引起了学者的争论。如有学者主张把课程论纳入教学论之中，也有学者主张课程论应包含教学论。影响最大的是"二元独立论"，即把课程研究作为一个独立的领域，课程论和教学论都属于教育学的分支学科。但教育教学实践证明，"二元独立论"在促进课程与教学理论发展的同时，又不可避免地割裂二者之间的内在联系。历史经验启示我们，必须把课程论与教学论的研究统一起来，使人们自觉地站在"教什么"的课程立场来认识和解决"怎样教学"这个教学问题。学科课程与教学论既不同于以理论为主要任务的教育学，又不是以技术、方法为目标的教学法，对它的界定应该既体现出对学科课程与教学理论的概括，又体现出在理论指导下积极有效地解决学科的课程与教学实践中的具体问题。从强调终极目标到强调实践过程，是研究本质的回归。

通过上面的分析，可以将化学课程与教学论界定为研究化学课程与教学理论及其应用的一门教育学科。从学科分类讲，化学课程与教学论属于教育学科；从学科特点讲，化学课程与教学论又是一门交叉学科；从学科内容讲，化学课程与教学论强调课程教学理论与实践并重。

1.1.2 化学课程与教学论研究的对象

化学课程与教学论以化学课程与教学的理论和实践问题为研究对象，包括化学课程与教学发展的历史，化学课程与教学的基本理论问题，化学课程与教学的实践问题等。基本任务是：认识化学课程与教学现象，揭示化学课程与教学规律，指导化学课程与教学实践。

从化学课程与教学论的理论层面分析，化学课程与教学论主要包括中学化学的课程设置、教与学的理念、教与学的基本原理和方法。化学课程与教学实践主要是指化学课程研制、化学教学设计、教学设计的实施与评价、有关教学技能以及如何进行教学研究等，如图1-1所示。

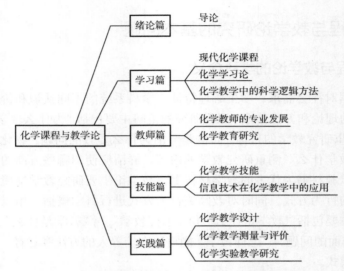

图 1-1　化学课程与教学论研究的基本问题

从现代系统论的观点来看，化学课程与教学论就是研究构成化学课程与教学的诸要素——教师、学生、教学内容和教学手段的各自作用、相互联系以及统一，其关系如图1-2所示。

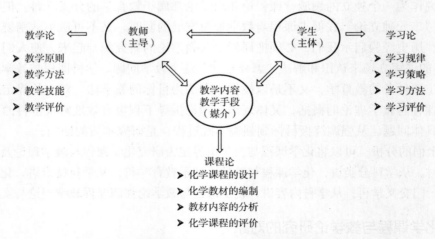

图 1-2　化学课程与教学论诸要素的相互关系

化学课程与教学论主要涉及课程论、教学论和学习论。课程论是从课程与教材的层面研究化学教学；教学论是从"教"的层面研究化学教育教学的规律及其运用，具体内容包括不同流派的教学思想，化学教学的一般原则、教学方法、教学模式、教学设计和教学评价；学习论是从"学"的层面研究化学教学，具体内容包括学习的基本原理，中学生化学学习的心理特点、学习策略、学习方法以及影响因素。

化学课程与教学论的研究对象是化学教育的全部实践活动和理论研究，要直接反映和指导化学教学实践，并不断接受化学教学实践的检验。它要以历史唯物主义和辩证唯物主义的教育哲学为指导，运用科学的方法对化学教学实践进行调查研究，并对调查材料进行科学分析，从而揭示化学教学实践的客观规律，使之上升为科学的理论，用于指导教学实践。它要不断吸收教学实践中新的经验、新的理论和新的实践材料，不断发现新的规律，不断改造和完善自己的理论体系和应用技能。它不但要解决理论知识问题，而且要解决实践问题。

1.2 案例教学与教学案例

1.2.1 案例教学的背景

所谓案例教学是"以学生为中心，以案例为基础，通过呈现案例情境，将理论与实践紧密结合，引导学生发现问题、分析问题、解决问题，从而掌握理论、形成观点、提高能力的一种教学方式（教研［2015］1号）"。我国在专业学位研究生教育中大力提倡案例教学应该是源自国家出台的一系列措施。

教育部、发改委、财政部《关于深化研究生教育改革的意见》（教研［2013］1号）指出："建立以提升职业能力为导向的专业学位研究生培养模式，强化专业学位研究生的实践能力和创业能力培养；加强案例教学，探索不同形式的实践教学。加强课程建设，改革教学内容和方式，加强教学质量评价，构建符合专业学位特点的课程体系，发挥课程教学在研究生培养中的作用。"

教育部、人力资源和社会保障部《关于深入推进专业学位研究生培养模式改革的意见》（教研［2013］3号）指出："加强案例教学的运用，要改进课程教学，创新教学方法，增强理论与实际的联系。完善课程教学评价标准，着重考察研究生运用所学基本知识和技能解决实际问题的能力和水平；支持开展改革试点，将案例教学、实践基地建设等改革试点成效作为专业学位授权点定期评估的重要内容。建设案例库、定期开展教学研讨等工作，推动专业学位研究生案例库建设。"

教育部《关于加强专业学位研究生案例教学和联合培养基地建设的意见》（教研［2015］1号）指出："加强案例教学，是强化专业学位研究生实践能力培养，推进教学改革，促进教学与实践有机融合的重要途径，是推动专业学位研究生培养模式改革的重要手段；各培养单位要高度重视案例教学，科学规划、创造条件，加大经费和政策支持力度。设立案例教学专项经费，为案例教学提供必要的条件保障。"

1.2.2 案例教学的哲学基础与本质

1.2.2.1 案例教学的哲学基础

欧美的经验主义哲学：19世纪初，瑞士著名的教育家和教育改革家菲斯泰洛齐尝试将经验主义哲学运用于学校的自然科学教学，提出以学生为中心，以实物观察为导向的现代教学理念。19世纪60年代，该教学思想传入美国引发了一场史称"实物教学革命"的教学改革运动。

杜威的实用主义教学思想：隐藏于案例教学背后的经验主义教学思想，在杜威的理论体系中得到充分发挥和诠释。杜威的教学哲学沿两大主线展开。第一条主线是教学与社会生活："教学即生活""教学即生长""教学即经验改造"。第二条主线是能力和知识的关系，"五步思维法"：①发现疑难问题；②给问题定位并定义；③提出可能的解决方案；④通过推理发展这一假说；⑤通过进一步的观察和实验检验这一假说，从而得出信或不信的结论，提出"做中学"的教学理念。

培根的社会建构论：世界客观存在、意义存在。意义、行动、相互依赖关系，深信人与人之间是相互依赖、彼此影响、合作共进的关系存在，而不是地位不等、单向作用、角色固定的等级性存在；深信知识是基于主体间的互动不断生成的，而不是客观的、既定的；深信教学是教师与学生沟通对话、互动生成、共同创造的过程，而不是教师将所谓的客观知识教给学生的过程；深信学生是积极的发展的主体，是教育教学活动的重要参与者，而不是被动的受教师管辖的客体，不是机械的装知识的容器。

1.2.2.2 案例教学的本质

案例教学中的知识观、师生观与教学观。

知识观：知识是在"关系"中构建起来的，知识是不断生成的，是体验性的，是经历、经验的积累，是智慧、悟性的内在显现。既有一般性知识，也有组织性知识和个体性知识。

师生观：师生是伙伴，是平等对话的学习小组、学习团队成员。

教学观：教学重要的不是"告知"、不是获取"正确知识"，而是"探寻"、理解复杂性、多样性，探究新的可能性。

案例教学 ≠ 教学方法。案例教学不能简单地视同于教学方法和教学技巧，而是一场涉及从知识观、教学观、师生观到具体的课堂组织形式、教学手段的广泛变革。有人以为，案例教学只是一种纯粹的方法，案例教学与讲授法等教学方法并不冲突对立，这种理解是片面和有问题的。

从案例教学的起源看，看似是教学方式的变化，实则是教育理念的转变；从案例教学的目的看，所追求的不仅是学生知识的积累，更是学生个体智慧的增长；从案例教学的发展趋势看，特别重视学习者的批判反思，重视理解专业事务的复杂性、发展性和情境性特征。

案例教学 ≠ 事例教学。事例教学是指教育者在讲授过程中为便于学习者理解和掌握所传授的理论知识要点，依靠和运用所编制的事例而进行的教学。事例在事例教学中的价值，完全定位和指向于说明或者印证理论原理。教育者按照教学计划规定的教学内容，选择有代表性的典型事例，通过分析、讲解事例，将课程内容汇合在一个个事例所描述的事件中，使事例与整个课程的基本理论原理内在地整合起来。

事例≠案例。事例是指具有代表性的、可以作例子的事物，或是作为依据的成例。教学中使用的事例，可以是精心准备的，也可以是即兴编造的；可以是客观真实的，也可以是主观虚拟的；可以是紧扣教学内容的，也可以是娱乐放松和舒缓气氛。有人以为，"案例有的是真实的，有的是模拟的，甚至是虚构的"。这显然是将案例与事例弄混了。案例是经精心选择而编辑起来的以文字为主要形式的材料，指对具有一定代表性的典型事件的内容、情节、过程和处理方式所进行的客观的书面描述。案例描述的是真实的情境和事件，案例中常常充满了疑难问题，充满了多个分析问题的视角和解决问题的办法。

　　案例教学不只是一种教学方法或教学技巧，而是一个兼有教育思想和教学方法的教育教学系统，同时，更是一场有关教育理念与实践的广泛变革。因此，新"三观"下的案例教学毫无疑问将会成为推动我国未来人才培养模式改革的重要力量。

推荐阅读

[1]杨九诠. 学生发展核心素养三十人谈[M]. 上海：华东师范大学出版社. 2017.

[2]余文森. 核心素养导向的课堂教学[M]. 上海：上海教育出版社. 2017.

[3]郑长龙. 化学课程与教学论[M]. 长春：东北师范大学出版社. 2011.

[4]王后雄. 新理念化学教学论.2 版[M]. 北京：北京大学出版社. 2015.

[5]胡志刚. 化学课程与教学论[M]. 北京：科学出版社. 2014.

第2章
化学课程变革与目标重建

2.1 现代化学课程的变革与发展

　　课程是基础教育改革的重要环节，也是新旧教育观念冲突表现最为激烈的交汇点，它承载着理论与实践的双重使命，课程的变革蕴涵着新的思想和方法论。21世纪中学化学课程的价值必须建立在指导学生的学习、思考、探究、创新以及吸取国外化学课程改革的成功经验的基础上，结合我国的实际开拓创新。

2.1.1 化学课程目标的构建

　　当今全球的课程目标随着经济和科学技术的迅猛发展，呈现出共同的变化趋向。重要的趋向有三大方面：第一，人才培养理念发生了深刻的变化，从注重少数人转向面向全体学生，从注重培养科学精英转向注重培养具有基本科技素养的合格公民和建设者；第二，以科学素养的优异程度作为衡量化学教育成效的尺度；第三，高度重视培养探究素养、创新精神和科学思维的习惯。从培养精英人才转向面向全体学生，培养具有科学素养的公民和社会建设者，集中反映了当代科学教育既重视基本学力培养，也重视人的科学素养发展的新特点。

　　2001年启动的新课程改革的一个基本标志，就是从双基走向三维目标，它的进步是不言而喻的。其中既有量变也有质变，量变就是从"一维（双基）"到"三维"，质变就是强调学生的发展是三维的整合的结果，从教学的角度讲，"所谓的三维目标应该是一个目标的三个方面，而不是三个相互孤立的目标。对其理解可以准确地表述为'在掌握知识和技能的同时，让学生经历科学探究的过程，获得相关的方法，并发展其情感态度与价值观'"。三维目标使素质教育在课程的落实方面有了抓手。新课程强调三维目标的有机统一，只有实现三维目标整合的教学才能促进学生的和谐发展，缺乏任一维度目标的教学都会使学生的发展受损。显然，三维目标之于双基有继承，更有超越。

　　科学素养之于三维目标，同样也是既有传统的一面，更有超越的一面。传承更多地体现在"内涵上"，而超越变革体现在"性质上"。作为核心素养主要构成的关键能力和必备品格，实际上是三维目标的提炼和整合，把知识、技能和过程、方法提炼为能力；把情感态度价值观提炼为品格。能力和品格的形成即是三维目标的有机统一。以化学学科为例，高中化学学科核心素养是高中学生发展核心素养的重要组成部分，是学生综合素质的具体体现，反映了社会主义核心价值观下化学学科育人的基本要求，全面展现了化学课程学习对学生未来发展的重要价值。

　　化学学科核心素养包括"宏观辨识与微观探析""变化观念与平衡思想""证据推理与模

型认知""科学探究与创新意识""科学态度与社会责任"五个方面。

上述几个方面立足高中学生的化学学习过程,各有侧重,相辅相成。"宏观辨识与微观探析""变化观念与平衡思想""证据推理与模型认知"要求学生形成化学学科的思想和方法;"科学探究与创新意识"从实践层面激励学生勇于创新;"科学态度与社会责任"进一步揭示了化学学习更高层次的价值追求。

上述化学学科核心素养将化学知识与技能的学习、化学思想观念的建构、科学探究与问题解决能力的发展、创新意识和社会责任感的形成等多方面的要求融为一体,体现了化学课程在帮助学生形成未来发展所需要的正确价值观念、必备品格和关键能力中所发挥的重要作用。

2.1.2 化学课程内容的整合

课程内容的整合需要解决"学什么"的问题。随着"科学为大众""以学生发展为本"等理念的日渐深入人心,世界各国在化学课程内容设计上注重了历史和现实的结合、理论和实践的结合、科学和人文的结合,使丰富多彩的化学课程为更多的学生所接受。

在科学技术迅猛发展的冲击下,当代世界的科学教育改革出现了加强课程的跨学科性和提高学习的综合化程度的新趋势。学校教育中的化学课程也一改过去重学科体系、重概念原理、重学术价值的一贯做法,呈现出从注重学术性的化学课程转变为普及性的化学课程,重视选择最基本的化学知识和能力生存密切相关的社会生活与技术,从主要为知识掌握型转变为理解型的化学课程,从以课堂学习为主的化学课程转变为注重与实践相结合的化学课程,重视实验和实际操作在课程学习中的教育价值和训练价值,加强科学与人文之间的交叉和联系,大大拓宽了课程学习的范围,加大了内容的综合化程度,已经从学术中心转变为化学与社会相联系,从单一学科迈向跨学科综合,引入 STSE 教育要求以提高学生的科学素养。

当今课程实践中的最大难题就是知识太多,更新太快,我们有太多的知识要教要学,正如联合国教科文组织感叹:教育内容的确定问题大概从来没有像今天这样复杂和迫切。传统上,我们是依据学科逻辑来确定课程内容的。以学科知识结构及其知识发展逻辑为依托的课程内容的确定与教材编撰,路径相对明确,但内容的选择的困难程度日益加大,内容越写越多,所写内容对学生发展的价值却没有保障。只有更新教育理念,将课程内容的确定依据从知识在学科中的意义,转向知识在核心素养培养中的意义上来,也即转向能够最大程度促进和提升核心素养的那些知识,才能解决有限与无限的矛盾,解决内容精选的问题。在突出核心素养的思想指导下,课程内容的确定与教材编撰,将从单纯以学科知识体系为依据的路径,转向兼顾以促进学生核心素养的形成为依据的路径,这对学生发展的价值更大、更明确,也更有保障。

核心素养成为课程内容选择的重要依据,基于核心素养来组织课程内容、编写教材,这是课程理论与实践的重大进步。

化学知识结构化是学生化学学科核心素养形成和发展的重要途径,化学教材内容编排应注重化学知识的结构化,反映化学学科知识之间的内在逻辑。

化学教材应围绕化学核心概念确定教材内容主题,将核心概念与情境、活动和问题解决融为一体,凸显教材内容主题的素养发展功能。

2.2 典型案例

2.2.1 氧化还原反应教学目标的变迁记

教学目标具有导教、导学、导测评功能。制定科学合理的教学目标能够提高教学效率，对教学过程进行调控。从化学教学大纲到课程标准，从教材修订到课堂教学设计的创新，化学学科教学发生了重大变化。介绍了 Z 老师从 2008 到 2018 年 10 年间，指导青年教师制定和叙写"氧化还原反应"一节内容教学目标的变迁：用三维目标碰撞双基目标，用"学科核心素养"目标替代三维目标，既为全面把握十年来的教学改革脉络提供观察视角，也为读者如何制定和叙写教学目标提供借鉴。

 案例正文

Z 老师——某省特级教师，有较强的科研理论功底，常年跟踪教育理论前沿，有多篇文章发表在《化学教育》《化学教学》等刊物上，主持系列省、市级课题。Z 老师在帮助青年教师成长方面有独特的经验，先后培养多名省级学科带头人、省级骨干教师、市级学校带头人等。Z 老师特别注重教学目标的叙写，在指导青年教师教学方面，Z 老师对教学目标非常考究，通过探究 Z 老师指导青年教师制定与叙写"氧化还原反应"教学目标案例，希望能够为一线教师科学合理制定与叙写教学目标提供帮助。

"氧化还原反应"位于人教版（人民教育出版社出版）必修 1 第一章第三节。本节主要包括三部分内容，即氧化还原反应的概念、氧化还原反应的特征和氧化还原反应的本质。在第一部分内容中，教科书以"思考与交流"的方式，让学生通过列举几个氧化反应和还原反应的实例，从得氧、失氧的角度对这些反应进行分类，最后得出氧化反应和还原反应是同时发生的结论，从而得出氧化还原反应的概念。在第二部分内容中，教科书还是以"思考与交流"的方式，让学生对常见的化学反应从元素的化合价是否发生了变化进行分类，分析氧化还原反应与元素化合价升降的关系，引出氧化还原反应的特征。将氧化还原反应扩大到虽然没有得氧、失氧关系，但只要化学反应前后元素化合价有升降的反应都属于氧化还原反应。第三部分主要从微观的角度来认识电子转移与氧化还原反应的关系，这是本节的主要内容。教科书以钠与氯气的反应、氢气与氯气的反应为例，从原子结构的角度讨论了氧化还原反应与电子转移的关系，并从电子转移的角度给氧化还原反应下了一个更为本质的定义。第三部分的最后安排了"学与问"，要求通过讨论，分析置换反应等基本类型反应与氧化还原反应的关系，并要求学生用交叉分类示意图简要表示这种关系。本节最后简介了氧化还原反应在工农业生产、科学技术和日常生活中的重要应用，同时也辩证地介绍了氧化还原反应会给人类带来危害等。对于氧化还原反应，教科书只要求学生知道在氧化还原反应中，某些元素的化合价在反应前后发生了变化；氧化还原反应的本质是有电子转移（得失或偏移）。虽然教科书中出现了"双线桥""单线桥"，但并没涉及和引入氧化还原方程式的配平等内容。

　　氧化还原反应是进一步学习化学的基础，是高中化学的重点内容。通过这部分的学习，学生可以根据实验事实了解氧化还原反应的本质是电子的转移，能够举例说明生产、生活中常见的氧化还原反应，学生可以在初中化学的基础上，进一步去了解氧化还原反应的本质，达到优化知识结构的效果。通过介绍氧化还原反应在生活中的应用，培养了学生的学科感情，同时，教材还辩证地介绍了氧化还原反应会给人类带来危害，引导学生形成辩证看问题的科学思维方式。有关氧化还原的知识，学生在初中就已经从得、失氧的角度学习过，因此有较好的知识基础。通过初中和高中阶段的训练，学生也具备了一定的分析和归纳问题的能力，因此教学的一般程序为：从宏观得失氧角度引出氧化还原反应概念，然后标出发生氧化还原反应的各元素的化合价，从而归纳出从化合价升降角度定义氧化还原反应，扩大了其使用范围，明确氧化还原反应特征是化合价的升降，最后探究化合价升降与电子得失（或转移）的关系，揭示氧化还原反应的本质。从得氧失氧、化合价升降到电子转移，一环扣一环，由表及里地揭示氧化还原反应的本质。这是学习氧化还原反应的通常模式，也符合学生的认知水平和知识的逻辑顺序。

　　（1）用三维教学目标碰撞双基教学目标　作为一线教师，尤其是年轻教师，在他们的观念里，课堂主要以传授知识和技能为主。课程标准（2003版）发布后，教师们对于三维目标也有一定的了解，但在实际操作过程中，由于受传统"双基"观念的影响，教师们在进行教学设计时，还是习惯于知识与技能目标的书写而忽略过程与方法、情感态度与价值观维度的目标书写。在教师们的眼里，按照知识与技能、过程与方法、情感态度与价值观三个维度来书写教学目标效率低下，也没有必要。

　　2008年，Z老师学校新来了一位姓张的化学教师，根据学校的安排，由Z老师担任张老师的指导教师。对于新入职的教师，Z老师所在的学校一般都会安排青年教师的过关课。虽然是青年教师参赛，指导教师的担子一点也不轻松，张老师选择"氧化还原反应"一节参赛，张老师选定课题后，写了个教学设计向Z老师请教。

　　Z老师仔细研读了张老师的教学设计，认为张老师的教学流程中规中矩。张老师主要采用问题探究法和讲授法进行教学，教学线索为：

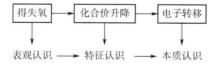

张老师为本节课制定如下教学目标：

① 能从化合价的变化角度认识并建立氧化还原反应的概念。

② 通过分析化合价的升降和电子转移的关系，得出氧化还原反应的本质是电子转移。

　　Z老师对教学目标的叙写向来较真。Z老师对张老师说："现在《普通高中化学课程标准（实验）》提倡三维目标，教学目标要从知识与技能、过程与方法及情感态度与价值观三个方面进行制定。"张老师说："我知道三维目标，我感觉平时教学中，知识与技能目标才是我们要关注的重点。师父，你看看我的这个知识与技能目标应当如何修改？"Z 老师说："教学目标应规定学生在教学活动结束后能表现出什么样的学业行为。并限定学生学习过程中知识、技能的获得和情感态度发展的层次、范围、方式及变化效果的量度。对教学目标的准确表述，可以充分发挥教学目标在教学活动中的指向、评估和激励作用。表述教学目标一般要考虑四个方面的因素。即行为主体（audience）、行为动词（behaviour）、行为条件（conditions）和表现程度（degree），因此通常较为准确的教学目标可采用 ABCD 进行表述。如'通过氧化还原反应的学习，学生能准确无误地分析常见的化学反应是否是氧化还原反应'这一教学目标中，行为的主体是'学生'，行为是'分析常见的化学反应'，条件是'通过氧化还原反应的学习'，程度是'准确无误'。"

听了 Z 老师的话，张老师有一种茅塞顿开的感觉，张老师说："三维目标现在好像很流行，什么是三维目标，如何制定？你能不能给我讲讲？"

Z 老师认为，高中化学课程在九年义务教育的基础上，以进一步提高学生的科学素养为宗旨，激发学生学习化学的兴趣，尊重和促进学生的个性发展；帮助学生获得未来发展所必需的化学知识、技能和方法，提高学生的科学探究能力；在实践中增强学生的社会责任感，培养学生热爱祖国、热爱生活、热爱集体的情操；引导学生认识化学对促进社会进步和提高人类生活质量方面的重要影响，理解科学、技术与社会的相互作用，形成科学的价值观和实事求是的科学态度；培养学生的合作精神，激发学生的创新潜能，提高学生的实践能力。高中化学设置多样化的课程模块，使学生在以下三个方面得到统一和谐的发展。

① 知识与技能方面

a. 了解化学科学发展的主要线索，理解基本的化学概念和原理，认识化学现象的本质，理解化学变化的基本规律，形成有关化学科学的基本观念。

b. 获得有关化学实验的基础知识和基本技能，学习实验研究的方法，能设计并完成一些化学实验。

c. 重视化学与其他学科之间的联系，能综合运用有关的知识、技能与方法分析和解决一些化学问题。

② 过程与方法方面

a. 经历对化学物质及其变化进行探究的过程，进一步理解科学探究的意义，学习科学探究的基本方法，提高科学探究能力。

b. 具有较强的问题意识，能够发现和提出有探究价值的化学问题，敢于质疑，勤于思索，逐步形成独立思考的能力，善于与人合作，具有团队精神。

c. 在化学学习中，学会运用观察、实验、查阅资料等多种手段获取信息，并运用比较、分类、归纳、概括等方法对信息进行加工。

d. 能对自己的化学学习过程进行计划、反思、评价和调控，提高自主学习化学的能力。

③ 情感态度与价值观方面

a. 发展学习化学的兴趣，乐于探究物质变化的奥秘，体验科学探究的艰辛和喜悦，感受化学世界的奇妙与和谐。

b. 有参与化学科技活动的热情，有将化学知识应用于生产、生活实践的意识，能够对与化学有关的社会和生活问题做出合理的判断。

c. 赞赏化学科学对个人生活和社会发展的贡献，关注与化学有关的社会热点问题，逐步形成可持续发展的思想。

d. 树立辩证唯物主义的世界观，养成务实求真、勇于创新、积极实践的科学态度，崇尚科学，反对迷信。

e. 热爱家乡，热爱祖国，树立为中华民族复兴、为人类文明和社会进步而努力学习化学的责任感和使命感。

同时课程标准又对用来描述目标的词语分别指向认知性学习目标、技能性学习目标、体验性学习目标，并且按照学习目标的要求分为不同的水平，对同一水平的学习要求可用多个行为动词进行描述。

认知性学习目标的水平

从低到高 | 知道、说出、识别、描述、举例、列举
认识、能表示、辨认、区分、比较
揭示、说明、判断、预期、分类、归纳、概述
设计、评价、优选、使用、解决、检验、证明

技能性学习目标的水平

从低到高 | 初步学习、模仿
初步学会、独立操作、完成、测量
掌握、迁移、灵活运用

体验性学习目标的水平

从低到高 | 经历、尝试、体验、参与、交流、讨论、合作、参观
体会、认识、关注、遵守、赞赏、重视、珍惜
养成、具有、树立、建立、保持、发展、增强

过了几天，张老师按照 Z 老师的要求，将氧化还原反应教学目标重新制定如下：

① 知识与技能

a. 能从化合价升降观点认识氧化还原反应；巩固初中氧化反应和还原反应的认识，能够对日常生活中常见的氧化还原反应的现象进行解释和说明。

b. 理解氧化还原反应的本质是电子转移，用化合价变化的观点和电子转移的观点加深对氧化还原反应等概念的理解。

c. 通过氧化还原反应概念的形成过程，培养学生的逻辑思维能力及分析问题和解决问题的能力。

② 过程与方法

a. 通过氧化还原反应概念的形成过程使学生体验科学概念的形成及发展过程。

b. 通过对氧化还原反应概念认识的过程，理解体验归纳方法。

③ 情感态度与价值观

a. 通过对氧化还原反应的学习与研究，感知事物的现象与本质的关系，培养对立统一的观点。

b. 发展学习化学的兴趣，乐于探究物质变化的奥秘，体验知识生成的愉悦感。通过对生活中氧化还原反应的解释，体验化学知识的普遍性和实用性，提高学生对化学学习的积极性。

Z 老师首先肯定了张老师，实现了教学目标由单纯的双基向三维目标的转向。"双基"教学是新中国教育界几代人成功实践探索的结果，是有效提高教育质量的教学理论，是中国教

育工作者对世界教育理论宝库做出的重要贡献。"三维目标"是新课改中对于教学目标的另一种陈述。"双基"和"三维目标"之间没有本质的差别，更没有原则性的分歧和冲突；知识与技能、过程与方法、情感态度与价值观是新课程目标的三个维度，三个维度之间是一个有机整体。知识与技能的获得是根本，情感态度与价值观的培养是灵魂，而过程与方法是实现手段。三维教学目标并没有弱化双基的地位，它为双基的实现提供了方法和实现途径，丰富和深化了双基的内涵。三维教学目标更好地促进了基本概念、基本原理和基本技能的实现，它不仅重视学生基本知识与技能的获得，同时关注其实现过程与手段，渗透了情感态度与价值观。从双基教学到三维目标的实现不但没有弱化基本概念、基本原理、基本技能的获得，反而给教学工作提出了更高的要求。

根据三维目标的内涵及教学目标的 ABCD 表述法，Z 老师对张老师拟定的三维教学目标提出了如下修改意见：

知识与技能目标方面。突出教学重点，从化合价角度叙写，每一节课可以设计多个教学目标，每个教学目标都代表着一定的学习结果。在进行设计时，要对各种目标进行权衡，确定主要目标，其他目标尽可能围绕主要目标进行设计，目标要便于检测。三维目标中，知识与技能目标是情感与价值观实现的载体，通过过程与方法来实现，能够进行准确评价的还是知识与技能目标。因此在编写具体目标时，老师必须清楚地意识到它们将被用于编制检测项目，有的是用于课堂检测，有的是用于课后检测。教学目标所陈述的行为动词要可测量、可观察、可操作。像"理解""掌握""认识"等动词就比较笼统和含糊，无法检测。教学知识与技能性目标行为动词可用列举、举例、说出、背诵、收集、整理、分类、区分、比较、估计、概括、总结等；如"能从化合价升降观点认识氧化还原反应；巩固初中氧化反应和还原反应的认识"，这个目标就没有将检测功能设计进去，而且"认识"与"巩固"也无法测量。可将此条修改为"通过对化合价的分析，学生能够准确判断没有氧元素得失反应是否为氧化还原反应，能够分析出氧化还原反应与四大基本反应类型的关系。"有了这个教学目标，课堂教学过程中，在构建完化合价角度认识氧化还原反应后，紧跟着是对概念的应用，从化合价升降角度评价四大基本反应的实例，进而归纳出氧化还原反应与四大基本反应类型的关系。这样既巩固了概念，又获得了新的认识。

过程与方法目标方面。过程与方法要与知识与技能相匹配，过程是构建知识与技能的过程，方法是获得知识与技能的方法。"过程与方法"目标是指让学生了解学科知识形成的过程、亲历探究知识的过程，学会发现问题、思考问题、解决问题的方法，学会学习，形成创新精神和实践能力。所使用的行为动词有"尝试、经历、参与、探索、体验、讨论、分享、交流、考察、参观、解决"等。张老师的过程与方法目标中的"通过氧化还原反应概念的形成过程使学生体验科学概念的形成及发展过程。"没有指出具体的概念形成过程，较为笼统，行为主体是教师而不是学生。用"使学生……"像"让学生……""提高学生……""培养学生……"等描述的行为主体都是教师，以学生作为行为主体的描述常采用的是"能认出……""能解释……""能写出……""对……做出评价"等。可将"通过氧化还原反应概念的形成过程使学生体验科学概念的形成及发展过程"这一目标修改为"通过对给出的系列反应评价，在经历从氧元素的得失—化合价升降—电子转移等角度探究，能够解释氧化还原反应的特征是化合价的升降，本质是电子转移"。

情感态度与价值观方面。情感、态度与价值观目标是指学生在亲历探究学习知识的过程中获得的情感体验以及由此产生的态度行为习惯。常用的表述为"学会……""体验……""感受……""赞赏……""增强……"。张老师情感态度与价值观的问题有：情感太宽泛，如"体验知识生成的愉悦感"，行为描述不准确；如"培养对立统一的观点"，缺乏行为条件；如"发展学习化学的兴趣，乐于探究物质变化的奥秘"没有交代通过什么途径来发展学习化学的兴趣。

张老师根据 Z 老师的建议以及结合教学设计的内容，将原有的三维目标修改如下：

① 知识与技能

a. 通过分析大量氧化还原反应得失氧元素化合价的变化情况，学生能够归纳出氧化还原反应的共同特征是有化合价的升降。

b. 通过对化合价的分析，学生能够准确判断所给出的反应是否为氧化还原反应，准确探究出氧化还原反应与四大基本反应类型的关系。

c. 通过观察铜锌原电池的指针偏转方向，学生能够清晰地感受到元素化合价的变化是由电子转移引起的，认可氧化还原反应的本质是电子的转移。

② 过程与方法

a. 通过对给出的系列反应的评价，在经历从氧元素的得失—化合价升降—电子转移等角度探究，学生能够顺利地构建出氧化还原反应的特征和本质。

b. 通过设计精巧的实验，将氧化还原反应的微观本质呈现出来。

③ 情感态度与价值观

a. 通过对氧化还原反应概念的交流讨论，体会化学的和谐美，学会用对立统一观点看待问题。

b. 通过评价日常生活及生产中的氧化还原反应现象，欣赏化学的生活和社会价值。

（2）用化学学科核心素养目标替代三维目标　2003 年，教育部印发普通高中课程方案和课程标准实验稿，实施十年后，"三维目标"已深入教师的观念之中。2013 年，教育部启动了普通高中课程修订工作。新课程改革的最鲜明特色是凝练了学科核心素养。从"三维目标"到"核心素养"，这是我国新一轮深化基础教育课程改革的一个基本标志。从育人价值上看，核心素养是对三维目标的传承与超越。传承体现强调三维目标有机统一，只有实现知识、能力和态度的有机整合，才能促进学生的和谐发展。而超越体现在核心素养直指教育的真实目的，那就是育人，更为强调在三维目标的基础上，形成能够适应终身发展和社会发展需要的必备品格和关键能力。从课堂实践看，核心素养是学习目标生成之源与归宿。核心素养主要指学生应具备的，能够适应终身发展和社会发展需要的必备品格和关键能力。关键能力是由知识、技能、方法等提炼而来，必备品格则源自情感、态度与价值观。

高中化学学科素养是高中学生发展核心素养的重要组成部分，是学生综合素质的具体体现，反映了社会主义核心价值观下化学学科育人的基本要求，全面展现了化学课程学习对学生未来发展的重要价值。

高中化学学科核心素养包括"宏观辨识与微观探析""变化观念与平衡思想""证据推理与模型认知""科学探究与创新意识""科学态度与社会责任"五个方面。具体内容见表 2-1。

表 2-1　高中化学学科核心素养、内涵及侧重方向

素养名称	具体内涵及侧重方向
宏观辨识与微观探析	能从不同层次认识物质的多样性，并对物质进行分类；能从元素和原子、分子水平认识物质的组成、结构、性质和变化，形成"结构决定性质"的观念。能从宏观和微观相结合的视角分析和解决实际问题
变化观念与平衡思想	能够认识物质是运动和变化的，知道化学变化需要一定的条件，并遵循一定的规律；认识化学变化的本质是有新物质生成，并伴有能量的转化；认识化学变化有一定的限度、速率，是可以调控的。能多角度、动态地分析化学反应，运用化学反应原理解决简单实际问题
证据推理与模型认知	具有证据意识，能够基于证据对物质组成、结构及变化提出可能的假设，通过分析推理加以证实或证伪；建立观点、证据和结论之间的逻辑关系；知道可以通过分析、推理等方法认识研究对象的本质特征、构成要素及其相互关系。建立认知模型。能运用模型解释化学现象，揭示现象的本质和规律
科学探究与创新意识	认识科学探究是进行科学解释和发现、创造和应用的科学实践活动；能发现和提出有探究价值的问题，从问题和假设出发，确定探究目的、设计探究方案，运用化学实验、调查等方法进行实验探究；勤于实践，善于合作，敢于质疑，勇于创新
科学态度与社会责任	具有安全意识和具有严谨求实的科学态度，具有探索未知、崇尚真理的意识；深刻认识化学对创造更多物质财富和精神财富、满足人民日益增长的美好生活需要的重大贡献；具有节约资源、保护环境的可持续发展意识，从自身做起，形成简约适度、绿色低碳的生活方式；能对与化学有关的社会热点问题作出正确的价值判断，能参与有关化学问题的社会实践活动

　　上述五个方面的核心素养各有侧重，相辅相成。其中"宏观辨识与微观探析""变化观念与平衡思想"既是化学学科观念，又是化学特征思维和方法。"证据推理与模型认知"是化学特征思维和方法。"科学探究与创新意识"是化学学科的实践能力，从实践层面激励学生创新。"科学态度与社会责任"是化学学科的价值追求和化学课程对学生价值观的发展贡献。各素养之间既相互区别又相互联系，"科学探究与创新意识"处于核心地位，统领其他四个维度的素养。"宏观辨识与微观探析""变化观念与平衡思想"是科学探究的载体和研究内容，"证据推理与模型认识"是科学探究的方法和思维方式，"科学态度与社会责任"是科学探究的成果与价值追求。

　　高中化学这五个维度的核心素养将化学知识与技能的学习、化学思想观念的建构、科学探究与解决问题能力的发展、创新意识与社会责任形成等方面的要求融为一体。体现了化学课程在帮助学生形成未来发展所需要的正确价值观、必备品格和关键能力的价值和贡献。

　　新修订的课程标准要求实施"教、学、评"一体化，有效开展日常学习评价活动。化学学习评价是化学教学评价的重要组成部分，对于学生化学学科核心素养具有诊断和发展功能。教师在化学教学与评价中应紧紧围绕"发展学生化学学科核心素养"这一主旨。提出基于"发展学生化学学科核心素养"评价观，将过程性评价和结果性评价有机结合，灵活采用活动表现、纸笔测验和学习档案评价等多样化评价方式，充分发挥评价促进学生学科核心素养全面发展的功能。

　　以素养为本的教学要求教学目标与评价目标的双重推进，实现教学目标由"知识的获取"转向"素养的培养"，评价目标由"知识的检测"转向"认识发展的检测"。

　　2017 年王老师代表其所在县参加全市青年教师化学教学设计大赛，Z 老师全程指导。

　　王老师选定了氧化还原反应一节进行教学设计，其教学思路大体为：由月饼盒中的小包装袋教学情境引发教学，切入主题——从氧元素、化合价、电子转移角度探究氧化还原反应概

念的形成过程—用双线桥抽象出氧化还原反应的各组概念对—运用氧化还原反应原理设计汽车尾气的绿色化处理方案。

Z老师对王老师的教学内容非常满意，王老师的教学素材基本遵循了"从生活走向化学到从化学走向社会"主线，体现了化学的学科价值。但是在具体教学目标、教学框架、教学流程等方面还是承袭了传统的做法。教学目标仍是三维目标的写法，没有将评价目标融入教学中去。

Z老师对王老师说，教学设计要想出彩，就必须与时俱进，虽然新的课程标准还没有正式发布，核心素养已经成了当下研究的热点，教学设计跳出"三维目标"的阵地，走向"素养为本"的前沿。素养为本的教学设计有四个方面的特点。①注重真实问题情境的创设。真实的问题情境是完成教学过程的重要载体，将学生置身于问题情境中，成为主动参与者、实现知识的内化，对学生学科核心素养的培养具有重要意义。同时真实的问题情境也可以使学生体会化学科学的社会价值，增强学好化学造福人类的信念。②注重基于"学习任务"开展"素养为本"的教学。学习任务是连接核心知识和具体知识点的桥梁和纽带，是实现知识结构化的重要环节。以学生发展进阶为主线，可以将学习任务分解成若干学习任务，每个学习任务设计若干个问题，让学生在问题链的引领下完成学习任务。③注重认识思路的结构化和显性化。"结构化"是实现知识向素养转化的有效途径，"结构化"水平直接决定着素养发展水平。④注重"教、学、评"一体化。化学日常学习评价不能游离于化学教与学之外，应与化学教与学活动有机融合在一起。教师应紧紧围绕发展学生化学学科核心素养这一主旨，注重教学目标与评价目标、学习任务与评价任务、学习方式与评价方式的整体性、一致性设计，通过学生在实验探究、小组讨论、方案设计等活动中的表现，运用提问、点评等方式，准确把握学习质量和化学学科核心素养的发展水平，并给出进一步深化的建议，充分发挥化学日常学习评价的诊断与发展功能。

Z老师依据王老师的教学内容，列出如下教学设计提纲：

① 教材分析

② 学情分析

③ 教学目标与评价目标

a. 教学目标

b. 评价目标

④ 教学流程

环节一：宏观现象

学习任务1

评价任务1

环节二：微观本质

学习任务2

评价任务2

学习任务3

评价任务3

环节三：问题解决

学习任务4

评价任务 4

教学板书设计

教学反思

几天后，王老师根据 Z 老师的建议，对氧化还原反应教学设计进行了完善。其教学目标如下：

① 教学目标

a. 引导学生从化合价的变化角度认识并建立氧化还原反应的概念。

b. 通过分析化合价升降的原因，让学生认识到氧化还原反应的本质是电子转移。

c. 通过对汽车尾气原理的分析，让学生感受化学的价值。

② 评价目标

a. 通过习题，巩固从化合价角度分析氧化还原反应

b. 通过从氧元素—化合价—电子角度由浅入深判断和分析化学反应，培养学生透过现象看本质能力。

Z 老师看了王老师写的教学目标和评价目标直摇头。首先，王老师叙写的教学目标和评价目标还是以知识获取和知识检测为主导，没有发展学生的核心素养。其次，不管是教学目标还是评价目标都是以老师为主体。最后，对学生的评价不应单纯只是试题检测，教学内容中有关设计汽车尾气处理方案是对氧化还原反应知识很好的检测手段，也是教学的亮点，体现了化学学科价值，考查学生运用所学知识分析和解决实际问题的能力。

在 Z 老师眼里，指向核心素养的教学目标中要有"人"，也就是应指向促进 "人"的发展；目标中应该包括知识、能力和品格，也就是以学习知识和训练技能为载体，须有学生展示和发展的具体能力，尽可能引导学生内化相关的品格，进而彰显核心素养。有关核心素养的教学目标和评价目标叙写应该注意行为主体是学生，行为结果指向素养，行为过程突出能力，行为方式注重探究，行为条件要情境化。

在 Z 老师和王老师的共同探讨下，"素养为本"的"氧化还原反应"第一课时教学目标和评价目标如下：

① 教学目标

a. 通过设计实验方案探究月饼盒小包装袋的物质组成和反应原理，学生切身感受日常生活中的氧化还原反应现象。

b. 通过从物质角度—化合价角度—电子角度探究氧化还原反应，初步建立氧化还原反应的认识模型。

c. 通过设计汽车尾气综合治理方案活动，体验氧化还原反应的价值，初步形成绿色应用的意识、增强社会责任感。

② 评价目标

a. 通过对食品脱氧剂作用的探究实验设计方案的交流和点评，诊断并发展学生实验探究的定性水平。

b. 通过对具体氧化还原反应的判断和分析，诊断并发展学生从物质水平、元素水平、微粒水平对氧化还原本质的认识进阶和认识思路的结构化水平。

c. 通过对汽车尾气绿色化处理方案的讨论和点评，诊断并发展学生对化学学科和社会价值的认识水平。

该教学目标和评价目标主要以发展学生"宏观辨识与微观探析""证据推理与模型认知""科学探究与创新意识"以及"科学态度与社会责任"方面的素养为出发点和落脚点。"宏观辨识与微观探析"体现在对生活中氧化还原反应现象的解释与评价，从元素水平和微粒水平认识氧化还原反应；"证据推理与模型认知"体现在设计实验方案探究食品脱氧剂的组成及反应原理，提炼氧化还原反应的一般认识思路和模型，用框图显现出来；"科学探究与创新意识"体现在开展实验探究，设计汽车尾气处理方案等方面；"科学态度与社会责任"体现在实验方案的严谨性，能够对与化学有关的社会热点问题作出正确的分析和判断。

结语

中国几十年的教学改革经历了从重视"双基"到"三维目标"的实践，再由"三维目标"到"核心素养"的探索，这是从教书走向育人这一过程的不同阶段。教学目标的制定是优化课堂教学，保证课堂教学质量的关键，它是教学活动的灵魂，制约整个教学过程。可在现实教学中，很多老师并不重视教学目标的制定，也不知道如何叙写教学目标，把教学设计中的教学目标看作是一种累赘，常应付了事。其实这反映教师们对教学目标作用缺乏应有的认识，另一方面也反映出教师们的理论素养有待加强。

Z老师根据"氧化还原反应"第一课时内容，分别指导张老师如何书写"三维目标"以及指导王老师叙写基于素养为本的教学目标和评价目标，阐述了制定教学目标的意义、所依据的理论、原则以及教学目标书写时的注意事项、表达方式等。这既厘清了我们对教学目标的认识，同时也为我们研究教学目标的书写提供了借鉴。教学中，如何根据教育目的、培养目标、课程目标、课程标准、教材内容、学情来制定教学目标是一个很值得研究的问题，这也是本案例价值所在。

案例思考题

1.结合案例，请你谈谈课程目标的变迁对我国课程改革的影响。

2.从Z老师分别指导张老师和王老师叙写"氧化还原反应"第一课时教学目标的事件中，你得到了哪些启发？

3.分别运用不同的学科核心素养目标设计策略设计必修阶段某内容如化学反应速率教学内容的教学目标与评价目标。

4.分别运用某一学科核心素养目标设计策略设计不同阶段某内容如氧化还原教学内容的教学目标与评价目标。

推荐阅读

[1]梁雅红.三维目标的制定与叙写[J].中国教育技术装备，2014（1）：113-114.

[2]徐翔，张莉.例谈"过程与方法"目标的制定与落实[J].中小学信息技术教育，2011（12）：32-34.

[3]张海洋.以"氧化还原反应"为例谈课程"三维"目标的教学[J].中小学教材教学，2016（16）：62-65.

[4]中华人民共和国教育部.普通高中化学课程标准（实验）[S].北京：人民教育出版社，2004.

[5]中华人民共和国教育部.普通高中化学课程标准（2017版）[S].北京：人民教育出版社，2018.

[6]姜建文，王丽珊.基于核心素养的化学教学目标设计策略[J].化学教育（中英文），2020，41：（5）37-44.

[7]姜建文，王丽珊."教、学、评"一体化的化学课堂教学评价目标设计[J].化学教育（中英文），2020，41（21）：1-6.

2.2.2　W老师在同课异构中自我革新

案例摘要

　　介绍W老师从2009年到2019年十年间"电解"一节内容的四次教学实践，展示W老师一次次对"电解"教学设计与革新过程，从最初的"依样画瓢"到"渗透观念"，从"建模强思"到"落实核心素养"，通过观察W老师对课标与教材理解以及学情的把握，在创设问题情境、组织教学、构建观念、落实素养等方面的反思与成效，进而揭示W老师对化学学科本质的理解。也折射出我们课程变革的历程，为教师进行自我革新提供借鉴。

 案例正文

　　W老师，男，2008年毕业于某师范大学化学系。毕业后一直任教于某乡村中学。但W老师是一位非常上进的教师，热爱阅读，自费订阅了《化学教育》《化学教学》《中学化学教学参考》等杂志。同时W老师又非常勤奋，爱思考，肯动笔，随时将所思所想记录下来，并及时总结升华。到目前为止，W老师在国家级刊物上公开发表教科研论文数十篇。其本人入选《中学化学教学参考》名师风采录，并先后被评为省、市化学学科带头人，省化学学科骨干老师。

　　本案例以W老师十年间对"电解"一节教学内容的四次教学实践为研究对象，探究W老师针对某一节教学内容如何进行自我否定，反思重构。揭示其每一次优化教学设计，提升教学效果的动机、原理和细节。也折射出我们课程变革的历程，为教师进行自我革新提供借鉴。

　　"电解"是人教版"选修4"第四章第三节第一课时内容，是中学化学基本理论的重要组成部分，是电化学基础知识。"电解"是中学化学理论体系不可缺少的一部分，同时电解与物理学科中的电学、能量的转换有密切的联系，是氧化还原反应、原电池、电离等知识的综合运用。它位于氧化还原反应、电解质的概念、弱电解质的电离、水的电离、溶液的pH值、原电池等基础知识之后，以上内容为电解的学习提供了上位概念和知识储备，符合化学学科知识的逻辑体系和学生认知规律。教科书将理论研究与实验探讨都放在了十分突出的地位，电解之后，教材安排了电解饱和食盐水、铜的精炼、电镀等，这些内容与日常生活、工业生产有密切的关系。因此电解一节在教材中具有承上启下的功能。

课程标准关于"电解"知识的相关描述为"了解电解池的工作原理，认识电解在实现物质转化和储存能量中的具体应用。"以"电解熔融氯化钠和电解饱和食盐水等案例素材，组织学生开展分析解释、推论预测、设计评价等学习活动，发展学生对原电池和电解池工作原理的认识，转变偏差认识，促使学生认识到电极反应、电极材料、离子导体、电子导体是电化学体系的基本要素，建立对电化学过程的系统分析思路，提高学生对电化学本质的认识。"

（1）初登讲台，依葫芦画瓢　备课是开展课堂教学的前提和保障。教学设计是教学的先导。化学教学设计的过程是运用现代教育理论和现代信息技术，通过对教与学的过程设计，以实现教学的优化。一节完整的教学设计一般包含教学目标、教学策略、教学情景、教学媒体、教学过程、教学评价、作业布置等。

作为刚参加工作的新教师，提高教学设计水平可以通过以下途径来实现：①借鉴各类优秀的教学设计案例；②课堂上听同行教师上课；③自我实践反思，再实践，再反思。通常情况，新教师更倾向于从网络上或各类参考书中寻找教学设计范例进行教学设计。此时，新教师还没有自己的教学主见，也不可能形成自己的教学风格。在进行教学设计时，多数是"教教材"而不是"用教材教"。

2009年W老师第一次上"电解"。作为新教师，W老师习惯性地借鉴自己从市场上购买的参考书上的教学设计。W老师教学设计思路为：演示"电解$CuCl_2$溶液实验→分析产生现象的原因→得出电解概念→给出放电顺序→练习书写电解不同电解质溶液电极反应及总反应方程式"。这种教学设计完全是按照教材编排体系展开，把教材奉为经典，把教辅资料当作宝典。以应试为纲，忽略对电解内涵的解构。当W老师在某一个班第一次上"电解"内容时，刚好遇到学校教务处主任A老师推门听课。

W老师具体教学过程见表2-2。

表2-2　盲从教材与教辅的教学框架

教学环节	教师活动	学生活动	设计意图
课堂引入	[情景引入] PPT展示几种可充电电池图片	学生观看、聆听、感受	展示电池在日常生活和生产中的重要作用，体会学习本节课的必要性，激发学习兴趣
创设情景引发思考	视频播放家庭自制消毒液	观察记录现象，初步感知电解装置	
演示实验感知原理	教师演示电解氯化铜溶液实验	观察实验装置及实验现象，并对实验现象作出解释	让学生通过亲身感受，通电使$CuCl_2$发生了分解
借助动画解决疑惑	计算机动画模拟电解$CuCl_2$溶液的微观过程	从微观角度深入理解电解$CuCl_2$溶液中电极反应的实质，溶液中离子的移动方向，电子移动方向等	通过微观世界的宏观化，从而帮助学生理解电解池的工作原理
构建新知	电解池分析模型：通电前溶液中存在哪些离子→通电后溶液中的离子移动方向→依据放电顺序书写电极反应→由电极反应书写总反应	作笔记	构建电解池试题的分析模型，培养学生迁移运用能力
迁移运用	请分别写出电解饱和食盐水、硫酸溶液、硝酸铜溶液、硫酸铜溶液、氢氧化钠溶液、盐酸溶液的电极反应和总反应	完成练习	强化对电解原理的应用

教务处主任 A 老师是化学高级教师，有着近三十年的化学教学经验。课后，W 老师找到教务处 A 老师请他指点迷津。A 老师笑着对 W 老师说："W 老师，你这个教学设计，灌输味道很浓，直奔考点。学生对电解概念似乎并不是很清楚。你当时这样设计有什么考量？"

W 老师说：自己是一位新手，没有经验。因此上课思路主要抄市场上购得的教学设计。同时参考《教材全解》对知识的解析。自己明白教学目标有哪些，重点、难点是什么。为了防止上课时漏讲知识，出现学生上课听得懂，课后不会做题的现象，自己备课时一般会先把课后习题和练习册做一遍，W 老师发现，关于电解的习题，只要会写电极反应和总反应，其他的问题都能迎刃而解。

A 老师说："我发现课堂气氛好像很沉闷，你对你的'电解'教学设计满意吗？学生满意吗？"

W 老师说：这种教学设计完全是在教教材，教学生如何应试。自己被教材和习题牵着鼻子走，不敢越雷池一步。但从教学效率看，过程简单、快捷，可在短时间内达到掌握知识的目的。应当还可以吧。

A 老师说："依我的经验看，一般高一高二阶段，你这种应试教育模式很有市场，学生平时测试成绩相当好，但是到高三复习时问题就来了，就电解知识而言，学生并没有真正理解什么是电解、电解的意义，一两年过去了，学生对有关电解的知识忘得所剩无几，又得要花大力气帮助学生回忆，得不偿失。"

听了 A 老师的教诲，W 老师惊出了一身冷汗。心想，看来在基础年级只知道解题知识是一种功利性的短视行为，自己还把这种教学理念当法宝，太幼稚了。

（2）再登讲台，渗透观念　《普通高中化学课程标准（2003 版）》发布后，出现了一纲多本的现象：高中化学有人教版、苏教版（江苏教育出版社出版）及鲁科版（山东科技出版社出版）。每个版本教材内容侧重点不同，教材编排顺序有所差异。每一个版本教材都有其优缺点。很多有经验的教师或名师都会通读三个版本的教材，融会贯通，取长补短。

W 老师反思自己第一次"电解"教学设计，认为主要有以下几个方面的问题：①事实的选择及过程设计忽视了学生的认知基础和学生的自主建构原理的过程；②典型的"灌输式，机械训练式"的记忆式学习；③没有引导学生对电解知识进行深度理解。A 老师指出对自己第一次"电解"教学设计的硬伤：到了高三，学生对所学电解知识忘得差不多一干二净。当学生将具体的化学事实性的知识都忘掉的时候，在他们头脑中"剩下的东西"是什么呢？应该是学生通过化学知识的学习，所形成的从化学视角认识事物和解决问题的思想、方法、观点，即植根于学生头脑中的化学基本观念。[1]W 老师查找了很多资料后认为，要解决第一次教学的硬伤，在教学过程中应当渗透化学基本观念。于是 W 老师在反思第一次教学得失和 A 老师的建议下对"电解"进行了重新设计，尝试多教材整合，构建观念。

W 老师第二次的教学设计线索为：采用"电解熔融 $NaCl$→电解水→电解 $NaCl$ 溶液→电解 $CuCl_2$ 溶液"等电解事实帮助学生建构对电解原理的认识，注重基于实验事实电解概念的自我建构，培养学生微粒观和变化观。为了评估这次教学效果，W 老师邀请学校化学教研组长 B 老师随堂听课。

---

[1] 毕华林，卢巍.化学基本观念的内涵及教学价值[J]. 中学化学教学参考，2011（6）：1-6.

W 老师具体教学思路见表 2-3。

表 2-3　尝试观念构建的教学框架

教学环节	设置问题串	理解概念	建构微粒观
环节 1：概念引入	①熔融 NaCl 为什么能导电？②为什么 2NaCl（熔融）$=\!=\!=$2Na+Cl$_2$↑难发生？③为什么电解能够让它发生	熔融 NaCl 中存在自由移动的 Na$^+$、Cl$^-$，两者都达到稳定结构，电解提供强有力的得失电子动力	认识宏观事实进行微观阐释
环节 2：简单体系构建概念	①从微观角度分析电解熔融氯化钠的产物 Na 和 Cl$_2$ 分别在哪一极生成？如何生成？②从微观角度分析初中电解水实验的原理	电源提供电子给电解池的阴极，阳离子得电子发生氧化反应，阴离子在阳极失电子发生还原反应	阳离子往阴极移动，阴离子往阳极移动，分别发生氧化还原反应生成新物质
环节 3：复杂体系理解概念	如果电解饱和 NaCl 溶液，请同学们预测两极产物是什么？再用实验验证你的猜想？你有什么想法	电解复杂体系，首先要判明溶液中存在哪些离子，其次要考虑放电能力。能力强的优先放电	电解多离子体系，存在离子竞争放电
环节 4：迁移应用，升华概念	请分析教材电解 CuCl$_2$ 溶液的现象，电极反应是什么	尊重教材的主体地位，加深对概念的理解	从微观角度理解教材经典实验

B 老师与 W 老师交流说："听说你以前上'电解'这节内容被教务处主任批评了一顿，可有这回事？"

W 老师说："教务处主任批评我教学设计以书写电极反应和总反应方程式为重点，把学生训练成解题的高手，到了高三复习有后遗症，学生没有理解电解的真正内涵，如果试题稍微灵活一点，学生就无从下手。"

B 老师说："你这次'电解'设计注重对电解概念的理解，更为难能可贵的是对学生进行微粒观的培养。你为什么完全推倒第一次教学设计重来呢？"

W 老师反思说："第一次教学设计，为考试而教，那时没经验，手头上只有人教版教材。我发现人教版选用电解 CuCl$_2$ 作为电解的事实建构电解概念有如下两个缺陷：①电解 CuCl$_2$ 溶液的实用价值不大，学生之前从未接触过；②这是一个多离子共存的复杂体系，用它来建构电解原理原型时，学生不可能在原有认知上自主建构，实际教学过程中肯定是老师灌输讲解，学生被动接受。还有人教版应用对比的手法直接说：'原电池是把化学能转化为电能的装置，电解池则刚好相反，是由电能转变为化学能的装置'，这是典型硬塞。当我翻看其他版本教材时，鲁科版教材用电解熔融 NaCl 的事实作为电解原理引入时很受启发，于是摒弃了电解 CuCl$_2$ 溶液来建构电解概念的事实。你看先演示电解熔融氯化钠，从微观角度分析现象，再分析水的电解，再到电解饱和食盐水，层层推进，由单一体系到复合体系，那么电解的放电问题是不是迎刃而解。更重要的是选用'电解熔融 NaCl→电解水→电解 NaCl 溶液'实验链来建构电解概念，符合学生的认知规律，且与学生已有经验相衔接。因为电解熔融 NaCl、电解水、电解 NaCl 溶液这些实验，学生在必修 1 和必修 2 都接触过，对产物也非常熟悉。只不过学生不知道产物是如何生成的。更不知道从微观角度对产物进行分析。用以上实验来建构电解概念和原理应是学生在老师的帮助下对旧知识的顺应和同化，新知识准确地落在学生的最近发展区。从认知难度角度而言，实验链也体现了从简单到复杂的螺旋式上升，学生很容易接受。

学生学习电解知识不再只是掌握电极反应的书写，为考试而学。更多的是对电解概念的深刻理解，学生解决问题的思维能力显著提高。尤其到了高三复习时，大多数学生不需要老师提醒就能解决一般电解问题。"

B 老师对 W 老师的分析频频点头称许，说："小伙子很上进，才参加工作就有这么深的理论水平，后生可畏！不过我很想知道，你这些想法怎么来的？"

W 老师说："那段时间，《化学教学》《中学化学教学参考》上刊登了很多有关化学基本观念教学方面的文章，提出了教学应从知识传授走向观念建构。化学基本观念是学习者在反思体验和实践应用中，将蕴含于具体知识中的化学思想、观点、方法等抽象概括出的一些观念性认识，是化学学科的研究对象、过程、方法、结果在学习者头脑中的整体的、概括的反映。化学观念主要有三大类：一类是化学知识的基本观念，如元素观、微粒观、变化观；一类是化学方法类的基本观念，如实验观、分类观；一类是化学情意基本观念，如化学价值观。对学生进行观念的教学有利于促进学生学习方式的转变，有利于增进学生对知识的深刻理解，有利于促进学生科学素养的全面发展。经分析，我认为电解内容具有很强的微观内涵。电源提供电子给电解池的阴极，溶液中的阴离子定向移动到阳极失电子，电子回流电源阳极，溶液中的阳离子定向移动到阴极得电子。整个电解池的外电路是电子的定向移动，内电路是离子的定向移动。从微粒观角度引领学生理解电解，学生的理解肯定会很深刻。"

B 老师最后对 W 老师说："再过两周，学校要举行青年教师优质课比赛，我看化学组就你参加，内容讲'电解'，不过，我希望到时听到的课跟这次的有点不一样哟。"

（3）三登讲台，建模强思　W 老师希望此次教学设计能够建立"电解"认知模型，同时强化学生科学思维能力。W 老师系统地分析了与电解相关联知识在教材出现的情况，厘清它们对电解教学的潜在价值，并对电解的重点内容进行重新定位。W 老师认为电解是电化学知识的重要组成部分，有关电解的内容出现于初、高中多个阶段。在高中选修 4 "化学反应原理"模块，教学的重点在于帮助学生深入理解电解池的工作原理及应用。由于电解原理等知识本身较为抽象难懂，如果教学过多关注电极反应式的书写及离子放电顺序等具体知识的识记和训练，就很难帮助学生形成分析和解决相关问题的思路与方法。学生理解和学习电解知识的具体困难表现为：不能正确建立电解池模型，不会分析体系中存在的微观粒子的种类，不知道通电后粒子移动的原理，不能根据氧化性和还原性的强弱分析得失电子的顺序进而分析电解产物，不能从能量转化的视角认识电解池实现物质转化的功能等。

基于以上分析 W 老师尝试应用 MBD（model-based discovery）教学模式第三次对电解进行教学设计。

MBD 教学模式即模型发现教学模式。该教学模式主要分为四步：研究原型、构建模型、应用模型和返回原型。相应的学生活动为学习定位、建立模型、迁移应用和优化拓展；教师活动为启发设疑、协调构建、启迪应用和总结评价。

W 老师具体教学框架见表 2-4。

表 2-4　基于 MBD 电解教学框架

教学环节	教学活动与素材	发展学生的能力
环节 1：教学情景	戴维发现了 6 种元素，并利用电解法制得它们的单质	认识化学能可以转化为电能

教学环节	教学活动与素材	发展学生的能力
环节 2：研究原型	展示电解熔融 NaCl 实验，学生观察现象，研究事实原型	研究事实原型的思维意识
环节 3：建构模型	要求学生绘制出电解池模型及电解过程中阴阳离子运动和变化	体会科学研究"现象—模型"阶段，使内隐的思维外显，发展能量观
环节 4：完善模型	分组进行电解饱和食盐水的微型实验，并汇报实验结果，解释实验现象。完善实验模型	体会科学研究"现象—模型—实验—理论"阶段，掌握完善模型的思维方法，发展物质转化观
环节 5：返回原型，总结提升	运用电解模型原理分析电解 $CuCl_2$ 溶液	返回原型再认识电解这一物质转化方法

教学过程如下：

环节 1：教学情景

【素材 1】戴维用电解法发现了钾、钠、钙等 6 种元素，并制备出它们相应的单质。

【问题 1】钾和钠的性质都很活泼，这些元素是怎样发现的？写出工业上制备钠的反应方程式。

【设计意图】以原电池和电解池的工作原理为思维起点，体会电解中能量转化关系，认识到电能可以转化为化学能。

环节 2：研究原型

【素材 2】视频展示电解熔融氯化钠实验，提供学生认识电能转化为化学能的事实原型。

【学生活动 1】观看实验视频。

【问题链 1】① 两极分别有什么现象？

② 反应是在什么条件下完成的？

【设计意图】引导学生认识到在电能的作用下可以完成 $2NaCl \longrightarrow 2Na+Cl_2\uparrow$ 的装置为电解池，认识到在电解的作用下非氧化还原反应是可以发生的。在师生讲解和互动交流中，学生接触到阴极和阳极的概念。

环节 3：建构模型

【学生活动 2】分析电解氯化钠实验，请用图形绘制电解过程中微粒的运动变化并汇报和交流。

【学生活动 3】分析电解原型各部分功能。学生讨论、汇报交流。

【问题链 2】① 描述绘制模型图中各部分在完成物质转化过程中的功能。

② 用化学用语解释模型完成物质转化的过程。

③ 分析和预测电解产物的一般步骤和方法。

【设计意图】学生原本内隐的思维过程通过图示、符号的形式外显出来，将复杂的电解过程模型化，使学习电解的困难可以在互动交流中得以暴露和解决。进而引导学生找到科学、有序的微观分析，模型的思维建构过程。让学生体会科学研究"现象—模型"第一阶段。认识电解池的构成要素，从能量视角分析了微粒间的相互作用，从而发展学生的微粒观。

环节4：完善模型

【任务驱动】要求学生应用模型分析电解氯化钠水溶液，预测产物，写出电极反应，分析两极在电解过程中的酸碱性变化。再根据你的预测设计实验方案，验证你的预测。

【学生活动4】进行微型电解水实验，观察现象，检验产物。

【学生活动5】学生汇报交流实验结果，分析原因，完善电解模型。

【设计意图】以典型的电解实验实例为载体，按照"现象—模型—实验—理论"的程序思考完善电解原理模型，认识到电极处存在微粒间的相互竞争放电；电解产物还与离子浓度、所处的环境等有关系；在电极区溶液的现象表现为离子放电的结果优于离子的定向移动结果。在经历科学探究的过程中，学生受到思维的训练；实验现象不仅有证明自己预测正确的功能，还具有否定某种假设、支持相反假设的功能。学生能从物质转化的视角分析微粒间竞争及转化的电能作用，形成电能对化学能的转化认识。

环节5：返回模型

【任务驱动】要求学生运用电解模型原理分析电解 $CuCl_2$ 溶液产物。

【设计意图】返回原型，形成分析电解问题的一般思路。首先根据电源，再看微粒及微粒的移动方向，最后根据微粒的得失电子情况判断可能的产物及环境的作用。将这一思路运用到具体问题的分析和解决中，感悟电解是使非自发的氧化还原反应发生的一种手段，完善氧化还原反应物质转化知识体系，发展电化学知识。

W老师这次教学实践夺得了学校青年教师优质课比赛头名。在组内评课活动中，大家给予好评。

B老师对W老师的惊艳表现很满意，希望W老师具体谈谈此次教学设计的思路及理论。W老师回答说：此次教学设计的思路为以科学观察和实验资料为基础，用经过加工处理或科学抽象建立起来的模型来对典型的电解实例展开分析和探究，以此来把握电解的本质和原理。具体而言以电解在化学发展史上的重要意义为情境素材，让学生认识到电解的价值，并驱动思考电解的方法；通过分析电解熔融氯化钠获得钠单质的演示实验，让学生抽取绘制电解池的装置模型建构电解原理模型；通过电解饱和食盐水的产物分析预测及实验验证，让学生进一步认识微粒间的相互作用（离子得失电子）、相互竞争（不同离子的放电竞争）及相互转化（电极反应微粒和产物），通过微观粒子的转化分析认识到宏观物质间的转化是依赖于外加能量（电能）实现的，完善电解原理模型；最后返回原型分析电解 $CuCl_2$ 溶液的产物，再次感受电解（电能转化为化学能）在物质转化中的价值。这一路径也显示了学生思维培养和能力提升的过程，即从对具体事物的理解到分析提取概括以及解决问题的能力。

教务处主任A老师认为W老师此次教学设计有以下三个方面的亮点。①从能量观、微粒观到物质转化观三个维度关注学生化学观念的建构。教学设计将宏观的能量转化、物质转化与其内在的化学反应微观实质建立关联，可以引导学生从根本上认识电解问题。②基于模型建构的教学，关注学生分析和解决问题的思维过程。基于模型建构的教学设计让学生学会了对新事物的认识思考方法：基于实验资料和科学观察，对电能转化为化学能这一现象进行思维加工，用绘制图形的方法初步勾画出电解原理的初步模型，而后进行深入的实验和探索继续完善这一模型。③从课后反馈看，学生的科学思维得到了一定程度的发展。学生能够选择不同的模型解释一些较为复杂的电解问题。

最后组内一致推荐 W 老师参加县优质课青年教师比赛。

（4）四登讲台，落实核心素养　迷思概念指和现在的学科概念不同的概念。教学中把头脑中存在的与科学概念不一致的认识叫做"迷思概念"，高中化学考试一般不会考查概念，因此很少有老师会关注概念教学。在老师眼里，只要学生会解题就算达到了教学目的。长此以往，中学生头脑中堆积了一定数量的迷思概念，这对知识的科学传承不利。

既然是代表学校参加全县优质课比赛，W 老师想首先不能落入俗套，其次要紧跟时代步伐。当前，核心素养的概念刚提出，如果在教学中能够落实化学学科核心素养也许能够为自己增色不少。W 老师确定了此次教学设计的两个理念：落实核心素养、破解迷思概念。教学从破解迷思"电解质溶液导电是物理变化还是化学变化"开始，强化证据意识，引导学生能基于证据对电解原理及相关概念进行分析推理，并加以证实或证伪，引导学生建立观点、结论和证据之间的逻辑关系。围绕"模型构建→模型完善→模型应用"这一科学思维循序推进，渗透着由简单到复杂、由现象到本质的思想，并能运用模型解释化学现象，揭示现象的本质和规律，培养学生"证据推理与模型认知"的化学学科核心素养。同时引导学生认识科学探究是进行科学解释和发现、创造和应用的科学实践活动，对与化学有关的社会热点问题作出正确的价值判断等，落实了"科学探究与创新意识"和"科学态度与社会责任"两个维度的化学学科核心素养。

W 老师具体教学过程如下：

【教学情景】熔融氯化钠和氯化钠溶液为什么能导电？氯化钠溶液导电是物理变化还是化学变化？

【学生回答】略

【教师点拨启发】同学们一致认为熔融氯化钠和氯化钠溶液导电是物理变化，也许是受金属导电是物理变化的影响吧。我们能否换个角度来考虑这个问题，如何证明熔融氯化钠能导电？

【学生回答】给熔融氯化钠接上电源和电流表，看电流表指针会不会偏转。

【学生顿悟1】老师，在学习钠及其化合物时，我记得电解熔融氯化钠会生成金属钠和氯气。

【学生顿悟2】在海水资源开发及其利用一节时，好像电解饱和食盐水可得到氢氧化钠、氢气和氯气。

【教师追问】同学们，你们还认为电解质溶液导电是物理变化吗？

【学生回答】不是，是化学变化。

【教师归纳总结】电解质溶液导电实质上就是电解质溶液的电解过程。

【实验探究1】视频播放电解熔融氯化钠实验。

【学生活动】观察实验现象，熟悉装置的各部分名称。

【问题链引导探究】①绘出电解熔融氯化钠的装置简图，并标出电极名称。

②熔融氯化钠存在哪些离子？

③阴阳两极各得到什么物质？是如何得到的？

④熔融氯化钠中的钠离子和氯离子在电场的作用下如何移动？

【学生活动】交流讨论，思考作答。

【实验探究2】学生按图2-1分组进行水的电解实验。

【问题链引导探究】①水中存在哪些离子？氢气、氧气各在哪一极产生？

②产生氢气、氧气的离子分别是谁？

③结合电解熔融氯化钠实验，请归纳氧化反应和还原反应分别在阴、阳哪一极发生？

④H^+得到的电子从哪里来？OH^-失去的电子到哪里去了？

【实验预测】如果将氯化钠溶于水，再进行电解，请同学们完成下列表格。

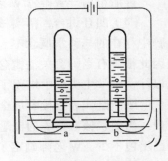

图2-1　水的电解

阴极产物	阴极产物检验方法	阳极产物	阳极产物检验方法

【学生活动】交流讨论，基于电解熔融氯化钠实验和电解水实验进行分析预测。内容略

【实验探究3】教师演示电解饱和食盐水实验，学生观察现象，并对实验现象作出解释。

【学生困惑】学生发现，当阴极有两种阳离子H^+和Na^+时，两者并不是同时放电，而是H^+放电，说明放电有先后顺序。同样阳极有两种阴离子OH^-和Cl^-时，Cl^-先放电。至于为什么会出现这种情况，学生一时还不太明白是怎么回事。

【教师点拨释疑】同学们，你们的预测为什么会与真实实验结果有出入呢？如果从氧化还原角度看，对于电解复杂体系，阳极是否存在竞争氧化、阴极是否存在竞争还原的问题呢？

【学生顿悟3】在阴极，当有多种阳离子可以发生还原反应时，氧化性强的离子优先得电子。同理在阳极，有多种阴离子可以发生氧化反应时，还原性强的离子优先失电子。

【规律探讨】请同学交流讨论：分析电解产物的一般思路。

【师生活动】略

【新知巩固】U形管装滴有石蕊的硫酸钠溶液，用惰性电极进行电解会得到什么产物？有何现象？电解一段时间后，将U形管内溶液倒入烧杯中，有何现象？请测一下溶液的pH值？

【学生活动】略

【拓展应用1】电解饱和食盐水在工业生产中非常有实用价值。可以用来生产烧碱、氯气、氢气。但是我们知道，氯气和氢气混合极易爆炸，生成的氯气又会与烧碱反应，使制得的烧碱不纯。为了解决这两个问题，科学家们发明了离子交换膜。离子交换膜按功能及结构的不同，可分为阳离子交换膜、阴离子交换膜、两性交换膜、镶嵌离子交换膜、聚电解质复合物膜五种类型。简单地说，阳离子交换膜只允许阳离子通过，阴离子交换膜只允许阴离子通过。

氯碱工业的原理如图 2-2 所示。

【拓展应用 2】在电解硫酸钠溶液的基础上，如何通过添加阴离子或阳离子交换膜，实现制备硫酸和氢氧化钠？

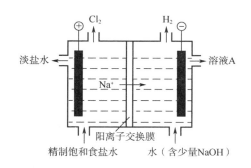

图 2-2　氯碱工业原理

W 老师的第四次"电解"的教学设计，最终以情境新、探究深、逻辑性强、关注学生素养（县化学教研员给出的评语）获县优质课比赛一等奖。

W 老师反思认为：第三次"电解"教学一开始从戴维发现 6 种金属元素并制备其单质为情境引入新课只是从能量视角引入，仅是达到了让学生知道"电解是一种最强的氧化还原手段，是能量转化的一种手段"。这个情境并不能为深层次理解电解概念提供更多帮助。此次教学情景的设计是基于课前的问卷调查为基础。问卷主要涉及两个问题。分别是"熔融氯化钠和氯化钠溶液为什么能导电"和"氯化钠溶液导电是物理变化吗"。关于第一个问题，所教的两个班有 2/3 的学生回答氯化钠是电解质，仅少数学生答存在自由移动的离子。这说明学生只是记住了电解质这个概念，至于电解质为什么能导电不太清楚。关于第二个问题，几乎所有同学都回答是物理变化。当时我感到非常震惊。看来没有对知识的深层次理解极易导致迷思概念的产生。将"熔融氯化钠和氯化钠溶液为什么能导电？导电到底是物理变化还是化学变化？"为情境引入新课，既考虑了学生原有的认识基础，也纠正了学生的迷思概念。这样的引入和后续设计，为修正并发展学生的认知、实现认知的螺旋式上升提供了保障。

有老师担忧 W 老师对离子交换膜拓展以及要求学生利用离子交换膜实现由电解硫酸钠来制备硫酸和氢氧化钠这两个问题有超纲之嫌。

W 老师认为：高考试题中常会涉及离子交换膜，当然这不是主要的。对电解饱和食盐水和电解硫酸钠进行挖掘主要基于以下考虑。一是让学生体会从理论到实践需要经过许多技术设计，从实验室到工业化生产同样需要再创造。二是各种离子交换膜在实际生产、生活中具有广泛应用价值。因此教学中把握"教什么知识"和"为什么教这些知识"很考验一个老师的专业素养。如果老师没有厘清电解这一节内容的核心素养，一般不会作以上拓展。电解内容涉及的核心素养主要有"宏观辨识与微观探析""证据推理与模型认知""科学态度与社会责任"等。

可以说，通过 W 老师四次对同一内容的精心打磨，我们有理由相信，W 老师在短时间内由一名教育新人成长为专家型教学能手。从 W 老师的同课异构自我革新进程中，我们不难看出，教师的专业发展，首先需要教师要有一颗进取的心，要不断地进行专业阅读，其次同行的互助引领是催化剂，比赛任务是驱动平台。

结语

"年年岁岁花相似，岁岁年年人不同"，重复内容不重复的教学设计。一个教师教学水平的提高，一定要摒弃一本教案吃一生的思想。有些教师虽然有着很多年的教学经验，如果不自我革新，不与时俱进，也只不过把一年的教学工作重复了很多年而已，其教学水平不见得有多大的提高。

**案例
思考题**

1.用电解氯化铜溶液实验来构建"电解模型"有哪些优缺点？请设计一组探查学生"电解"一节内容迷思概念的二段式测验诊断试题。

2.你认为"电解"一节内容承载了哪些学生可以发展的学科核心素养？结合案例分析教学目标与教学手段的对应关系。

3.W老师四次对"电解"进行教学设计所依据的教学理念分别是什么？反映了我国课程改革经历了一个怎么的过程？

4.查阅专业期刊，针对某个教学主题，了解改革开放以来教学实践的变化。

推荐阅读

[1]威廉.F.派纳.理解课程（上）[M].张华，译.北京：教育科学出版社，2003：69-134.

[2]张莹.化合物与混合物迷思概念检测工具的发展与诊断[J].化学教育，2009，12：22-24.

[3]邓阳，王后雄.利用二段式测验诊断高三化学复习中学生的迷思概念[J].化学教育，2010，12：48-51.

[4]辛涛，等.论学生发展核心素养的内涵特征及框架定位[J].中国教育月刊,2016,6：3-7.

[5]核心素养研究课题组.中国学生发展核心素养[J].中国教育月刊，2016，10：1-3.

第3章
化学教科书与内容建构

3.1　化学教学内容的建构

3.1.1　课程内容、教材内容、教学内容

自《基础教育课程改革纲要》2001年颁布以来，国家出台了各学科不同学段课程标准，改变了过去课程内容普遍"繁难偏旧"的状况，明确了国家课程标准是教材编写、教学、评估和考试命题的依据。课程标准是国家意志在教育领域的直接体现，规定了中学生学习的内容，具有法定的地位。在课程标准中又通过内容标准、活动与探究建议以及可提供的情景材料三个方面来反映课程内容。

课程内容一般指特定形态课程中学生需要学习的事实、概念、原理、技能、策略、方法、态度及价值观念等❶。这就为教材编写提供了指南。

教材是课程标准的物化形态，课程标准描述的是学生的学习结果，没有限定教师的教学内容，因而它不直接规范教学材料，而是通过描述学生的学习结果间接影响材料的编写❷。教材的主要表现形式为教科书，教科书是一门课程的核心教学材料。同时所有的教学内容和教学过程也都要以课程内容为基准，不能轻易改变。

教学内容不仅包括教材内容（素材内容），而且包括了引导作用、动机作用、方法论指示、价值判断、规范概念等。教材是教学内容的重要成分，但它仅是一种成分❸。

课程内容、教材内容、教学内容是相互联系而又有区别的三个重要概念，它们与教学目标及课程目标紧密相联，"三种内容"关系见表3-1。

表3-1　"三种内容"的区别与联系

项目	课程内容	教材内容	教学内容
领域	属于课程论研究范畴	属于教材论研究范畴	属于教学论研究范畴
确定主体	国家确定，体现了国家意志	各出版社组织有关人员编写	教师确定
要求层次	是国家对学生科学素养发展的最基础的学习要求	体现课程目标要求	可以是基础要求，也可以是较高要求
特点	静止的，一旦确定，则相对稳定	相对静止和稳定，规范、标准、有序	动态的，教师可根据实际情况随时进行调整
功能	规范作用	资源、工具和手段	教学目标的内容载体

❶ 俞红珍.课程内容、教材内容、教学内容的术语之辩[J].课程教材教法，2005（8）：49-53.
❷ 沈兰.关于制订课程标准的建议[J].外国教育学刊，2000（5）：21-24.
❸ 郭晓明，蒋红斌.论知识在教材中的存在方式[J].课程教材教法，2004（4）：3-7.

由此可见，教材内容是实现课程目标的载体，教学目标是对课程目标的细化。教师通过组织教学内容直接落实教学目标，最终要直指课程目标。

事实上，教师要完成课程内容，实现课程目标的重要基础和突破口是教材理解基础上的教学内容组织。所谓教材理解是指教师基于自身专业知识、专业素养和教材观，对教材意义的解读过程。[1]然而，在实际教学中，把获取知识作为教学主要目标的现象还较为普遍。同时，一方面由于各中学使用指定教材，教师"教教材"的现象始终存在；另一方面，各学段教材有好几种版本，如初中化学教材现有六种版本，分别为人教版、鲁科版、沪教版（上海教育出版社出版）、北京版（北京出版社出版）、仁爱版（科学普及出版社出版）、科粤版（科学出版社、广东教育出版社出版）。由于存在"一标多本"，不同版本之间既存在一定的共性，又存在着一定的差异性，这给教师二次开发教材一个错觉：教材的内容似乎可以随意处理。因而，时有"不尊重"教材的情况发生。所以，如何正确理解教材，合理组织教学内容，以完成课程内容，实现课程目标，是需要我们认真回答的。

3.1.2 教教材与用教材教

20世纪末，国务院就提出要"深化教育改革，全面推进素质教育"，新课改的目的就是要在21世纪构建起符合素质教育要求的基础教育课程体系。2001年6月，《基础教育课程改革纲要（试行）》出台，标志着新一轮教育课程改革全面启动。2003年，教育部印发的普通高中课程方案和课程标准实验稿，指导了十余年来普通高中课程改革的实践。随着新课程改革的不断深入，传统的教学理念也必须随之改变，新课程改革关注学生发展、强调教师成长、重视以学定教，并且新的课程观、知识观、学生观、教师观、学习观、教学观、教材观都在逐步渗透于教师的教学中。"纲要"指出：教材的开发要积极开发并合理利用校内外各种课程资源。这些资源不仅包括充分利用学校的一切可以利用的场地，还包括各种社会资源、自然资源及其信息化资源等。狭义上的教材，一般是指教科书。广义上的教材，一般是指教师为实现一定教学目标，在教学活动中使用的、供学生选择和处理的、负载着知识信息的一切手段和材料。从表现形式上讲，它既包括以教科书为主体的图书教材，又包括各种视听教材、电子教材以及来源于生活的现实教材等。教材是使学生达到课程标准所规定的内容载体，是教师教与学生学的主要工具。[2]课程标准是课程的"灵魂"，教材则是课程的"肉体"。因此，新的教材观中要求树立"用教材教，而不是教教材"的观念。创造性地使用教材，即对教材的二次开发。教科书的编制是对教材的一次开发，而教师如何使用教材则是教师对教材的二次开发，教师对教材二次开发的结果，直接关系着教学的效果与学生的发展。因此，教师如何对教材进行二次开发，创造性地使用教材，是每位老师都面临的问题和考验。2015年3月30日，教育部在《关于全面深化课程改革 落实立德树人根本任务的意见》中，提出要加快"核心素养体系"建设。核心素养视界下的教材的二次开发，要求教师首先要更新教学理念，审视核心素养视角下教材应有的作用，努力为落实"立德树人"的教育方针，培养学生成为社会主义的建设者和接班人服务。其次，把核心素养的要求落实到二次开发之中。当教师的角

---

❶申大魁，田建荣.教师教材理解：概念、类型及转向[J].教育理论与实践，2014，34（22）：55-58.

❷钟启泉.教材概念的界定与教材编制的原则与技术（一）[J].上海教育，2001（8）：51-53.

色、学生的地位和教学方法发生根本性变革的时候，与之相对应的教师对教材的开发利用也不再是传统意义上的备课，它的本质同样发生了根本性的变化。教师必须改变传统的教学模式，探索符合最新课程目标的教学方法，加强对教学的反思能力。核心素养体系建设被置于深化课程改革、落实立德树人目标的基础地位，成为下一步深化工作的"关键"因素和未来基础教育改革的灵魂。落实核心素养下的创造性的教材使用，必须更新过去传统的教材观。传统的教材观念认为教材是教学的出发点、内容和目的，教学是由教师到学生的传输过程，即"教教科书"。在新课程教育背景下，教材更多表现为一种媒介、一种工具、一种资源，教学应该是"用教科书教"。学校中的教学，最基本的模型就是"教学的三角形模型"，即教材、教师、学生。在新课程背景下的教材，主要扮演着学生"学习资源"或者"学习材料"的性质，而教师更重要的是作为学生学习的引导者。因此，在教师创造性地使用教材时，教师需要针对教材的相关内容重新调整、整合，挖掘更深层次的内容，设置训练思维的活动和题目，让学生学以致用，并且能够促使他们在生活中运用所学的知识，将理论紧密联系实际生活，以此尽可能地满足不同个性特征的学生的需求。

3.1.3 教材处理深广度

2018 年 1 月教育部颁布《普通高中化学课程标准（2017 年版）》（以下简称"新课标"），标志着我国高中化学教学改革进入一个崭新的阶段。但当前高中化学教学实施过程中依然存在一线教师处理教材深度和广度不足的问题。必修模块是在义务教育阶段化学课程基础上面向全体高中生而开设，旨在促进学生在知识与技能、过程与方法、情感态度与价值观等方面的全面发展。进一步提高学生科学素养，同时也为学生学习相关学科课程和其他化学课程模块奠定基础。选修模块是在必修课程基础上为满足学生的不同需要而设置的，属于必修模块的拓展与延伸。在引导学生运用实验探究、查阅资料、交流讨论等方式，进一步学习化学科学的基础知识、基本技能和研究方法，更深刻地了解化学与人类生活、科学技术进步和社会发展的关系，同时为具有不同潜能和特长的学生未来的发展打下坚实基础，而各选修模块均有所侧重，共同构成完整的知识体系。模块之间既相互独立，又反映学科内容的逻辑联系，因此，对必修部分核心知识中选修衔接学习的内容，在"学什么"和"学到什么水平"上应进行合理把握。虽然新课标对必修部分知识的要求并不是很高，但很多一线教师在进行该内容的教学时，所教授的知识量远远大于教材要求。新课标中基本理念提出要设计有层次、多样化的高中化学课程，并强调注重"教、学、评"一体化，"教、学、考"合一，以学定教、以学为本，因此，教师在教学时，需要围绕课标要求，结合学生实际制定适合自己学生学习的深度和广度，并根据学生的课堂表现及时调整教学的深度和广度。

此外，新课标提出了"宏观辨识与微观探析、变化观念与平衡思想、证据推理与模型认知、科学探究与创新意识、科学态度与社会责任"五大化学学科核心素养，并从实践感知、思维方式、知识建模、科学素养四个层次对五大核心素养进行了划分。虽然这些层次对教学的深度和广度有着不同程度的要求，但都是以引导教学、关注育人为目的，注重学生化学学科核心素养的培养，从而提高学生综合运用化学知识和解决实际问题的能力。

众所周知，兴趣是促使学习行为发生的动机与条件，而适合学生认知水平的深度和广度，才能促使最佳学习效果的达成和核心素养的发展。因此，教师在教学实践中，要充分了解学生的认知水平，及时跟踪和分析学生学习情况，根据学生实际情况来制定适合学生认知发展和素养发展要求的教学内容的深度和广度，从而提高学生学习化学的自信心和兴趣。

最后，对于教师来说，由于教师在发展过程中，需要不断提升自己的知识和专业技能。在这个过程中，教师需要在实践的过程中不断总结、反思、探索、分析，从而确定适合学生学习的深度和广度。教师在探索、分析和设计的过程中，不断提高自己的教学水平，轻松把握教学的深度和广度，使课堂教学深度和广度的调控游刃有余。

近年来，随着信息技术的飞速发展，对教师的专业水平要求越来越高。教师在教学的过程中，需要不断地学习新理念、新思想、新知识、新技术，从而提高教学深度和广度的把控能力。因此，为更好地适应时代的发展，作为一线教师要贯彻新理念，不断丰富自身的知识储备，掌握教学内容的深度和广度，并将其游刃有余地运用于课堂教学中，从而更好地发展教师素养和提高教师专业水平。

3.2 典型案例

3.2.1 "一标多本"背景下的"燃烧与灭火"教学

教材理解是指教师基于自身专业知识、专业素养和教材观，对教材意义的解读过程。教材理解是课堂教学指向课程目标实现的重要基础和突破口，基于教材理解的教学能够充分发挥教材的教学价值。以 J 师大附中一节国培研讨课"燃烧与灭火"为例，介绍 W 老师以人教版教材为蓝本的教学实践，包括如何"燃"、如何"灭"、如何"用"三个部分，并结合运用其他五种不同版本初中教材进行教学设计的五个初中化学国培小组成员的教学设计，深入探讨课程标准、教材理解和教材二次开发等之间的关系。案例表明，分析"一标多本"能够为教师充分领悟课程标准、理解教材、开发教材、组织教学提供借鉴和启示。

 案例正文

J 师范大学 2017 年又获批全国初中化学教师国培示范性项目，面对来自全国各地一线初中化学教师，开展了一次"基于'一标多本'的化学教学"主题研讨，选取当地名校 J 师大附中教师进行教学展示并相互交流。

J 师大附中安排了 W 老师来上这节展示课。W 老师，男，2015 年 9 月从 Y 师范大学毕业，进入 J 师大附中，现正攻读 Y 师范大学在职教育硕士。W 老师勤奋好学，积极肯干，除担任初三化学教学任务外，还兼管化学实验室，在学校支持下，成立了化学实验社。参加工作的第二年就成功举办了首届化学学科节活动，还将学生制作的化学礼品进行义卖。

根据教学进度，选定"燃烧与灭火"课题为研讨主题，且预先把国培学员分成五个小组（由于授课者使用人教版，所以人教版没有安排小组），每个小组分别选取目前正在使用的一种版本的初中教材，先进行小组研讨，在此基础上来观摩安排在 J 师大附中的人教版九年级化学上册第七单元课题 1"燃烧与灭火"教学。

W 教师作为参加工作第三个年头的新老师，接到上这节研讨课的任务后，既兴奋又紧张。为了上好这节研讨课，W 老师从网络上下载了十多个有关"燃烧与灭火"的教学设计和视频，然后结合自己的一些想法整合出一篇教学设计。由于是国培项目，面对全国来参训的化学教师，W 老师事先将自己整合好的教学设计打印出来给了 M 教授（M 教授为此次国培项目的负责人），M 教授认真研读了 W 老师的教学设计，指出：W 老师的教学设计有"教教材"之嫌，没有领会课程标准的意图。建议 W 老师参阅课程标准有关"燃烧与灭火"相关规定，同时参考其他版本教材。充分理解教材，在尊重教材的基础上对教材进行二次开发，将课程目标落到实处。

W 老师仔细研读了课程标准中有关"燃烧与灭火"的内容及要求，认真分析人教版教材，比较了其他版本教材对此内容的呈现方式，在借鉴不同优秀教学设计的亮点的基础上，最终确定了自己的上课思路。他将这节课分成了三部分：如何"燃"、如何"灭"、如何"用"。

其制定该课教学目标为：

① 通过实验探究，初步认识燃烧现象，知道物质燃烧所需要的三个必要条件。

② 初步认识灭火的原理，并学会运用灭火的原理解释生活中的防火、灭火现象和方法。

③ 通过经历实验探究过程，初步学会运用控制变量、实验观察等方法获取信息，并能运用比较、归纳等方法对信息进行加工，逐步形成探究的意识、提高探究的能力。

④ 通过认识燃烧条件和灭火原理，懂得一切事物变化均有规律，认识和掌握规律，可以使事物按照一定的方向进展，避开灾害，造福人类，增强安全意识。

⑤ 在小组合作探究过程中提高交流合作意识，体会科学探究的乐趣，增强学好化学的信心。

（1）如何"燃"

① W 老师"如何'燃'"　对于如何"燃"的问题，选择什么情境来导入课题呢？W 老师以人教版教材为蓝本，借鉴了北京版、仁爱版两个版本教材对"燃烧的条件"这一内容的呈现形式，创造性地设计"水中生火"的魔术（白磷在水中剧烈燃烧实验）。该教学情境与学生熟知的燃烧形成巨大的反差，能够激起学生较大的好奇心。但是"水中生火"的魔术并没有脱离教学主题，同时又为探究燃烧的条件埋下伏笔。白磷在水中燃烧的"水中生火"魔术源于教材，W 老师没有将其作为探究燃烧条件的实验而是作为导课情境，显示 W 老师对教材内容的尊重和再加工能力。

对于燃烧条件的探究，人教版直接通过红白磷燃烧实验来构建。W 老师认为这样处理对于燃烧需要可燃物的证据不充分，在借鉴了科粤版相关内容后，W 老师补充了石头和纸片谁能燃烧的对比实验。W 老师认为，教材编排的红磷、白磷燃烧实验有缺陷。一是实验在开放体系中，会产生白烟，即产生五氧化二磷，对人体有害。二是白磷在水中不易固定。W 老师经过反复摸索，对红磷、白磷的燃烧实验进行了改进，设计了实验装置。该装置灵感来自教材第二单元测定空气氧气体积分数实验，为了控制变量，在原装置基础上再增加了一个燃烧匙及一个小试管，燃烧匙放红磷，试管中放等质量的白磷。这样就可以实现对燃烧的三个条件的探究。通过补充实验和改进实验的探究，建立证据和结论之间的逻辑关系，从而得出燃烧的三个条件，解决"如何'燃'"的问题，同时引导学生用所学知识解决与化学有关的问题，揭秘魔术的奥秘。其具体教学过程如下：

【师】每年春晚魔术都是大家非常喜欢的一个节目，今天老师也给大家带来一个魔术。这个魔术的名字叫作"水中生火"（在烧杯中装热水，烧杯底部倒放一个玻璃瓶塞，将一小块白磷放在上面，然后将装有氧气的试管倒扣上去，白磷立即在水中剧烈燃烧），看有谁能揭秘这个魔术？

【生】水火不容，为什么这个魔术水与火相容？

【师】生活的经验告诉我们，燃烧是不会在水里发生的。可是，上面的魔术恰恰就是在水里面发生了燃烧。同学们想知道"水火相容"的秘密吗？

【师】燃烧的定义——燃烧通常指的是可燃物与氧气发生一种发光、放热的剧烈氧化反应。

【师】请同学们思考，现在老师手中有两种物质，请问你觉得哪种物质可以燃烧呢？（展示两种物质：纸、石头）

【生】纸可以燃烧，石头不可以。

【师】通过两种物质的对比，你觉得发生燃烧需要满足的第一个条件是什么？

【生】物质必须是可以燃烧的物质。

【师】燃烧的第一个条件——可燃物。

【师】有了可燃物，物质是否可以直接燃烧呢？你觉得还需要满足什么条件？

【生】还要有氧气或空气。

【师】有可燃物、氧气或空气，物质就能燃烧起来了吗？接下来我们来看一个课本上的改进实验，见图3-1。

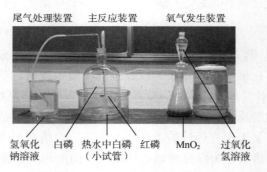

尾气处理装置　　主反应装置　　氧气发生装置

氢氧化　白磷　热水中白磷　红磷　MnO₂　过氧化
钠溶液　　　　（小试管）　　　　　　氢溶液

图 3-1　燃烧条件探究（钟罩实验）

一个大钟罩配一个玻璃水槽；橡胶塞上插入两个高低不同的燃烧匙，向两个燃烧匙中分别加入等质量的白磷与红磷，高的燃烧匙放白磷，低的燃烧匙放红磷，玻璃水槽底部粘有一根小试管，向试管中加入等质量的白磷。

【实验】向玻璃水槽中加入开水，使得试管中的白磷位于水下，观察实验现象。

【生】燃烧匙中的白磷燃烧了，红磷没有燃烧；水中的白磷没有燃烧。

【师】为什么白磷燃烧了，红磷却没有燃烧？

【生】红磷没达到一定的温度，所以没有燃烧。

【师】可燃物燃烧除了需要氧气助燃，还需达到一定的温度，这个温度就是着火点——物质燃烧所需的最低温度，白磷的着火点为40℃；红磷的着火点为240℃。

【师】如果想让红磷燃烧起来应该怎么办？

【生】用酒精灯对红磷进行加热，使温度达到红磷的着火点。

【师】水中的白磷没有燃烧，为什么同样都是白磷，燃烧匙中的白磷燃烧了而水中的白磷没有燃烧呢？

【生】因为水中的白磷没有与氧气接触。

【师】如果想让水中的白磷也燃烧，应该怎么办？

【生】往小试管中通入氧气。

【实验】启动氧气发生装置，打开分液漏斗活塞，使过氧化氢与二氧化锰混合制得氧气，并将氧气通入热水中的白磷，观察实验现象，并分析出现该现象的原因。

【生】白磷在水中剧烈地燃烧，再次验证了燃烧需要氧气。

【结论】

实验序号	实验现象	结论
1.上端燃烧匙（白磷）	燃烧	①通过对比实验1、2可知：燃烧需要温度达到可燃物的着火点；
2.下端燃烧匙（红磷）	不燃烧	
3.热水中的白磷	不通氧气，不燃烧；通入氧气，燃烧	②通过对比实验1、3可知：燃烧需要氧气

如图 3-2 所示。

图 3-2　燃烧条件探究结论

【师】燃烧的三个条件为可燃物、达到着火点、氧气。三个条件缺一不可。

【师】那魔术"水中生火"的火是怎么产生的？

【生】水中有可燃物白磷，热水的温度达到了可燃物的着火点，并且试管中有氧气助燃。

【师】看来同学们都掌握了燃烧的条件并已经会学以致用了！

在课后研讨时，W老师首先谈了他对"燃烧与灭火"一节的教材理解。

W老师分析了这节教材内容的地位与作用。W老师介绍说："燃烧与灭火"这一知识内容位于2012年修订的人教版九年级化学教材上册第七单元第一节。该内容上承小学综合实践活动"火的历史与用途"以及九年级化学第二单元"我们周围的空气"，下接氧化还原反应等知识。在学习氧气的化学性质的时候，学生已经认识到了一些物质能够在空气和氧气中燃烧，为本节课的学习奠定了基础。因此，本节内容是对以前知识的补充与完善，对以后知识的学习起铺垫作用，是知识逐步向能力转换的一座桥梁。通过学习该内容，学生可以对燃烧的条件和灭火的原理有更深的理性认识，并对生活中的许多现象作出很好的诠释。体会化学与生活的紧密联系，感悟"从生活走进化学，从化学走向社会"的教材编写理念。同时也可以体会到燃烧背后的人文价值，是对学生进行素质教育的好素材。

从钻木取火开始，燃烧便在人类文明史上留下浓墨重彩的一笔。近代化学的发展，从燃素说到氧气的发现，也始终与燃烧有着千丝万缕的关系。燃烧，可以说是日常生活中最常接触到的一类化学反应。但本节课是学生第一次系统、深入地站在化学角度认识燃烧现象，并通过科学探究的方法进一步了解燃烧的条件和灭火的原理，可以意识到利用学过的科学知识和科学原理来解释生活中遇到的具体的科学现象和方法。

W老师梳理了"燃烧与灭火"这一知识内容的教材特征。W老师说：人教版"燃烧与灭火"一节由"燃烧条件""灭火原理"以及"易燃物和易爆物的安全知识"构成。"燃烧条件"和"灭火原理"是本节的重点内容。教材安排通过控制变量探究白磷和红磷的燃烧来构建燃烧所需要的三个条件。由学生讨论日常生活中一些灭火实例引申出灭火的三种手段，进而通过实验探究灭火的原理。在呈现方式上，教材比较注重情境展现，让学生在情境中感受、疑问、发现、运用；在内容编排上，教材注重学生的活动与探究，并为此设计了实验、讨论、活动与探究等栏目；在知识结论上，教材则要学生通过交流、讨论，自己发现问题并解决问题。

另外，W老师还介绍了他基于教材理解与学情分析设计的教学目标。

针对如何"燃"这个环节，各小组安排代表纷纷发言。大多数老师认为：W老师在"如何'燃'"这一环节，突出的亮点是对教材实验进行改进。人教版本的教材通过对比放在薄铜片上红白磷燃烧及往热水中通氧气观察白磷燃烧的两个实验构建燃烧所需条件。W老师则创造性地将两个独立的小实验整合为一个实验，一气呵成，耗时短，成功率高。整个实验在密封环境中，没有污染物的排放，对实验的变量控制比较到位。对探究燃烧需要达到着火点及氧气两个条件具有很强的说服力，论证充分严谨。这体现了W老师驾驭教材和实验创新能力。

也有老师从考试角度对W老师的实验改进持保留意见，他们认为：如果考试考查到"燃烧与灭火"相关实验，绝大多数是对教材实验的再现，考查基本操作及操作注意事项。中高考命题有较大差异的，高中试题注重考查学生的创新能力，而初中试题则注重考查学生双基。

同时，大家还分别谈了他们关于这部分的教学安排。

② 其他老师"如何'燃'"

教师 A（仁爱版）

【燃烧的概念】通过回顾之前学过的氧气燃烧实验、平时生活中的感知引导学生来总结燃烧的定义。

【燃烧的条件】采用科粤版教材的素材，用蜡烛、煤块、火柴和沙子、水泥块、瓷砖的对比，提问学生哪些可以点燃哪些不可以点燃，从而总结出第一个条件是可燃物；用两根蜡烛，一根倒扣在烧杯中，一根放在空气中，通过对比发现倒扣在烧杯中的蜡烛会慢慢熄灭，从而得知燃烧需要与氧气接触；演示仁爱版教材上的实验 1，红磷、白磷一起放在铜片上加热，通过对比得出燃烧需要达到可燃物的着火点。通过这三组实验，总结燃烧的三个条件。从而培养学生的动手操作能力、合作探究能力。

【进一步认识燃烧的条件】教师操作仁爱版教材上的实验 2：白磷在热水中燃烧的演示实验，学生通过观看教师演示实验进一步感受燃烧的条件。教师再展示自制的三脚架，一边是可燃物、一边是助燃物、一边是着火点，移走任何一个条件，这个三脚架就会被破坏，让学生深刻感受到燃烧的三个条件缺一不可。

W 老师对 A 老师"如何'燃'"进行了点评。W 老师认为：A 老师的教学设计注重发掘学生的已有知识和生活经验，找准教学的起点，给学生支架，搭建获取新知的支点。自制三脚架表示燃烧三个条件很形象，对学生理解燃烧需要三个条件有很大的帮助。美中不足的是探究成分相对欠缺。

教师 B（科粤版）

【新课引入】观看火烧赤壁的一段视频，向学生指出周瑜希望火烧得更旺一些，而曹操却要火快速熄灭，从而引出课题。

【活动与探究】学生进行分组实验，观察现象，得出结论。

实验一，把一块小石头和一团棉花分别放到酒精灯火焰上，观察现象；

实验二，把蜡烛点燃，用烧杯罩住，观察现象；

实验三，在酒精灯上分别加热纸片、小木条、煤块，观察现象。

【总结与归纳】

条件一，物质具有可燃性；

条件二，可燃物要与氧气接触；

条件三，温度达到可燃物的着火点。

【特别提示】向学生介绍一些物质的着火点，强调着火点是物质本身的一种性质，与可燃物的种类、状态以及大气压强等因素有关，一般情况下不能改变。

【思考与交流】燃烧的三个条件需要具备几个"火"才能烧起来？

【强调概念】燃烧的三个条件需要同时具备，缺一不可，这就是"火三角"（见图 3-3）。

【观察与思考】做一个烧不坏的手帕的实验。

【分组讨论】学生利用燃烧的条件分析棉布为什么没有

图 3-3　燃烧的条件

烧坏，进一步加深对燃烧条件的理解。

C老师的点评认为：教学情境非常好，既有"燃"又有"灭"，学生自主通过实验构建新知行为得到了充分的展现，切合新课程倡导的探究教学理念。如果能补充红白磷经典实验，效果会更好。

教师C（沪教版）

【引入环节】选用沪教版教材实验"烧不坏的手帕"引入。通过手帕的燃烧从而引出物质燃烧。

【燃烧的概念】从学生已有的生活经验出发，如炭的燃烧、铁丝的燃烧等，让学生从三个方面总结归纳出燃烧的概念、含义。第一，反应物；第二，反应现象；第三，反应本质。

【燃烧的条件】从手帕为什么烧不坏让学生思考燃烧需要满足哪些条件。从而引出燃烧条件的探究。先让学生提出可能的假设，这是基于证据推理的一个非常重要的环节。然后通过实验进行验证。教师提供化学实验物品，让学生探究燃烧的条件，通过单一变量的方法得出燃烧需要的三个条件，从而对学生的假设进行验证。沪教版和科粤版教材，提供的用品有：蘸水的棉花和蘸酒精的棉花、蜡烛、木条、煤块和烧杯。

A老师点评道："烧不坏的手帕"教学情境贯穿整个燃烧条件的探究，说明C老师对教学情境功能有清晰的认识。由情境引出课题、问题，由问题引发探究，层层递进，悬念叠生。需要提出来与C老师交流的是，实验探究环节是不是开放程度太大，如果没有老师的适当引领，学生可能会很茫然。

教师D（北京版）

【引入环节】从教材（北京版）中燃烧的历史进行引入。呈现从远古至今的燃烧现象，包括前面学习过的有关燃烧的实验，通过观察燃烧的现象激发学生的原有认知，并感受燃烧的人文价值。

【燃烧的条件】对于燃烧条件的探究，我们认为这个内容对于学生来说非常熟悉，一点就通，不需要像教材（北京版）中那样去探究，费时又费力，可以通过生活中简单的燃烧现象，从生活经验出发进行探究即可。如：一支蜡烛在空气中燃烧，另一支蜡烛可以罩上烧杯，得出蜡烛燃烧需要氧气；可以把蜡烛的烛芯打湿点不燃，得出燃烧需要可燃物；用数字化探测仪去测量当蜡烛燃烧起来时所需要的温度，这就是蜡烛燃烧的着火点。

E老师对D老师的教学设计进行点评，E老师认为：D老师的教学设计说理性较强，对初中的学生不太适合，应补充相关实验，哪怕是简单的实验同样能引起学生的学习兴趣。

教师E（鲁科版）

鲁科版教材对这部分内容的编排是先讲"灭火的原理"，再讲"燃烧的条件"，因此我们也按照教材的编排顺序先讲"灭火的原理"，由灭火的原理引出"燃烧的条件"，教学思路如下：

【过渡】请同学们根据灭火的原理推测物质燃烧需要满足的条件。

【演示实验】燃烧的条件探究（见图3-4）。

【提出问题】

请描述实验现象。

为什么①处的白磷燃烧，而②处的白磷和③处的红磷没有燃烧？

如何让②处的白磷燃烧？

请你分析出燃烧的条件有哪些？

图中①②③处：对比哪两处现象可以得出"燃烧需要氧气"？对比哪两处现象可以得出"燃烧需要温度达到着火点"？

【总结与归纳】燃烧的条件。

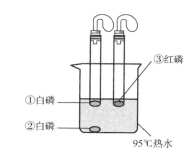

图 3-4　燃烧条件探究（试管实验）

B 老师点评说，E 老师通过问题串对教材实验进行深挖和细挖，引导学生深度学习，从而探究出燃烧的三个条件，对学生参加考试很有帮助。

讨论后，J 师大附中教研组长 L 老师以此为契机，介绍了他们教研组进行的校本课程开发等情况。他说：

大家刚刚拿到《指尖上的魔法化学》，就是我们编写的校本教材。另外，我们还开设了中学化学实验社团，让真正有兴趣的学生，有时间自己到实验室去。这本《指尖上的魔法化学》十分重视实验的开发，我们从这几个层面作了些思考。一是趣味性，激发学生学习化学的兴趣，像今天引课用的"水中生火"。第二就是探究性，包括燃烧与灭火条件的探究实验，等等，就是要对应我们课程的知识进行一些探究实验。

J 师大 M 老师接着谈了自己的看法，他认为：

无论是大家在引课时用"水中生火"的魔术，还是"烧不坏的手帕"趣味实验，以及探究燃烧的条件，是采用人教版、北京版或仁爱版的"红白磷燃烧实验"，还是采用科粤版或沪教版的利用"生活中的一些常识与经验"来引导学生得出结论，甚至鲁科版是从灭火的原理来探究燃烧的条件，这都是大家对教材的一种理解的结果。

（2）如何"灭"

① W 老师"如何'灭'"　关于如何"灭"，人教版教材编排三个生活实例引导学生讨论归纳出灭火的三个条件，然后通过蜡烛在二氧化碳条件下燃烧情况探究验证灭火的原理，最后要求学生根据灭火原理设计简易的二氧化碳灭火器。

W 老师仔细分析了教材的内容，认为直接由生活事例引出灭火的原理虽然体现了从"生活走向化学"的教学原则，但是如果能够让学生通过简单的实验自主探究获得灭火的原理可能效果会更好。受到仁爱版教材的启发，W 老师决定利用所给定的实验物品让学生尽可能多地想办法熄灭蜡烛。一来增强教学的趣味性，二来发散学生思维，同时又能顺利探究出灭火的原理，解决如何"灭"的问题。接着，W 老师又由二氧化碳是否能灭所有的火、燃烧是否都要外界提供温度（应为能量）两个问题引发学生思考，增加两个趣味实验："镁条在二氧化碳中燃烧""锰甘火山"，从而引出"燃烧的广义定义""燃烧不一定需要外界提供温度"等知识，拓展学生对燃烧的认识。其具体教学过程如下：

【师】同学们，根据我们日常生活经验，水可以灭火，那么还有哪些方法可以灭火呢？

老师给同学们准备了一些实验用品：火柴、剪刀、大烧杯1个、洗瓶1个、稀盐酸、碳酸钠粉末、细沙、蜡烛1支；完成任务：请运用你所有能想到的方法去熄灭蜡烛；特别提示：碳酸钠粉末与稀盐酸能快速反应产生二氧化碳；小组分工：填写学案、做实验、选代表进行汇报。

学生小组实验（教师采用希沃同屏技术将各小组的实验投影到大屏幕）、各小组派代表汇报。见图3-5。

图3-5　灭火原理的探究

【小组1代表】我们组用了两种方法。第一种是把碳酸钠粉末放在烧杯里面，然后将蜡烛放在烧杯中，点燃蜡烛，再往烧杯中加入少量的稀盐酸。

【师】为什么加入稀盐酸后就容易熄灭蜡烛呢？

【小组1代表】碳酸钠与稀盐酸会反应生成二氧化碳，然后就把空气和氧气挤出来了，所以二氧化碳相当于隔绝了氧气，不能燃烧。

【师】相当于二氧化碳隔绝了氧气，从而熄灭了火。第二种方法呢？

【小组1代表】第二种是往蜡烛上喷水。

【师】为什么喷水能行呢？

【小组1代表】因为水就相当于将温度降到着火点以下，然后也能起到隔绝氧气的作用。

【师】好，有两个作用，第一个是隔绝氧气，第二个是降温至着火点以下。好，其他组有没有补充？

【小组2代表】可以让它自生自灭。（全班同学哄堂大笑）等到可燃物消耗尽了就会自动熄灭。（再次哄堂大笑）

【师】这个同学的想法也可以，就说等可燃物完全烧完了，对吧？那你觉得这属于什么方法？

【小组2代表】那个，就是……弄掉可燃物。

【师】移走可燃物，这个方法很好。还有没有？

【小组2代表】用嘴吹灭。

【师】为什么用嘴能吹灭呢？

【小组2代表】加快空气流动，然后就使那个温度达到着火点。（哄堂大笑）

【师】温度达到着火点？

【小组2代表】不是不是，是低于着火点。

【小组3代表】直接把沙子铺在蜡烛上面。

【师】用沙子盖灭、扑灭，这是什么原理呢？

【小组3代表】我觉得是沙子可以吸热。

【师】沙子可以吸热，这个同学的想法很特殊，那你有没有查过相应的资料呢？

【小组3代表】没有。（摇头）

【师】好，没事。可以作为一个家庭作业你回去查阅一下。还有，你觉得沙子除了你理解的能够吸热，还有没有其他缘故呢？

【小组3代表】我觉得还有一个作用就是它可以隔绝氧气。

【师】非常好！总结：

熄灭蜡烛的方法	所利用的灭火原理
①用反应产生的二氧化碳扑灭	隔绝氧气
②用沙子覆盖	隔绝氧气
③用水浇灭	降低温度至着火点以下
④吹灭	降低温度至着火点以下
⑤用剪刀将烛芯剪断（自生自灭）	移走可燃物

【师】通过实验探究，我们可以总结出灭火的原理有哪些？

【生】使可燃物与氧气隔绝；降低温度至着火点以下；移走可燃物。

【师】如果我们想要灭火，是需要三个原理都同时满足呢？还是满足其一即可？

【生】满足其一即可。

【师】同学们刚刚在熄灭蜡烛的时候用到了二氧化碳，我们日常生活中的灭火器也是应用到了这个灭火原理。那是不是二氧化碳可以灭所有的火呢？接下来，请同学们观看实验：点燃镁条，将燃着的镁条伸入装有二氧化碳气体的集气瓶中。

【生惊讶】镁条在二氧化碳气体中剧烈燃烧！

【师】为什么镁条没有氧气助燃，也能在二氧化碳气体中燃烧起来？

【生】因为二氧化碳中也含有氧元素。

【师】也含有氧元素？！这个同学从元素的角度来考虑。

【师】在这里二氧化碳充当助燃物，燃烧不一定要氧气参与，有助燃物即可。由此我们可以得出燃烧的广义定义：可燃物与助燃物发生的一种发光发热的剧烈氧化反应。

那么，很显然，镁在这里是属于什么物质？

【生】可燃物。

【师】二氧化碳呢？

【生】助燃物。

【师】在这里是助燃物，这是燃烧的广义定义。（展示幻灯片）我们一起来解释一下燃烧的广义定义，也就是说，燃烧，它不仅仅限于有氧气参加，只要有助燃物，它也可以发生，有没有问题？（生：没有。）

【师】那么请同学们接下来思考，刚才，镁带燃烧的时候，同学们有没有注意到一个细节，我是怎么样引燃镁带的？

【生】用酒精灯。

【师】我用酒精灯加热，也就是说，外界提供的温度，那是否所有的燃烧都需要外界提供温度呢？大胆提出你们的猜想。你们觉得是怎样的？

【生】不一定。

【师】不一定，你能举出例子来吗？那么接下来，我们一起来做一个趣味实验：锰甘火山。在这里，先听老师要求。（展示幻灯片上的实验步骤）

操作步骤：

将石棉网放在桌子上，然后将蒸发皿放在石棉网上。

向蒸发皿中加入半药匙的高锰酸钾固体，然后用胶头滴管向高锰酸钾固体表面逐滴滴加两到三滴丙三醇。

静静地等待，观察实验现象。

好，接下来开始你们的实验。

小组合作实验进行中……

【小组汇报】燃烧起来了。

【师】刚才这个实验当中，这个反应它是不是燃烧？

【生】是。

【师】是燃烧，那么请问它需不需要借助外界的温度？

【生】不需要。

【师】是不需要的。这验证了燃烧不一定需要外界提供温度。那温度到底来自哪里呢？在这里主要来自高锰酸钾与丙三醇反应放出的热量（第七单元"化学反应与能量的关系"会深入学习）给燃烧提供温度。

在课后的研讨中，W老师谈到了他对教材处理的一些想法，特别提到为什么要拓展燃烧定义的原因与目的。他认为：

此环节，学生在合作探究的实验中完成各自的"灭火"创意，可以调动学生的积极性，增加学生动手机会，开拓学生的思维。学生设计了二氧化碳灭火、沙子灭火、嘴吹气灭火、喷水灭火、自生自灭，等等。将教材中的二氧化碳灭火实验及自制二氧化碳灭火器巧妙地融入"灭火"实验方案设计中，取其神而去其形，在相同教学时间内，学生完成了多种灭火实验方案，教学效率提高了不少，效果也比较显著。同时为了与高中教材衔接，对燃烧的定义进行了拓展，补做了镁在二氧化碳中的燃烧及高锰酸钾与丙三醇混合燃烧实验，得出了燃烧的广义定义。

L老师认为：

一节课最有价值的实验，是能够引起同学们思维上碰撞的实验。比如本节课的镁带在二氧化碳中的燃烧实验，因为平常大家的观念都很清楚，二氧化碳是灭火的，但是居然能够在二氧化碳中点燃镁条，说明知识是有它的局限性的。当然如果我们能够再引进一个高中实验"滴水生火"（向包裹有过氧化钠粉末的脱脂棉滴水或酒精灯芯上的金属钠滴水），那就更加有思维的碰撞，也和引课的"水中生火"相呼应。因为水是用来灭火的，但是我滴水能够生火，这种思维上的碰撞效果可能会更好。最后，有个实验"锰甘火山"，对学生来说，也是一种更深层的碰撞，因为一般来说燃烧要外界点火，但现在不需要点火。实际上呢，白磷自燃也可以说明，等等。

针对如何"灭"这个环节，各小组代表也分别谈了他们的观点。
② 其他老师"如何'灭'"

教师 A（仁爱版）
带领学生探究灭火的原理。教师创造一种自主探究的氛围，给学生一些可燃物，比如说蜡烛。让学生通过分组合作自主探究出熄灭蜡烛的方法，并可以上讲台去展示。从而得出灭火的原理。

教师 B（科粤版）
灭火的原理。播放"火灾与消防"的新闻报道。通过观看视频，让学生感受火灾的危害。再通过观看消防员的灭火操作概括出灭火的方法，并思考根据是什么。对照燃烧条件得出既然满足燃烧条件可以燃烧，那么灭火从燃烧条件出发该怎么灭。教师根据同学们的讨论总结出灭火的三个条件，并得出只需要满足一个条件就可以，当然一般要同时使用两个灭火条件效果更好。教师要给学生说明灭火要具体物质具体操作，并不是所有物质都可以用这三个条件进行灭火，比如说高中会学到金属钠的灭火（稍作扩展，与高中部分知识建立联系）。

教师 C（沪教版）
灭火的原理。结合教材安排的活动与探究。要求学生：运用各种方式了解人们在日常生活和生产中通常采用的灭火方法，并与同学们交流讨论，结合燃烧的条件，总结出灭火的原理。

教师 D（北京版）
如何灭？通过探究使蜡烛熄灭的方法来总结得出灭火的原理。在这里，可以先让学生大胆发言，各抒己见，教师一一记录下来，然后再从学生的这些答案中去归纳总结出灭火的三个条件，而不是教师先入为主，直接把三个条件先总结出来，这样容易固定死学生的思维。

教师 E（鲁科版）
【引入】介绍人类利用火的发展历程和几起火灾情况。
　　　　　　秋天露营如何取暖，如何灭火？
【引导】带领学生阅读课本 118 页"活动天地 6-1"，组织学生讨论露营时熄灭柴火、实验室熄灭酒精灯、森林着火和房屋着火时灭火的方法，并解释原因。
【总结】灭火的方法和原理。

是否需要拓展燃烧的广义定义，老师们发表了各自的观点，有赞成也有反对。赞成者认为，根据现有学生的实际情况，教师在对灭火原理的探讨过程中，这种拓展是一种自然而然的事。而反对者认为，这超出了初中生学习的范围，加重了学生的负担。

J师大M老师认为：

教师在理解课程标准对本节内容的目标要求、教材以及学生情况与教学条件的基础上，设计本节课的教学目标，实现课程目标到课时目标的转变。为实现教学目标的需要，教师需紧密围绕课程内容，改造教材内容，从而开发新的教学内容，完成课程内容到教材内容再到教学内容的转变。同时，选择合理的教学活动方式。从这个角度来说，老师们谈的都有各自的道理。

（3）如何"用"

① W老师"如何'用'"　我们提倡用教材教而不是教教材，但这并不等于教师们能够对化学教材进行随意开发，一定要理清国家课程标准和所选定的化学教材的编写逻辑体系，搞清楚教材是如何落实课程标准所规定的课程目标的，透彻理解教材的编写意图。

为了体现如何用好"火"，增强学生的安全意识，同时对新授内容进行及时反馈，W老师直接采用教材中的栏目《练习与应用》来评价教学效果，与学生一道应用"燃烧条件和灭火原理"知识解答生活情境中的实际问题。既体现化学的学科价值，又提升学生运用化学知识解决实际问题的能力。在小结环节，W老师从知识、技能和情感三个方面要求学生谈谈收获。其具体教学过程如下：

【师】下面我们大家一道应用"燃烧条件和灭火原理"知识解答生活情境中的实际问题（见图3-6）。

练习与应用

1. 消防队员用高压水枪灭火，此措施依据的灭火原理是什么？
2. 用扇子扇煤炉火焰，为什么越扇越旺？而用扇子扇蜡烛火焰，为什么一扇就灭？
3. 在生煤火炉时，可点燃木柴（劈柴）来引燃煤，你能解释这是为什么吗？
4. 室内起火时，如果打开门窗，火反而会烧得更旺，为什么？
5. 请你用化学知识解释成语"釜底抽薪""钻木取火""火上浇油"。
6. 发生下列情况时，应采用什么方法灭火？说明理由：
   （1）做实验时，不慎碰倒酒精灯，酒精在桌面上燃烧起来；
   （2）由于吸烟，不慎引燃被褥；
   （3）由于电线老化短路而起火；
   （4）炒菜时油锅着火；
   （5）图书馆内图书起火。

图3-6　练习与应用

接下来请同学们谈一下学完本节课后你有什么样的体会？来，大胆地说。闫同学你说一下。

【生】我学到了燃烧的条件，燃烧要满足三个条件。

【师】燃烧要满足三个条件！哪三个条件呢？

【生】呃，要有可燃物；然后温度要达到它的着火点；还要有助燃剂。

【师】好，还有没有？

【生】灭火只要破坏一个条件就可以。

【师】破坏一个条件就可以！嗯，好，那么这是你的体会，其他同学还有没有你们的体会？

【生】增加了日常生活中灭火的一些小常识。

【生】学会了如何安全用火。

......

【师】另外，我们学习了初中教材上燃烧的定义，通常助燃剂指的是氧气。我们也学习了燃烧的广义定义，说明了知识是在....

【生】不断更新。

【师】在不断地发展的，对不对？知识存在时代的局限性，人们的认识总是在不断地发展。未来的化学需要同学们去揭秘。那么，接下来请大家完成一个家庭小实验：神奇的烟灰。同学们回去之后可以动手做下（见图 3-7）。另外，还给同学们布置一个课外作业"调查与研究"：根据自己住宅的特点，设计预防火灾的方案（包括万一发生火灾时需采取的灭火和自救的措施）。要求写成文字稿。

这就是我们本节课学习的内容。谢谢大家！

图 3-7　家庭小实验

课后研讨，W 老师认为：从整个教学流程来看，对新知识进行反馈巩固是必不可少的。教材上的习题是教材专家经过精心打磨的经典，但现实中老师们往往对教材中的习题弃而不用，而是选取教辅资料中习题对教学效果进行评价，且不论教辅资料中习题的质量如何，这种做法本身有弱化教材之嫌。

课后老师们就如何"用"进行了深入的探讨，各小组代表的教学安排如下。

② 其他老师"如何'用'"

教师 A（仁爱版）

【过渡】除了熄灭蜡烛，生活中还有哪些灭火的方法？

【观看】电影《紫日》。

【提问】如果你遇到这种情况，怎么办？用到了什么样的灭火原理？

【讲解】在森林着火时常用设置隔离带的方法。还有一个小细节，他们用布捂着嘴巴，为什么？

【过渡】在发生火灾时，我们也经常这样做。秋天天干气燥，是一个火灾多发的季节。PPT展示火灾图片—死亡人数—火灾逃生的办法—消防员牺牲—祈祷。

【结束语】火灾的发生是由于人们对火使用不当，当人们正确使用火时，火给我们人类创造了巨大的财富。当人们"钻木取火"的时候，人类便踏上了文明的征途。生活中照明的火把、奥运会的火炬无不向我们传递着光明、勇敢、友谊与团结。化学在人类和社会可持续发展中有着非常重要的作用。

J老师点评道：通过电影创造如何灭火场景，引导学生用新学过的知识解决现实中可能遇到的与火相关的问题，体现了化学的学科价值。展示火灾的惨烈现场需要再斟酌。

教师B（科粤版）

利用"燃烧与灭火"原理，培养学生的安全意识，教育学生平时要注意不要乱丢火柴等，以免引起火灾，做到防患于未然。

教导学生如果遇到火灾、爆炸等事故该如何逃生，让学生懂得面对突如其来的危险该如何自保与自救。

C老师点评道：注重用火安全，与教材编排内容相一致，同时向学生传授遇到火灾、爆炸等事故逃生技能，值得借鉴。

教师C（沪教版）

燃烧灭火的价值。燃烧的价值：燃烧与人类文明的关系。灭火的价值：森林的大范围灭火；家庭灭火；实验室灭火，等等。

W老师点评道：从历史视角和生活视角辩证地看待火与人类的关系，大开大合，拓展了学生视野。

教师D（北京版）

如何用？带领学生研究燃烧背后的价值，要学会控制燃烧。具体措施：如何灭火，引起火灾该如何灭火；如何控，怎样让火更大或更小，这样既能利于人类使用，同时又能节约能源。如怎样让燃气灶的火更大或者更小？并且，在这里的思路要体现利和弊的关系。学会控制燃气灶的火是一种利，而火灾是一种弊。

A老师点评道：条理清晰，紧扣主题，将燃烧与灭火的知识有机整合。

教师E（鲁科版）

【提问】在你家里哪些地方存在火灾的隐患？采取什么措施预防？

【总结】防火重于泰山，我们要做到以下几点：电线插座勤检查；离家要把气电断；烟头火柴不乱扔；预防明火引火灾。

【过渡】尽管我们很小心地防火，但是有时候防不胜防，还是可能会引起失火。一旦失火，不要惊慌。因为着火的前几分钟，火势很小，还能控制。所以我们一定要把握好这个关键时机来灭火，否则，火势变大，就很难灭掉。所以着火初期，我们要坚决及时地正确灭火。

【提问】油锅着火、电器着火、液化气罐着火，怎么灭火？

【讲解】简单介绍常见灭火器。

【过渡】当我们错过灭火的最佳时机，火势已经很大，我们应该怎么办？

【提问】住宅楼内着火，你会采取哪些措施呢？

【总结】各种情况逃生办法。

【温馨提示】最好在家中备好四件"宝物"：家用灭火器；防烟面具；逃生绳或高空缓降器；应急灯。

【拓展】查阅资料——遇到森林、草原火灾的逃生自救措施。

D老师点评道：从火灾隐患的排查到具体火灾的消除，从常见灭火器介绍到火灾现场逃生技能，面面俱到，资料翔实，很有必要。如果能够印刷成文字发给学生，当作消防安全知识普及，让学生带回家与家人一起分享可能会价值更大。

上过这节公开课的教师F（北京版）认为：W老师激发学生学习兴趣，引导学生用探究的方式学习做了很多努力，课堂气氛、教学效果也很好，但在情感价值观上的追求还可以加强。

要充分体现"燃烧与灭火"在初中化学中具有的教学价值，可以考虑整节课用两个线索展开。以人类对燃烧内涵的理解过程作为时间线索，即："古代"的燃烧生火→"近代"的燃烧需氧→"现代"的燃烧本质→"未来"的科学展望。而另一条线索则是渗透并激活"民族精神教育"和"生命教育"线索，即："古代"陶器和冶金工艺→"近代"推动了一系列工业生产的发展→"现代"的奥运圣火和神舟九号→"未来"的科学展望。这样学生既体验了科学的发展过程，也从动手实验和讨论中认识到应该珍视生命，更从燃烧的广泛应用中感悟到了人类文明的伟大和作为中国人的骄傲。

J师大M老师最后指出：全国各地的初中化学一线骨干教师和教研员，针对初中教材同一个知识，依据不同版本教材内容进行研讨，演绎出不同角度的理解，异彩纷呈的教学，具有典型意义和交流价值。谢谢大家的积极参与。

结语

教学永远是一门遗憾的艺术，没有最好，只有更好。新课程赋予教师自主开发教材的权利，教师为实现学科课程内容的要求，认真组织教学内容十分重要，教师如何把教材内容转化为教学内容，完成教学目标，从而落实课程目标，需要不断探索和实践。对于任何一场课程变革而言，教材都充当了课程变革的"代理人"❶。教师要重视对教材的理解，善于对教材进行"二次开发"。基于教材理解的"二次开发"固然体现教师的个性化和创造性，但追求特色和个性必须以课程标准导向为前提。它需要教师站在课程的立场看待教材和理解教学，厘清课程内容、教材内容与教学内容的关系，厘清课时教学目标与课程目标的关系。当然，这中间还离不开一个重要因素，那便是学情，只有充分考虑学情，教学内容的组织才能做到有的放矢，教学目标才会有针对性，课程目标也才有可能得以实现。

❶ Hutchinson T，Torres E.The Textbook as Agent of Change[J].ELT Joural，1994，48（4）：315-328.

案例思考题

1.请以"燃烧与灭火"一节内容为例,比较分析现行初中化学不同版本教材的编写特点。并就"教材理解"谈谈你的认识。

2.请以"燃烧与灭火"一节教学为例,你认为教师进行教材二次开发有哪些方法与途径?

3.请结合案例,比较各教师所用不同版本的教材内容与教学内容,他们是否都能有效落实课程内容,达成课程目标?

4.对于"燃烧的条件",W老师在探究教学时,对人教版教材实验进行了创新设计,但也有老师认为教材实验比较经典,可直接采用。D老师教学设计时,认为这个内容对于学生来说非常熟悉,一点就通,不需要像教材(北京版)中那样去探究,费时又费力。对于以上这些观点,你是如何看待的?谈谈你的看法。

5.作为一名准教师,请你就某节教材内容,结合对"一标多本"的理解进行教学设计,并在组内对该课进行实施与修订。

推荐阅读

[1]王寿红,何彩霞.不同版本高中化学教材"化学反应速率"内容编写特点对比分析[J].中学化学教学参考,2012(4):40-42.

[2]李松林.论教师学科教材理解的范式转换[J].中国教育学刊,2014(1):52-56.

[3]俞红珍.教材的"二次开发":涵义与本质[J].课程·教材·教法,2005(12):9-13.

[4]沈芹,王后雄.化学教材"二次开发":特点与途径——以人教版"物质的量"为例[J].化学教学,2013(1):9-11.

[5]姜建文,杨小丹.化学教材"二次开发":层次与误区[J].化学教学,2013(1):9-11.

[6]郑长龙.关于科学探究教学若干问题的思考 [J].化学教育,2006(8):6-12.

3.2.2 X老师创造性使用教材的探索

案例摘要

　　教材是课程标准的具体载体,包括了教科书以及其他教学辅助材料。新课程改革以来,"用教科书教"取代了传统"教教科书"的教材观。因此,如何"用教材教",就取决于教师对教材的创造性使用,教师必须要根据学生学情,创造性使用教材。本案例详细介绍了在"盐类的水解"这一内容的学习中,X老师创造性地使用教材的来龙去脉,为老师们创造性使用教材提供观察的视角。

X 老师是 J 省 Y 市一中一名校级骨干教师，X 老师报名参加了两年一次的省级教师优秀教学课例比赛活动，X 老师选定了"盐类的水解"一节作为比赛课题，由于 X 老师创造性地使用教材，最终在比赛中脱颖而出，荣获一等奖。

　　（1）任务驱动挑战选题　某省下发通知，两年一度的全省基础教育优秀教学课例展示交流活动又要开始举行了，学校鼓励各科的教师积极参加，学校向每个教研组下达了至少上报两个优秀课例的任务。X 老师作为一名经验丰富的化学教师，又是学校的化学教研组组长，为了鞭策自己，促进自己专业发展更上一个台阶，X 老师主动接受承担一个课例的任务。翻开了手中的化学人教版教材，陷入了沉思，要选择哪一部分的内容去上一节优秀的展示课？怎样用好手中的这本教科书呢？教科书的内容已经烂熟于心，但是 X 老师仍然觉得，如果只是单纯的照本宣科，那么学生思维能力仍然处于低水平的阶段，并不能体现新课改前提下的育人观念。X 老师带的是高二的理科班级，学生们正要学习化学选修四"化学反应原理"的第三章"离子平衡"。X 老师想到，"离子平衡"这一章是整个高中化学学习的重点和难点之一，在无机化合物知识的学习中占据着举足轻重的地位。在 X 老师以往的教学经历中，就有很多同学向他反映，盐类的水解是这一章节最难的部分，感觉上课能听得懂，书上的知识也很简单，但是在做题时，却仍然不能分清楚水溶液存在的反应以及有哪些微粒。不仅是学生表示简单教科书的学习不能帮助他们解决实际问题，在 X 老师身边的化学教师，也表示在盐类的水解这一课的教学中，教师很难达到理想的教学效果。那到底如何创造性地使用教材，让大部分同学们攻克这一难关呢？X 老师思考到这里，便坚定了要选择"盐类的水解"这一内容来参赛的决心，如果能上好这一堂课，给其他化学老师做一个参考，帮助学生学好盐类水解，这才更具有价值和意义。像这样的课才是一节真正意义非凡的、优秀的化学教学展示课例。

　　X 老师在选定了"盐类的水解"这个内容以后，首先在课标中明确了它的定位，2017 年版《普通高中化学课程标准》中对这个内容的要求是：认识盐类水解的原理和影响盐类水解的主要因素，并提出以下教学建议：通过对电离平衡、水解平衡存在的证明及平衡移动的分析，形成并发展学生的微粒观、平衡观；关注水溶液体系的特点，结合实验现象、数据等证明材料，引导学生形成认识水溶液中离子反应与平衡的基本思路。在组织学生开展探究活动时，注意对实验前的分析预测和对实验现象的分析解释，对假设预测、实验方案、实验结论进行完整论证，发展学生"宏观辨识与微观探析""变化观念与平衡思想"和"证据推理与模型认知"等化学学科核心素养，培养系统思维能力。X 老师认为：如何运用微观粒子之间的相互作用这一原理知识解释盐类水解时宏观上的无明显现象，发展学生的宏观辨识与微观探析的素养，是在这节课的教学中需要考虑的关键内容。

　　对课标进行分析后，X 老师拿起了人教版的教科书，开始对教材内容进行梳理。从内容的组织线索来看，整个内容围绕着盐类水解的原理和影响盐类水解的因素以及反应的应用来展开。第一部分，盐类水解的原理。教材中首先列举了常见钠盐，指出碳酸钠明明是盐，为什么叫"碱"呢？从一个一直存在于学生心中的疑惑入手，激发学生的求知欲望，从而开始探究盐溶液的酸碱性。紧接着就是一个科学探究，包括了三个方面：测试盐溶液的酸碱性；对盐进行强弱分类；归纳盐的类型与酸碱性的关系。其实通过这个活动，学生就已经能够得出盐类水解的其中一个规律，即：谁强显谁性，同强显中性。只是学生此时还没有形成盐类水解的观念。在观察完了实验的现象后，学生对盐类的水解有了感性的认识，这个时候教材再从H^+、OH^-的浓度、溶液中的粒子、有无弱电解质生成、相关化学方程式四个方面对溶液中的粒子以及相互作用进行比较分析，找出$NaCl$溶液、NH_4Cl溶液和CH_3COONa溶液呈现不同酸碱性的原因。并通过以NH_4Cl溶液为例进行分析，总结得出盐类水解的概念。然后通过"学与问"栏目，联系高一所学的离子反应，让学生进一步认识"离子反应发生的条件"。最后布置家庭小任务，测试家中食盐、味精、苏打、小苏打的酸碱性。第二部分，影响盐类水解的因素及反应的应用。在教材中首先从反应物本身的性质分析了对盐类水解的影响，再探究$FeCl_3$的水解产物及盐的浓度和溶液酸碱性对$FeCl_3$水解的影响，得出反应的条件对盐类水解的影响。其次，通过"思考与交流"栏目来推测盐类水解反应的能量变化，并列举影响水解反应程度的因素。再者，对盐类水解反应的影响因素和应用进行示例。最后，以"科学视野"栏目来介绍盐的水解常数。但是参赛的话，时间是一个课时，不能囊括所有内容，于是X老师还是将重点放在了第一部分，也就是盐类水解的原理这一块内容上。

对X老师来说，人教版教科书的知识具有很强的逻辑性，内容翔实，还能从哪些角度对它进行深层次的挖掘呢？都说要对教材进行创造性的使用，如何将看似简单的教材进行属于自己的创造，从而设计出一堂优质课呢？X老师陷入了困惑。X老师和其他化学老师对本节课内容的处理进行了相应的讨论，并随堂听了几位教师的课。有些教师基本按照教材的内容上课，但明显感觉学生的学习兴趣不是很浓厚，课堂气氛不佳。而有的教师则设置了较多的学生实验和探究活动，教材处理得更为灵活，学生的学习气氛更好，学生课后的反馈也更好。另外，X老师还查找了如何对教材进行二次处理的文献。其中，潘鸿章的《化学优质课评比中对教材进行二次开发的研究》给了X老师很大的启发。文献中谈到，要树立新的教材观，挖掘教材的潜在价值，并建构科学有序的教学体系❶。如何挖掘教材的潜在价值，在文献中也作了详细的阐述，这给X老师带来了非常明确的方向。终于，X老师再次翻开了人教版选修四，开始了对教材内容潜在价值的挖掘。首先，应该挖掘教材中的隐性知识。这些隐性知识具有迁移价值，在学生的学习中常常具有承前启后的作用。在初中阶段，学生学会了检测溶液的酸碱性，已经学习了生活中常见的盐及其部分化学性质。在高中必修阶段的学习后，学生会对不同物质进行分类，也掌握了离子反应相关知识，知道化学反应常常伴随能量变化，也知道了一些盐的溶解性。本节内容的学习是对学生之前习得的盐类知识和离子反应知识的深化发展，如本节学习之后必将会对必修阶段的离子反应发生的条件有新的认识。同时之前学习的内容也能帮助理解本节所学知识，如先前学到中和反应是放热反应，有助于分析理解水解反应是吸热反应。教材在此之后安排了难溶电解质的溶解平衡。学习本节知识之后，学生能运用本节盐类水解的原理和影响盐类水解的因素分析调节溶液酸碱性使沉淀生成或溶解，帮助学生类比学习溶度积这一沉淀溶解平衡常数。因此，这节课的隐性知识就是在原有水溶液的微粒观的基础之上，进一步对水中微粒之间的相互作用进行分析，建立起水溶液中离子的平衡观，完善对水溶液的认识模型。

---

❶潘鸿章.化学优质课评比中对教材进行二次开发的研究[J].化学教育，2014，35（03）：27-34.

X老师除认识到本节课的隐性知识外，还对教材中的认知价值进行了分析和挖掘。首先，从学科知识的认知价值来说，盐类的水解是高中化学阶段中非常重要的化学核心概念之一。学生在学习完离子反应后，将会对水溶液体系中的化学反应有进一步的认知。因此，如何帮助学生更好地建立盐类的水解的概念，培养学生证据推理与模型认知的核心素养，是本节课最重要的任务。其次，X老师还注意到，在教材中还有大量的实验素材。很显然，必须要挖掘实验教学中潜在的提高实验探究能力的内涵，发展学生的科学探究与创新意识这一化学核心素养。

想到这里，X老师又突然回忆起，经常有学生问道："学习化学有什么用？"化学源于生活，更应该回归生活。除了能够看得见的，学生掌握了知识，顺利升学，化学更重要的应该是培养学生的科学态度与社会责任的素养，培养学生正确的价值观念。因此，更应该挖掘教材中的情意价值。在教材中，就有提到碳酸钠能用于中和发酵面团中的酸性物质，还有较强的去污能力，另外，还有用pH试纸测试家中食盐、味精、苏打、小苏打等酸碱性的家庭小实验。这些都能帮助学生将化学与生活联系起来，帮助学生学会运用化学知识分析、解决生活中或社会上发生的有关问题。

分析完教材的价值，X老师开始思考，如何来选择合适的教学内容呢？又要如何来构建科学有序的教学体系呢？如何创造性地使用教材，使教学设计独具特色呢？这时，X老师拿来了苏教版和鲁科版的教材，X老师发现，虽然三种版本教材对盐类的水解这一知识栏目的设置和活动方式有所不同，但基本思路都是按照盐类水解的原理→影响盐类水解的因素→盐类水解反应的应用这一知识线索编排内容，并且都对盐类的水解以及影响因素采取了实验探究，只是选择的具体实例有所差异。基于以上的分析，X老师对教材内容的要素进行了提取和分类：a.核心知识，盐类水解的概念、原理、规律、特点、影响因素；b.核心过程方法，实验探究、分类观、微粒观、平衡观；c.STS内容，泡沫灭火器、纯碱去油污、明矾净水。分类完以后，X老师对不同类别的内容进行了知识和素材的扩充，并进行了相应的选择。在这个过程中，X老师忍不住感慨，其实核心知识以及核心掌握知识的过程和方法都比较固定，难以进行太大的发散，而关于STS的内容，恰恰是老师们讲得最少甚至觉得不是特别重要，可其实在学生看来，真正能够吸引他们注意力的正是这些与他们日常相联系的内容。那除了教科书上的这些内容，还有没有一些能够体现与生活的关系，还能提升学生的社会责任感的素材呢？

对教材进行分析以后，X老师又对学生的学情进行了分析，虽然在具体优秀课例的展示交流活动上不能完全了解在场的学生，但是，对X老师这样教学经验比较丰富的老师来说，还是能够大致把握学生的基本学情。a.首先，知识和能力有基础。其实高二学生已具备较为成熟的独立思考问题的能力，而且思维活跃。通过前一阶段学习，学生已经掌握了离子方程式书写、化学平衡、电离平衡以及溶液pH等知识，且具备了分析溶液中粒子微观行为的能力，具备了学习本节内容的知识前提。因此，通过本课教学，让学生掌握盐类水解的相关知识是完全能够实现的。b.其次，心理有畏惧。由于学生连续学了两章全新的化学理论知识，这些知识没有元素化合物的知识形象，且难度也较大，学生心理上难免会产生一定的疲倦感和畏惧感。c.最后，综合有难度。盐类水解是前几部分知识的综合利用，在学习上也会增加难度。因此要让学生完全明确盐溶液呈现不同酸碱性的本质原因，以及建立盐类的水解平衡，对学生来说并不容易。因此，在课堂上，教师应充分调动学生学习的积极性，让学生身心愉悦地去学习。

X 老师在进行了以上分析以后，确立了以下核心素养的教学目标与评价目标：

① 核心素养教学目标

a. 从盐碱地实例思考对盐溶液酸碱性的分析，了解盐类水解相关知识与人类社会的关系，认识化学知识对人类发展的价值，能够主动关心环境保护等社会热点问题。

b. 通过实验探究盐溶液的酸碱性，能基于实验现象对其原因提出猜想。

c. 基于猜想设计实验方案探究 $FeCl_3$ 溶液中的微粒种类，分析微粒间的结合，及其对水溶液酸碱性的影响，能从微观视角理解盐类水解的本质，能用方程式表示盐类水解的过程。

d. 通过讨论分析六种盐溶液的酸碱性，并进行实验验证，归纳盐类水解的特点和规律，形成分析盐溶液酸碱性的一般思路。

② 评价目标

a. 通过对多种盐的酸碱性判断、分类和氯化铁水解产物和影响因素这两个探究实验设计方案的交流、点评和对实验的具体操作，诊断并发展实验设计与探究水平，巩固实验操作技能（定性水平、定量水平）。

b. 通过对盐类水解原理的分析和方程式的书写，诊断并发展学生对水解反应的认识进阶（物质水平、微粒水平）和认识思路的结构化水平（视角水平、内涵水平）。

c. 通过对盐类水解知识应用的分析和解释，诊断并发展学生对化学价值的认识水平（学科价值视角、社会价值视角、学科和社会价值视角）。

X 老师在确定完目标以后，根据目标进行盐类水解的教学设计，决定了课例展示的基本内容和环节。在学校的高二班级里进行了实践教学，并且根据学生的反馈对教学设计不断地进行修改，最后，在其他老师的共同帮助下得到了一份还比较满意的教学设计。

（2）反思实践优化设计

① 情境导入引发思考　多数有关盐类水解导入情境选择的是对某一种盐溶液酸碱性的判断及测定，情境单一，故事性不强，社会价值不高。如鲁科版教材中"活动探究"栏目的主题就是"盐溶液是否一定呈中性？"，而人教版中，引入的问题则是：碳酸钠明明是盐，为何叫"碱"？X 老师一开始结合苏教版教材拓展视野栏目中"盐的水解与泡沫灭火器的原理"的情境，通过测定其中硫酸铝溶液的酸碱性入手，提出思考：硫酸铝是盐，为什么其水溶液显酸性？碳酸钠是盐，俗名叫纯碱，明明是盐为何要叫"碱"？最终将问题引到了人教版教材的核心问题。X 老师在备完课后信心满满，他想：我这个教学设计既融入了其他版本教材中有关生活生产的实践，又合理地引出了问题，不就是创造性地使用教材了吗？就这样，X 老师在他任教的班级进行了教学实践，然而实践的结果却让 X 老师略感意外，大部分学生对灭火器的主要成分并不清楚，并且当 X 老师简单介绍灭火器的原理时，学生脸上多是困惑的表情，于是课堂一开始的氛围并不如 X 老师预想的那样带动起学生的求知欲。课后对学生进行简单的访谈，部分学生就谈到，感觉一开始就觉得这一节课好难。X 老师又让帮忙听课的老师进行点评，有老师提出疑问，这个引入虽然具有生活的气息，但明显属于偏难的情境，不符合学生的认知发展。X 老师进行了反思，总结这个引入不够好的原因有以下几点：一、不符合学生的认知发展规律，学生虽然有一定的认知基础，但认知的过程应该是循序渐进的，也就是不能一开始就给学生很难的问题情境，引起学生畏难的不良学习情绪。二、不能很好地培养学生的科学态度与社会责任的核心素养。X 老师感慨道：所谓的创造性使用教材，并不是那么简

单，苏教版教材中将"盐的水解与泡沫灭火器的原理"这个情境置于这节内容篇幅最后的拓展视野栏目中是有它的用意所在的，是要求学生在学习完所有盐类水解的知识以后，再来着手解决。因此，简单地、随意地将其他版本教材中的素材拿来使用，根本就不是创造性地使用教材。那到底用什么样的情境引入呢？X 老师又陷入了烦恼中。恰巧一天 X 老师在家观看焦裕禄的纪录片，纪录片里有关焦裕禄治理盐碱地的故事给了 X 老师很好的启发，故事不正好与盐类水解相吻合吗？于是 X 老师选择了感动中国人物焦裕禄治理盐碱地的故事来导课，这个情境既与盐类的水解息息相关，又能让学生感受全国模范的精神。X 老师通过介绍焦裕禄对三害的治理，引出了盐碱地的划分依据，让学生通过社会人物的相关优秀事迹来切入这节课的主题，非常能够体现对学生社会责任的培养。并且非常自然地引出了本节课的主要问题：盐溶液难道不应该呈中性吗？成功将学生的注意力从盐碱地转移到了探究盐溶液的酸碱性来。经过再一次的教学实践，学生们反应良好，X 老师心里的石头也终于落下了地。

终于，X 老师来到了课例展示的比赛现场。在上课五分钟以前，X 老师将自己的学案下发给了每个同学。上课铃响了，X 老师带着一丝期许，一点好奇，走上了讲台，看到了陌生但同样亲切的学生们。虽然不是平常自己手下那群调皮又可爱的学生，但 X 老师同样看到了他们眼中闪耀着求知的光芒。

教学片段：

上课铃声响了，X 老师打开了 PPT，展示了焦裕禄的图片。

【师】大家认识这是谁吗？

【生】焦裕禄。

【师】对，焦裕禄，我们知道他作为一个党的好干部、人民的好公仆，一生为党的事业和人民的富裕做出了巨大的贡献。尤其是在兰考县当县委书记时，他带领兰考县的人民群众共同治理三害。大家知道这个三害是哪三害吗？

【生】盐碱地。

【师】对，盐碱地是一个。这里是包括内涝、风沙、盐碱地。对于内涝、风沙，大家很好理解，那什么是盐碱地？大家导学案上都有介绍，课前也应该看了，我们给大家简单罗列一下。所谓盐碱地，在我国的话这种盐类主要是碳酸盐，它们聚集在一起的时候会影响作物的生长，根据聚集程度的大小可以分为轻度盐碱地、中度盐碱地以及重度盐碱地，从这里能发现什么吗？

【生】pH 值。

【师】对，pH 值都呈现了碱性，我们上一节课说到酸溶液呈现酸性，碱溶液呈现碱性，而这个盐溶液难道不应该呈中性吗？

② 实验探究，揭示主题　在本堂课中，实验探究是非常重要的。因为无论是哪一版本的教材，都进行了测定盐溶液 pH 值的实验。一开始，X 老师由于是采用"盐类的水解与泡沫灭火器"进行情境导入，并提出"硫酸铝是盐，为什么其水溶液显酸性"的问题，因此首先是对硫酸铝溶液的酸碱性进行了探究。显然，此时再安排硫酸铝溶液酸碱性的探究实验，则不是很合适。那应该如何来设计探究实验，发挥实验的认知价值呢？如果只是简单地按照教材的科学探究栏目进行设置，那教师就并没有去创造性地使用教材。于是 X 老师结合之前对教材

潜在价值的分析，选择了在第二课时中同样会用到的 $FeCl_3$ 溶液。在人教版教材中，主要是通过实验探究促进或抑制 $FeCl_3$ 水解的条件，了解影响盐类水解程度的因素。X 教师通过让学生测定 $FeCl_3$ 溶液的 pH 值，并由此引发的三个探究来贯穿整个课堂，这和教材的安排有所区别。在这里，X 老师放大了 $FeCl_3$ 水解这个素材的功能，目的就是以 $FeCl_3$ 水解作为情境线索，使整个探究过程环环相扣，将整个教学过程更有机地融为一体。尤为巧妙的是，X 老师请同学们先探究蒸馏水的 pH 值，然后再探究氯化铁固体溶解在蒸馏水后的 pH 值。既控制了变量，又具有很强的启示意义，意味着盐溶液的酸碱性是盐与水相互作用的结果。

教学片段：

【师】大家桌上都有实验仪器和药品，两个人一小组来共同完成这个实验，第一个测定蒸馏水的 pH 值，第二个就是测定氯化铁固体溶解后的 pH 值，大家开始动手实验。

【生】动手做实验。

【师】好了，很多同学已经测出来了，我们请一位同学来说一下测得的结果是怎样的。

【生】蒸馏水的 pH 值是 7，中性；氯化铁溶液的 pH 值小于 7。

【师】好，请坐，刚才这位同学说到，他测到蒸馏水的 pH 值大约为 7。而氯化铁溶液的 pH 值小于 7，呈酸性。那就是说，在常温下，蒸馏水呈现中性，而氯化铁溶液却呈现酸性。为什么会呈现酸性，这就是我们所探究的关于盐类的水解问题。我们主要探究三方面：盐类的水解原理、特点以及规律。首先我们探究它的第一方面，盐类水解的原理。

③ 探究一：盐类的水解原理　教材对于盐类水解的编排，大体是先测定各类盐溶液的酸碱性，从分类角度归纳出盐溶液的酸碱性的规律，然后才是盐类水解的微观本质及概念。一开始，X 老师按照教材的思路，先对盐进行分类，然后设置了两个学生活动，让学生总结得出盐类水解的规律，紧接着探究盐溶液显酸碱性的原因，最后得出盐类水解的概念。从思路上说，这也是大部分老师普遍会采用的策略。但正是因为它非常的普及，大部分老师都是采取这种方式进行授课的。因此，X 老师反思到，能否对教材的思路进行进一步的优化与调整，和别人的教学设计不一样呢？X 老师在经过深思以后，对知识呈现的顺序进行了相应的调整。他的第一个探究内容为盐类水解的原理，并得出盐类水解的概念。X 老师首先承接 $FeCl_3$ 溶液探究实验，分析 $FeCl_3$ 溶液中存在的微粒以及微粒之间的相互作用，水到渠成总结得出盐类水解的概念。然后再通过分组探究酸碱的强弱，得出盐类水解的规律。这部分来源于人教版教材中第一节内容的科学探究的前两个内容，对比教材中的具体探究过程，X 老师将其科学探究的探究性进行了增强，要求学生首先提出猜想，然后再进行实验，记录数据，进行分析，最后得出结论。X 老师充分地挖掘了探究实验的知识认知价值，培养学生科学探究的学科核心素养。这和人教版的教材安排并不一致。但显然的，X 老师对教材的利用是基于教材之上对教材内容的补充和升华。其次，X 老师在选择六种盐溶液时，也和人教版有所区别，X 老师并不拘泥于教材所给的溶液的种类以及实验的方式，而是在充分挖掘知识的潜在价值后，选择了鲁科版中活动探究栏目的六种盐溶液，并且对实验的安排进行调整，将学生分为两个大组，每个大组里又两人为一小组，每一大组的任务一致，都有一个酸性盐、碱性盐以及中性盐的盐溶液。学生在得出数据后，X 老师再一次引导学生按照分析 $FeCl_3$ 溶液的方法对 NH_4Cl 溶液、CH_3COONa 溶液的水解进行了分析，通过动画演示揭示了 NH_4Cl 溶液水解的微观过程。X 老师

结合不同的教材内容，将实验设置成为学生分组合作的探究实验，并从微观的角度对宏观的实验现象进行分析，培养学生宏观辨识与微观辨析的素养。X老师对于教材内容任务的安排，始终是围绕着教材的核心知识以及任务展开，只是形式更为多样，让学生思考操作讨论的时间更长。并且自始至终目的非常明确，即发展学生各方面的学科核心素养。

在比赛的现场，X老师首先就用PPT展示了探究一，并要求相互讨论，不断对学生进行追问。

【PPT】a. $FeCl_3$溶液中存在哪些微粒，这些微粒分别来自哪些物质？

b. 这些微粒间是否能相互结合，结合后对水溶液会有何影响？

学生们热烈讨论并得出氯化铁电离出铁离子会结合水电离出的氢氧根离子变成氢氧化铁的弱电解质。X老师又通过引导学生思考此时氢氧根浓度的变化从而得出氯化铁溶液呈现酸性的本质原因：氯化铁电离出的三价铁离子结合了水中的氢氧根离子而生成氢氧化铁沉淀，使溶液呈酸性。并且在X老师的帮助下，学生又对这个概念进行了扩大化，最终他们得出：是溶液中盐电离的离子跟水电离的氢氧根离子或氢离子生成了弱电解质。分析完以后，学生也自然而然地得出了盐类水解的概念，即溶液中盐电离出来的某些离子跟水电离出来的H^+或OH^-结合生成弱电解质的反应，叫做盐类的水解。紧接着，教师引导学生对概念进行剖析，并用概念来进行盐类酸碱性的判断，教学片段如下：

教学片段：

【师】我们如果把盐类水解当成一个事物的话，事物会有人物、经过以及结果，那我们找一下，谁在这里唱主角，干了什么事，带来什么结果。大家找一下这几个关键词，看一下。

【生】溶液中盐电离出来的某些离子跟水电离出来的氢离子或氢氧根离子结合生成了弱电解质。

【师】好，非常不错，请坐。这里我们的主角是盐电离出来的某些离子，它做了什么呢？

【生】结合了水电离出的氢离子或氢氧根离子。

【师】然后，带来什么结果呢？成了弱电解质。我再补充一个问题，它对水的电离带来什么影响？

【生】促进了水的电离。

【师】我们来快速思考下，0.1mol/L 的 CH_3COONa、Na_2CO_3、NH_4Cl、$Al_2(SO_4)_3$、$NaCl$、KNO_3六种溶液的酸碱性。

【生】相互讨论。

【师】我看大家在讨论问题的时候，出现了很多结果。请哪个同学说一下，来，你先说。

【生1】醋酸钠呈酸性，氯化铵呈碱性，氯化钠呈中性。

【生2】碳酸钠呈碱性，硫酸铝呈酸性，硝酸钾呈中性。

X老师在让学生进行猜想假设以后，通过实验来验证。在验证的过程中，发现一个问题：对于盐溶液酸碱性的判断，有的学生判断正确，有的学生判断不正确。在发现问题后，X老师通过实验和理论与学生共同分析解释其中的现象，按照之前的思路分析了氯化铵的酸碱性问题，再通过氯化铵推测到醋酸钠。最后，分析完这两种溶液之后，X老师再结合前面的氯化铁溶液，总结出了盐类水解的本质原理，具体教学片段如下：

教学片段：

【师】我们回过来想一想，这里，刚刚我们分析了三种溶液，来思考一下，这三种溶液水解离子分别是什么？比如第一组氯化铁溶液，什么离子在发生水解？

【生】三价铁离子。

【师】三价铁离子，最后变成了什么？

【生】氢氧化铁。

【师】然后第二组醋酸钠溶液？

【生】醋酸根离子。

【师】醋酸根离子变为了醋酸，第三组氯化铵呢？

【生】铵根离子。

【师】铵根离子，变成什么？

【生】一水合氨。

【师】这三组里面有没有什么共同点？都是什么？

【生】都生成了弱电解质。

【师】而且是什么离子在水解？阳离子有三价铁离子和铵根离子，为什么氯离子不水解？

【生】因为氯化氢是强电解质。

【师】对，因为氯化氢是强电解质，也就是说三价铁生成了弱碱氢氧化铁，而铵根生成弱碱一水合氨，醋酸根变为弱酸醋酸，也就是说剩下的离子比如钠离子没有水解，氯离子没有水解，我们推测一下氯化钠溶液会不会发生水解？

【生】不会。

【师】为什么不水解？因为钠离子属于强碱的阳离子，而氯离子属于什么？

【生】强酸的。

【师】对，强酸的阴离子，也就是说我们说的某些离子是哪些离子啊？

【生】弱离子。

【师】对，大家都发现了，这个某些离子是指弱酸的阴离子或弱碱的阳离子，如果没有弱酸的阴离子或弱碱的阳离子，盐会不会水解？

【生】不会。

【师】简洁的描述应该怎么说？只有出现弱酸的阴离子和弱碱阳离子，它才会水解，而没有就不水解，所以有弱才会水解，无弱呢？

【生】不水解。

【师】只有有弱才会水解，而无弱不水解，至于我们说的原理，其实盐类水解的原理就在于它真正改变了水的电离平衡，促进了水的电离平衡，这也是我们的原理最关键的一个部分，其实我们可以通过上一节对水的电离的影响来加深对盐的水解的理解。

在教学的过程中，X 老师非常重视学生自身的思考。因此在 X 老师看来，所有的活动都应该围绕着学生展开，他通过提问的方式，引发学生不断地进行思考，让学生在思考和回答中建立起盐类水解的核心概念。教材给老师提供了素材，也提供着思路和方法，X 老师所做的就是结合教材，加入自己的思考，为学生们提供了学习的思路方法，让学生主动地探索知识而非被动地简单接受。

④ 探究二：盐类水解的特点　盐类水解的程度是非常小的，因此现象并不明显，从溶液酸碱性的现象来进行分析虽然合理，但并不能验证盐类水解中弱电解质的生成。X老师在首次进行教学设计时并没有考虑到这个问题。但经过教学实践后，X老师对学生进行访谈时发现，学生对如何验证盐类水解中弱电解质的生成提出了疑问。针对学生的疑问，在经过思索后，X老师对教学设计进行了修改。X老师在对比人教版、鲁科版、苏教版教材中发现，关于盐类水解的特点在鲁科版的教材中有具体的表达，而在人教版、苏教版教材中则是在探究影响盐类水解条件的过程中有体现。然而，对于盐类水解反应本身是可逆的、微弱的、吸热的特点，X老师并没有简单地按照书本进行讲解，而是将其设置为探究实验。因为，这其中涉及了前面所学的电离平衡，是可逆反应的平衡移动的知识在盐类水解中的迁移应用。这是教材中的隐性知识，需要教师在对教材进行二次开发时进行合理的分析，然后选择合适的素材，将其体现在课堂的教学中。X老师通过分析教材中的隐性知识，发挥知识的迁移价值，设计探究实验，使学生通过对比加热$FeCl_3$溶液前后能否产生丁达尔效应现象，既激发了对学习的热情，也引导学生学习到了盐类水解的特点，培养了学生科学探究的化学学科核心素养。

紧接着，X老师展开了第二个探究实验，对盐类水解的特点进行探究。教学片段如下：

教学片段：

【PPT】a. Fe^{3+}与OH^-结合，是否生成了$Fe(OH)_3$沉淀或胶体，如何验证？为什么？

b. 对$FeCl_3$溶液加热，有何变化？

【师】我们看到第二个关于盐类水解的特点之一的探究。我这里也有一瓶氯化铁溶液，（给学生展示溶液）我们一起来看一下，这一瓶溶液的话，大家看的时候有没有看到沉淀。

【生】没有。

【师】没有，说明它没有生成沉淀，那有没有生成胶体呢？有没有胶体怎么看得到呢？怎么验证它是不是胶体？

【生】丁达尔效应。

【师】用一束光来照射$FeCl_3$溶液。

【生】观察现象，没有明显的光亮通路。

【师】如果对$FeCl_3$溶液进行加热，会出现什么变化？

【师】加热$FeCl_3$溶液，之后用一束光来照射加热过$FeCl_3$溶液。

【生】观察现象，有明显的光亮通路，溶液颜色加深。

【师】加热促进了水解，那它为什么促进了水解？

【生】水解是吸热的。

【师】在上节我们说过，升高温度，平衡会朝着吸热方向移动，大家都反应过来，因为这是吸热的，大家想想看，平衡移动，什么反应能够办到？

【生】可逆反应。

【师】对，可逆反应，只有可逆反应才会发生平衡移动，这说明盐类水解是微弱的，加热之后水解程度变大了，说明水解是吸热的。

⑤ 探究三：盐类水解的规律　在对教材的二次开发中，对于教材中提供的素材，教师可以进行合理的调整与深化。教材中的思路安排是先归纳出盐的类型和溶液酸碱性的关系，再探讨本质的原因，从宏观到微观。因此，X 老师一开始在班级进行实践时，根据人教版教材中科学探究栏目的框架进行了简单调整，首先通过回顾初中中和反应的实质，并进行逆向分析，根据形成盐的酸、碱的强弱来分，将盐分为四类：强酸强碱盐、强酸弱碱盐、强碱弱酸盐、弱酸弱碱盐。然后通过两个学生活动对九种盐进行归类并测量其溶液的 pH 值，得出盐类水解的规律。但是 X 老师发现，虽然学生能够正确找出盐的类型和水解之间的关系，并能够从这一角度判断某盐的酸碱性，但是，却不一定能够从盐类水解的本质去思考，并不能正确判断出水溶液中存在的微粒。另外，也有老师指出：这样的教学安排，等于是直接告诉学生判断的方法，学生再通过实验去进行验证。这样并不利于培养学生的科学探究的化学学科核心素养。因此 X 老师通过反思之后得出，应该先有现象，再由现象到原因，由原因最后到规律，将规律的总结放在最后，才更符合学生的认知发展。因此，X 老师将盐类水解的原理放在了规律总结之前，这是基于学生的学情，在教材的基础上作出了适当的调整。让学生成功完善盐类水解过程的认识模型，培养学生的模型认知的学科核心素养。具体教学片段如下：

教学片段：

探究三

盐	盐溶液的酸碱性	生成盐的酸和碱	类别
CH_3COONa Na_2CO_3	碱性	CH_3COOH和$NaOH$ H_2CO_3和$NaOH$ 弱酸与强碱	强碱弱酸盐
$NaCl$ KNO_3	中性	HCl和$NaOH$ HNO_3和KOH 强酸与强碱	强酸强碱盐
NH_4Cl $Al_2(SO_4)_3$	酸性	$NH_3 \cdot H_2O$和HCl $Al(OH)_3$和H_2SO_4 弱碱与强酸	强酸弱碱盐

【师】我们来探究第三个问题，它是否存在什么规律？我们来看到这幅图（播放 PPT）。

【师】很多同学已经写得差不多了，前面这一组我们做过实验吧，这组溶液呈什么性？

【生】碱性。

【师】第二组呢？第三组呢？

【生】中性；酸性。

【师】生成盐的酸和碱能确定吧，第一组。

【生】醋酸和氢氧化钠。

【师】醋酸和氢氧化钠，然后第二个是？

【生】碳酸和氢氧化钠。

【师】碳酸和氢氧化钠，对应的是弱酸和强碱吧，第二组呢？

学生根据老师的提问一一回答。

【师】大家从这边可以找到什么规律呢？盐的组成和溶液酸碱性（老师播放 PPT），第一组，强碱弱酸盐呈现碱性，第二组是强酸强碱盐呈现中性，第三组是强酸弱碱盐呈现酸性，其中发现了什么规律？

【生】谁强显谁性。

【师】对，谁强显谁性，如果两个都强呢？

【生】中性。

【师】中性，这一个，就是我们盐类水解盐溶液酸碱性的一个规律，在跟前面的规律放一起的话我们发现（播放 PPT），盐类的水解，第一个有弱才水解，无弱不水解；第二个我们刚刚发现的，谁强显谁性，同强显中性。

结语

X 老师通过反复的思考、备课，终于在这次的比赛中交出了一份满意的答卷。不仅在本次省级教师讲课比赛名列前茅，收获一等奖，同时还向其他在场的化学同行们展示了一节优质的化学示范课，为他们在今后盐类水解的教学提供参考。在 X 老师自己看来，这节课之所以能够得奖，能够成为一节优秀的化学教学课例，源于他在备课时结合学生的学情，对比不同版本的教材，深度挖掘了教材内容的潜在价值，始终以培养学生的化学核心素养为依据，对教材内容进行合理的删减、增补、调整和创新，基于教材却不囿于教材，用教材而不是教教材，合理巧妙而又连贯地将各个内容素材有机地结合在一起，最后达到创造性地使用教材的目的。因此，创造性地使用教材，教师并不能简单地根据个人的想法随意发挥，而应该在核心素养视角下，以课标为标准，以教材为依托，以落实立德树人为目标，有理有据地对教材进行二次开发。

**案例
思考题**

1.你是如何理解创造性使用教材这一概念的，创造性使用教材对教学实施有什么影响？

2.创造性使用教材有哪些方法？X 老师在"盐类的水解"这一节课的设计中，使用了哪些方法？

3.在创造性使用教材中，需要注意哪些问题？X 老师对教材的内容进行调整的依据是什么？

4.如何正确评价教师对教材使用是合理的，并且创造性地使用了教材？

推荐阅读

[1]沈健美，林正范.教师基于课程标准和学生需要的"教材二次开发"[J].课程·教材·教法，2012，32（09）：10-14.

[2]潘鸿章.化学优质课评比中对教材进行二次开发的研究[J].化学教育，2014，35（03）：27-34.

[3]陈朝辉.高中化学教材"二次开发"的探索与思考[J].课程教育研究，2014（06）：3-5.

[4]邵燕楠，黄燕宁.学情分析：教学研究的重要生长点[J].中国教育学刊，2013（02）：60-63.

[5]钟启泉.确立科学教材观：教材创新的根本课题[J].教育发展研究，2007（12）：1-7.

3.2.3 教材处理深广度的"惑"与"解"——以"乙醇"为例

教材理解是教师进行教学设计的必要环节，同一知识点，在不同阶段的教材中有着不同的教学要求，教师对教材处理时也应该准确把握教材处理的深广度。本案例描述的是 Z 中学 H 教师对必修阶段乙醇的教学设计过程。H 老师在对自己以前教学设计反思的基础上，通过对必修和选择性必修阶段化学课程标准中有关乙醇内容的对比和分析，找出了不同阶段教学要求的差异，明确了教学深广度，这个处理教材深广度的"惑"与"解"过程，以期能为教育硕士进行相关教学设计提供借鉴。

 案例正文

H 老师是 N 市某师范大学附属中学（简称 Z 中学）的一名化学老师，作为一名已经任教多年的"老"老师，H 老师所带的班级成绩一直以来都较为不错，H 老师自身也曾多次在市教学能力竞赛中取得较好的成绩。在一次 Z 中学的教研交流会上，H 老师展示的关于"乙醇"内容的教学设计受到了一些年轻教师的质疑，为"证明"自己，H 老师在会后认真研读了有关教材处理的相关文献，对必修阶段以及选择性必修阶段"乙醇"的教学内容的深度和广度进行剖析，并对自己的教学设计进行进一步改善，最终，在最近一次的教研活动中得到了全校同行的好评，并作为优质课例参加市里举办的教学比赛，给评委们留下了深刻的印象，荣获大赛一等奖。

本案例主要介绍 H 老师从暴露问题、产生疑惑、解开疑惑、改进教学等一系列步骤，最终完成"乙醇"教学设计和实践的具体过程。通过本案例的介绍，探索一线教师如何准确把握教材处理的深度和广度，为教师更好地顺应学生认知水平发展，提高教师专业能力提供参考和借鉴。

（1）究竟谁才为学生"好" 又是一个周三的下午，H 老师和几位同年级的化学老师有说有笑地走进会议室。每周三下午的教研会已经成为 Z 中学的一个传统，不同年级化学学科的老师会在这一天聚集在一起，每周由不同的老师进行教学设计分享，由其他成员进行评析，帮助教师不断对教学设计进行打磨，最后形成校本课程资源可供全校老师共享。

这一天，正好轮到 H 老师与大家分享，作为一个有着多年一线教学经验，且所带班级一直以来成绩都名列前茅的"常胜将军"，H 老师自信满满，大步流星地走向讲台。由于 H 老师所带班级正好即将学习必修阶段有机化学中"乙醇和乙酸"相关内容，想着可以"偷个懒"，H 老师毫不犹豫地选择了人教版必修二第七章第三节"乙醇和乙酸"中的乙醇相关内容作为教研会分享的教学内容。

H 老师首先在 PPT 上呈现了他的整体教学思路：

环节一	"酒文化"，回忆初中所学知识，总结乙醇的物理性质。 状态：无色无味 密度：比水小 挥发性：易挥发 溶解度：与水任意比例互溶（氢键作用）
环节二	回忆初中所学分子式，猜测乙醇分子结构。 （CH_3—CH_2—OH 还是 CH_3—O—CH_3）
	借助乙醇与金属钠发生反应，定量分析乙醇分子结构
	掌握官能团相关概念，认识醇类物质
环节三	氧化反应 1.乙醇燃烧 2.乙醇的催化氧化 ①$2CH_3CH_2OH+O_2 \xrightarrow[\triangle]{Cu/Ag} 2CH_3CHO+2H_2O$ ② 断键原理 ③ 乙醇可以被强氧化剂氧化成乙醛，进一步氧化成乙酸 ④ 哪一类醇可以发生催化氧化
环节四	乙醇的用途 做燃料，重要的化工原料，溶剂，消毒剂等
环节五	习题练习

听完 H 老师的分享，台下的一些教师纷纷点头，大家都认为 H 老师所带班级成绩好，教学设计肯定不用说了。此时，一直眉头紧皱翻阅着教材的 L 老师站了起来，L 老师是 Z 校的教研组组长，在校期间多次参加了全国各地的研讨会和讲座，并先后在《化学教育》《中学化学参考》上发表了文章，对于 H 老师的分享，他说：

首先，我认为通过这样一个教学设计可以看出来，H 老师是一个教学经验非常丰富的老师，整堂课下来内容非常充实，我相信在座的各位老师也有同样的感受。但是有一个问题，我们今天上的"乙醇"这一堂课属于必修阶段的课程内容，我们都知道，在选择性必修阶段也有涉及乙醇内容的学习，那么必修阶段和选择性必修阶段的学生对于这一知识点的掌握程度有什么不同呢？

面对 L 老师的疑惑，H 老师思索了一会，回答道：

必修阶段对于乙醇的学习主要集中在乙醇的物理性质和化学性质，认识官能团的概念，在选修部分有难度的提高，更加集中于醇类的结构特点，以及官能团对性质的影响。

H老师的回答似乎并没有让L老师满意，只见L老师径直地走向讲台，指向H老师的设计思路说：

既然必修和选择性必修有不同，那么如何对必修和选择性必修的教材内容进行处理就是我们应该关注的问题。我看到H老师在讲解乙醇与水任意比例互溶时，就引入了通过氢键的概念加以阐述，并在介绍官能团的同时延伸醇类物质的整体概念。醇类物质以及氢键的相关内容不属于必修二学生掌握的内容吧？您这样处理是否脱离了课标要求，教材处理深度过深呢？

L老师的问题一时间让原本安静的会议室变得热闹起来，大家都纷纷议论起来。对于这样一个观点，老师们各执一词。有的老师认为如果仅按教材讲解，知识过于简单，多年的经验告诉他们：要想考出好成绩就得"抢跑"，学生掌握的知识越多越有利于做题，成绩才会提高；而另一些教师和L老师的观点相似，认为只有按照学生的认知水平发展的教学才能真正帮助学生掌握知识，教材处理应紧贴课标要求，不宜深度过深或是广度过广，加大学习难度。

面对大家的争论，H老师陷入沉思：

自己执教多年，拓展和提前学习都是为了学生成绩好，况且你不讲超前知识，其他的老师也会讲，到时候自己的学生不会做题，成绩就比不过别的班的同学。究竟谁才是真正为学生好呢？

（2）反思求索，探寻解"惑"路径　会议结束后，闷闷不乐的H老师回到家中。H老师是一个爱较真的人，面对一些老师提出的问题，他百思不得其解。晚饭的饭桌上，H老师一言不发。这时，丈夫突然问道：

家里的小朋友马上上一年级了，别的孩子都报名了辅导班，咱们孩子要不要也抓紧时间提前学习一些拼音和算术？

H老师看了看正在吃饭的孩子，连忙摇头，说：

这些都不是她这个阶段该学习的东西，我们还是循序渐进吧！

话音刚落，H老师恍然大悟。

对呀！循序渐进！对于必修阶段和选择性必修阶段学习乙醇相关知识的学生来说也是一样。虽然提前接触选择性必修阶段的内容，会让学生做题水平暂时提高，但是不利于学生认知发展的，一不小心就会造成揠苗助长的局面。

想到这，H老师不禁心生一丝羞愧，这么多年来，她呕心沥血，想尽可能让学生更快地提高做题水平，却忽略了学生心理和认知水平的发展。表面上似乎提高了学生的测验成绩，实际上却违背了学生的学习规律。

可是，转念一想，什么样的教学才是正好适合学生认知水平发展的呢？完全按照教材讲解是远不够应付当前的考试的，如何把握教材处理的深度和广度确实是当前一线教师亟须思考的问题。

① 重新研读教材，分析知识广度　为了搞清楚这个问题，H老师第二天早早来到学校，

拿起早已熟记于心的课本，再次认真地研读起来。

　　通过阅读和分析乙醇在各个阶段教材呈现的位置，H 老师发现，在九年级上册，第七单元课题 2 "燃料的合理利用与开发"中，学生已经接触了乙醇作为燃料的相关概念，对乙醇有了一个初步的认识。事实上，在小学科学中已介绍过酒精，并在九年级化学上册第一单元也提到了乙醇，教材将乙醇与化学·技术·社会（STS）相结合介绍了其作为燃料的用途。紧接着，在必修二（人教版）第三章第三节"生活中常见的两种有机物"中，重新将乙醇作为典型物质进行学习，主要介绍乙醇的物理性质、化学性质，并初步介绍其结构。前言部分简单介绍了乙醇是生活中常见的一种有机物，这一部分就与初中化学衔接，接着以资料卡片继续呈现乙醇用途，将乙醇与社会生活联系。这既是呼应九年级化学中乙醇的用途，也是乙醇应用的拓展。在此基础上呈现乙醇的主要知识——物理性质和简单的化学性质，为后续的知识打基础。由此可知，化学必修部分只介绍了乙醇的具体内容，强调的是乙醇的性质，并没有涉及其他的醇。在选修五中，以醇的结构为主要内容展开叙述，强调对醇结构的理性认识。教材从类别的角度出发，以典型代表物乙醇为例，抓住官能团在醇性质中的关键作用，以官能团作为桥梁推演归纳一类物质的性质和用途。前言介绍了乙醇与醇结构的相似性，是由于官能团起主要的作用。通过思考与交流、学与问栏目引出醇分子中的氢键，结合图片模型直观地理解醇的结构。醇的化学性质与物理性质通过实验探究、学与问等栏目进行分析，运用结构决定性质的思想，理解官能团对化学性质的影响。在此基础上，介绍了乙二醇、丙三醇的用途，由此可见，在选修 5 中，注重醇知识的系统性与知识的迁移，已经不单单是一个知识层面的内容，而是上升到一个关于各种不同醇的结构、性质、用途的复杂网络体系。

　　为了更直观地了解不同阶段教材内容广度变化情况，H 老师拿起笔在纸上画出了一份这样的示意图，见图 3-8。

> 乙醇的用途：酒、汽车燃料

性质：（以性质为核心）
物理性质：乙醇的物理性质（颜色、气味、状态、密度、熔点、沸点等）
化学性质：乙醇与钠的反应、乙醇的氧化反应
初步结构：图片模型，乙醇分子模型官能团羟基（—OH）
作用：乙醇的作用（酒的成分，可由其性质判断司机是否为酒后驾车）

结构：（结构—性质—用途）
结构：乙醇、丙醇结构，官能团，醇分子中的氢键，乙醇分子比例模型
物理性质：醇的分类与命名，乙二醇、丙三醇的颜色与状态，醇的沸点
化学性质：醇与钠的反应、消去反应、取代反应、氧化反应
作用：乙二醇作为汽车防冻液，丙三醇用于配制化妆品

图 3-8　不同阶段教材乙醇内容广度对比图

　　通过再三对比自己总结的教材内容广度对比图，H 老师发现，九年级化学主要强调有机物的用途，化学 2 主要以有机物的性质为核心，同时在性质的基础上强调了有机物在生活中

的用途以及其原理，初步建立了性质决定用途的观念；选修五主要强调有机物的结构特点，强调按照结构—性质—用途的逻辑顺序学习烃的衍生物以及其性质规律，总体来说，教材内容的广度是逐渐增加，且系统性增强。H老师也逐渐意识到，作为必修阶段的授课内容，教师的教学广度不应过度涉及分子结构，如氢键、醚基之间的辨析等知识点的讲解，而应重点引导学生掌握乙醇的性质并借助理解乙醇的用途及其原理上。想到这，H老师深深地吸了一口气，原来认真分析，教材中竟更有一番"风景"。

② 深度研读课标，把握学习水平　　现在，对于教材内容的广度，H老师已经有了一个大致的了解，那么对于教材的深度呢？一直以来，H老师都是深入研究考试的难度，来决定学生的学习内容水平，这样一种风气似乎也成为当前一线老师心照不宣的一种追求，而这种追求无疑是脱离了教材，换句话说，学生掌握得更多是应试的技巧，而非能力的发展。思来想去，H老师决定从课标入手，从课标中探寻不同阶段对学生学习的要求，从而确定教材处理的深度。

H老师将《普通高中化学课程标准（2017年版）》中必修阶段以及选择性必修阶段乙醇内容的要求进行对比，发现必修阶段对于乙醇部分内容的要求是：

a. 以乙烯、乙醇为例认识有机化合物中的官能团；

b. 认识乙醇的结构及其主要性质与应用；

c. 结合典型事例认识官能团与性质的关系，知道氧化等有机反应类型。

而在选择性必修阶段要求是：

a. 认识官能团与有机化合物特征性质的关系，认识同一分子中官能团之间存在相互影响，认识在一定条件下官能团可以相互转化，知道常见官能团的鉴别方法；

b. 了解有机反应类型和有机化合物组成结构特点的关系，认识有机合成的关键是碳骨架的构建和官能团的转化，了解设计有机合成路线的一般方法。

通过对比，H老师发现在必修阶段知识技能要求的水平大部分集中于"认识"，且主要针对乙醇为例的典型物质，而在选择性必修阶段，对于学生的要求包括"了解官能团的转化，以及合成路线的设计"，可见在选择性必修阶段对醇类的学习更加具有系统性。

H老师进一步阅读和分析新课标，有机化学内容在主题4"简单的有机化合物及其应用"中集中展现。教学内容方面，要求学生了解较为常见的有机物的结构、性质以及研究价值。通过对有机化合物的结构特点的学习，认识分子的立体结构、成键特点和官能团，发展"宏观辨识与微观探析"的核心素养。值得注意的是，新版课程标准对各部分的内容都做了细化，明确提出了学生必做实验和教学提示。必修阶段除了关于乙醇的性质实验外，还要求学生必须动手搭建简单有机化合物的球棍模型，增加了学生对官能团概念的认识，初步建立了有机物的认识框架，结合典型有机化合物分子帮助学生建立对有机分子结构的认识。细心的H老师还发现，这一要求与课标中学业质量水平表中的水平二基本相吻合，即通过必修阶段的学习，无论是选考化学还是未选考化学的学生的水平都应达到学业质量水平测试要求。

选择性必修课程"有机化学基础"模块，目的在于引导学生建立"组成、结构决定性质"的核心观念，形成基于官能团、化学键及反应类型来认识有机化合物的一般思路，了解测定有机化合物结构、探究性质、设计合成路线的相关知识。H 老师发现，选修五中对于醇类这一物质类别主要从烃的衍生物视角进行学习，要求学生认识醇类物质的结构特点，并且能够对相关物质的性质进行预测，并且对复杂的化学问题情境中的关键要素进行分析来解决复杂的化学问题，这一要求在学生"宏观辨识与微观探析"与"证据推理与模型认知"等核心素养的水平要求中均达到了水平四，可见选择性必修五相比于必修阶段不论是在能力水平还是核心素养水平上均有明显加深。

在教学提示中，H 老师发现课标给出了情境素材建议以及学习活动建议，其中提出了可以以我国酿酒技术与酒文化、工业酒精的制备、不同饮用酒中酒精的浓度、乙醇汽油、固体酒精、酒后驾车的检验、酒精在人体内的转化、乙醇钠在药物合成中的应用、我国酿醋技术与食醋文化作为教学情境素材，并且提出以乙醇中碳、氢元素的检测作为学习活动，H 老师发现，乙醇中元素的检测是凌驾于学生已有认知水平上，激发学生对所学知识的运用的探究活动，而在选修五中，课标所提供的情境素材并非为体现单一性质的现象或史实，而是一系列在真实情境中的复杂体系，如"工业上乙醇合成乙酸的路线""生活中常见的醇类物质及其应用""季戊四醇的合成路线"等，可见，必修与选择性必修的衔接要求教师在学习深度上，有意识地培养学生解决更加复杂实际问题的能力。

③ 深入了解学情，重视原有认知　为了进一步把握学情，了解学生现有水平，更加准确把握教材处理的深广度，H 老师决定采用访谈法来了解情况。H 老师首先对班级学生访谈、分析，发现：通过初中的学习，大部分学生已经对乙醇有了一个粗略的认识，有近一半的同学能够直接说出乙醇的分子式，由于初中课本中乙醇出现在教材中燃料资源利用与开发一章内容中，大部分学生对于乙醇的可燃性是有印象的；对于乙醇的物理性质，同学们主要是通过联系生活中酒精的性质从而联想乙醇的性质，如易挥发、有特殊香味等。在学习"乙醇"一节内容之前，学生已经学习了甲烷、乙烯两种具有代表性的有机物，知道了什么是取代反应，什么是加成反应，对有机物学习思路有了一定的经验。也就是说，乙醇对于目前高一的学生来说，并不是一个陌生的词，那么在必修阶段，我们要做的就是把握不同阶段学习要求的差异，在已有初中认识上，帮助学生系统全面地认识乙醇的物理性质以及化学性质，形成一个立体的理解，并渗透到实际生活和用途中，帮助学生建立性质-用途之间的联系。

经过了一系列对"教材""课标""学情"的分析和调查，H 老师再重新整理自己的教学设计，发现问题确实不少；a. 在讲解乙醇的物理性质时，过早引入氢键的概念，必修阶段主要集中于性质和用途的宏观层面，微观层次集中于对官能团的认识，氢键作用容易给高一的学生认识官能团带来负担；b. 在对乙醇分子式的探究环节中，"为了探究而探究"，在学生从未接触过醚类物质时，引入乙醇和乙醚之间的辨析，无疑是加大了学生的学习难度，且实验过程要求较高，教师如果不进行实验只是阐述实验原理，不仅没有起到探究的目的，反而容易使学生失去学习的兴趣和动力；c. 在讲解乙醇催化氧化实验时，凭借自己的经验，为使学生能够更好地应试拿高分，提前向学生拓展了其他醇类物质能否发生催化氧化反应的题型，使得教学广度由原本的典型物质扩大到整个醇类物质，而对于醇类物质性质的系统性认识应该属于选择性必修五部分学生学习内容；d. 在对乙醇用途延展时，过于轻描淡写，容易给学生造成乙醇的用途老师只是最后"提了一下""随便记一下就好"的错觉，未能建立起性质与用途之间的联系。

（3）真正"适合"学生的教学

① 合理设计教学流程　基于以上分析，H老师决定紧盯课标，以酿酒文化作为教学情境，在教材处理的深度上，严格把握必修阶段教学要求，基于学生已有知识水平设计探究实验，并对学生在实验过程中可能会出现的情况进行预判，让学生发现问题，并解决问题，促进学生知识运用和能力发展；在教材处理的广度上，除了教材知识点之外，重点从生活的角度对乙醇在生活中的用途进行扩展，加深学生对乙醇相关知识的理解和运用，促进学生知识理解能力和迁移能力的发展。H老师对教学环节作了如下修改：

教学环节	学习活动	教学内容	学生认识发展与素养落实
宏微结合激发思考	1.观察乙醇实物，总结乙醇的物理性质	乙醇的物理性质：无色、液态、有特殊气味	学生通过多重感官协同发展，总结乙醇的物理性质，并利用乙醇溶解度特点设计实验；宏微角度结合认识乙醇，落实核心素养
	2.设计方案鉴别煤油、乙醇、水	乙醇的密度比水小，与水任意比例互溶，作为有机物能够与其他有机物互溶	
	3.观察乙醇分子结构模型	乙醇分子结构	
实验探究突破重点	1.设计并进行实验验证。进行乙醇与金属钠反应实验，并猜想、验证产物	乙醇与金属钠反应过程	在任务驱动下，按照"问题驱动—实验观察—现象分析—得出结论"的基本思路，学习乙醇与金属钠反应的具体过程和原理，并要求学生自习观察实验中"特殊现象"并进行分析，并能够利用所学知识改进实验装置，落实学生证据推理和模型认知，以及科学探究和创新意识核心素养
	2.观察和分析。观察实验现象，并结合产物对比分析断键位置	乙醇与金属钠反应，方程式及原理	
	3.质疑与推断。对实验中特殊现象进行分析，得出相关结论	乙醇燃烧原理以及乙醇易挥发性的运用	
	4.改进与创新。对现有实验装置弊端进行分析，并设计改进装置	乙醇沸点低性质的运用以及常用除杂方案的设计	
认知延伸渗透STSE理念	1.学习理解。观看视频了解乙醇在人体内消化过程，进行乙醇催化氧化实验；分析乙醇催化氧化过程	从分子结构以及断键过程认识官能团；了解乙醇催化氧化反应过程和原理；从社会责任角度渗透青少年禁止饮酒观念	理解真实情境中承载的化学知识，建立结构决定性质的认知模型，渗透科学态度和社会责任的核心素养
	2.举一反三。分析乙醇的氧化反应	结构决定性质	
联系实际，拓展应用	结合不同真实情境，联系乙醇的用途	乙醇性质与用途之间的联系	基于本节课所学性质，树立起性质决定用途、用途反映性质的观念

H老师在接下来的一次教研组研讨会上，再一次和大家分享了她发现自身问题以及改进之后的教学，获得了在座老师的肯定，大家纷纷表示H老师此后的教学设计在对教材处理的广度上以及深度上均恰到好处：在教材处理的广度上，H老师除了传授知识点以外，尽可能地帮助学生建立乙醇性质和用途之间的联系，加强化学学科在实际生活中的应用；在教材处

理的深度上，H老师巧妙地利用实验中可能出现的"意外"现象开展探究教学，引导学生对实验进行改进，既基于学生原有认知基础，又培养了学生利用所学知识解决现实问题以及创新的能力。

L老师也表示：

H老师改进后的教学设计确实让人耳目一新，最重要的是，一个有着多年教学经验的老师，能够推翻自己的经验教学，紧跟时代要求，重新审视自己的教学设计，认真分析，不断完善的态度值得我们在座的每一位老师学习！

不久，市里举办教学比赛，H老师被推荐代表Z中学进行比赛，最终获得评委的好评，荣获一等奖殊荣。

② 真刀真枪，课堂实录

环节一：宏微结合，感知思考

【师】先来看一段视频。

【视频资料】在中国古代文化的发展过程中，酒文化一直如影随形，那么酒究竟是一种怎样的神奇事物？

【师】今天就让我们一起认识，酒中精华——乙醇。请同学们看看实验台上的乙醇，看看它们的状态，颜色，闻闻气味。

【师】现在有哪位同学可以来描述一下乙醇的物理性质？

【生1】乙醇是无色有特殊香味的液体。

【师】我们能直接闻到它的特殊香味是因为乙醇的什么性质？

【生1】易挥发。

【师】非常好，请坐。现在老师有一个问题，有三瓶无色液体，为煤油、乙醇、水。不另提供药品，如何鉴别它们？请同学们按小组分析、讨论，小组代表交流结论。

【生2】可以通过气味来鉴别它们。水没有气味，乙醇有特殊香味。

【师】煤油是什么气味呢？ 同学们回忆一下在什么地方曾经接触过煤油？

【生3】钠保存在煤油中，气味感觉和汽油差不多，和水、乙醇肯定有明显区别。

【师】很好！同学们很善于观察。大家再想一想还能怎么做？

【生4】可以通过溶解性，将它们相互混合，根据溶解的情况判断。

【师】很好！如果现在将三瓶无色液体分别编号1、2、3。第一支试管：1号液体和2号液体互溶；第二支试管：2号液体和3号液体互溶；第三支试管：1号液体和3号液体分层。 请大家思考，能得出什么结论？

【生5】2号液体是乙醇。因为乙醇和水、煤油能互溶。1号和3号是水和煤油。具体哪个是水不知道。

【生6】可以判断。可以向第三支试管中继续加1号液体，看哪一层的液体增加。如果下层增加，那1号液体就是水，如果上层增加，1号液体就是煤油。

【师】很好！同学们巧妙地利用了三种液体的溶解性和密度解决了问题，说明大家很善于分析问题。同学们已经对乙醇有了一个宏观的认识。那乙醇的分子结构又是怎样的呢？大家请看（拿出乙烷分子模型），这是乙烷分子的模型；（拿出水分子模型）这是水分子。（将分子模型拼接）得到了这种新分子，就是我们今天研究的乙醇分子，请同学们参照乙醇模型写出它的结构式。请一位同学上来写，其他同学在下面完成。大家和他写的一样吗？

【师】可以将乙醇的结构式写成两种结构简式（由PPT演示出），所以对照它的结构式，乙醇的分子式是？

【所有学生】C_2H_6O。

【师】可以看出乙醇其实就是氧氢原子团取代了乙烷中的一个氢，我们把这种烃分子中的氢原子被其他的原子或原子团所替代生成的一系列物质统称为烃的衍生物。好的，再看一下乙醇的这种特殊的基团，（圈出氢氧根结构）我们把它统称为羟基。注意它的写法。

环节二：在体验实验中生成探究性教学

【师】那么乙醇中的氢原子是否能被活泼的金属钠给置换出来呢？我们通过实验来证明。我强调两点，第一点，我们知道钠储存在哪里吗？

【全体学生】煤油。

【师】所以钠取出之后必须要干什么？

【全体学生】用滤纸吸干表面煤油。

【师】第二点强调一下，点燃气体之前一定要干什么？

【全体学生】验纯。

【师】好，请同学们根据实验步骤进行实验，实验步骤如下。

【活动三】探究：乙醇与金属钠的反应

【问题1】活泼金属钠能否置换出乙醇中的氢原子？

实验步骤：
1. 向一支试管中加入少量的乙醇
2. 用镊子取出一小块钠，并用滤纸吸干表面煤油，加入乙醇中
3. 迅速塞上带有针头的橡胶塞，将试管固定在铁架台上
4. 将小试管倒扣在针头之上，收集气体并验纯
5. 点燃气体，并把一干燥的小烧杯罩在火焰上，片刻出现水雾后倒转烧杯，向烧杯中加入少量的澄清石灰水观察现象

【全体学生】开始实验。

【师】看到实验现象了吧，找一位同学来描述一下。看到什么现象？

【生7】钠在酒精里面会产生大量的气泡。我们收集气体并且验纯之后将它点燃，用烧杯罩住发现表面有一层水雾。滴加澄清石灰水振荡之后发现没有变浑浊。

【师】开始的时候钠大概在哪里？

【生7】开始在底部，随着反应的进行逐渐上浮。

【师】好的，请坐。

【师】他看到了以上几个现象，其他的组一样吗？

【生8】其他现象都是一样的，但是我们的澄清石灰水变浑浊了。

【师】好，大家来分析一下。先看一下大家一起共同的一个现象，钠一开始在底部，说明什么？

【全体学生】钠的密度比乙醇大。

【师】随后浮起来了，应该是什么原因呢？

【全体学生】产生大量气泡。

【师】发现产生的气体可以燃烧，但是不能使澄清石灰水变浑浊，说明是什么气体呢？

【全体学生】氢气。

【师】所以实验证明，乙醇的确是可以跟钠反应产生氢气，但是第三组同学发现了一个现象，就是石灰水变浑浊了，为什么会这样呢？大家摸摸试管的外壁，有什么感觉？

【全体学生】发热。

【师】那你们觉得石灰水变浑浊产生的二氧化碳是从哪里来的？

【全体学生】乙醇挥发出来的。

【师】这个反应放热，有可能乙醇会挥发出来，和氢气一起燃烧时产生了二氧化碳。大家想一下，怎么减少乙醇挥发呢？

【生9】可以在反应的时候拿一个小烧杯装上冷水，放在试管的外面，使温度变低减少挥发。

【师】这就是我们常说的冷水浴，很好，请坐。还有不同的方案吗？

【生7】我认为可以在针管外面套一个长的导管，使挥发出来的乙醇可以冷凝回流。

【师】这也是我们经常用的方法，也很好，请坐。

【师】在实验过程中，可能会碰到一些异常的现象，但是我们必须要正视，去面对它、分析它，而且能够将实验进行一定的优化，这也是我们化学科研人员应该有的精神，希望大家继续保持。回到我们这个实验，我们通过实验已经证明了乙醇的确是可以跟钠反应产生氢气，那么乙醇中的6个氢是不是都被置换出来了呢？我们看一下这个表格。

【问题2】根据乙醇与钠反应生成氢气，钠是置换乙醇分子中C—H键还是O—H键上的氢原子？

$$2CH_3CH_2OH + 2Na \longrightarrow 2CH_3CH_2ONa + H_2 \uparrow$$

项目	煤油（烃的混合物）	水	乙醇
分子中H原子的连接方式（化学键）	C—H键	O—H键	C—H键、O—H键
能否与钠反应生成H₂	不能	能	能

结论：乙醇与钠反应生成氢气，钠置换的是乙醇分子中<u>羟基上</u>的氢原子

【师】我们看到钠储存在煤油当中，那么钠能不能跟煤油直接反应呢？

【全体学生】不能。

【师】而我们刚才知道水和乙醇能不能和钠发生反应呢？

【全体学生】能。

【师】我们知道煤油是烃的混合物，它里面含有的是碳氢键，水中有的是氧氢键，而乙醇中同时含有碳氢键和氧氢键。通过对比，你觉得乙醇跟钠反应断的是哪一根键呢？

【全体学生】氧氢键。

【师】很好，所以钠置换出的应该是乙醇分子中的？

【全体学生】羟基上的氢原子。

【师】很好，请大家在学案上写出乙醇和钠反应的化学方程式。实验现象也记录在上面，包括有的组发生了异常的实验现象也记录在上面（请了一位同学在黑板上写出）。

所有学生开始写方程式。

所有学生完成了方程式。

【师】（指着方程式）大家写的和黑板上的一样吗？乙醇和钠反应生成的这种物质，我们把它称为乙醇钠，另一种就是氢气。

环节三：认知延伸，渗透STSE核心观念

【师】通过实验证明了乙醇会和钠反应，通过理论分析能够得出，乙醇和钠反应断的是氧氢键，那同学们在生活中是否看到过这种现象，为什么有的人滴酒不沾，而有的人却千杯不醉呢？

视频资料：科普小知识，乙醇在人体中的代谢过程。乙醇进入人体后有大约10%被肺部的呼吸或通过尿液和汗液排出体外，还有大约90%处于肝脏中代谢。乙醇进入肝脏后，在乙醇脱氢酶的作用下转化为乙醛，生成的乙醛在乙醛脱氢酶的作用下转化成乙酸，最后氧化成水和二氧化碳排出体外。但在此过程中，乙醛脱氢酶最为关键，它决定了酒精的代谢速度，乙醛脱氢酶活性高的人，酒精代谢能力强，酒量大，乙醛脱氢酶活性低的人酒量小，酒精代谢能力弱，酒量小，过多的乙醛会导致毛细血管扩张，从而导致脸红，同时，乙醇具有很强的毒性，对人体器官均有影响，特别是对胃、肝脏和神经系统的危害最为严重，所以，饮酒应适量，未成年人禁止饮酒。

【师】通过这段视频大家知道，乙醇在人体中是如何代谢的，生成了什么物质？

【所有同学】乙醛，乙酸，最后生成水和二氧化碳。

【师】对的，所以说一个人的酒量大或者酒量小，与他身体中的酶有关。我们知道乙醇可以被氧化成乙醛，而这个过程，也可以在实验室中完成，今天来做一下这个实验，乙醇氧化成乙醛的这个过程，同样的参照实验步骤进行实验，现在开始实验，注意观察铜丝的变化，并且稍微地闻一下反应过程中液体的气味，和之前的乙醇相比有什么变化。

学生开始实验。

实验结束。

【师】整个实验过程中大家的操作都比较规范，但是有的同学，闻气味的时候，操作不太规范，正确的应该是用手扇动空气这样稍微地闻一下，要注意这个问题。我们找一组同学问一下实验现象，铜丝在空气中灼烧至红了以后离开火焰，你看到了什么变化？

【生10】变黑了。

【师】然后呢，黑色的铜丝伸到乙醇中，铜丝的颜色又发生了怎样的变化？

【生10】由黑又变成了红色。

【师】有没有注意闻气体味道的变化？

【生10】也是香味，没有闻到其他味道。

【师】那么其他同学呢？其他同学闻到的味道还是之前的那种味道吗？有没有闻到其他的气味？

【生11】我闻到的是一种刺激性的气味。

【师】最新的气味，那这个实验再来回重复几次，这种刺激性的气味还跟乙醇相不相同啊？

【全体学生】不同。

【师】所以我们要重复几次。我们一起来看一下，在整个实验的过程中，我们发现一开始铜丝的颜色是？

【全体学生】红色。

【师】然后呢，它变成了？

【全体学生】黑色。

【师】最后又变成了？

【全体学生】红色。

【师】好，我们说，铜丝变成了黑色，你们觉得是什么原因？

【全体学生】被氧气氧化。

【师】没错，变成了氧化铜，然后将它伸进乙醇中发现它又变回了红色，那这个红色物质是什么？

【全体学生】铜。

【师】对，又恢复成了铜，这个过程中，我们闻到了刺激性气味，就是我们说到的乙醛。（写出了乙醛的结构式和结构简式）那我们把方程式写一下，所以第一个过程应该是什么？

【全体学生和老师】铜和氧气生成氧化铜（老师一边在PPT上放出方程式）。

【师】那么第二个反应应该是什么？

【全体学生和老师】氧化铜和乙醇生成了铜和乙醛，还有水（老师一边在PPT上放出方程式）。

【师】通过我们分析的这个过程，你觉得铜丝在这里起到了什么样的作用？铜丝开始是铜，然后又变成了氧化铜，最后又变回了铜，反应前后，仍然是同种物质，你们认为这是谁的性质啊？

【全体学生】催化剂。

【师】很好，既然铜是这两步反应的催化剂，请大家把这两个反应写成一个总的反应方程式，尝试着写一下，注意在总的反应中，反应物是谁啊？

【全体学生】乙醇和氧气。

【师】好的（请了一位同学在黑板写出）。

【师】大家可以观察一下啊，这两个作为一个总反应，所以呢，我们应该将铜作为催化剂吧，所以反应物就是我们说到的，乙醇和氧气。

所有学生完成了方程式。

【师】好，我们看这位同学写的：2mol 乙醇和 1mol 氧气，同时铜作催化剂，加热的情况下变成了 2mol 乙醛和 2mol 水，有没有问题？

【全体学生】没有。

【师】非常好，整个过程中因为铜是催化剂，其实这个实验呢，除了铜可以作催化剂以外，银也可以作为它的催化剂。因为整个反应过程中需要用到催化剂，我们把这个反应又称为乙醇的催化氧化。在这个反应中我们还用到了酒精灯，对不对？酒精灯在燃烧其实也是一种氧化反应，那么乙醇完全燃烧生成了什么呀？

【全体学生】二氧化碳和水。

【师】好的，我们知道乙醇除了能在铜作催化剂的情况下被氧气氧化，也可以燃烧，它还可以被很多强氧化剂氧化成乙酸，我们实验室里常见的一些强氧化剂有哪些啊？

【全体学生】酸性高锰酸钾，还有酸性重铬酸钾。

【师】对，它们都可以把乙醇直接氧化成乙酸。通过这些学习，把刚才讲到的这三个重要的反应对比看一下：乙醇和钠反应生成了乙醇钠和氢气，乙醇和氧气在铜催化的情况下生成了乙醛，乙醇可以被强氧化剂氧化成乙酸，对比看一下这三个重要的反应，对比一下乙醇分子和这个有机产物，看到有什么相似的地方了吗？（在 PPT 上做出标记）看出来了吗？乙醇前面的 CH_3 有没有变化？

【全体学生】没有。

【师】也就说在整个实验中，都是 CH_2 以外的物质在被氧化，准确地说，是 CH_2 后面的 OH，就是我们说到的羟基，是被它的性质影响了。化学物质的化学性质是由结构决定的，我们发现乙醇的化学性质主要是由它结构里的什么决定的？

【全体学生】羟基。

【师】没错，是由羟基决定的。所以把这种决定有机物中化学特性的原子或原子团，称为官能团，所以可以说，乙醇的官能团是什么？

【全体学生】羟基。

环节四：联系实际用途，趣味拓展应用

【师】通过这节课的学习，相信大家对乙醇的了解已经更深了一步。请大家结合生活实际，谈谈你能根据乙醇的性质想到哪些用途呢？

【生 12】消毒剂。

【师】非常好，作消毒剂的一般体积分数是 75%，含 75% 乙醇的医用酒精能够渗入细菌体内，然后把整个细菌体内的蛋白质凝固起来，从而达到杀菌的目的。还有吗？请同学们想一想。

【生 13】作为燃料，可以燃烧。

【师】哦！我听到有同学说可以作为燃料，这是利用了乙醇可以燃烧生成二氧化碳和水，我们还可以把乙醇添加在汽油中，使汽油燃烧得更充分，减少污染。还有吗？如果大家一时举不出太多例子来，那么老师和大家来玩一个游戏，看大家能否"火眼金睛"，看出分别在每一个情境中乙醇体现了什么性质，发挥了什么用途。好，我先说第一个，乙醇常被用来制作药酒。

【生14】（抢答）乙醇可以作为溶剂！

【师】哦！乙醇作为溶剂，我们说乙醇可以溶解很多物质，我们很多人把药材泡在白酒里，得到了药酒。那顺着这个思路，乙醇还有另一个角色，乙醇也是有机物，我们知道有机物之间是互溶的，根据这个性质，大家又能联想到乙醇的哪些用途或是生活小妙招？

【生15】利用酒精作为有机溶剂的特点，可以用少量白酒去除家中墙面上胶黏剂留下的痕迹。

【师】非常好！再继续问下一个问题，医学上给高烧病人局部皮肤擦拭酒精，这又是利用了乙醇的什么性质呢？

【生15】乙醇挥发吸热，能够降温。

【师】这是利用了乙醇的？

【生15】沸点低、易挥发。

【师】非常好！那么请听下一题，焊接银器、铜器时，表面会发黑，银匠把铜、银在火上烧热，马上蘸一下酒精，铜、银会光亮如初，这是为什么呢？

【生16】乙醇被氧化铜氧化成乙醛，同时氧化铜被还原回铜单质。利用了乙醇的催化氧化反应。

【师】你们太棒了！那么最后一个情境，也是我们较为熟悉的，在查酒驾时，交通警察检查司机是否酒后驾驶的原理是用硫酸酸化的 CrO_3 检验驾驶员呼出的气体，若呼出的气体中含有一定浓度的乙醇蒸气，将可以使 CrO_3（橙黄色）转化为 $Cr_2(SO_4)_3$（蓝绿色）。该原理利用了乙醇的什么性质？乙醇发生了什么反应？

【生16】体现了乙醇的还原性，乙醇发生了氧化反应。

【师】非常好，看来大家基本上已经掌握了乙醇的性质，并且能够灵活地建立起乙醇和实际生活间的联系。通过这节课的学习，我们找同学来谈一谈，有什么收获。

【生17】首先，我们了解到了乙醇的物理性质，也复习了乙醇的分子式和结构式，也学到了乙醇和钠的反应。之后又学到了乙醇以铜作为催化剂的催化氧化实验，然后找到了乙醇反应的共性，最后又了解到了乙醇的用途。

【师】乙醇反应的共性，这个共性是什么？

【生17】乙醇反应的时候，前面的 CH_3 是不变的，变化是由后面的官能团所决定的。

【师】也就是说我们掌握到乙醇的这些化学性质是由它的官能团——羟基决定的。这就是这节课所学到的重要的知识点。所以，有些东西需要大家去巩固，尤其是它的一些化学性质，是我们这节课的重点。最后呢，让我们再次来感受一下酒的醇香。

【视频资料】端午曲，重阳沙，赤水清清枆米红，八回醇，九上甑，春秋几度酱香成。

【师】大家能听出来这段工艺是在干什么吗？

【全体学生】酿酒。

【师】今天我们的课就上到这里，谢谢大家！

③ 课后反思，总结经验

H 老师的赛后反思：

本节课，利用中国的酿酒文化作为情境引入，引出主题内容——乙醇，通过设计乙醇和金属钠、乙醇的催化氧化等探究实验学习乙醇的性质，并结合大量生活实例阐述乙醇的实际生活用途。和以往不同的是，在设计这堂课时，我并不是像往常一样根据"什么会考、就讲什么"的方法去备课，而是通过研读教材，专研课标来确定教学内容的广度，以发展学生能力，培养学生兴趣，落实核心素养为目标；在教学深度的选择上，我充分尊重学生的认知发展水平，课前开展调研，为了能够更好地了解学生学习过程，我反复进行了乙醇的两项实验，并对学生实验时可能会出现的情况进行预判，在此基础上，设计了一个真实实验改进情境，培养学生对知识的运用能力和创新精神，这样一种全新的打磨过程对我来说就像是一次次"回炉重造"，虽然煎熬，但我享受这个过程！

J专家眼中的H老师参赛：

从H老师的整体教学内容设计来看，可以看出H老师在教材解读上花了很多心思，充分考虑了学生的实际情况和最近发展区，在教学广度上，考虑到学生的接受能力，紧扣课标，围绕乙醇的性质和用途展开，帮助学生初步认识乙醇，建立起化学知识与实际生活的联系；在教学深度上，尊重学生已有认知发展，巧妙设计引导学生自主设计实验进行探究，并及时给出评价，形成生成性资源，引导学生分析和解决实验中的特殊实验现象，我们可以看到，大部分的学生在这堂课上都是全神贯注的，并且在最后的总结中也条理清晰，可见学生真正乐在其中。一整节课下来，既涵盖知识内容，又引人回味无穷，着实是一堂不错的课例。

结语

"乙醇"是高中化学有机板块具有代表性的物质，它既在必修阶段作为典型物质进行学习，在选择性必修阶段又有进一步加深，这类知识在中学化学教材内容安排上普遍存在，反映了中学化学教学内容设计的层次性。教材处理的深、广度把握是教师进行化学教学研究的必修课，如何使得教学内容的广度不增大学生学习负担，又能促进学生认知延伸，教学深度不提高学生学习难度，又能帮助学生理解，创造出真正适合学生的教学设计，是我们需要持续探讨和解决的问题。

**案例
思考题**

1.结合案例，请你谈谈对教学深、广度的理解。你认为必修阶段"乙醇"的教学深度应达多"深"？广度应达多"广"？

2.简述案例中，H老师主要通过哪些方法来确定教材的深度和广度？你认为教师可以通过哪些途径提升把握教学内容深、广度的能力？

3.查阅相关文献，结合本节内容的课标学业要求和教材处理要求，设计一份课后习题。

4.结合案例分析，选择中学化学某一课题，依据高中化学必修、选择性必修不同阶段的课程目标要求和教科书内容编排特点，提出你的教学处理思路。

推荐阅读

[1]韩水霞，王喜贵.人教版化学教材中关于烃的衍生物的衔接性分析——以"醇、酸、醛"为例[J].化学教学，2016（03）：19-22

[2]毛建春.教学过程中科学合理处理中学化学教材[J].中学化学教学参考，2016（08）：12-13.

[3]徐宾.化学教材有效化处理的依据和策略[J].中学化学教学参考，2007（05）：36-37.

[4]夏立先.浅谈中学化学教材处理艺术[J].化学教育，2003（10）：14-15.

[5]刘毛毛，姜建文.鲁科版高中化学必修新教材情境素材分析与教学建议[J].化学教育（中英文），2021，42（3）：1-6.

第4章
化学教与学理论

4.1 现代化学教与学理念

教学理念是教学行为的灵魂，只能在具体的教学行为中得到体现。新课程改革的核心理念是"为了每一位学生的发展"。为了实现教学理念，达到一定的教学目标，教育教学活动还必须遵循一定的教学原则，借鉴前人总结的教育教学经验，依据一定的教学原理，才能真正达到最好的教学效果，实现有效教学。为了使处于不同发展水平、智能特点各异的学生都能最大限度地发展其智能，在教学的过程中，要恰到好处地使用一定的教学规律。

学习理论主要针对学习的实质、学习的过程、学习的规律和条件进行研究。各个时期不同的心理学家们从不同视角、运用不同的方法对学习进行了深入的研究，因此形成了不同的学习理论和学习观，比如行为主义、认知主义、建构主义、人本主义等相关的学习理论。

4.1.1 STEM 教育理念

STEM 即 science、technology、engineering、mathmatics 四个英文单词首字母的缩写，倡导跨学科知识融合为主的 STEM 教育，其目的不仅在于帮助学生打破学科之间的界线、不被单一的学科知识体系所束缚，也促使教师在教学过程中能够更好地进行跨学科知识讲解，对学生能力方面进行更全面的培养；在给学生打好扎实学科基础知识的前提下，侧重于对科学素养、技术素养、创新精神和实践能力的培养，提高综合素质以及多学科融合思维、分析，最终解决实际问题的能力❶。其教育的意义不是局限于这四个字母所代表的学科，而更多地在于提倡一种学科融合的思想。此外，融合的 STEM 教育具备新的核心特征：跨学科、趣味性、体验性、情境性、协作性、设计性等❷。

继 2015 年教育部首次提出"要探索 STEM 教育、创客教育等新教育模式"，到 2016 年教育部进一步提出"要通过 STEM 教学模式快速提高学生的信息素养、创新意识和创新能力"，我们可以真切感受到，STEM 教育理念在中国越来越受到重视。"第一届中国 STEM 教育发展大会"强调：不仅要加快教育教学内容的更新，还要重视教学方式方法的变革，注重提高学生的实践能力和创新能力，培养"创新型的复合型人才"❸。STEM 教育应将重点放在青少年身上，中国创新型国家的建设需要一个高素质的人才队伍，而 STEM 教育能够为其提供优

---

❶ 董泽华.美国STEM教育发展对深化我国科学教育发展的启示[J].教育导刊，2015（02）：87-90.

❷ 余胜泉，胡翔.STEM 教育理念与跨学科整合模式[J].开放教育研究，2015，（4）：13-22.

❸ 王素.《2017年中国STEM教育白皮书》解读[J].现代教育，2017，（7）：4-7.

质的人才资源，对我国的长远发展意义深远[1]。

宏观层面，STEM 教育对国家的发展意义重大。微观层面上，STEM 教育也为化学学科的教育改革提供了新思路。目前，受传统教学观念影响的老师在中学化学教学中存在一些问题，学生在化学学习中也出现一些误区，具体分为以下几个方面。①教师在知识的传授过程当中只注重理论知识的简单学习，联系到生活实际或者现今的一些前沿科技较少。以致一部分学生感受不到知识的价值。②教师在教学中忽略学生动手操作能力的训练，没有充分引导学生将所学知识应用到生活并解决生活中遇到的实际问题。③学生在学习的过程中受传统教学的影响也只是进行简单的知识性学习，做实验的过程中也是照搬书上或者老师给的实验步骤进行实验，缺乏自己的设计和想法。④学生在遇到化学与其他学科结合在一起的问题时，常束手无策，例如学习初三溶解度知识时需与数学中的坐标图联系在一起，学生无法将化学知识代入坐标图当中，以致答题错误，等等[2]。 这些问题亟待解决，而 STEM 教育的独特优势正好弥补了传统教育的劣势。

4.1.2　项目式教学

项目式教学最早来源于美国，随着我国教学改革的不断推广和发展，项目式教学的理念也在不同科目的教学中开始应用。项目式教学的项目有一个明确界定的目标，通常是指一个期望的结果或产品。项目的执行需要通过完成一系列不重复的任务以达到项目目标。对于学生的学习来说项目式学习是围绕一个具体的学习项目，充分利用各类本学科甚至跨学科资源，在实践体验和探索吸收中获得较为完整和具体的知识，以期形成专门的能力[3]。而在教师教的方面，项目式学习是指通过实施一个以项目为背景的教学活动，在教学过程中促进学生的核心素养。在整个项目式教学的流程中，教师更多地起到引导者的作用，真正做到了以学生为中心。

在基于项目的教学中，教师设置的驱动性问题是推动课堂进程的关键。学生通过互相合作、科学探究等活动完成教师设置的任务并解答相关问题，参与科学与工程实践并运用技术工具来学习科学，最后开发和呈现表征问题解决的成果[4]。由此可见，项目式教学的教学理念在很多方面与 STEM 教育理念有相同之处。

基于 STEM 理念的化学项目式教学既强调了学生对化学专业知识的学习，也可以很好地体现化学与其他学科之间的融合。在"大项目"的背景下，还可以让学生体会到工程的价值。基于 STEM 理念的化学项目式教学可以帮助学生在真实的情境下，通过解决任务驱动课堂教学的推进，在探究和解决问题的过程中使学生获得必备知识和关键能力。

4.1.3　三重表征学习

化学是在原子、分子水平上研究物质的组成、结构、性质、转化及其应用的一门基础学

❶ 马亚韬.青少年科技教育工作者聆听STEM教育与创新人才培养报告[J].科协论坛，2013（6）:18.

❷ 崔莉莎.基于STEM教育的初中化学教学实践研究[D].硕士学位论文. 呼和浩特：内蒙古师范大学， 2018.

❸ 王磊.基于化学学科的项目式教学探索——历程、收获、反思和展望[J].教育，2019(48):4-6.

❹ Joseph S. Krajcik，Charlene M. Czerniak. Teaching Science in Elementary and Middle School [M]. Fifth Edition. New York and London: Routledge，2018.

科，其特征是从微观层次认识物质，以符号形式描述物质，在不同层面创造物质。

　　化学学科的内容特点决定了化学学习中，学习者必然要从宏观、微观和符号等方面对物质及其变化进行多种感知，从而在学习者心理上形成化学学习独特的三重表征：宏观表征、微观表征和符号表征。

　　具体而言，宏观表征是指对人类感知器官可以直接感知到的物质及其性质的外部和内部表征，如物质的形状、颜色、气味等，具有生动、直观、可以再现等特点；微观表征是指对构成物质的微观粒子及其性质进行的外部和内部表征，微观粒子包括分子、离子、原子、质子、电子、中子等；符号表征是指对表示化学物质组成、结构、性质、变化、状态、数量、单位等的符号进行外部和内部表征，如分子式、方程式等。

　　学生在理解三重表征上的困难主要是由以下三方面原因造成的：微观世界抽象而又无法可见；学生思维受到他们已有的宏观经验的强烈影响，从而无法理解微观表征；学生有限的概念性知识和贫乏的空间可视能力，使其不能将一种表征转化为另一种表征❶。研究也显示，很多高中教师在教学中没有联系三种表征，在不同表征间转换时没有点明它们之间的内部联系❷。

4.2　典型案例

4.2.1　基于STEM教育理念的化学项目式教学——以"水的净化"为例

案例摘要

　　STEM（科学·技术·工程·数学）教育理念强调突破学科界限，以培养学生核心素养以及建立创新思维为目的。项目式教学（project based learning）则是一种以学生为中心，教师帮助学生在真实情境中经由任务驱动的方式组织开展探究活动，通过学生间的交流合作完成项目，最后分享成果的教学方式。将STEM教育理念与项目式教学进行合理融合是变革教学方式的一种新尝试。本案例以人教版初中化学"水的净化"这一适合STEM理念与项目式教学融合的教学内容为例，展现了L老师剖析教学对象，确立教学目标，构建基于STEM理念的化学项目式教学流程，是融合STEM教育理念与项目式教学的一次有益教学探索，以期借助此案例为教育硕士和一线教师进行教学改革提供参考。

❶ Chandrasegaran A L，Treagust D F，Moceri-no M. An evaluation of a teaching intervention to pro－mote students' ability to use multiple levels of representation when describing and explaining chemical reactions［J］. Research in Science Education，2008，38（2）：237-248.

❷ Johnstone A H. The development of chemistry teaching: A changing response to changing demand［J］. Journal of Chemical Education，1993，9（1）：701-705.

L 老师，J 师大学科教学（化学）专业研究生毕业，初中化学教师。本案例是 L 老师选取现有的人教版初中化学"水的净化"进行的基于 STEM 理念的化学项目式教学，她的这次教学改革实践缘于一次关于项目式教学的国培公开课任务，接到公开课任务之后，L 老师即开始着手准备融合 STEM 教育理念以及项目式教学的课程设计。

L 老师对人教版初中化学"水的净化"进行两种教学理念相融合的教学设计也不是一蹴而就的，她参考了业内化学教学方面专家写的关于 STEM 教育以及项目式教学的文章。通过查阅文献，L 老师确定了先选择适合 STEM 理念的教学内容，然后再剖析教学对象、确定教学目标、构建基于 STEM 理念融合项目式教学的教学流程。

（1）基于 STEM 理念的化学项目式教学设计

① 分析适合 STEM 理念与项目式教学相融合的教学内容　基于 STEM 理念的教学是依附于具体的问题或是项目进行开展的，所以并不是所有的教学内容都适合于 STEM 理念与项目式教学理念相融合。由于 STEM 教育具备跨学科、趣味性、体验性、情境性、协作性、设计性等特点。L 老师经过反复斟酌，认为选取的教学内容首先必须具备综合性和情境性，通过挖掘情境素材的趣味性，再进行二次设计。再者，教师本身就是教学内容的开发者，在对内容进行二次开发的过程也是 STEM 教育设计性的体现，只有老师先成为"设计者"，学生才有可能在对于整个项目的"设计"中有所体会，全面发展学生的化学学科核心素养。因此要选择适合的能够确保 STEM 理念与项目式教学理念相融合的教学内容，除此之外，该教学内容还应贴近生活实际，取材可以来源于真实的生活场景。因此，基于 STEM 理念的化学项目式教学内容必须满足情境性与综合性的特点。

L 老师最后确定将人教版七年级上册"水的净化"一课作为课例进行教学设计。在综合性方面，"水的净化"实际上可以算作一个较为复杂的工程，其中涉及形式多样的探究活动，比如科学探究、运用数学知识来分析、测量或者是运算、利用工程思想去进行设计和建造等。所以这就要求学生不仅仅要用到化学方面的知识，同时还要结合其他学科去综合探究。情境性方面，水是我们大家每天都要接触的，这一部分内容与学生原有的生活经验相近，并且贴近学生的生活实际，以这样一种情境引入所要学习的化学知识，可以激起学生的学习兴趣，引起学生的共鸣和探索的欲望。

"水的净化"STEM 层面分析见表 4-1。

表 4-1　"水的净化"STEM 层面分析

科学知识层面	重点突出化学知识，并兼顾其他学科知识的跨学科整合。其中，化学知识涉及水净化的原理、方法和流程，以及一些常用净水物质的工作原理等重要知识；通过对水资源短缺和污染的介绍，使化学知识延伸到社会知识层面
技术层面	学生运用所学知识以及同学之间的分析、交流，对怎样设计净水器作出正确的选择，可以使学生正确认识技术与社会的关系

工程问题层面	用水的净化工程产生情境，调动学生学习的兴趣和积极性，引导学生设计简易的净水器。经过教师对工程中较为难懂、容易遗漏的化学知识的讲解，学生进一步利用教师的提示，对自己的设计进行改进
数学层面	数学作为辅助工具与化学知识相整合，主要涉及数据分析和绘制图纸等方面，不仅培养了学生的数学素养，还使学生通过对数据资料的分析、比较，明确理论联系实际的必要性

② 剖析教学对象　本节课所选取的研究对象为九年级的学生。

【已知】知识方面，课前让学生填写水资源匮乏现状的调查问卷，得出这一年龄段的学生对于水资源匮乏是有一定认识的，故本课适合以此情境来导入。能力方面，通过其他学科科目的学习，学生已经具备了一定的探究能力和协作学习的能力，并且在选择授课班级时，特地选择物理和数学成绩排名均为前三的班级。因此教学对象具备一定的动手能力和分析运算方面的能力。

【未知】由于学校从未开设工程方面的选修课，故学生在工程方面的知识欠缺，不了解工业净水方式以及常用的净水技术、原理和工艺流程。对于数据分析和绘制图纸方面缺乏足够的经验。所以教师在教学过程中需要注意将这方面的知识讲解给学生。

【能知】虽然学生在九年级时首次接触工程学知识和化学知识，但这部分知识并不难学，且已具备一定的物理、数学知识和合作交流能力，能在了解净水原理工艺的基础上，进行简易净水器的初步设计，并不断优化自己的方案。

【想知】水的净化和净水器制作的问题贴近生活实际，学生对这方面的内容充满了积极性和好奇心。

【怎么知】九年级学生有强烈好奇心，对于新课中真实情境的感知力较高，并且学生也了解净水的社会价值，有意注意占主导，整节课能达到高度专注。在此基础上，学生能根据教师介绍的净水工艺，丰富其表象储备，为发挥创造性思维提供了前提，可以将创造性思维通过语言外化呈现。

③ 确定教学目标

a. 通过教师讲解水净化的相关知识和创设的情境，了解常用的净水技术、原理和工艺流程，知道简易净水器设计的一般方法。

b. 通过小组合作探究，制定净水器方案，提高问题解决能力和团队合作能力。

c. 通过自制简易的净水器，培养自身的实际操作能力。

d. 通过分享交流，学习他人设计制作的优点，反思自己制定方案及作品的不足。

e. 通过对有关水净化内容的学习，提高资源节约意识，培养科学态度与社会责任，对化学有关的问题，作出正确的价值判断。

f. 通过学习有关水净化的知识和简易净水器的设计与制作，提升 STEM 素养。

④ 构建基于 STEM 理念的化学项目式教学流程　在设计教学流程的过程中，虽说在这之前 L 老师看了许多文献和相关书籍，但由于缺乏"实战经验"，所以还是遇到了瓶颈，L 老师的设计历程如下。

L 老师对于 STEM 教育理念融合项目式教学的课堂大致构想是在某一具体的教学情境下，教师提出问题，设定一个有关项目的背景。学生运用 STEM 四方面的综合知识和科学探究的学习方式，在主动研究和分析问题、解决问题的过程中获得相应的科学知识。她意识到，"探究"是设计的关键。而教师设计有关任务，在任务驱动下推动整堂课则是保证完成教学任务和教学目标的关键环节。因此根据 STEM 教育理念与化学学科的特色，她构建了这样的模型，见图 4-1。

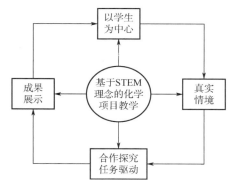

图 4-1　整体设计

根据以上的初步构想，并结合科学探究的一般步骤，L 老师根据教学的安排以及课本的内容构建了情境引入、明确问题、协作探究、制定方案、设计方案、测试改进、分享交流以及总结强化八个步骤的教学流程，见图 4-2。

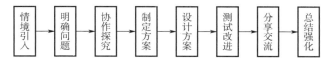

图 4-2　教学流程设计

但是她对于初步的设计并不太满意，比如 STEM 教育理更强调以学生为中心，因此教学设计应体现开放性和动态性。但同时，这样的课堂容易"失控"，如何兼顾"收"和"放"的关系，这是教师在前期的流程设计中需要体现的。L 老师发现自己初步设计的教学流程在掌控课堂进程方面也不能很好地进行把握。此外，在该设计中并没有突显学科融合的项目式特色，所以她决定融合工程思想，细化教学流程。于是 L 老师对教学流程进行重新编排，二次开发设计了基于 STEM 理念的项目式教学五步流程，见图 4-3。

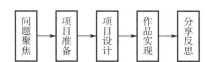

图 4-3　基于 STEM 理念的化学项目式教学流程

（2）基于 STEM 理念"水的净化"教学实施

环节一：问题聚焦

【教师】导入语：请同学们看一看以下展示的这组图片。

这四幅图片为我们展示了不同环境下的水，前三幅分别是清澈见底的湖水、飞流直下的瀑布以及每天都要接触的自来水，请同学们猜一猜，这些水体中的水是不是纯净的水呢？

【学生】有的同学说是，有的同学说不是。

【教师】那再请同学们看一看第四幅图片呢？与前三幅形成鲜明对比，第四幅图片是被污染过的水。其实它们都不是纯净的水，但是老师相信，大家希望看到的应该是前两幅图片所展示的场景吧。

【学生活动】学生观看教师展示的图片并积极回答问题。

有同学认为前两幅图片所展示的水是自然界中的水，可能会有一些杂质，所以不是纯净的水。而第三幅图片是家用自来水，可能会是纯净的水。还有同学认为自然界中的水和自来水都不能说是纯净的水。所有同学都结合自己已有的认知对图片中所展示的水是否纯净作出了一个初步的判断。

【教师】近些年来，水体污染已经成为全球各国必须要面对的严峻问题。随着社会的不断发展，越来越多的生活污水和工厂废水被排进天然水之中，再加上水资源的短缺和浪费，未来水资源的形势会越发严峻。那么面对这样的情况，我们是不是可以想些办法把这些废水进行净化呢？这就是我们今天要一起来探究的内容——水的净化。

【设计意图】

① 从生活中学生熟悉的现象入手，激发学生的化学学习兴趣。

② 通过展示对比图片，让学生意识到水体污染的严重性以及学习本课的必要性。要求学生意识到水的净化是一个科学性的、技术性的工程问题。培养学生对社会热点问题有所关注的意识。

自评：在问题聚焦这一部分，涉及 STEM 理念中的科学、技术以及工程方面的问题，与教学目标中的情感态度价值观相符。

环节二：项目准备

【教师活动】教师要求学生展示课前收集的各种天然水。观察水中主要有哪些杂质。要求学生思考如何处理水中的杂质。

教师介绍家用自来水的净化原理。

家用自来水一般分为地表水和地下水。

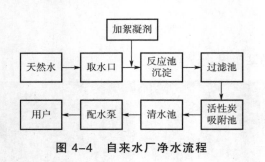

图 4-4　自来水厂净水流程

自来水厂净化地表水的过程一般由图 4-4 所示的六部分组成，絮凝是一种常见的净水手段，通常是指自然凝结沉淀或加入化学试剂明矾［十二水合硫酸铝钾，化学式为 $KAl(SO_4)_2 \cdot 12H_2O$］吸附不溶性杂质的过程，从而使不溶性杂质得到沉降。过滤与实验室的过滤原理大致相同，都是使不溶性杂质与水分离。

教师介绍家用净水器的净化原理。

家用净水器已经越来越多地为大多数家庭所使用，家用净水器的原理如图 4-5 所示，由自来水厂产出的自来水，经PP棉滤芯、反渗透装置以及前后活性炭滤芯的四重过滤作用后得到净化水。

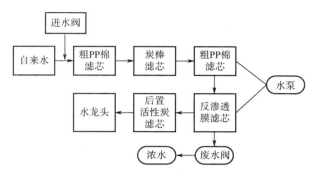

图 4-5　家用净水器净水流程

【学生活动】学生观察课前亲手收集的天然水，一部分同学发现自己收集的水中有肉眼可见的杂质，而另一部分同学则发现自己收集的水中没有明显杂质出现。

同学们根据老师介绍的自来水厂和家用净水器的净水流程对如何将水中肉眼可见的杂质去除有一个初步思考。

【教师活动】教师介绍实验室中主要的净化水的方式。

沉淀：实验室在进行沉淀操作时常分为静置沉淀和吸附沉淀两种。吸附沉淀时常加入絮凝剂辅助沉淀进行。

过滤：分离溶液与沉淀的操作方法。在实验室中通常使用烧杯、滤纸、漏斗以及玻璃棒进行该操作。

蒸馏：利用沸点不同来净化水，也是将硬水转变为软水的常用方法，净化程度较高。

反渗透：在高于溶液渗透压的情况下，根据溶液中的一些物质（如离子、细菌等）不能够透过半透膜，从而将杂质与水分离。

【学生活动】结合实验室净水方法对各类净水方法有一个初步的认识，体会净水流程的各个环节并分析不同环节所需的各类药品，对净水装置的设计有一个初步构想。

学生认为沉淀和过滤是有效除去不溶性杂质的方法，在沉淀时可以加入明矾来辅助沉淀进行。蒸馏则是净化程度最高的方法。

【设计意图】

① 明确本节课的学习意图，让学生知道本节课的主要目的是使用合适的方式和药品制作简易的净水装置。

② 介绍各类净水方法有助于帮助学生对净水的流程有一个初步的认识，知道自来水以及家用净水器的净水原理，也为接下来学生选择自制净水器的药品和设备提供一些选择。

自评：在项目准备阶段，将STEM理念中的科学、技术渗透其中，培养学生的科学观念以及通过恰当技术解决问题的能力，有利于教学目标的实现。

环节三：项目设计

【教师活动】在学生对常见净水方法有了一定了解之后，教师引导学生分组围绕日常生活中该如何净化水展开思考，如何去做一个简易的净水装置呢？在设计过程中需要注意些什么问题呢？例如：收集来的水中的不溶性杂质该如何除去？除去不溶性杂质后，可溶性杂质又该如何除去？为什么家用自来水总是有一种特殊的味道？为什么煮沸后这些味道就消失了？

【学生活动】学生结合老师给出的家用自来水净化流程工艺对上述问题进行分析，确定不溶性杂质可以通过像沉淀和过滤这样的物理方法进行处理，而可溶性杂质则可以选择合适的药品进行除杂。

家用自来水有味道是因为自来水厂需要对天然水进行消毒，所以通入了氯气。而煮沸的自来水已经将氯气除去，所以不再有刺激性的气味。

学生解开这些疑惑后开始搜集常用的净水材料以及常见的净水装置等相关信息。

【教师活动】教师解释氯气净水的原理，自来水厂使用氯气进行消毒是利用氯气和水反应生成次氯酸（化学反应方程式为 $Cl_2+H_2O \rightleftharpoons HCl+HClO$），生成的次氯酸具有强氧化性，从而达到给自来水消毒的目的。

学生制作简易净水器之前，教师将一些实验室常见的可供选择的仪器和药品以及有关装置使用方面的注意事项告知学生。并在制作的过程中，对学生出现的问题及时地给予指导。

【学生活动】学生结合自己的构思开始设计净水装置的图纸，并依据图纸选择合适的药品及实验装置着手开始制作简易净水器，各组净水器设计初稿图，见图4-6。

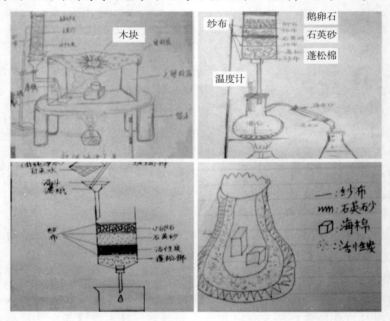

图4-6　各组净水器设计图初稿

【设计意图】
① 通过小组协作的学习方式，提高学生交流以及互相合作的能力。
② 学生围绕"水的净化"这一STEM问题进行科学探究，培养其通过科学方法探究日常

问题的能力。

③ 由设计图纸直接转到实际动手操作，锻炼了学生的工程学思维，同时学生的建造能力与动手能力也得到了锻炼，加深学生对于净水知识的理解和认识。

④ 结合学生实际情况完成简易净水器的制作，是学生创意实现的重要环节。

自评：在项目设计阶段，渗透 STEM 理念中技术和工程学的思想，有利于教学目标中知识与技能、过程与方法的实现。

环节四：作品实现

【教师活动】教师布置第一个任务：自制净水器成果展示。组织学生通过 PPT 为大家讲解自己组的设计理念以及设计过程中遇到的问题。

【学生活动】学生首先通过 PPT 讲解并介绍自己组的设计理念、设计过程以及成果。

第一组同学一共设计了四版净水器，最后一版净水器在滤芯的设计方面从上到下依次为小石子、石英砂、活性炭棉、活性炭、蓬松棉、活性炭棉和蓬松棉。这款净水器的优点在于材料易得、操作简便以及净化程度高。第二组同学一共设计了三版净水器，最后一版净水器的优点在于组装简单、可随时添加天然水以及净水效果好。第三组同学一共设计了五版净水器，净水器的优点在于装置的设计比较全面，最后的蒸馏环节可以极大地提高净水的质量。第四组同学则设计了六版净水器，第六版的优势在于使用了活性炭、麦饭石、矿化小球等多种药品，净水程度较高，净水器的制作成本也较为低廉，各组净水器设计终稿图，见图 4-7。

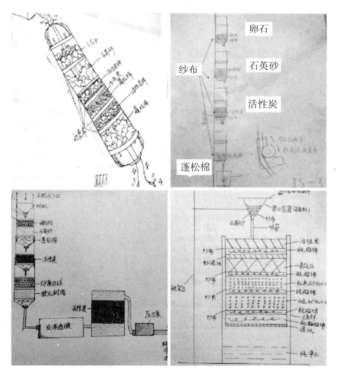

图 4-7 各组净水器设计图终稿

【教师活动】在各汇报组汇报完成之后，设计"你问我答"环节，组织学生回答"专家组"提出的问题，被提问的小组需要解答该问题。

【学生活动】"专家组"提出问题，各汇报组开始回答问题。

【问题1】第一组在设计过程中是否遇到出水很慢的情况，是如何解决的？

第一组同学：遇到了出水很慢的情况，是将活性炭改为活性炭棉，调整石英砂的用量来解决这个问题。

【问题2】第三组加入软化树脂后得出的水是硬水还是软水？

第三组同学：软化树脂是利用离子交换的方法进行净水，但由于装置净水过程过快，所以得到的依然是硬水。

【问题3】第二组所设计的净水装置是否可以改变排列顺序？

第二组同学：不可以改变顺序，先放置活性炭的话会导致不溶性杂质破坏其疏松多孔的结构，起不到过滤的作用。

【问题4】第四组是如何解决设计过程中的困难和困惑的？

第四组同学：刚开始使用活性炭颗粒，发现净水效果并不理想。后来改用活性炭粉末，但是仍然会有多余的活性炭粉末随着水流流下，最后采取多层纱布包裹活性炭粉末的方式才解决这个问题。

【教师活动】肯定"专家组"和汇报组各自的发言，并对各组的汇报进行总结。

【设计意图】

① 学生通过在PPT中总结自己组的历次失败经验明白：任何事情都是经历多次的尝试才能成功的，工程的设计也是这样一个经过不断测试，发现问题、改进问题的形式。

② 通过设计你问我答环节可以培养学生的临场反应能力，积极调动班上同学的课堂参与度，培养学生进行头脑风暴的能力。

自评：在作品实现阶段，渗透STEM理念中的工程、数学问题，有利于教学目标中知识与技能、过程与方法的实现。

环节五：分享反思

【教师活动】安排学生进行自制净水器的净水测试并将学生设计的净水器的净水成果向"专家组"展示。将小组汇报评价量表分发给"专家组"同学，要求"专家组"同学根据量表进行评判，选出各方面表现最为优秀的净水装置。

【学生活动】通过测试，各组同学发现自己作品的不足之处，并对其他各组所设计净水器的优点表示肯定。

根据老师所制定的量表内容，专家组认为第二组所设计的净水装置具有比较好的净水效果，但是第三组的净水装置具有净水速度快以及净水量大的特点。综合来看，第三组的净水装置在各方面表现较为均衡，所以第三组所设计的净水装置是最优秀的净水装置，小组现场测试环节，见图4-8。

【教师活动】教师布置第二个任务：经过各组自制净水器所得到的水是否是纯净物？该如何进行检测？引导大家进行思考。

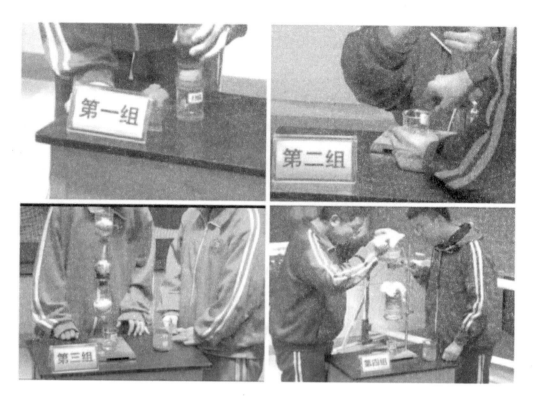

图 4-8　现场测试环节

【学生活动】思考检验纯水的方法，学生认为蒸馏水是纯净物，而且纯净物不具备导电能力，其电导率为 0。因此可以通过测试其电导率判断净化后的水是否为纯水。

【教师活动】请同学配合自己使用手持技术，结合 Lab Studio 软件，通过电导率传感器测试各组所得到的产物的电导率是否为 0，从而判断通过各组净水器所净化的水是否为纯净物。

【学生活动】配合老师完成各组得到的"纯净水"的电导率测试。

经过测试发现，老师准备的蒸馏水的电导率为 0，而经过净水器净化得到的水的电导率为 944.5S/m 左右，经此确定通过净水器净化的水不能称为纯净物，见图 4-9。

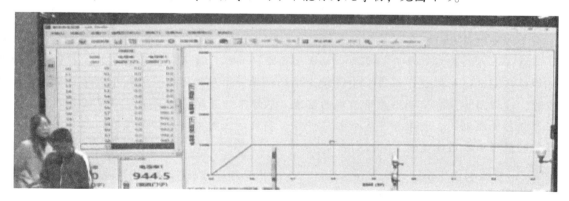

图 4-9　测试电导率环节

【教师活动】随后教师组织学生一同总结在该"STEM"项目中学到的水的净化的相关知识并进行梳理将其整合在黑板上,见图4-10。

图4-10 板书设计

图4-11 总结升华环节

教师布置第三个任务:通过对本节课的学习,要树立爱护水资源的环保意识。并围绕简易净水器的设计,给学生拓展一些有关于水净化的知识,例如:中国净化海水技术和工程的进展。虽然中国在净化海水的技术上已经得到了长足的发展,但是中国也依然是缺乏淡水资源的国家。希望大家在了解了相关知识以后,认识到保护环境、保护水资源的重要性。饮用水不易,且喝且珍惜,见图4-11。

【学生活动】与老师一同总结在该STEM项目中学到水净化的知识、方法与技能等。认真听老师所拓展的知识。

【设计意图】

① 帮助学生科学、客观地认识自己的作品。

② 学会通过测试物质电导率的方法判断其是否为纯净物。

③ 通过总结强化,巩固和加深了学生对知识、方法与技能的掌握,让学生真正接触一些实际生活中的污水净化的知识,培养学生的工程意识。

④ 课程通过基于情境的学习与实践,帮助学生正确认识水的净化对于生活与社会的影响,培养学生自觉运用净水知识去解决现实生活中真实问题的意识。

⑤ 有关净水知识的扩充,可以有效打开学生的知识面,激发民族自尊心和自豪感,同时也为了学生以后参与生活中真实相关问题的解决做准备。

自评:在分享反思阶段,渗透STEM理念中的科学、技术和数学的问题,有利于教学目标中过程与方法的实现。渗透STEM理念中的科学、工程的问题,有利于教学目标中知识与技能、过程与方法和情感态度价值观的实现。从环节四开始,教师通过布置任务的方式,在三个任务的驱动下,要求学生完成相应任务,满足学生的成就感和获得感,也有利于项目式教学的流程中推进课堂教学的进行。

(3)教学效果 为了了解基于STEM理念的化学项目式教学的实践情况,L老师在各组选取了3名具有代表性的学生进行访谈。

学生基本情况:生1(女),学习成绩处于班级上游,学习刻苦、自觉。生2(男)学习成绩处于班级下游，学习不认真，主动性不高，且学习态度不佳。生3（男）学习成绩处于班级中游，学习态度较好，能对所出现的问题认真思考。

问题1：你认为老师今天上的课和以前上的课有什么不同吗？

【生1】老师今天的课听起来十分具有趣味性，小组合作解决问题的感觉很好，也能发挥每个人的长处。

【生2】老师之前讲课总有一种照本宣科的感觉，我也不是很爱听，课堂上也不会主动参与。但是今天这节课听起来十分有趣，我在小组中负责讲解的工作，感觉真正地融入进了课堂。

【生3】之前对于课堂上的知识只有一个简单的了解，需要课后花时间复习巩固。但在进行了这种模式下的教学后，发现知识是更有趣的，我也愿意主动参与到课堂中来了。

问题2：在本节课结束后，你除了学习到化学知识之外，在其他科目方面得到了哪些收获？

【生1】除了化学知识，我还知道了一些工程学方面的原理，作为代表进行自制净水器的讲解也锻炼了我的能力。

【生2】在学到化学知识的同时，因为我在组内负责设计图纸的绘制，所以我作图的能力得到了提高，人际交往能力也得到了锻炼。

【生3】我主要在组里负责回答"专家组"问题的工作，所以这样的课程模式锻炼了我的临场反应能力，同时我也计算过我们组设计的净水器的流速和所需时间，这也锻炼了我的数学能力。

问题3：你觉得这种教学方式对你在课上获取知识有什么帮助或者影响？

【生1】与之前的上课模式相比，我们有了更多的思考时间。在课前准备方面也花费了更多精力，所以课上有些知识是我们熟悉的，就不用再花多余的时间理解。

【生2】我觉得这样的上课方式调动了我的积极性，我在课堂上也更愿意参与进来，同以前相比能学到一些基础的知识了。

【生3】这种教学方式在很大程度上调动了我的积极性，通过完成老师布置的任务来获得知识的成就感也很强。但是有些知识可能是一带而过的，如果有总结知识的环节可能会更好一点。

（4）教学评价
①　L老师对本节课的教学设计反思　"水的净化"与日常的生活、生产紧密相联。在STEM课程教育中，包含丰富的化学知识以及科学、数学等其他学科知识，并且在"水的净化"一课中，自制净水器环节还可以有效培养学生的工程素养。

与此同时，L老师认为在教学过程中出现的一些问题也是值得思考的。因为本次教学活动，属于探究式教学过程，学生自主进行学习，那么对于学生活跃的思维来说，教师应该牢牢把握本次教学活动的教学目标和脉络，既要鼓励并激发学生进一步思考，同时又不能限制学生们的想象力和创新思维。除此之外，基于STEM理念的化学项目式教学改变了以往以讲授为主、教师主导的教学方式。基于STEM理念的化学项目式教学做到了以学生为中心，同时注重学生的实践性和参与度，有效提升了学生的批判性思维和问题解决能力。

综上所述，在渗透了STEM理念的化学项目式教学"水的净化"一课中，L老师注重学生综合地利用各个学科的知识、思维、能力和态度去解决问题，体现了新课标对培养学生核心素养的要求。

② W专家对本堂课的点评　优点：本节课设计有趣，环节衔接自然，有效地培养了学生各方面的素养。同时，整堂课的设计较为完整，分配各种小组，让学生参与汇报，解决问题，初步体现了项目式教学的模式，在课堂进度的推进过程中也体现了STEM教育的思想，整体来看做到了STEM教育和项目式教学的合理融合，呈现效果较好。

缺点：本堂汇报课缺少评价过程，可先对学生自制的净水器进行整体评价，最后再进行项目总结。以板书形式形成自制净水器的知识线以及项目产品研发的思路线，从而模型化，形成一般产品的研发思路，这样不仅能提高学生处理解决问题的综合能力，还能更好地达到项目式教学的效果。

结语

项目式教学旨在通过实施一个完整的项目而进行教学活动，在整个教学过程中需要学生与学生、学生与教师进行合作找到解决方案，学生亲身参与科学与工程的实践并运用技术工具来学习科学，这与STEM教育的教育理念不谋而合。国内研究者对基于STEM理念的化学项目式教学的研究还在不断探索，对原本烂熟于心的教学内容作出调整，于老师、于学生都是改变。这样的尝试希望给学生更好的学习效果和更多的学习收获。基于STEM理念的化学项目式教学最具特色的是将STEM中的工程设计过程引入课堂教学，使学生通过所学知识完成多元化的"大项目"任务从而解决实际问题，来培养学生的综合素养。L老师通过让学生设计一个"简易净水器"来拉近学生和社会工程技术之间的距离，这是传统教学方式从未涉及的新思考。另外，学生在绘制图纸时，也需要运用一定的数学测算思维并确保图纸具有美观性，这也可以培养学生的学科融合思维，这也恰好是我们研究基于STEM理念的化学项目式教学的宗旨所在。

案例思考题

1.STEM教育与传统教育有何区别？基于STEM理念的化学项目式教学设计的"水的净化"跟传统教学理念设计的"水的净化"有何差异？

2.L老师是如何确定教学设计思路的？L老师又是如何将STEM教育与项目式教学两种教学模式进行整合的？

3.优质的课堂教学需要教学评一体化。你认为L教师的访谈式评价法合理吗？传统教育以量化评价为主，STEM教育以综合性评价为主，请查阅相关文献，思考如何优化评价学生在上完"水的净化"这节课之后的教学效果。

4.你认为L老师设计的基于STEM理念的化学项目式教学的教学流程是否具有普适性？请你选择合适的课题试应用该模式设计一节化学课。

推荐阅读

[1]余胜泉，胡翔.STEM 教育理念与跨学科整合模式[J].开放教育研究，2015，（4）：13-22.

[2]王素.《2017 年中国 STEM 教育白皮书》解读[J].现代教育，2017，（7）：4-7.

[3]王磊.基于化学学科的项目式教学探索——历程、收获、反思和展望[J].教育，2019（48）：4-6.

[4]崔莉莎.基于 STEM 教育的初中化学教学实践研究[D].呼和浩特：内蒙古师范大学，2018.

[5]许亮亮，邹正，程昊然.基于 STEM 教育的中学化学创新实验研究——以"制备 pH 响应海藻酸钠微球"为例[J].化学教育（中英文），2017，38（13）：63-66.

[6]董泽华.美国 STEM 教育发展对深化我国科学教育发展的启示[J].教育导刊，2015（02）：87-90.

[7]申燕，等.基于 STEM 理念下的项目式学习课例设计——以"探秘人体的呼吸"为例[J].化学教学，2019，41（9）：50-55.

4.2.2　基于三重表征的教学——以"水的组成"为例

案例摘要

"身边的化学物质"是初中化学课程的核心内容，涉及学生身边最常见物质的组成、结构、性质、变化、用途、制备等知识。本部分以"水的组成"为例，从教学目标的设计、教学内容的组织、化学核心素养的培养等方面对两位教师的课堂实录进行对比分析，探寻他们在教学中是如何发展学生的学科核心素养，如何在教学中渗透元素守恒、定性与定量相结合的思想，如何建立宏观、微观和符号三重思维表征方式，以期能够为学习者进行三重表征的教学提供借鉴。

 案例正文

本案例以人教版教材"水的组成"一节为例，通过分析两位教师"水的组成"课堂实录，探索如何在教学中渗透元素守恒思想，建立宏观、微观和符号三重思维表征方式，让学生经历探究化合物组成的过程，并以此提升学生的宏观辨识与微观探析、证据推理与模型认知、变化观念与平衡思想等学科核心素养。

（1）教材简介　　"水的组成"是人教版《化学（九年级上册）》第四单元课题3"水的组成"的内容，是在课题2"水的净化"的基础上呈现的。教材在这一节中利用探究性实验从宏观和微观、定性和定量等角度，对"水的组成"相关内容进行了推导介绍，引导学生把亲身体验和内化感悟结合起来，把知识的学习、方法的获得与能力的发展以及科学精神的培养结合起来。

（2）课堂教学实录　　为了深入了解一线化学教师的教学情况，研究他们如何引导学生探究水的组成，以及在课堂教学中如何培养学生的宏观辨识与微观探析、证据推理与模型认知和变化观念与平衡思想等化学学科核心素养，我们观摩了大量的一线化学课堂教学，包括课堂现场和课堂录像，这里仅选取两个具有代表性的课堂实录进行分析，两个录像均为一线教师在中学课堂上的实录。本部分仅记录了教师上课讲解中的重点过程和学生们具有代表性的回答，目的是能够直观、真实地呈现课堂的教学过程，在不影响整体教学效果的前提下，一些重复的学生答案和不影响教学过程的语言行为及细节未曾记录。

① A教师教学实录　　A教师是一名初中化学高级教师，有15年的从教经历，以下是A教师的教学实录。

基本情况：A班共有45名学生，学生水平中等偏上，与B班属于同一层次班级。

教学过程：

a. 温故建模

环节1：建构氧气的研究思路模型

【师】关于氧气，你能说出哪些具体信息？这些信息可分成哪几方面？各方面之间有何关系？把以上讨论结果用思维导图表示。

【生】展示、评价、纠正、完善得到"氧气研究思路模型"（见图4-12）。

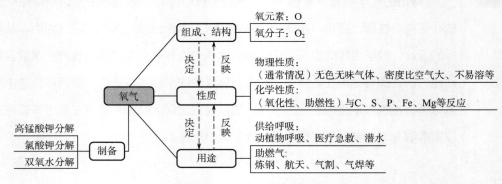

图4-12　氧气研究思路模型

【点评】从物质的组成、制备、性质、用途等角度研究物质，并将认识思路结构化，构建研究思路模型，这对引导学生学习其他物质提供了思路，也必将大大提高学习效率。

【师】以木炭在氧气中燃烧及其实验现象为例，对比说明氧气与二氧化碳的性质和用途有何不同？为何不同？请完成表4-2。

【生】交流讨论，完成表4-2。

表 4-2 氧气、二氧化碳性质用途对比

实验	现象（证据）	性质和用途
燃着的木炭伸入氧气瓶	木炭燃烧，发白光	氧气有助燃性和氧化性，用于炼钢、气焊等
	氧气消耗后熄灭	CO_2（生成的）不支持燃烧，用于灭火

【师】O_2、CO_2 的用途不同是因为什么？

【生】由于二者的性质不同，有什么样的性质就有其相对应的用途，这说明了物质性质决定用途，用途反映其性质。

【师】O_2、CO_2 的性质不同是因为什么？

【生】由于二者的宏观组成（氧元素、碳和氧元素）和微观结构（氧分子、二氧化碳分子）不同，这说明物质的组成结构决定性质，而性质反映组成结构。

b.据模探究　迁移建模。

环节 2-1：尝试建模（氢气研究思路模型）

【板书】一、氢气的性质（演示）

【师】什么地方存在氢气？氢气有何用途？

【生】氢气球中存在氢气，氢气可作清洁燃料。

【师】观察一瓶氢气并根据你的经验，猜想一下氢气具有什么性质？说说你猜想的理由。

【生】氢气具有可燃性，因为点燃的情况下可以燃烧。

【师】依据上述讨论结果，借鉴"氧气研究思路模型"，尝试建构"氢气研究思路模型"。

【生】展示、评价、纠正、完善得到"氢气研究思路模型"（如图 4-13 所示）。

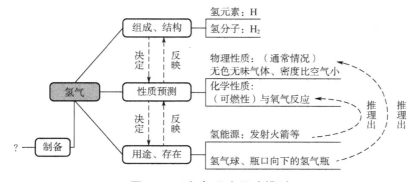

图 4-13　氢气研究思路模型

【师】有关氢气制备的相关内容我们在以后的学习过程中会接触到。

【点评】由氧气研究模型引出氢气研究思路，为后续教学的有序展开提供线索，教学显得非常流畅有节奏，又切合教材内容安排，符合学生的认知规律。

c.探究验证（证据推理）。

环节 2-2：实验探究：氢气的可燃性（水的定性探究）

【师】有了猜想和假设，我们通过实验来验证，请同学们观察老师的演示实验并完成实验报告（见表 4-3）。

表 4-3   氢气燃烧实验报告

操作	现象（证据）	结论（或文字表达式）
（1）点燃前往烧杯直接通氢气	烧杯内壁无明显现象	没反应
（2）点燃	烧杯内壁有水珠产生	氢气+氧气 $\xrightarrow{\text{点燃}}$ 水

【演示 1】氢气的检验（爆鸣实验）（人教版教材图 4-23）。

【演示 2】在带尖嘴的导管口点燃纯净氢气，观察。

【师】氢气燃烧属于化学变化吗？在观察到的现象中能找到证据吗？

【生】氢气燃烧应该属于化学变化，可观察到的现象为：发出淡蓝色火焰，放出热量。但还没有找到相应证据。

【演示 3】在氢气燃烧火焰上方罩一个冷而干燥的小烧杯（人教版教材图 4-24）。

【师】烧杯内壁有水珠形成能否作为发生反应的证据？

【生】能，说明生成了一种新物质，发生了化学变化。

【演示 4】点燃前直接通氢气；点燃或通过干燥管干燥后点燃（两种方案）。

【反思】讨论。

【师】历史上很多科学家对水的组成进行了探究，在很长一段时期，水一直被看作是由一种"元素"组成，通过刚才的实验，你认同吗？说说你的理由。

【生】根据氢气燃烧生成水的实验事实，依据化学反应中元素不变，说明水不是一种元素，而是由氢、氧两种元素组成的。

【师】通过氢气燃烧实验，还可以得出什么结论？

【生 1】根据化学变化中分子可分，分成原子，而原子不可分，可以重新组成新的分子。得出氢气在氧气中燃烧是由于氢分子、氧分子分成氢、氧原子，氢原子、氧原子重新组成新的分子——水分子，所以得出水分子是由氢原子和氧原子构成的。

【生 2】比较反应物（氢气、氧气）和生成物（水）的性质差异，说明物质的性质与其元素组成有关，组成元素不同，物质性质不同。

【点评】由氢气可燃性的实验探究，从定性角度证明了水并不是一种元素，而是由氢元素和氧元素组成，基于实验证据进行推理，培养和发展学生证据推理与模型认知素养。

d.探究推理（从定性到定量）。

环节 3-1：讨论交流

【师】通过氢气燃烧实验，可以得出水是由氢元素和氧元素组成的结论，能否求出水中氢和氧的量（氢元素、氧元素质量比或水分子中氢原子、氧原子数目比）？

【生】理论上可行，通过反应的氢气、氧气以及生成的水三者中任意两者的质量就可以推知水中氢元素和氧元素的质量，但在燃烧的情况下参加反应的氢气、氧气及生成的水均不易测量。

【师】是否能够通过双氧水、氯酸钾、高锰酸钾等物质分解迁移到我们要研究的问题中？有没有同学有思路？

【生】可以考虑把水分解为氢气和氧气，这样生成的气体容易收集测量。

环节3-2：实验探究

【板书】二、水的电解
【投影并介绍】装置和实验步骤（实验装置见教材图4-25，实验步骤略）。
【出示任务】小组完成实验和实验报告（见表4-4）。

表4-4　实验记录

时间/min	5		燃着的木条放在尖嘴口
正极气体的体积/mL			（现象）：
负极气体的体积/mL			（现象）：
结论			

具体要求如下：

收集数据：各小组在水通电后的 5～20min 时间段读三组正负极气体体积数据，并在表4-4中做好记录。

检验：用燃着的木条在两个玻璃管的尖嘴口检验生成的产物，观察现象。

【师】请学生思考：

上述实验中水是否发生了分解反应？为什么？

分析水电解实验，说明论证水不是一种元素。

通过该实验，还可得出什么结论？

【生1】水发生了分解反应，因为通过检验产物可知生成了新的物质。

【生2】通过对产物的检验可知生成了氢气和氧气，根据反应前后元素守恒可知水中应包含氢和氧两种元素，由此论证水不是一种元素。

【生3】生成的氢气和氧气的量不同，可能与它的化学式有关。

环节3-3：推理论证

【温馨提示】

通常情况下，$\rho(O_2)=1.429g/L$，$\rho(H_2)=0.090g/L$。

科学家已经探明氢分子和氧分子都是双原子分子，在同温同压条件下，等体积的不同气体含有相同数目的分子。

【师】

推理：通过上述实验现象，能否推理出水中氢、氧元素的质量比？以及水分子中氢、氧原子个数比？

微观解释：尝试画出水电解、氢气燃烧的微观模型图。

拓展迁移：对"水变油"的报道进行打假。

【生1】

推理：

已知 $\rho(O_2)=1.429g/L$，$\rho(H_2)=0.090g/L$，$V(H_2):V(O_2)=2:1$。

由于 $m=\rho V$，得 $\dfrac{m(H_2)}{m(O_2)}=\dfrac{\rho(H_2)V(H_2)}{\rho(O_2)V(O_2)}=\dfrac{\rho(H_2)}{\rho(O_2)}\times\dfrac{V(H_2)}{V(O_2)}=\dfrac{0.090g/L}{1.429g/L}\times\dfrac{2}{1}\approx1:8$

即水中氢、氧元素的质量比为 $1:8$，得知水分子中氢、氧原子个数比为 $2:1$。

【生2】

因为水电解生成的 $V(H_2):V(O_2)=2:1$。

由温馨提示可以得出，$V(H_2):V(O_2)=n(H_2):n(O_2)=n(H):n(O)=2:1$。

由于生成的氢气和氧气分子中的氢、氧原子来自水分子，所以水分子中氢、氧原子的个数比也是 $2:1$。

其余略。

【点评】学生在资料支持下，结合实验数据，对过程进行分析推理、计算，最终得出水的元素组成，完成对水的定量认识，揭示了水的本质。训练了学生的逻辑思维，培养他们严谨求实的科学态度。美中不足的是还缺少通过球棍模型或动画的形式将水的电解过程形象地呈现出来，让学生对水的组成认识由平面化向立体化发展。

② B教师教学实录　B教师是一位初级教师，从教已5年。以下是B教师的教学实录。

基本情况：B班共有40名学生，学生水平与A班同样中等偏上。

教学过程：

a. 温故知新

活动：化学史实引出"水的组成"

【师】在上课之前，我请大家看一个"真相"。（播放视频"水的组成——擦肩而过的真相"）

【生】观看视频。

【师】我们用什么方法来验证拉瓦锡的结论呢？最简单的办法就是模仿。我们看一看当时拉瓦锡等科学家经历了哪些过程，从而得出了水的组成这个结论。普利斯特里当年被称为"气体化学之父"，实际上视频里面很少提到这个人。在卡文迪许和拉瓦锡做这些实验之前，他对气体的研究也帮助他对后面的研究提供了一些理论知识。卡文迪许，他其实最杰出的贡献在于制作出纯氧，确定了空气中氧氮的含量，被称为"化学中的牛顿"，刚刚视频中也提到了他离真相只有一步之遥。拉瓦锡为近代化学的发展奠定了重要的基础，是非常重要的一个人物。咱们初中上一册拉瓦锡出现了六次对不对？如果把这六次给去了的话，少了拉瓦锡可能就不完整了。刚刚视频里提到普利斯特里把氢气在空气中点燃生成了水。这个化学表达式你能写吗？

【生】氢气+氧气 $\xrightarrow{\text{点燃}}$ 水

【师】这是普利斯特里的实验，他把氢气在空气中点燃生成了水。然后卡文迪许发现了氢气跟氧气反应只生成一种液体水，没有别的产物。后面拉瓦锡追踪了这个实验，并且又做了水的分解实验，证明水的元素组成。我们一起来看他到底做了什么事儿。

【点评】通过化学史学习化学是一种重要的学习方法，透过化学史，学生可以提取出科学家如何研究水的组成、氢气性质等相关信息，为学生后续学习扫清障碍。

b. 知识探究

探究 1：水的电解实验探究水的组成

【师】根据拉瓦锡做的氧化汞的生成和分解实验，你认为氧化汞由哪几种元素组成？

【生】氧化汞是由汞和氧两种元素组成。

【师】我们看到的这两个反应，它们分别对应什么基本反应类型？

【生】化合反应和分解反应。

【师】大家根据这两个反应所提供的思路和方法，思考水（H_2O）是由什么元素组成的？如何通过实验来证明？

【生1】水（H_2O）是由氢元素和氧元素组成的。

【生2】可通过对水进行加热，使其发生分解反应。

【师】我们可通过水的分解实验，根据对产物的分析来定性判断水是由什么元素组成。你们根据PPT呈现的资料思考可不可以像氧化汞一样，通过把水加热，让它分解，这个现不现实？

【生】不现实。

【师】这个资料告诉我们不现实，这至少告诉我们第一条路线——加热走不通。有种方式可以帮助我们——通电。（介绍霍夫曼水电解器的使用方法，并进行演示实验）

【生】观察实验并讨论。

【师】我们观察到了什么现象？根据刚刚观察到的现象，填写课本上的实验表格。

【生1】两个电极上看到了有无色气泡产生。

【生2】正极产生气泡的速率比负极慢。

【生3】负极气体体积约是正极的两倍。

【师】电解水产生新物质了吗？

【生】产生了新的气体。

【师】两极产生的气体各是什么物质？

【演示实验1】用带火星的木条放在正极玻璃管尖嘴口（现象：带火星的木条复燃）。

【演示实验2】用燃着的木条放在负极玻璃管尖嘴口（现象：气体燃烧）。

【生】正极产生了氧气，负极产生了氢气。

【师】因为氧气可以支持燃烧，所以氧气可以用带火星的木条来检验，木条复燃则说明生成的气体是氧气。那可以燃烧的气体就是氢气吗？

【生】交流讨论。

【演示实验3】（氢气的燃烧实验）在氢气燃烧火焰上方罩一个冷而干燥的小烧杯（人教版教材图4-24）（现象：火焰淡蓝色，放热，烧杯内壁有无色液滴出现）。

【师】这个无色液滴是什么？怎么证明？

【生】无色液滴是水，可通过电解的方式证明。

【师】这个产物太少，电解不太方便，再想想水可以用什么来检验？

【生】无水硫酸铜。

【演示实验4】（水的检验）分别往两个装有无水硫酸铜的试管中加入水和酒精（现象：无水硫酸铜遇水变蓝，而加入酒精没有任何变化）。

【演示实验5】在烧杯的内壁沾有无水硫酸铜，重复做氢气的燃烧实验（现象：火焰淡蓝色，放热，烧杯内壁无水硫酸铜变蓝）。

【师】根据电解水实验及生成物检验的观察，你认为水在通电条件下生成了什么物质？

【生】正极生成了氧气，负极生成了氢气。

【师】大家可以用个口诀（正氧负氢，氢二氧一）把这个实验现象记下来，那相应的文字和符号表达式怎么写？

【生】　水 $\xrightarrow{\text{通电}}$ 氢气 ＋ 氧气

　　　　H_2O　　　H_2　　　O_2

【提供资料】盖·吕萨克的实验结论：氢气＋氧气 $\xrightarrow{\text{点燃}}$ 水（气体）。

【师】比较反应前后各物质的元素组成，并结合氢气燃烧生成水的事实，说明水是由什么元素组成的？为什么？

【生】根据化学变化前后元素种类不变可得出水是由氢元素跟氧元素组成。

【点评】从氧化汞分解迁移到水的加热分解，然后再到水的电解分解，条理清晰。在定性分析电解水的产物时，注重科学推理过程证据的充分性和严密性，但对于电解水的实验若采用小组实验或者演示实验，会比视频学习的效果好。

探究2：微观角度探析水的组成

【师】刚才有同学说通过水的电解实验观察到负极气体体积约是正极的两倍，这个体积比和什么有关系？

【生】体积跟分子的大小、间隔，以及它的量有关系。

【提供资料】同温同压下，气体的体积比为气体微粒个数比。

【师】这个水中氧原子跟氢原子个数比是多少？为什么？

【生】因为水的化学式为 H_2O，所以水中氢原子跟氧原子个数比是2:1。

【师】H_2O 这个化学式的微观意义是什么？

【生】一个水分子是由两个氢原子和一个氧原子构成的。

【师】对，但这只是你们的猜测，如何通过实验的方式证明呢？

【生】用量筒量。

【师】量气体，这是一种宏观上的方法，那微观上体现在哪里？

【生】微粒个数。

【师】在 PPT 中以动画的形式呈现水电解的微观示意图，见图 4-14。随后呈现氢气在氧气中燃烧的微观示意图，见图 4-15。通过水的电解与生成实验，你可以得出什么结论？

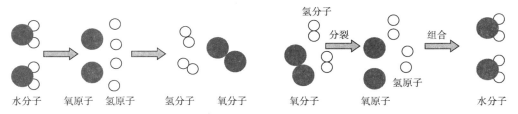

图 4-14　水电解微观示意图　　　　图 4-15　氢气在氧气中燃烧微观示意图

【生】一个水分子，由两个氢原子和一个氧原子构成。

【点评】在探究水的微观构成时，结合实验事实和提供的相关资料，以动画的形式呈现微观示意图有助于学生理解水分子的构成，但如何从计算方面定量分析水的化学式，学生可能存在困惑。

探究 3：方法总结

【师】结合这节课所讲内容，思考研究物质组成的思路有哪些？

【生】电解。

【师】对，这节课利用水通电生成了氢气和氧气，进而研究了水的组成。如果给你一个蜡烛，你可以通过什么方法研究蜡烛的组成元素？可得出什么结论？

【生】通过燃烧可以证明生成了水；把燃烧生成的气体导入澄清石灰水中，证明生成了二氧化碳。可以得出蜡烛里面含有碳元素、氢元素，可能有氧元素，因为燃烧时空气中也有氧气。

【师】所以这个实验不能帮助我们完整地确定蜡烛的组成元素，那结合拉瓦锡所做的实验，思考应该从哪个角度来更好地证明蜡烛的组成元素？

【生】可以通过分解反应和化合反应来研究物质的组成。

【师】那我们既可以考虑寻找一些物质合成蜡烛，还可以把蜡烛直接分解，分析它的产物组成。

【师】总结一下研究物质组成的思路（PPT 呈现）：

化合反应；

分解反应；

物质燃烧；

仪器分析方法。

【点评】通过回顾本节课研究水的组成所用的思路、方法，应用迁移到分析蜡烛的成分，总结出研究化合物组成的一般思路和方法，帮助学生形成研究物质的视角和方法。

探究4：氢气的性质

【师】刚才学了水的组成，接下来补充氢气的性质。我们要从哪两个角度来研究物质的性质呢？

【生】物理性质和化学性质。

【师】氢气有什么物理性质？

【生】无色、无味的气体，密度比空气小，难溶于水。

【师】好，氢气可用什么方法收集？

【生】排水法，向下排空气法。

【板书】氢气

1.物理性质：无色、无味的气体，密度比空气小，难溶于水，用排水法或向下排空气法收集。

【师】那氢气有什么化学性质？

【生】可燃性。

【板书】2.化学性质：（1）可燃性

【师】第一个就是可燃性，因为氢气和氧气点燃会生成水，从能源的角度来说，它有一个最清洁能源之称，不仅是它的产物很环保，而且它的热值也很高，燃烧等量的氢气与煤气和天然气相比，氢气放出的热值更大。那为什么我们现在不用氢气？

【生】因为氢气很容易发生爆炸。

【师】对，如果氢气在空气中的体积分数在4.0%~75.6%，遇火源就会爆炸。（观看氢气爆炸视频）

【生】认真观看视频。

【师】所以产生了氢气不能直接点燃，一定要先验纯。看到课本图4-23，要检验它的纯度，可以用小试管收集一试管氢气，用大拇指堵住倒置的试管，把它移到酒精灯的火焰上方，随后移开大拇指，猜测可以看到什么现象？

【生1】火焰把试管里面的氢气点燃了。

【生2】若听到轻微的爆鸣声，说明气体较纯。

【生3】若听到尖锐的爆鸣声，说明气体不纯。

【师】一定要注意，不仅氢气要验纯，所有可燃性气体点燃前都应验纯，比如氢气、一氧化碳、甲烷。另外，氢气还有一个化学性质，叫还原性，这部分相关内容我们等到第六单元再讲解。

【板书】（2）还原性

【师】现在我们来讲氢气的用途，比如你们在运动会的时候，放飞的是什么气球？

【生】氦气球。

【师】对，为什么不放氢气球？

【生】为什么？

【师】因为容易爆炸，假设你在放氢气球的时候，旁边有个人在抽烟，不小心点燃了你的气球，它就会发生爆炸。那是不是不敢用氢气球了呢？它在哪些地方应用会比较广泛呢？

【生】探空气球。

【师】对。它可以在地理上用来检测云层的厚度，这个利用的是什么性质？

【生】利用的是它的密度比空气小。

【板书】（3）用途

① 探空气球

【师】那它还可以用来作什么？利用的是什么性质？

【生】作燃料，利用它的可燃性。

② 作燃料

【师】对。另外，氢气还有别的用途，利用它的还原性我们可以冶炼金属，这个我们在后面的学习中会接触到。

③ 冶炼金属

【点评】以实验为基础是化学学科的重要特征之一，要重视通过典型的化学实验事实引导学生认识物质及变化的本质。通过真实实验学习氢气的性质会比播放实验视频取得更好的效果。

（3）检测与交流　我们观察了两位教师课堂结束后学生们反映的情况：

A班学生在下课以后，有的学生整理笔记，有的和同学交流实验过程中的问题和实验报告，还有的去问老师课上没有懂的知识。

B班学生在下课以后，一部分学生留在座位上整理课堂笔记，一部分学生紧接着做B教师布置的课后习题，还有的到讲台上去观看课堂中演示实验的装置等。

为了探究A、B两位老师教学过后，学生们对"水的组成"相关内容以及宏观、微观和符号三重思维表征方式的掌握情况。我们的研究人员通过问卷对学生进行了检测，得到这两个班级的学生对这部分知识的掌握情况，见表4-5。

表4-5　氢气燃烧实验报告

知识点	A班掌握人数百分比	B班掌握人数百分比
氢气的性质和用途	96.68%	94.55%
电解水实验对"水的组成"的探究	73.23%	65.65%
化学式的推导	88.22%	66.34%

由此发现这样的事实：从知识点的掌握情况上看，对于"水的组成"相关内容，两个班的学生掌握情况相当。但涉及需要利用已知的实验事实去推导化学式的知识点上，A班的学生能够从定量计算、宏微结合和模型建构三方面考虑，整体表现较好。总体来说，A班的学生在课后测试中的表现较好，对知识点的掌握也较好。

此外，还根据课后测试的分数，分别在两个班选择了三个不同层次的学生进行了访谈。

通过访谈调查，发现 A 班的学生认为他们的教师风趣幽默，注重通过以思维导图为工具，让学生对物质研究的思路模型更系统化，也让学生感受到元素守恒思想，宏观和微观、定性和定量等认识角度的魅力。B 班学生则表示，他们的教师上课逻辑清楚、讲解到位，让他们将知识点掌握得较扎实，逐步掌握了元素守恒思想。访谈中，B 班有学生表示，对"水的化学式的推导如何从计算方面定量分析"感到非常困惑。

（4）分析与讨论　整体来看，A 班的教学效果要比 B 班好。这是什么原因呢？在课后，我们对这两名教师进行了访谈，并结合不同角度对两名教师进行分析与讨论。

① 教师的教学认知信念　两名教师在本堂课中的教学认知信念存在一定差异，具体表现见表 4-6。

表 4-6　A、B 两名教师的教学认知信念分析

教学认知信念	A 教师	B 教师
教学目的	使学生学会水的组成的基本知识，形成基本技能，体会元素守恒思想，建立宏观、微观和符号三重思维表征方式，经历化合物组成研究的初步思路	使学生学会水的组成的基本知识，形成基本技能
教学主体	以学生为主体	以学生为主体
教学方法	问题法、讨论法为主，讲述法、实验法为辅	讲述法为主，问题法、讨论法、实验法为辅
教学流程	提问→探讨→共同得出结论	提问→回答→演示
教学评价	注重过程性评价，总结性评价，并在课堂上及时反馈	注重形成性评价、总结性评价
对学习的认识	认为"学习是学生在教师的引导下，主动建构知识的过程"	认为"学习是学生在教师的帮助下，有意义地接受知识的过程"

② 教学目标的设计　两位教师都在基于核心素养的教学设计过程中，将三维目标与化学教学设计有效融合。三维目标的制定应立足于化学学科核心素养，在确定教学目标时，把三维目标作为"头"，化学学科核心素养作为"底"，以此来确定教学内容，选择活动方式。A 教师先规划了（纵向）单元过程目标，主要是依据教学内容在整册教材中所处的位置，把"身边的化学物质"这一主题单元从认识角度、探究水平和认识水平三个维度全程规划学习进阶，再依据单元过程目标规划及本节教学内容特点确定该节的课时教学目标，A 教师注重知识的核心功能价值，B 教师更多地侧重于根据本节教学内容特点确定该节的课时教学目标，对该节内容涉及的知识点有全面的介绍，但对知识间横纵向联系的认识角度，还缺乏系统性的讲解。与 B 教师相比，A 教师更加注重物质的研究思路模型的建立，帮助学生形成化学物质的认识方式。

③ 教学内容的组织　在教学内容的组织上，两位教师各有特色。首先，在本节课所涉及的对"水的组成"宏微观探究中，B 教师主要通过"利用化学史实"的方式引入、"从定性到定量的角度""方法总结"等活动去开展教学过程，从而让学生形成研究化合物组成的初步思路；A 教师按建立模型、使用模型、从定性到定量的角度去开展教学过程，梳理出其中有关物质概念发展的纵向（空气和氧气、水和氢气、C 和 CO_2、金属和酸碱盐）、横向脉络（认识角度、认识思路），以及与其他主题的横向（探究水平）关联。对于帮助学生形成研究一般化

学物质的视角和方法上，B教师没有着重构建物质研究的思维模型，知识的学习还不够系统，而A教师则注重给学生建立研究物质的思路模型。其次，在问题情境的设计组织中，B教师从化学史实出发，围绕"水的组成宏微观探析"这条主线进行探究，并在整节课中设计了很多预设性问题，引导课堂活动，试图生成相应结论。A教师则从学生已知的具体物质出发，在教师的引导下根据学生的反馈生成了大量具有真实性、开放性和自然性的问题，有效地开展师生合作学习。最后，在整体内容的衔接上，B教师利用"如何从定性和定量的角度分析水的组成"这一问题为连接点，串联几个知识点。A教师通过建立模型、提出猜想、推理论证等方式衔接整节课，让课堂始终围绕在探究水的宏微观组成上。

④ 教学资源的开发　两位教师都利用了众多的教学资源，我们简要分析，见表4-7。

表4-7　A、B两名教师的教学资源利用分析

项目	A教师	B教师
外显性的教学资源	PPT、实验仪器	教具、PPT、实验仪器
内隐性的教学资源	化学知识的过程元素、背景元素、逻辑元素	化学知识的文化元素、过程元素、逻辑元素

虽然两位教师都用到了PPT，但是发挥的作用有所不同，B教师利用PPT给学生展示了水电解与生成过程中的微观表现模型图，也通过视频的方式为学生展示了一部分演示实验，让学生对"水的组成"的微观本质有一个较感性的认识。而A老师利用PPT还展示了研究氧气和氢气的思路模型，同时对于演示实验部分选择自己亲自操作，这有利于学生直观地观察过程及现象，有助于帮助学生从宏观和微观、定性和定量等角度研究化合物的组成。

⑤ 教学过程的实施　教学过程的实施直接关系着学生知识的掌握情况，A、B两名教师的教学实施过程各有特点，见表4-8。

表4-8　A、B两名教师的教学实施过程分析

项目	A教师	B教师
新知引入方式	问题引入：复习氧气的性质以及和二氧化碳性质用途的对比→氢气的性质→利用元素守恒思想进行探究	问题引入：氢气点燃生成水的化学史→氧化汞的分解反应→引出水的组成探究实验
提问的类型和策略	生成性问题多于预设性问题，解释性、推理性提问较多，提问方式多样、注重变式	预设性问题多于生成性问题，一连串的提问中隐含元素守恒思想，但对学生引导不够
对知识本质的强调	每个知识点的本质及来龙去脉均认真讲解	对水的组成的微观探析没有进行定量计算，没有构建物质研究的思维模型
对学生认知规律的把握	对水的组成从定性到定量的过程中，利用逆向思维，激发学生的认知冲突	水的电解实验的引入和研究物质组成的思路讲解中直接突兀，学生新旧知识难以有效衔接
化学思想方法的渗透	元素守恒思想、定性与定量相结合、宏观与微观相联系、类比推理思想等	元素守恒思想、定性与定量相结合、宏观与微观相联系

⑥ 教学的创新意识和能力　两名教师在课堂中都有自己的创新点，B教师以"化学史"为切入点，结合氧化汞的分解实验，引入了对水的组成的研究，A教师以氧气为例构建具体物质研究思路模型，再运用模型研究氢气，并通过类比"双氧水、氯酸钾、高锰酸钾等物质的分

解反应"的方法来利用逆向思维探究水的组成,这些都是教学设计上的创新。此外,A教师在课堂中利用比喻的方法增强课程的趣味性和文化性,讲解时利用声调的长短高低变化让学生加深印象等,都是他的创新意识和能力的体现。

⑦ 对化学核心素养的培养　两位教师在教学过程中都注意到了培养学生宏观辨识与微观探析、证据推理与模型认知、变化观念与平衡思想三大化学核心素养,但是方法有所不同,具体见表4-9。

表4-9　A、B两名教师对化学核心素养的培养方法

化学核心素养	A教师	B教师
宏观辨识与微观探析	从研究氧气和二氧化碳构建思路模型到氢气的性质研究,再通过水电解得出水的组成	从分析氧化汞中元素的组成到水的电解得出水的组成
证据推理与模型认知	以氧气为例构建具体物质研究思路模型,运用模型研究氢气,氢气燃烧、水电解微观模型图	对蜡烛的组成元素的证明,引导学生经历证据推理的过程
变化观念与平衡思想	在水的电解实验的探究中寻找化学变化证据的设计过程	从水的生成和电解实验中,发展变化的观念

A教师在"环节1"中以氧气为例构建具体物质研究思路模型,"环节2"中运用模型研究氢气,以及"环节3"中介绍氢气燃烧、水电解微观模型图,从具体物质研究思路模型中建立各角度(组成结构、性质、用途、制备等)之间相互关联的过程,发展了宏观辨识与微观探析、证据推理素养;B教师注重通过引入史实,还原知识发现的真实历程和艰辛,让学生了解"水的组成"发现史,并通过水的电解实验让学生在观察比较中学会从宏观到微观的观察和分析,进而培养宏观辨识与微观探析这一核心素养。两位老师都注重将元素守恒思想贯穿教学始终。B教师将对研究物质组成的思路和方法总结放在对水的组成化学式的推导之后,虽然这样便于学生理解,但是对于那些开始不知道如何分析水分子化学式的学生,学生在开始推导时可能就无法进行准确分析了。而A教师的教学方法,更重视让学生学会用已知的知识并根据所给的提示进行定量计算分析水分子的化学式,这恰恰是中学生学习具体物质组成的重要目的,拓展认识手段,让学生由定性推理走向定量思考。

结语

义务教育阶段的化学课程以提高学生的科学素养为主旨,教师在进行教学设计时应充分挖掘教材中蕴含的学科价值,突出学科思想方法的渗透,引领学生在感受和领悟学科最精华和本质的内容中促进其认知发展。本案例以"探究水的组成"为载体,让学生初步感悟研究化合物组成的一般方法,并通过对水这种具体物质组成的研究推广到对一般化合物组成的研究,帮助学生形成研究物质的视角和方法。通过高级教师与初级教师在"水的组成"这节内容的教学对比分析,发现高级教师对学科本质的理解和重难点的把握都要优于初级教师,更能促进学生的认知发展。希望通过这个教学案例的研读和分析,能够为教师优化课堂教学提供借鉴。

1."水的组成"相关内容在教材中是怎样编排的？如果你来执教"水的组成"的内容，你会遵循怎样的顺序来进行教学？

2.请结合案例，比较两位教师三重表征教学实施情况。

3.请结合案例，比较两位教师所用的教学内容和内容的组织方式，分析他们达成的核心素养目标。

4.建立宏观、微观和符号三重表征思维方式要注意哪些问题？需要运用哪些教学策略？

推荐阅读

[1]核心素养研究课题组.中国学生发展核心素养[J].中国教育月刊，2016（10）：1-3.

[2]何彩霞.围绕"化学元素观"展开深入学习——以"水的组成"教学为例[J].化学教育，2013，34（04）：36-39.

[3]鲁向阳.发挥知识教育功能提升学生核心素养——以"水的组成"为例[J].化学教育（中英文），2018，39（23）：43-46.

[4]唐云波.核心素养为本的单元教学设计与实施——以"探究水的组成"为例[J].化学教育（中英文），2019，40（03）：52-57.

[5]郭玮.突出化学学科价值和注重学生认知发展的教学研究——以"水的组成"为例[J].化学教育，2017，38（11）：18-23.

[6]何翼，姜建文.先行组织者作用机制与教学策略研究——以鲁科版高中化学必修新教材为例[J].化学教学，2021（7）：14-18.

第5章
现代化学教学设计

5.1 化学教学设计概述

1900年，美国哲学家、教育家杜威指出：应发展一门连接学习理论与教育实践的"桥梁科学"。这个"桥梁科学"就是我们今天谈论的教学设计。教学设计本是教学开发的重要组成部分，随着教学开发运动深入发展，教学设计的研究又得到了进一步的推进。"自60年代以来，已逐渐发展成为教育技术领域的一门独立学科"[●]。它作为一门联系理论和实践的"桥梁科学"，现已渗透和运用到各学科教学之中。对于广大中学化学教师而言，虽然每天都在进行所谓"教学设计"，但其实这种设计多出于"直觉设计"或"经验设计"，而不是真正意义上的"教学设计"。

因此，有必要在了解教学设计的概念、理论基础、各种基本要素以及它与传统备课的差别等基础上，作出相关研究，构建一个具有可操作性的"化学教学设计运作流程图"，实现对教学设计的基本理论和基本方法的掌握。

5.1.1 教学设计的概念

教学设计（instructional design，ID），也称教学系统设计（instructional system design），是面向教学系统、解决教学问题的一种特殊的设计活动。它既具有设计的一般性质，又必须遵循教学的基本规律。

关于教学设计的概念，第一代教学设计理论代表人物 R.M.加涅曾在《教学设计原理》中界定为："教学设计是一个系统化规划教学系统的过程。教学系统本身是对资源和程序作出有利于学习的安排。任何组织机构，如果其目的旨在开发人的才能均可以被包括在教学系统中。"

这一定义下的教学设计具有以下一些特征：

第一，教学设计是把教学原理转换成教学材料和教学活动的计划。教学设计要遵循教学过程的基本规律，选择教学目标，以解决教什么的问题。

第二，教学设计是实现教学目标的计划性和决策性活动。教学设计以计划和布局安排的形式，对怎样才能达到教学目标进行创造性的决策，以解决怎样教和为什么这样教的问题。

第三，教学设计是以系统方法为指导。教学设计把教学过程各要素看成一个系统，分析教学问题和需求，确立解决的程序纲要，对各种课程资源进行有机整合，使教学效果最优化，以解决教得怎么样的问题。

---

❶ 何克抗.教学设计理论与方法研究评论(上)[J].电化教育研究，1998（02）：3-9.

第四，教学设计是提高学习者获得知识、技能的兴趣和效率的技术过程。教学设计是教育技术的组成部分，它的功能在于运用系统方法设计教学过程，使之成为一种具有操作性的程序。

由以上分析也可看出：

教学设计的理论基础是学习理论、教学理论、系统理论和传播理论。

教学设计的依据是对学习需求（包括教学系统内部和外部的需求）的分析。

教学设计的任务是提出解决问题的最佳设计方案。

教学设计的基本要素是教学对象、教学目标、教学策略和教学评价。

教学设计的目的是使教学效果最优化。

5.1.2　教学设计的特点[1]

第一，理论性。教学设计必须依据现代学习理论、教学理论、系统理论和传播理论等，对教学过程的诸要素进行优化设计，以保证设计的科学性和合理性。

第二，系统性。教学设计必须运用系统方法，从教学系统的整体功能出发，综合考虑教师、学生、教材、媒体和评价等各个方面在教学中的地位和作用，使之相互联系、相互促进、相互制约，产生整体效应，以保证教学设计中的"目标、策略、媒体和评价"等诸要素的协调一致。

第三，差异性。教学设计必须以学习者为出发点，将学习者的特征分析作为教学设计的依据，它强调充分挖掘学习者的内部潜能，调动学习者的主动性和积极性，促使学习者内部学习过程的发生和有效进行。它注重学习者的个别差异，需要对学生进行调查、分析，其具体任务主要包括[2]：

弄清学生的学习准备状况，包括完成学习任务所需要的身心发展成熟情况、知识技能基础情况、学习能力和学习动力的构成与水平等情况。

经过努力，学生可以达到怎样的状态和学习水平，即弄清学生的最近发展区。

了解学生在感知、记忆、思维等方面的认知特点和认知风格。

了解学生的情感发展水平、情感特点和情感需求。

了解学生的性格、行为习惯等个性特点。

第四，应用性。教学设计作为一门联系理论和实践的"桥梁科学"，一方面可以把已有的教学理论和研究成果运用于实际教学中，指导教学工作的进行。另一方面，也可以把教师优秀的教学经验升华为教育科学，进一步充实和完善教学理论。在学科教学实践中，通过教学设计，完全可以反映教师的教育教学理念和教育教学理论水平。

第五，层次性。教学设计的对象是教学系统，教学系统是有层次的，它可以大到一门课程，小到一个课时甚至一个单元片段（如微课）。因此教学设计也具有层次性，教学设计的基本层次是课程教学设计、学段（或学期、学年）教学设计、单元（主题）教学设计、课时教学设计等四个层次。

---

❶ 江家发.化学教学设计论[M].济南:山东教育出版社，2004：3-4（有改动）.

❷ 人民教育出版社化学室组编.化学教学设计及案例[M].北京:人民教育出版社，2002：84.

基于上述对教学设计特点的分析，对化学课时教学设计的概念作如下界定：所谓化学课时教学设计，就是为了实现一定的化学课堂教育、教学目标，依据现代化学教育思想、化学新课程理念、化学学科及学生特点，依托化学教学资源，建立解决化学教学问题的策略，评价反思试行结果和对设计方案进行反馈修正的系统过程。

5.1.3　教学设计的基本问题

系统设计教学是一种目标导向的系列活动。不管在哪个年级、哪个课程层次、哪个具体教学环境中开展设计，按照美国学者马杰（R. Mager，1984）的看法，无非是要回答三个类别的问题❶：

我们要到哪里去？

我们怎样到那里去？

我们是否到了那里？

因此，化学课时教学设计也就是主要解决三个问题：教什么和学什么？如何教和如何学？教得怎么样和学得怎么样？第一个问题是解决学习目标的问题，对应的教学设计有确立目标（如教学目标与学习结果分类、教学任务分析以及学习者特征分析等）；第二个问题是解决教学过程中的教学策略问题，对应的教学设计有奔向目标的过程（如学与教的过程设计、分类教学等）；第三个问题是解决教学评价的问题，即形成性评价和总结性评价，对应的教学设计有评价目标的过程（评估学习绩效、运用评估理念和方法等）。这样，教学设计的基本内容应包括教学背景分析、学习目标设计、教学策略设计和教学评价设计四大部分。

5.2　素养为本的化学教学设计

5.2.1　化学学科核心素养的认识

2018年1月，《普通高中化学课程标准（2017版）》（以下简称"新课标"）颁布，明确指出了在立德树人的背景下化学学科应发展的学生学科核心素养。学科核心素养是学科育人价值的集中体现，是学生通过学科学习而逐步形成的正确价值理念、必备品格和关键能力。高中化学学科核心素养是高中学生发展核心素养的重要组成部分，是学生综合素质的具体体现，反映了社会主义核心价值观下化学学科育人的基本要求，全面展现了化学课程学习对学生未来发展的重要价值。

化学学科核心素养包括"宏观辨识与微观探析""变化观念与平衡思想""证据推理与模型认知""科学探究与创新意识""科学态度与社会责任"五个方面。

（1）素养1宏观辨识与微观探析　能从不同层次认识物质的多样性，并对物质进行分类；能从元素和原子、分子水平认识物质的组成、结构、性质和变化，形成"结构决定性质"的观念。能从宏观和微观相结合的视角分析与解决实际问题。

（2）素养2变化观念与平衡思想　能认识到物质是运动和变化的，知道化学变化需要一定的条件，并遵循一定规律；认识到化学变化的本质是有新物质生成，并伴有能量的转化；

---

❶ 盛群力，等.教学设计[M].北京:高等教育出版社，2005：6-7（有删节）.

认识到化学变化有一定限度、速率，是可以调控的。能多角度、动态地分析化学变化，运用化学反应原理解决简单的实际问题。

（3）素养 3 证据推理与模型认知　具有证据意识，能基于证据对物质组成、结构及其变化提出可能的假设，通过分析推理加以证实或证伪；建立观点、结论和证据之间的逻辑关系。知道可以通过分析、推理等方法认识研究对象的本质特征、构成要素及其相互关系，建立认知模型，并能运用模型解释化学现象，揭示现象的本质和规律。

（4）素养 4 科学探究与创新意识　认识到科学探究是进行科学解释和发现、创造和应用的科学实践活动；能发现和提出有探究价值的问题；能从问题和假设出发，依据探究目的，设计探究方案，运用化学实验、调查等方法进行实验探究；勤于实践，善于合作，敢于质疑，勇于创新。

（5）素养 5 科学态度与社会责任　具有安全意识和严谨求实的科学态度，具有探索未知、崇尚真理的意识；深刻认识到化学对创造更多物质财富和精神财富、满足人民日益增长的美好生活需要的重大贡献；具有节约资源、保护环境的可持续发展意识，从自身做起，形成简约适度、绿色低碳的生活方式；能对与化学有关的社会热点问题作出正确的价值判断，能参与有关化学问题的社会实践活动。

5.2.2　"素养为本"的化学教学设计理解

教学设计（其产品通常也叫教学设计）和传统备课（其产品即为通常所说的教案）的差异不仅表现在指导思想和设计对象的不同，而且基本要素和操作流程也有显著差别。

郑长龙❶认为：化学课堂教学的价值取向大体上经历了三个发展阶段：知识取向、能力取向和素养取向。"知识取向"的化学课堂教学的基本理念是"知识为本"，重视"双基"（化学基础知识与化学基本技能）的教与学；"能力取向"的化学课堂教学的基本理念是"能力为本"，在注重"双基"教学的同时，强调通过科学过程和科学方法培养学生的科学探究能力；"素养取向"的化学课堂教学的基本理念是"素养为本"，强调运用所学的"双基"以及科学过程和科学方法解决真实问题。

因此，"素养为本"的化学教学设计与传统的备课不可同日而语，其比较见表 5-1。

表 5-1　教案与教学设计的比较①

设计要素		教案	教学设计
设计理念	课程观②	1. "知识取向"的课程价值观 2.封闭的课程内容观 3.灌输的课程实施观 4.甄别的课程评价观	1."成人取向"的课程价值观 2.开放的课程内容观 3.对话的课程实施观 4.促进发展、回归教育本质的课程评价观
	知识观	知识是客观的，可以传递给学生	知识不是纯客观的，是学生与外在环境交互过程中建构起来的
	学生观	学生只是接受知识的容器	学生是有生命意识、社会意识、有潜力和独立人格的人

❶ 郑长龙.2017 年版普通高中化学课程标准的重大变化及解析[J].化学教育(中文)，2018，39（09）：41-47.

续表

设计要素		教案	教学设计
设计理念	教学观	教学是课程传递和执行、教学生学的过程	是课程创新和开发、师生交往、积极互动、共同发展的过程
	学习③	以教师为中心来设计学习活动，学生被动接受式学习	以学生为中心来设计学习活动，帮助学生形成终身学习的学习观、自主学习的学习观、学会学习的学习观
教学目标		以教师为阐述主体，使学生掌握双基和培养能力	以学生为阐述主体，在学科核心素养上得到全面发展
教学分析		教材教法和教学重点难点分析	对任务、目标、内容、学情等方面作分析
策略制定和作业设计		1. 传授的策略和帮助学生记忆的策略 2.以传统媒体为主 3. 以技能训练、知识（显性）记忆和强化作业设计为主	1.学法指导、情景设计、问题引导、媒体使用、反馈调控等策略 2.多媒体的教学设计 3.根据不同需要如知识、技能、方法、态度、能力的培养来设计作业
教学过程		传授知识，鼓励模仿记忆的以教为中心的五环节教学过程设计	创设情景，鼓励在学习中体验、探究、发现、思考，在问题解决过程中获得自身提高和发展的教学过程设计
效果评价		掌握知识技能，解决问题	知情意都得到发展，为终身可持续发展奠定基础

①鲁献蓉.从传统教案走向现代教学设计——对新课程理念下的课堂教学设计的思考[J].课程·教材·教法，2004（7）：17-23（有改动）.

②崔颖.试论现代教育理念下的课程观[J].中国电力教育，2009（2）：85-86.

③贾霞萍.新课程改革与学习观的更新[J].教育理论与实践，2006（6）：1-2.

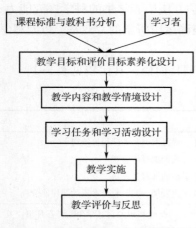

图 5-1 "素养为本"的教学设计过程模式

当然，学生化学学科核心素养的发展是一个持续的过程，是需要通过一节一节具体的化学课来加以落实的。因此，课时教学设计对于学生化学学科核心素养发展就显得尤为重要。

郑长龙❶认为，发展学生化学学科核心素养的课时教学设计应重视：

化学课结构的"板块化"设计；

化学课内容的"任务化"设计；

化学课活动的"多样化"设计；

化学课情境的"真实性"设计；

化学课目标的"素养化"设计。

教学设计过程模式是在教学设计的实践中逐渐形成的，运用系统方法进行教学开发、设计的理论的简化形式，图 5-1❷即为其中一种。

❶ 郑长龙，孙佳林."素养为本"的化学课堂教学的设计与实施[J].课程教材教法，2018（04）：71-78.

❷ 姜建文.化学教学设计与案例研讨[M].北京：化学工业出版社，2020：35-38.

5.3 典型案例

5.3.1 指向"宏观辨识与微观探析"的化学教学——以"金属的化学性质"为例

案例摘要

　　金属的化学性质是中学化学课程的重要组成部分，是发展学生实验探究能力和宏观辨识与微观探析素养的载体，对培养学生的"结构决定性质"、元素观、变化观等化学核心观念起到关键作用。本案例以金属的化学性质（金属与水的反应和金属与氧气的反应）教学为例，主要介绍两位教师基于宏观辨识与微观探析素养进行教学设计、开展课堂教学及教学反思的过程。与以记忆为主的传统金属性质教学不同的是：这两节课注重培养学生透过现象看本质的科学态度，即宏观现象与微观本质相结合的认知模式和追根问底的科学精神，希望可以给教育硕士和化学教师开展指向化学学科核心素养的金属性质教学带来启示。

案例正文

　　J 中学高中化学备课组举办了以"素养为本"为主题的课堂展示活动，要求每位化学教师自选内容上一节课。该校化学教师年龄、资历参差不齐，但专业素养都值得肯定，笔者十分有幸受邀观摩此次活动。观摩过程中笔者发现 D 老师和 L 老师的授课主题都是金属的化学性质，二者的课堂十分符合活动主题，并能有效落实"宏观辨识与微观探析"学科素养，且各有千秋，于是与两位老师进行了访谈，并要来了两位老师的备课笔记和课堂实录，以期客观呈现两位老师基于"宏观辨识与微观探析"学科素养进行教学设计和实施的全过程，为教育硕士或一线教师开展基于"宏观辨识与微观探析"化学教学提供思路。

　　D 老师，女，是一名从重点师范院校毕业两年的青年教师。L 老师，男，是一位具有十几年教学经验的高级教师，同时也是备课组的组长。

　　金属的化学性质出现于义务教育阶段，人教版教材中处于第八单元金属和金属材料，教材主要介绍了金属的物理性质及合金、金属通用的化学性质，包括：金属与氧气的反应，金属与盐酸、稀硫酸的反应和金属活动性顺序。进入高中必修阶段后，2019 年版的人教版教材中金属的化学性质位于必修 1，介绍了金属钠、铁、铝的化学性质。新课标对该部分内容的要求如下：结合真实情境中的应用实例或通过实验探究，了解钠、铁及其重要化合物的主要性质，了解它们在生产、生活中的应用。

（1）课前准备，确定"基调"

①D 老师的课前准备　J 校的化学备课组经常开展各种教学研讨和磨课活动，比如：同课异构、教学设计竞赛、专题研究等活动，但这是第一次将"素养为本"作为教学研讨的主题。D 老师在以往的教学研讨活动中收获颇丰，再加上自己平日里就对化学核心素养的相关理论和发展很关注，因此内心非常希望能在这次课堂教学实践活动中有出色的表现。

a.他人引导，拨云见日　刚听说备课组打算举办"素养为本"为主题的课堂展示活动这一消息时，D 老师心里万分喜悦，想着这是一个很好的锻炼机会，对自己的教学设计和教学技能都会有很大的帮助，但是 D 老师意识到，这既是机遇又是挑战，自己刚毕业不久，能切实地在课堂中落实好化学核心素养吗？伴随着这种担忧，D 老师不禁对自己产生了些许怀疑，然而更让 D 老师发愁的是要确定什么授课主题，于是 D 老师请她的老师（X 老师，也是 D 老师的实习导师）"指点迷津"。

X 老师看 D 老师满脸愁容，毫无头绪，耐心地说道：

对于"素养为本"的教学首先你要对化学核心素养有明确的认识，知道五个核心素养之间的联系，这你应该有所了解吧？

D 老师心想她一直很关注化学核心素养这一教育热点，还看了很多关于化学核心素养的期刊文章，回答老师的这个问题简直轻而易举，于是自信地发表了自己的理解：

化学学科核心素养是在中国学生发展核心素养的基础上针对化学学科所提出来的教育理念，也是当前的课程目标，包括宏观辨识与微观探析在内的五个素养，其中"宏观辨识与微观探析""变化观念与平衡思想""证据推理与模型认知"体现的是化学学科思维层面的要求，"科学探究和创新意识"是实践层面的要求，最后"科学精神和社会责任"是价值层面的追求。这次教研活动的重点是在课堂教学中落实核心素养，但一节课或许不能落实全部的核心素养，因此需要根据教学内容重点落实某个或几个素养。

X 老师听着 D 老师的回答露出赞许的微笑，并频频点头表示赞同，D 老师看着 X 老师的表情也更加坚定地表达对于这次竞赛自己想要重点突出的核心素养，这也是她在教学和期刊阅读中积累的感悟：

这五个核心素养虽没有轻重缓急之分，但对学生化学学科的学习所起的作用却各不相同，落实的途径和策略自然也有差异。在教学过程中伴随着知识的学习、活动的进行和情境的启发，学生潜移默化提升"科学精神和社会责任"，另外，学生的"科学探究与创新意识"的培养不能一蹴而就，而是以前三种素养为基础并在实践过程中不断培养。因此，在这次教研活动的课堂教学展示中，我打算重点体现具有化学特色的"宏观辨识与微观探析""变化观念与平衡思想""证据推理与模型认知"素养，但具体应该重点落实哪些核心素养，还得取决于我所选的教学内容。

X 老师嘴角上扬，对 D 老师竖起了大拇指称赞道：

从你刚刚对化学核心素养的理解可以看出，你已经把握了这次教研活动的主旨。另外，我也主张你这次能体现前三个素养，看来这一点我们师徒两人想到一块儿去了。

X 老师说完后哈哈大笑。D 老师跟自己的老师讨论之后心中也浮现了一些思路，对这次以"素养为本"的教研活动的目的和意义有了更深刻的理解。但 D 老师心中还是悬着一块大石头——选择哪个内容主题合适呢？

b.机缘巧合，迎刃而解　就在 D 老师为该选择哪个内容主题参加"素养为本"的教研活动这一问题困扰时，正值高一期中考试之际，在这次期中考试试卷分析中，D 老师发现学生对化学方程式的书写及有关金属及其化合物的相关题目失分较多，在仔细分析之后发觉主要原因是学生只记忆了知识，容易记错，因此出错。此时 D 老师明白了教学不仅要让学生"知其然"，更重要的是要"知其所以然"，D 老师一想，这不就是宏观辨识与微观探析素养的内涵吗，学生在理解了微观本质之后才能更好地解释宏观现象，明白现象产生的原因，也就是我们常说的透过现象看本质。学生如果能够有意识地从某一科学的思路分析问题，就说明他形成了某种素养，也就是说，如果学生能有意识地从宏观与微观相结合的视角分析解决问题，则说明他形成了宏观辨识与微观探析素养。

D 老师开心地把自己的想法告诉了 X 老师，X 老师听后也表示赞同，因为 D 老师所反映的现象和问题确实普遍存在，X 老师想听听 D 老师对宏观辨识与微观探析素养有什么认识和想法，于是说道：

宏观辨识与微观探析素养确实重要，它体现了化学学科特有的认知角度和思维方式，从无机到有机，从必修到选择性必修都贯穿这一素养的运用和学习。你对宏观辨识和微观探析素养有哪些了解呢？

D 老师在日常教学中也尤其重视对学生宏观辨识与微观探析素养的培养，平时也会看一些有关宏微结合素养的期刊文章。因此，她对这一素养了解比较深入，她解释道：

宏微结合素养是指能从不同层次认识物质的多样性，并对物质进行分类，能从元素和原子、分子水平认识物质的组成、结构、性质和变化，形成"结构决定性质"的观念。能从宏观和微观相结合的视角分析与解决实际问题。在教学中，我们要引导学生建立宏观现象与微观本质的联系，能从微观角度解释和预测宏观现象，使学生"知其然"且"知其所以然"。

X 老师对 D 老师的回答很满意，能感受到 D 老师的教育理论素养水平较高，于是 X 老师想听听 D 老师对这节课有什么考虑和规划，问道：

你能说说在课堂上你准备从哪些方面来落实宏微结合素养，或者说你在设计"素养为本"的课堂时会考虑哪些方面吗？

对于这一问题，D 老师在确定自己想要重点落实宏观辨识与微观探析素养，并确定了课堂教学主题之后就思考过了，于是她略作思考开始回答：

针对无机化合物知识的特点，我认为将零碎的知识通过逻辑联系串联在一起，并引导学生学会自己画思维导图、"价-类二维图"等十分重要。这样不仅可以帮助学生形成知识网络，促进知识的结构化和网络化，而且还能提高学生的符号表征能力，学生符号表征能力在一定程度上反映了学生对所学知识的明晰程度。

另外，教师对教学内容的处理，对学生能否形成结构化的知识也很重要，简单地说就是教师在进行教材二次开发时要注意将有联系的、类似的，或者可以形成对比的知识融合在一起，这样不仅可以培养学生类比、联系等思维，而且可以减轻学生的记忆负担，达到更好的教学效果。因此，本节课我的主要内容是钠与水的反应及铁与水蒸气的反应。

X老师听完后点点头，并发表了自己的看法：

不错，你找到了元素及其化合物教学的症结所在，并且能很好地"对症下药"，你刚刚说的那两点对于落实核心素养确实很重要。另外，针对金属化学性质的教学实验是必不可少的，尤其是学生实验能使学生体验科学探究的过程，学会科学探究方法，掌握科学知识，并且老师在实验过程中的提问引导对学生的思维培养有很大的帮助。所以你可以从对实验现象的解释方面找到这节课中宏观辨识与微观探析素养的落脚点，从实验装置的评价和改进等方面来培养学生的创新意识。

D老师赶紧把X老师的建议记录下来，觉得很受启发，准备回去好好理一理，早点把教学思路设计好。

c. 确定目标，创新设计　D老师回去之后回顾自己与X老师的探讨，确定教学内容为"金属与水的反应"。在研读新课程标准及教材后设计了以下的教学设计思路图（见图5-2），并确定了以下教学目标：

熟悉钠和铁与水反应的化学性质，了解金属和水反应的一般规律；
通过探究钠和水反应的实验，学生能观察到浮、熔、游、响、红等实验现象，能分析产生现象的原因并用相对规范的语言进行描述和分析；
通过引导学生对铁和水蒸气反应实验的设计、探究，学生能独立思考并进行简单的实验设计；
通过学生亲自做探究实验，激发学生学习化学的兴趣、求知欲和探究热情。

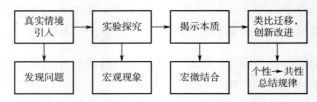

图5-2　D老师"金属与水的反应"教学设计思路图

②L老师的课前准备　L老师虽然是一位经验丰富的老教师，但他作为备课组的组长，一直紧跟时代潮流，关注教育发展动态，这次教研活动的主题——"素养为本"的课堂展示就是他确定的。以下是L老师的课前准备过程：

a. 确定主题，背景分析　L老师根据平时的教学经验，发现学生缺乏从微观角度深层次地解释实验现象的能力，认识物质性质的能力方面有待提升。因此，学生在学习金属的化学性质时单纯记忆实验现象和化学方程式的现象严重，导致学习效率低下。想到这里，L老师将他这次课堂展示教学内容确定为金属的化学性质中的金属与氧气的反应，L老师给出的理由是：

虽然学生在初中的时候已经接触过金属与氧气的反应，但当时并没有从微观角度进行深度分析，所以学生还没掌握探究金属与氧气反应的科学方法，所以很有必要从提高学生核心素养的角度进行深度分析与探究。

L老师在确定了教学内容为金属与氧气的反应后，下一步就是进行教学背景分析以确定教学目标，以下是L老师关于教学背景分析的论述：

我首先研读了课程标准，对比义务教育阶段课程标准及新课程标准对金属的化学性质的要求（表5-2），确定学生的发展进阶。

表5-2　义务教育阶段、必修阶段课程标准对金属的化学性质要求对比

义务教育阶段	必修阶段
1.知道金属的物理特征，认识常见金属的主要化学性质，了解防止金属腐蚀的简单方法； 2.知道一些常见金属（铁、铝等）矿物，了解用铁矿石炼铁的原理； 3.知道生铁和钢等重要合金，认识金属材料在生产、生活和社会发展中的作用； 4.认识废弃金属对环境的污染，知道回收金属的重要性	结合真实情境中的应用实例或通过实验探究，了解钠、铁及其重要化合物的主要性质，了解它们在生产、生活中的应用

通过对比，我发现义务教育阶段只要求从材料的角度对金属的共性有表层的、定性的了解，这是一种不触及本质的了解，符合义务教育的特点。到了必修阶段，要求学生掌握特定金属的化学性质，掌握认识金属化学性质的方法，能从微观层面解释和预测金属性质。

在了解了课程标准对金属的化学性质的要求后，L老师又深度分析了金属与氧气的反应在2019年版人教版教材中的呈现，得到了以下结论：

在2019年版的人教版必修1教材中没有对铝表面氧化膜的特点——熔点高、致密、能迅速生成等进行实验探究，但铝作为日常生活中常见的金属，用途广泛，性质特殊，所以我认为有必要在教材内容的基础上补充铝表面氧化膜特点的探究。钠与氧气的反应是金属与氧气反应中的重点，是使学生意识到反应条件不同可能会导致反应产物不同的典型内容。因此，虽然Al与氧气的反应，Na与氧气的反应在教材中不在同一节，但它们的反应产物都是金属氧化物，我还是打算把它们放在一起学习，这也算是对教材的二次开发了。

b.教学目标和评价目标的设计　L老师在日常教学中就注重教、学、评的一体化，为确定本节课是否落实了相应的素养目标，L老师还确定了具体可测的评价目标。以下是L老师设计的素养目标：

展现生活中银、铁、铜和铝的存在和用途，帮助学生建立金属活动性与金属用途之间的关系；

通过对Na、Mg、Al原子结构的分析，帮助学生建立结构决定性质的化学核心观念，建构宏微结合分析问题的认知模型；

通过对铝表面氧化膜的实验探究，能解释氧化铝膜的特殊性，知道氧化膜有些致密，有些疏松；

通过对钠与氧气在常温与加热条件下的实验探究，认识到反应条件对反应的重要性。

L 老师还确定了如下评价目标：

通过对生活中银、铁、铜和铝的存在和用途的讨论，诊断学生对化学价值的认识水平（学科价值、社会价值）；

通过对铝表面氧化膜的实验探究，诊断并发展学生的问题解决能力水平（孤立水平、系统水平）和实验探究水平（机械水平、创新水平）；

通过对 Na、Mg、Al 原子结构及与氧气反应的探究，诊断并发展学生的认知角度（单角度水平、多角度水平）。

（2）真刀真枪，课堂实录　两位老师的课堂实录如下：
① D 老师的课堂实录

环节 1：创设情境，抛出问题

【师】同学们，学习化学可以帮助人们认识和改造世界，然而更为重要的是学习化学可以使我们在改造世界的过程中尊重科学、避免伤害，那么今天我们的学习就从曾经发生的一场火灾开始，请看大屏幕。

【播放视频】播放"燃烧的金属——金属钠车间发生火灾"的视频。

【师】这场火灾跟平常的火灾相比有哪些不同呢？

【生】是金属燃烧导致的火灾，它不是用水扑灭的。

环节 2：进行实验，解释现象

【师】好，请坐下，我们知道水可以用来灭火，那在这场火灾中为什么不能用水来扑灭着火的钠呢？钠遇到水又会怎样呢？好，带着这样的疑问，让我们先来做一个实验，在每组同学的桌面上都有一瓶保存在煤油中的金属钠，首先我们往培养皿中加入一半容积的水，滴入几滴酚酞，然后我们用镊子夹取一小块金属钠，用滤纸吸干其表面的煤油后，将其投入水中，迅速盖上玻璃片并观察实验现象，请组内同学相互配合，认真完成实验。

【学生实验，教师巡视】

【师】同学们的实验都做完了，哪位同学愿意来描述一下你所观察到的现象以及分析产生现象的原因？

【生】金属钠放入水中之后浮在水面上，发出嗞嗞的响声，它不停地翻滚运动，渐渐变小，最后消失了，并且溶液变成红色。

【师】是不是因为受热将其熔化成一个球？

【生】应该是这样的。

【板书】Na 与水反应：

浮　响　游　红　熔

【教师引导学生分析产生以上现象的原因】

【板书】密度比水小　剧烈　气体　碱　熔点低　放热

【师】好的，由此可见，钠与水的反应十分剧烈且放出大量的热，又由于钠的着火点比较低，因此，大量的钠遇到水就会怎样？

【生】会燃烧。

环节3：验证产物，解决问题

【师】钠在这个反应中产生了一种气体，那这种气体是什么呢？是否也与火灾中的爆炸有关呢？有人提出了这样的两种观点。

【PPT 展示】

①与水反应产生氧气　$Na+H_2O \longrightarrow NaOH+O_2$

②与水反应产生氢气　$Na+H_2O \longrightarrow NaOH+H_2$

【师】第一，钠与水反应产生了氧气，氧气助燃导致爆炸发生；第二，钠与水反应产生氢气，氢气与空气遇火发生了爆炸。请利用氧化还原的相关知识从元素化合价变化的角度来分析产生的这种气体究竟是什么。好，我们看看在这个反应中钠的化合价怎么变？

【生】升高。

【师】所以这个反应应该生成的是哪种气体？

【生】生成氢气，因为氧化还原反应既然有还原反应就一定有氧化反应，在第一个生成氧气的反应中，钠的化合价上升了发生了氧化反应，而氧元素的化合价也是上升了，也是发生了氧化反应，它没有发生还原反应，所以我认为第一个反应式不成立。第二个反应中氢元素的化合价降低了发生了还原反应，而钠发生了氧化反应，所以应该是合理的。

【师】好的，回答得很好。实践才是检验真理的唯一标准，有同学设计了一个装置来检验该反应中产生的气体，请大家想想该装置是否合理，如果是氢气的话能不能点得着？

【PPT 展示】

用如下方法检验钠与水反应产生的气体是否可行？

【生】如果是氢气的话，氢气和氧气混合容易发生爆炸。

【师】嗯，对，这是你的观点。那还有一种情况可能就是？

【生】还有可能点不着。

【师】有同学做了这样一个改进，咱们看看这样改进是否就可以验证反应中产生的气体，如果贸然点火的话会怎样？

【PPT 展示】

用如下方法检验钠与水反应产生的气体是否可行？

【生】可能会发生爆炸。

【师】对，其实我们可以利用日常生活中的常见物品来对这个方案进行改进。

图 5-3　改进操作过程

【演示改进装置】大家看，老师的手中是一个矿泉水瓶，这里还有一个单孔的胶塞，在胶塞的底部插有一根细铁丝，为了阻止气体泄漏，老师在胶管中塞了一颗玻璃珠，然后咱们取一小块金属钠，用滤纸吸干表面的煤油，用细铁丝把钠块扎紧。大家看，我为了排掉瓶内的空气该怎么做？捏紧矿泉水瓶，对不对？然后迅速塞上胶塞（见图5-3）。好，现在咱们把这个导管口对着酒精灯的火焰，然后捏紧玻璃珠，释放气体，看到了吗？

【生】在酒精灯灯焰处有蓝色的火焰。

【师】那说明这个气体具有什么性质？

【生】具有可燃性。

【师】所以应该是什么气体呢？

【生】应该是氢气。

【板书】$2Na+2H_2O \rightleftharpoons 2NaOH+H_2\uparrow$

环节4：宏微结合，揭示本质

【师】氢气是如何产生的呢？这个反应的本质是什么？我们学过了离子反应，也知道水是弱电解质，如果这个反应是离子反应的话，又是什么离子反应产生了氢气呢？请大家思考一下。水能电离出什么离子？

【生】H^+和OH^-。

【师】这里是什么离子转化成了氢气啊？

【生】H^+。

【师】同样，我们学过金属和酸反应也能产生氢气，请问这两个反应有何共同点？

【生】……（沉默）

【师】金属和酸反应，是和酸中的什么离子反应？

【生】和酸中的H^+反应。

【师】对，这就是两者的共同实质。

【板书】实质：与H^+反应生成H_2

【师】好，现在我们知道了火灾发生的原因，以及为什么不能用水来扑灭着火的金属钠吧？如果在实验室中出现了钠着火的事故，我们应该用什么来扑灭呢？

【生】应该用沙土盖灭。

【师】很好。同样，同学们知道金属钠为什么要保存在煤油或石蜡油中吗？

【生】把钠保存在煤油或石蜡油中是为了防止钠和空气中的水蒸气反应发生火灾。

环节5：从钠到铁，改进装置

【师】灾难发生，造成的损失是无法估计的。因此，学习化学、利用化学知识有效避免人为性的灾害事故才是重中之重。在钢铁厂的炼钢安全操作规程中有一条严格的规定：炽热的铁水或钢水在注入模具之前，模具必须进行充分的干燥处理，不得留有水。为什么要设置这条规定呢？如果不遵守这条规定将产生怎样的后果呢？请同学们结合我们刚刚学到的知识，谈谈你的观点。

【生】因为炼钢的时候温度非常高，钢铁遇到水可能会发生反应，放出气体使液体翻滚飞溅，不安全。

【师】你能具体说说这个气体是什么吗？

【生】可能是氢气。

【师】好的，结合这条规定，你能再跟我们说说你认为铁与水如果反应的话需要什么条件？

【生】高温。

【师】高温，那在高温下铁会变成什么状态？

【生】液态。

【师】好的，铁水，还有可能红热的，对不对？那水变成什么呀？

【生】气态。

【师】对，气态的水蒸气，然后两者反应有可能会产生？

【生】氢气。

【师】好的，在实验室中我们可不可以验证这个反应呢？大家想想要怎么样才能产生水蒸气？

【生】把水加热。

【师】那好，给你提供些仪器和药品：酒精灯、试管、水、胶塞、导管，你能不能设计产生水蒸气的装置？请大家在学案上画出自己的设计图。

【PPT展示】

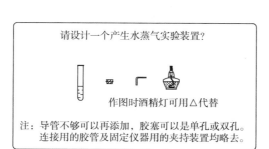

【学生设计装置、教师巡回查看】

【师】然后再想想怎样才能使铁粉变得红热呢？加热对不对？同样，用酒精喷灯提供较高的温度，也给你试管、导管、胶塞，你能不能画出对铁粉进行加热的装置？然后继续考虑，铁粉有了，水蒸气也有了，怎样让水蒸气通入铁粉中让它们接触？应该怎么连接这两个装置？

【PPT展示】

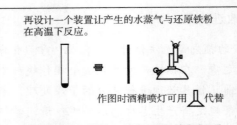

注：导管不够可以再添加，胶塞可以是单孔或双孔。
连接用的胶管及固定仪器用的夹持装置均略去。

【师】最后我们还得考虑如果铁粉和水蒸气反应产生了氢气的话，那我们要用排水法来收集和检验氢气。现在我们提供水槽、收集气体用的试管、导管，大家想想该怎样设计这个装置？

【学生设计装置、教师巡回查看】

【师】好的，我们一起来看看这两位同学的设计。大家看，这是咱们班一个同学设计的产生水蒸气、铁粉与水蒸气反应、排水法收集气体的装置，大家看这套装置有哪些不足呢？

【投影展示】

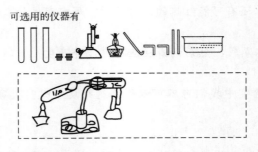

【生】排水法收集气体时试管口应该朝下。

【师】还有其他问题吗？

【生】对固体进行加热时，试管口应略向下倾斜。

【师】很好，请坐。那我们再看看这位同学的设计。

【投影展示】

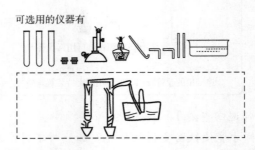

【师】收集气体是正确的，大家看，还有什么问题？

【生】试管口的朝向，应略向下倾斜。

【师】好的，将同学们的意见收集和整理之后，咱们得到这样一套相对完整的装置，请问该装置有哪些地方可以进一步改进呢？比如说：大家想想这么长的一根导管合适吗？

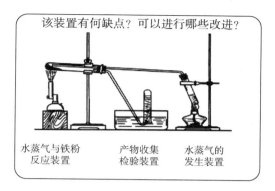

该装置有何缺点？可以进行哪些改进？

水蒸气与铁粉　　产物收集　　水蒸气的
反应装置　　　检验装置　　发生装置

【生】不合适，水蒸气在中间因导管过长骤冷又变成水了，等到了下一个试管的时候已经得不到水蒸气了。

【师】没错，这是一个问题。另外，咱们再来看这套装置用到了水槽、试管、酒精灯、酒精喷灯和两个铁架台，这个装置复杂吗？

【生】复杂。

【师】所以，有人对这个实验装置作了如下改进。

【PPT 展示】

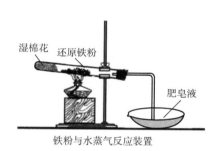

湿棉花　还原铁粉

肥皂液

铁粉与水蒸气反应装置

【师】大家看，这样改进跟原来相比有什么优点？湿棉花在这里起什么作用？

【生】它可以简化装置，并且提供水蒸气。

【师】对，简单了、方便了，而且湿棉花的作用在这里是提供水蒸气，直接在一支试管中就可以了，但是实际操作过程中湿棉花在加热时还会出现烤焦的现象，有没有什么更好的物质来代替湿棉花呢？大家思考一下什么物质吸水性比较强，而且不怕高温加热？老师提醒你们一下，老师手中这是什么？

【生】粉笔。

【师】粉笔吸水了可不可以用来代替湿棉花呢？

【生】可以。

【师】除此以外，咱们还可以用哪些东西来代替湿棉花呢？还可以用红砖粉末、河沙以及在加热时能够产生水蒸气的一些固体药品，如 $CuSO_4 \cdot 5H_2O$、$ZnSO_4 \cdot 7H_2O$ 和 $CaSO_4 \cdot 2H_2O$ 等。好了，那今天老师就用 $CuSO_4 \cdot 5H_2O$ 晶体来代替棉花，咱们看看这个实验能不能成功。在大试管中老师已预先装有了 $CuSO_4 \cdot 5H_2O$ 晶体，先对试管进行预热，试管内壁出现了什么？

【生】水珠。

【师】说明 $CuSO_4 \cdot 5H_2O$ 晶体中的水已经变成了水蒸气。咱们再加热一会儿，然后这是肥皂水，咱们用产生的气体吹肥皂泡。如果产生的气体是氢气，那我把火柴点着的时候就可以观察到什么现象？

【生】可以观察到气泡燃烧。

【师】好的，咱们划着一根火柴来试一下，请大家注意看。

【生】点着了，燃烧了。

【师】嗯，那说明铁与水确实反应，产生了什么啊？

【生】氢气。

【板书】$3Fe+4H_2O \xrightarrow{\text{高温}} Fe_3O_4+4H_2\uparrow$

【师】好，其他的实验改进是否能成功呢？请同学们课后到实验室中用自己设计的实验装置进行实验，并记录结果，下节课咱们再进行讨论。好了，对比钠与水、铁与水反应所需要的条件，以及这两种金属在金属活动性顺序表中的位置，大家能不能推测一下金属与水反应所需的条件与金属的活动性有怎样的联系呢？

【生】对比两个实验可以发现，所需要的实验条件越简单，金属的活动性越强。

【师】那如果金属活动性不活泼，会怎样？

【生】如果金属活动性不活泼，可能需要很多很苛刻的条件来使反应发生，或者不能发生反应。

【师】同学们赞同吗？

【生】赞同。

环节 6：课堂小结，收获满满

【师】今天这节课我们学习了钠与水及铁与水的反应，这节课大家有什么收获呢？

【生1】我明白了，如果在生活中遇到了一些金属燃烧的事故，不能简单地用水扑灭，而要用沙土盖灭。另外，人们在生产生活中安全操作是非常重要的，如果不重视的话就会发生危险。

【生2】我的收获是金属与水反应的条件越简单，金属的活动性就越活泼。

【教师小结，布置课后作业】好的，同学们这是今天的作业：完成学案上的课后思考题。

② L 老师的课堂实录

环节 1：课堂导入，引出问题

【课堂导入】我们一起来看这幅图片，在夕阳下，这湖这山这塔，显得格外柔美，这便是杭州西湖的雷峰塔。2000 年雷峰塔重建的时候在塔底挖出了一个宝贝，到底是什么呢？我们一起来看一下当时的记录。

【播放舍利塔的发现视频】

【师】大家注意到在历经千百年之后，那座纯银的舍利塔依旧光亮如新，而盛装它的大铁函却锈迹斑斑，同样是金属为什么差别这么大呢？

【PPT展示】

【生】大铁函与空气接触被氧化产生锈迹，而纯银的舍利塔被大铁函密封，与空气接触较少，所以只是有一点发黑，但还是比较新的。

【师】非常好，她告诉我们铁被氧化了，银没有被氧化，那么我们最常见的氧化剂是谁啊？

【生】氧气。

【师】氧气，那么今天就来探讨金属和氧气的反应。银不易被氧化，那么你认为金和铂怎样？

【生】也不易被氧化。

【师】你是根据什么预测的？

【生】金属活动性顺序表。

【师】非常好，当然我们可以联想生活实际，比如说金和银常用来干什么啊？

【生】做首饰。

【师】非常好，做首饰，所以不易被氧化。那么既然银、铂、金都不易被氧化，那么它们在自然界中主要应以什么样的状态存在啊？

【生】游离态。

【师】游离态，那我们一起来看一下，这便是自然界中存在的游离态银、铂和金。但是遗憾的是除了这三者外很少有其他金属以游离态的形式存在，为什么其他金属很少啊？

【生】它们都比较活泼。

【师】很好，它们都比较活泼，易和氧气发生反应。那么现在又有一个问题，为什么大多数金属都比较活泼呢？金属的活泼性与什么有关呢？

【生】金属原子最外层电子数。

【师】好的，金属原子最外层电子数决定了它比较活泼，它们的最外层电子数有什么特点啊？

【生】小于4。

【师】好，那么也就是说我们认同一个观点，就是：金属原子的结构决定了它的性质。我们来看看我们熟悉的 Na、Mg、Al 的原子结构示意图，在结构上有何特点？

【PPT展示】

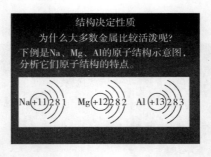

结构决定性质

为什么大多数金属比较活泼呢?

下例是Na、Mg、Al的原子结构示意图,分析它们原子结构的特点。

Na(+11)2 8 1   Mg(+12)2 8 2   Al(+13)2 8 3

【生】最外层电子数都小于4,所以较容易失去电子。

【师】嗯,所以比较活泼,当然这几种金属比较活泼还与其他因素有关,但是一句话:结构决定性质。

【师】好的,我们看到大铁函斑斑锈迹,这就是说铁在空气中已经被氧化了。那么铜也是我们常见的金属,火锅多为铜制,但我们发现加热后铜锅表面变黑了,黑的是哪种物质?

【PPT展示】

大铁函

【生】氧化铜。

环节2:铝与氧气的反应

【师】很好,这就告诉我们铜在加热条件下也被氧气氧化了。较不活泼也发生了反应。但是生活中这么多铝不管是否用来加热变化都不大,为什么活泼的铝却能安然无恙呢?

【生】有氧化膜。

【师】很好,有同学甚至告诉我可能是有致密的氧化膜。

【师】好的,我们要证明这层氧化膜的存在其实有很多方法,当然老师也做了一个实验,一起来看看你能否感受到这层氧化膜的存在。

【教师演示铝箔燃烧实验】

【师】我们看到一个什么现象?

【生】铝箔变红变软了。

【师】有没有烧起来?

【生】没有。

【师】那么为什么会变软?

【生】因为铝箔受热熔化了。

【师】很好，因为受热熔化了，那么为什么受热熔化的铝没有落下来？那么我们来看一下熔化的铝会不会像珍珠一样散落下来。

【教师演示实验】见图5-4。

【师】确实有铝流出来了，那为什么还是没有落下来？

【生】又生成了氧化膜。

【师】能说得更准确、具体一些吗？

【生】又迅速地生成了氧化膜。

【师】很好，请大家把这个反应的化学方程式写一下。

【板书】$4Al+3O_2 \xlongequal{} 2Al_2O_3$

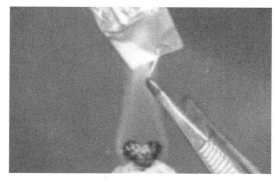

图5-4　铝箔加热

【师】我们体会到了其实铝和氧气反应也是比较快的。我们来看一下资料卡，可以看到 Al_2O_3 的熔点相当高吧！2050℃，所以用酒精灯给它加热的时候 Al_2O_3 并没有熔化，它保护了里面铝。那就奇怪了，镁条表面不是也有氧化膜吗？为什么给它加热它却可以燃烧起来啊？可能是什么原因？

【生】可能是因为氧化镁的熔点不够高。

【师】很好，挺有想法，那么很简单，我们用数据去验证她这个观点是不是就可以了？老师事先查阅了一下，我们一起来看一下，这有一个什么问题？

【PPT展示】

资料卡

熔点：
Al为660℃，
Al_2O_3 为2050℃

熔点：
Mg为648.9℃
MgO为2800℃

【生】氧化镁的熔点很高。

【师】氧化镁的熔点不仅不低，反而比氧化铝的还高，这说明这个猜想不正确，那么还可能是什么原因呢？

【生】可能是因为氧化镁膜不够致密。

【师】对，不够致密。生活中的铝制品能够安然无恙的原因现在你知道了吗？

【生】因为铝制品表面会迅速生成致密的氧化膜，保护内部的铝。

【师】很好，其实不止镁和铝，其他活泼的金属在空气中都易与氧气发生反应生成一层氧化物，只是有的疏松，有的致密，比如说铁表面的铁锈，你触摸铁锈有什么感觉？

【生】扎手。

【师】对，一碰它就掉下来了，像镁和铝都是比较致密的，只不过哪一个更致密啊？

【生】铝的更致密。

【师】好了，我们又学了一个新的知识，氧化膜有的疏松，有的却很致密。

【板书】

$$氧化膜\begin{cases}疏松\\\\致密\end{cases}$$

【师】好，再来看这两幅图，铁丝和镁条都能在纯氧中燃烧，排在中间的铝难道就真的烧不起来吗？你觉得能不能燃烧？

【生】能。

【师】好的，理性告诉我们，应该能燃烧，那么你有没有办法让铝在空气中燃烧起来呢？

【板书】$3Fe+2O_2 === Fe_3O_4$

$2Mg+O_2 === 2MgO$

【师】有没有同学想到了？异想天开总要有点灵感，好，给你们先看两张图片，说不定你们就有灵感了。

【PPT展示】

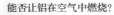
能否让铝在空气中燃烧？

面粉厂

【师】这幅图片比较熟悉吧？哪个事件？

【生】"9·11"事件。

【师】对的，飞机撞上大厦的一瞬间爆炸了。我们知道飞机的材料70%是铝，这架飞机最后不是也烧没了嘛。第二幅图，在面粉厂的厂房周围大多都贴着这样的标识——严禁烟火，为什么要严禁烟火？

【生】只要温度超过氧化铝的熔点，就可以使氧化铝在空气中燃烧。

【师】很好，爆炸的瞬间温度是不是就高于氧化铝的熔点了？你们还想到了什么？

【生】研磨成足够小的颗粒。

【师】研磨，增大与氧气的接触面积。我们给不了高温，但老师带来了一瓶铝粉，想不想试试看？我想请一位同学跟我一起尝试，看铝粉是否能在空气中烧起来。哪位同学乐意？

【师生共同实验】将铝粉撒在酒精灯火焰上。

【师】看到现象了吗？很漂亮吧。有点像什么啊？

【生】像烟花。

【师】确实烧起来了吧，刚刚同学试过了，老师有一个秘密武器（胶头滴管），看现象会如何。

【教师演示实验】用胶头滴管吸取铝粉，喷在酒精灯火焰上。

【师】好，现象都看到了吧。看这位同学他用撒的方法达到了效果，老师用粉末喷出来的方法，改变实验条件，现象是不是又不一样啊？

环节3：钠与氧气的反应

【师】既然镁、铝如此活泼，那么排在它前面的金属钠呢？如果它遇到氧气会怎样啊？

【生】可能会烧起来。

【师】好的，那么第一个问题：既然这么活泼，金属钠应该保存在哪里？

【生】应该保存在煤油里。

【师】非常正确。

【教师展示保存在煤油中的金属钠】

【师】煤油起到什么作用？

【生】隔绝空气。

【师】很好，有同学回答隔绝氧气。那么我们把它取出来看一下钠遇到空气有何表现？

【教师从煤油中取出一小块钠，擦干表面煤油】

【师】金属钠有变化吗？

【学生摇头】

【师】没有看到像PPT中那样的银白色光泽，可能是什么原因呢？

【生】钠表面也有氧化膜。

【师】那怎么去掉这层氧化膜呢？

【生】用小刀切开。

【师】好的，老师给你们演示一下看到底能不能切。

【教师演示切钠块】

【师】看到了银白色光泽吗？

【教师从前排向后排展示切开的钠块】

【生】有银白色光泽。

【生1】少了一点。

【生2】变暗了。

【生3】快没了。

【师】好的，那么从第一排同学斩钉截铁地告诉我有银白色光泽到最后一排告诉我快没了、变暗了，为什么会变暗呢？

【生】被氧化了。

【师】产物会是谁？

【生】氧化钠。

【师】好，请大家把这个反应也写一下。

【板书】$4Na+O_2 =\!=\!= 2Na_2O$

【师】我们看到活泼的钠切开后也跟氧气反应了，以前有一个故事说曹植七步能成诗，老师刚刚也没走几步吧，这说明钠和氧气反应怎样？

【生】快。

【师】那么在空气中就这样了得，给它加加热呢？

【生】更快了。

【师】想不想自己试试看？

【生】想。

【师】好的，不急。既然金属钠这么活泼，拿它做实验肯定有很多细节问题需要注意，那么我们一起来回顾一下要注意哪些细节。

【教师提示学生实验注意事项】

【学生进行空气中加热钠的实验】

【师】好的，都看到现象了吧？有些现象还是跟你预期的不一样吧？好的，谁来分享一下你看到的实验现象呢？

【生4】金属钠先变亮，然后变成有光泽的球并且开始翻滚，后来慢慢变黑，散开，然后燃烧。

【师】好的，观察得很到位，你们组呢？

【生5】它刚开始燃烧变成银白色，过一会儿后突然变软熔化成液体，然后燃烧，燃烧完后变成黄色固体。

【师】哦，最终得到黄色固体，好的，其他组呢？

【生6】钠熔化成小球，然后突然变黑并翻滚发出黄色的亮光，最后变成黄色的粉末。

【师】非常好，最后变成黄色的粉末状。大家提到了熔化成了一颗小球，这说明了什么？

【生】钠的熔点低。

【师】好的，那么有一个细节是我刚刚在巡视时看到的，你们一开始有没有看到表面有白色啊？

【生】看到了。

【师】你认为这种白色物质可能是什么？

【生】氧化钠。

【师】对的，最终变成了淡黄色的固体，那么一开始生成白色的氧化钠，但最后变成了黄色的固体，还会是氧化钠吗？

【生】……（沉默）

【师】哦，不那么肯定，因为我们还不太清楚氧化钠的性质，那我们来看一下氧化钠有哪些性质。

【教师PPT展示资料卡片】它是一种银白色的固体，碱性氧化物，能与水反应生成氢氧化钠，那么假如钠燃烧后的产物是氧化钠，我们当然可以设计实验来证明，怎么设计呢？

【生】加水、加酚酞。

【师】什么现象？

【生】变红。

【师】好的，既然钠燃烧后的产物都得到了，那就完全可以试一下，大家动手试试看。

【学生实验】Na燃烧后的产物与水的反应。

【师】好的，都看到现象了吧？有什么现象？

【生】变红了，粉末消失了，还发出嗞啦的声音。

【师】哦，有气体生成，那么这些现象告诉我们产物会不会是氧化钠呀？

【生】不全是。

【师】好的，你们回答得很严谨。对啦，钠和氧气发生反应时，如果给它加热，我们会得到产物 Na_2O_2，它是一种淡黄色的粉末，它能与 H_2O、CO_2 反应，放出 O_2，所以你们刚刚看到的气泡应该是什么啊？

【生】氧气。

【板书】$2Na+O_2 \xlongequal{} Na_2O_2$

【师】好的，不知不觉这节课已经到了尾声，这节课我们一起探讨了金属与氧气的反应，我相信你们应该有所收获，哪位同学来说说你的收获？

【生7】我们刚开始知道了氧化膜有的是疏松的，有的是致密的，比如铝的比较致密，而铁的比较疏松。还有钠在常温与氧气反应会生成氧化钠，而在加热状态下与氧气反应会生成淡黄色的过氧化钠。

【生8】我了解到银、铂、金在自然界中是以游离态存在，之后学到氧化膜分为疏松和致密这两种，还有就是做了钠不加热及加热条件下的实验，常温下生成氧化钠，加热条件生成淡黄色过氧化钠。

【生9】首先，我知道了我们可以把铝磨成粉末实现铝在空气中燃烧，另外，我还知道了钠在不同条件下与氧气反应的产物不同。

【布置作业】好的，有了收获，关键是要把化学运用到生活中去，我们知道月饼和面包里一般有一小包东西，里面有些是铁粉，你们回去之后试分析其起什么作用，如何判断它是否失效。好，下课。

（3）课后反思，总结经验　活动结束后，两位老师都对这次活动进行了总结，并对"素养为本"的课堂教学该如何设计和实施有了更深刻的看法、更成熟的思路。

① D 老师的总结反思　以下是 D 老师在教研活动结束后对关于课堂教学所写的反思日记中的一部分：

今天备课组开展了"素养为本"为主题的教研活动，我选取的课堂教学内容是金属的化学性质，教学重点为金属（Na 与 Fe）与水的反应。基于对教材和新课程标准的分析，这节课我重点落实宏观辨识与微观探析素养，在与老师的交谈过程中对这一素养有了更深刻的理解。但在这节课堂教学中还存在不少问题，比如：学习活动方式不够多样，教学内容呈现方式单一，如果当时能用动画呈现微观粒子会更有利于宏微结合素养的落实。

另外，"素养为本"的课堂应是由一个个真实情境中的问题解决过程组成，学生在解决问题的过程中获得知识，发展能力，提高素养，就如今天这节课一样，学生在解决为什么不能用水灭火、Na 与水反应生成的气体是什么，为什么活泼金属会与水剧烈反应等问题的过程中学会了金属与水反应的知识，发展了分析解决问题的能力，培养了宏微结合的学科核心素养。

②L老师的总结反思　以下是L老师在教研活动结束后对关于课堂教学所写的反思日记中的一部分：

这次"素养为本"的课堂展示活动让我对"素养为本"的课堂教学有了更深刻的理解。在此总结一下进行"素养为本"的课堂教学该如何设计和实施。

在教学设计方面，首先为了确定本节课的教学目标，在完成对课程标准、教材和学情的分析后，我采用了在《化学教育》看到的一种确定素养目标的方法——基于三维目标策略，这一方法的依据是学科核心素养是三维目标的继承和发展，基于三维目标却又高于三维目标，运用此方法确定的教学目标包含学习活动，并且能反映出学习活动所要达成的素养目标，因此，运用此方法设计的教学目标具有可操作性；另外，新课程标准强调教、学、评一体化，为了更好地评价本节课的素养达成情况，我运用基于化学学科核心素养的评价模型确定了本节课的评价目标，使得课堂教学和课堂评价一致。

在教学实施方面，本节课我注重引导学生对实验现象的深入分析，尤其是从微观角度（金属原子结构）统领本节课，发展学生"结构决定性质"的化学核心观念，落实宏观辨识与微观探析素养。另外，本节课设置了一系列真实的问题情境、实验情境，使学生在解决情境问题的过程中收获知识，发展能力，提高素养，掌握宏微结合认识物质性质的方法和思路。

结语

化学核心素养是化学学科育人价值的集中体现，但如何培养具有高水平化学核心素养的人需要一线教师在教学实践中不断探索，发展理论，总结经验。学生化学核心素养的发展不可能一蹴而就，而是通过日常课堂教学不断提高，因此，设计和实施"素养为本"的课堂教学应成为一线教师不断追求的目标。案例中的两位教师本着"素养为本"的目标，设计了金属的化学性质的教学，虽然二者的教学内容不同，教学设计思路也不一样，但最终的目的是相同的，都为发展学生的核心素养。培养和提高学生的化学核心素养是一线教师的职责和任务所在，期待所有一线化学教师能更新教育观念并积极参与到对学科核心素养培育的实践探究中来，为落实"立德树人"根本任务、发展学生核心素养不懈探究。

案例思考题

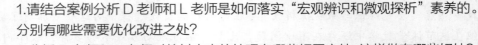

1.请结合案例分析D老师和L老师是如何落实"宏观辨识和微观探析"素养的。分别有哪些需要优化改进之处？

2.分析D老师和L老师对教材内容的处理有哪些相同之处，这样做有哪些好处？

3.有教师认为金属的化学性质等事实性知识的教学只要让学生记忆物质的性质，能书写化学方程式就可以了，没必要浪费时间进行实验探究。对此你怎么看，请阐述你的观点并举例说明。

4.请你自选一个教材内容，结合对"素养为本"课堂教学的理解，围绕落实"宏观辨识和微观探析"素养进行关键环节教学设计，并在小组内对教学环节进行实施和修订。

推荐阅读　[1]顾建辛.关于化学核心素养培育的微观思考——"宏观辨识与微观探析"素养培育中的目标与行为分析[J].化学教学,2019（1）：3-6.

[2]赵景方,等.高中生化学学科核心素养的测评研究——以"宏观辨识与微观探析"为例[J].化学教学,2019（5）：17-22.

[3]邹国华,童文昭.对"宏观辨识与微观探析"维度核心素养培育的思考与探索[J].化学教学，2020（3）：24-28.

[4]邓玉华，杜丽君.数字化实验在化学核心素养"宏观辨识与微观探析"维度的教学应用——以弱电解质的教学为例[J].化学教育（中英文），2019，40（21）：77-81.

5.3.2　指向"变化观念和平衡思想"的教学——以"沉淀溶解平衡"为例

 案例摘要

　　在化学核心素养的五个维度中，"变化观念与平衡思想"素养指向的是物质转化层面的相关内容，含物理变化、化学变化以及化学变化过程中的平衡问题、变化的规律和变化的守恒、能量等问题，属于物质的动态层面，该素养的核心是对物质的变化和运动的认知。沉淀溶解平衡这一教学内容包含了物质的变化和平衡的问题，由于理论性和抽象性比较强，学生在学习时难度比较大，借助学生已有的化学反应平衡、弱电解质电离平衡和盐类水解平衡的相关知识，可以帮助学生形成更加完整、系统的变化与平衡的知识体系，让学生理解平衡概念、强化平衡概念，建构变化观念与平衡思想。

案例正文

　　S老师为J省X市文明中学、示范性学校高中部的一名化学教师，有十年的教学经验，为了在课堂教学中重点突出对学生的"变化观念与平衡思想"核心素养的培养，该老师选取了高三一轮复习课程中的"沉淀溶解平衡"为教学内容，旨在通过"宏观—微观—符号—曲线"四重思维表征的教学模式，引导学生分析并理解沉淀溶解平衡及沉淀的生成、溶解及转化，培养和发展学生"变化观念与平衡思想"核心素养。

　　"沉淀溶解平衡"在高中化学平衡体系基础理论中占有重要的地位，主要探讨了水溶液中相关离子和难溶电解质间的相互作用，是化学平衡理论应用的延伸，它完善了高中化学平衡体系，有利于帮助学生更加深入地理解水溶液中的离子行为，是培养学生"变化观念与平衡思想"素养的重要内容之一。

（1）"变化观念与平衡思想"的教学设计思路　"学科核心素养是学科育人价值的集中体现，是学生通过学科学习而逐步形成的正确价值观念、必备品格和关键能力"。在 S 老师看来，高中生能够运用对立统一、联系发展和动态平衡的思想掌握化学中的各类变化及其特征与规律，这关系到学生最重要的素养——"变化观念与平衡思想"，指向"变化观念与平衡思想"的教学设计必然要体现在对于该素养的培养和提升上，而且要引导学生进一步学习化学的基本理论和方法。

S 老师在开始准备设计指向"变化观念与平衡思想"的教学时，不禁思考：能体现该素养的教学内容主要在选修四，其中最经典内容便是化学平衡了，而化学平衡这个概念太过于宽泛，还要再从中选取更合适的：不仅要能培养学生的"变化观念与平衡思想"核心素养，还要能帮助学生从直观层面转变到抽象层面，这样才能让学生以后遇到这类抽象问题时都可以运用同样的思维来解决。S 老师便将目光放到了高中化学人教版选修四的目录，看到难溶电解质的溶解平衡时，稍作思考，便将书翻到这一节，大致浏览了这一节的内容之后，觉得将沉淀溶解平衡作为指向"变化观念与平衡思想"素养的教学内容再适合不过了：通过实验引导学生探析电解质溶液中的微观本质，再进一步深化沉淀溶解平衡的知识。

S 老师想到，高中化学核心素养是高中化学课程的重要目标，也是衡量高中化学教学效果的重要标准，新颁布的《普通高中化学课程标准（2017 年版）》对于"变化观念与平衡思想"素养和"沉淀溶解平衡"的内容都作了具体的解读，于是便认真研读其中相关内容。

① 2017 年版普通高中新课程标准中相关内容的解读

a. 变化观念与平衡思想　S 老师看到，《普通高中化学课程标准（2017 年版）》对"变化观念与平衡思想"的内涵概括为："能认识物质是运动和变化的，知道化学变化需要一定的条件，并遵循一定规律；认识化学变化的本质是有新物质生成，并伴有能量的转化；认识化学变化有一定限度、速率，是可以调控的；能多角度、动态地分析化学变化，运用化学反应原理解决简单的实际问题。"S 老师不禁思考，"变化观念与平衡思想"素养指向的是物质的转化层面，一切核心都围绕着"变化"一词，但是"变化"与"平衡"并不是两个并列的概念，在变化过程中才能体现出有关平衡的问题，因此，"变化"本身是"平衡"存在的基础，二者是上下位关系。S 老师结合自己多年的教学经验，认为"变化观念与平衡思想"的本质是认识以"变化"为核心的一系列问题，是学生对物质变化的基本认识的综合，解决的是物质是否会变化、物质会怎样变化、物质为什么变化的基本问题。

b. 沉淀溶解平衡　S 老师发现，在《普通高中化学课程标准（2017 年版）》中对沉淀溶解平衡的内容要求为：认识难溶电解质在水溶液中存在沉淀溶解平衡，了解沉淀的生成、溶解与转化。学业要求为：能用化学用语正确表示水溶液中的沉淀溶解与平衡，能通过实验证明水溶液中存在的沉淀溶解平衡，能举例说明沉淀溶解与平衡在生产、生活中的应用；能够从沉淀溶解平衡的角度分析溶液的性质；能运用沉淀溶解平衡的原理分析和解决生产、生活中有关电解质溶液的实际问题。教学提示为：通过沉淀溶解平衡存在的证明及平衡移动的分析，形成并发展学生的微粒观、平衡观和守恒观；关注水溶液体系的特点，通过实验探究充电的转化，结合实验现象、数据等证据素材，引导学生形成认识水溶液中离子反应与平衡的基本思路；可以通过查阅资料并讨论含氟牙膏预防龋齿的化学原理，提出牙膏加氟需要注意的问题等。

S老师认为沉淀溶解平衡是"化学大平衡"下的一种新的应用，学生必须要知道沉淀溶解平衡是一种什么样的平衡，它是如何建立的，以及这种平衡的特征、平衡常数、平衡常数的意义等。因此，如何引导学生正确建构沉淀溶解平衡的知识观和结构观是帮助学生形成"变化观念与平衡思想"核心素养必不可少的一环。

② 高三学生的"变化观念与平衡思想"素养　S老师回想到在以化学平衡为核心的平衡观知识体系教学时，由于该部分内容抽象，难度较大，理论性又较强，因此学生学习起来略显枯燥，很多时候学生都是一脸茫然。化学平衡作为高中化学知识内容中的难点，也是化学反应原理的重要组成部分。S老师想到在平衡移动的问题上，如何建立起动态平衡也是一个难点，因为学生惯用静态的视角去看待问题，却对动态的观念不熟悉，尤其对于复杂的多重因素下的条件改变，无法清楚地分析出实际问题。

在S老师所带的班级中，S老师之前就发现了学生对于某些思维和观念的产生意识不够，仍将学习定位于仅仅是知识的获取，而忽略能力的发展。许多学生受传统观念影响，认为学习就是掌握知识的过程，这个过程就是教师传授、学生接受的过程。而现代教育理念要求教育必须以学生为主体，虽然大部分教师经过课改以来教育教学知识的系统学习和研究，都能认识到这点，但在实践操作层面，教师在教学中做的工作仍不到位，而学生仍缺乏独立自主的意识。

在平时的作业和试卷批改过程中，S老师就经常遇到这样的情况：高三学生经过几年的化学学习，在此阶段已经具备了一定水平的化学学科核心素养，对于化学中永恒的变化有了一定的认识，对于一些信息具体的问题能够正确分析。但对于基本观念的探索缺乏深入，以及对于一些核心知识的认识模糊不清，比如，宏观变化与微观变化的关联，由微观本质探究宏观表现上的具体体现。学生更关注某些具体物质的性质，能发生的反应，有哪些特点等，却较为忽略用化学学科基本的变化观念去看待和解决具体的问题，并且容易受到一些学习过的实例和过往经验的影响，学生在许多问题的探究上存在思维定式。因此，为了将本次的教学设计做得更贴合学生目前的状况，S老师又仔细地琢磨起课本上的知识内容安排，同时也查阅了不少的相关文献。

③ 确立基于"沉淀溶解平衡"的"变化观念与平衡思想"核心素养目标　S老师认为教学设计是指向"变化观念与平衡思想"素养的，但是也不能不落实其他的素养，只是重点应该落实 "变化观念与平衡思想"这一素养。因此，S老师在作了前面的分析后，又与其他化学老师进行交流讨论，再结合自己多年的教学经验以及学生此时的身心发展状况和能力水平，便将"沉淀溶解平衡"这节课的教学目标与教学重难点确定了下来。

a. 教学目标　通过结合实例分析难溶电解质溶液中的沉淀溶解平衡，包括沉淀的生成、溶解与转化，建构微粒观、平衡观、转化观和守恒观，提升"变化观念与平衡思想"核心素养。

通过实验证明水溶液中存在的沉淀溶解平衡，完成"实验—结论—应用"的提升，形成认识水溶液中离子反应与平衡的基本思路，强化学生的"宏观辨识与微观探析"素养和科学探究能力。

通过对溶度积含义的复习，能够从沉淀溶解平衡的角度分析溶液的性质，能用化学用语正确表示水溶液中的沉淀溶解与平衡，建构"沉淀溶解平衡模型"，培养学生的"证据推理和模型认知"素养，形成正确的化学学习观。

通过运用平衡移动的观点分析和解决生产、生活中有关电解质溶液的实际问题，对沉淀的溶解、生成进行分析，体会化学对生产、生活的指导作用，增加学习化学的兴趣。

b. 教学重难点　溶度积的含义，沉淀的溶解、生成的本质，"沉淀溶解平衡模型"的建立。

④ 设计"变化观念与平衡思想"实现的教学过程

a. 实验探究，由宏观现象到微观本质　学生对于很久之前学过的知识没有进行复习就容易忘记，在学生的认知中，平衡的知识是比较难学的。虽然沉淀溶解平衡与前面复习的化学反应平衡、电离平衡和水解平衡都有很大的联系，但学生在印象中会觉得很笼统，容易混淆一些概念原理，而教师在此时从学生已有的知识经验出发，通过实验情景，引导学生结合学过的知识来分析现象，解释其中的原理并用化学语言表达出来，形成"宏观—微观—符号"三重表征的学习方法，引导学生认识离子反应方程式、电离方程式和沉淀溶解平衡表达式的差异，唤醒学生的记忆。

b. 问题引导，强化微粒观和平衡观　很多时候，一个好的问题往往比答案本身更重要。结合学生已有的认知基础，教师从实验情景中提取出更深层次的问题，不仅能够引起学生认知冲突，让学生主动思考，探究其中蕴含的化学知识，还能通过沉淀溶解平衡存在的证明及平衡移动的分析，帮助学生自主建立沉淀溶解动态平衡模型，形成并发展学生的微粒观、平衡观、转化观和守恒观，增加学生学习的体验，强化学生对知识点的理解。对于复习课来说，这些问题显得尤为重要，而问题的提出应该由浅入深，层层递进，激发学生思考的过程就能让学生对这个知识点的认识更加深刻。

c. 概念运用，加深理解，拓宽思路　学生在课堂上的表现对一堂课的教学效果影响是非常大的，而高三学生上课的积极性不大，教师应当尽量把课堂的主动权交到学生手中，引发学生参与到课堂活动中来，同时激发学生进行思考，强化学生分析问题、解决问题以及表达的能力。通过围绕浓度积等概念进行一系列问题设计，尤其是分析体系中离子浓度变化时溶解平衡移动的曲线表征，以促使学生深入理解沉淀的生成、溶解及转化；实现沉淀溶解知识基础的夯实和概念的融会贯通，并考察学生的计算和分析能力，层层深入，加深对相关知识的理解与应用，拓宽学生解决问题的思路。

d. 结合实际解决问题，提升"变化观念与平衡思想"素养　高三学生已经具备了一定水平的化学学科核心素养，通过实际问题的解决，引导学生运用微粒观、动态观、定量观分析宏观现象以及微观变化，能够进一步提升学生的"变化观念与平衡思想"素养水平，让学生深刻体会沉淀的溶解是平衡移动的结果，认识到沉淀的转化实际上是溶解平衡能不能移动的问题，回归问题的本质，帮助学生复习沉淀溶解平衡的基本知识，进一步激活思维，达到内化知识和能力的目标，并通过对实际问题的解决，充分体现化学在现实生活中的重要作用，调动学生学习的积极性。

（2）学生的"变化观念与平衡思想"素养课前分析

① 教学内容分析　S老师认为要设计好一堂课，首先就必须对教学内容进行分析，并且

沉淀溶解平衡是中学化学重要的理论基础，也是整个中学化学教材的重点和难点，所以这些分析工作必不可少。在 S 老师的印象中，沉淀溶解平衡作为电解质理论的重要组成部分，是学生曾学过的电离平衡、水解平衡知识的延续和发展，是化学平衡理论知识的综合应用。在高三复习时，不仅要注重知识与技能，更主要的还是思维方法，把握化学平衡问题本质，建立正确的分析思路。

② 学情分析　S 老师在进行难溶电解质的溶解平衡专题复习时，对本校的二类实验班的 40 名中间水平的学生进行访谈，询问他们认为的沉淀溶解平衡这部分知识的难点，同时，S 老师通过沉淀溶解平衡的相关测验题来测试学生目前的学习效果。通过对访谈结果进行整理归类，发现其中提到"溶解平衡的建立""影响沉淀溶解平衡的因素""沉淀溶解平衡的移动""计算"等词汇出现的频率比较高；通过对测试结果进行分析发现学生此时对于电解质溶液相关抽象的概念还是难以理解，沉淀溶解平衡中的微粒转化与平衡的理解也比较懵懂，且难以综合其他化学平衡的知识进行运用，在解决问题时的观点不够全面。也就是说，大部分学生在面对较为复杂的溶液体系分析时，没有逻辑，思维混乱是他们存在的主要问题。而出现这个问题的原因，S 老师认为，是学生对沉淀的转化过程不能系统逻辑地分析，只是停留在能不能反应形成沉淀等表观现象，没有深入理解其本质原因，如电解质溶液中离子的量的问题，微粒之间的相互影响，以及溶液的环境对沉淀的生成和溶解以及平衡移动的影响等。

通过查阅文献以及结合 S 老师所调查的学生的情况，S 老师确实感受到了现阶段高中化学教学中，有些学生头脑中的化学知识是孤立概念的堆砌，不能很好地分辨出新旧知识之间的区别与联系。而沉淀溶解平衡作为概念原理知识，由于理论性和抽象性较高，学生在学习这一部分时难度更大。S 老师觉得高三学生已具备影响化学反应速率的条件和化学平衡、弱电解质的电离平衡、盐的水解平衡等知识，而沉淀溶解平衡的学习建立在化学反应平衡、溶解度等相关知识的基础之上，所以可以帮助学生认清新旧知识间实质性的区别与联系，促进学生对知识的掌握。

（3）指向"变化观念与平衡思想"的"沉淀溶解平衡"过程设计　教学流程如下：

本节课作为高三一轮复习课，知识容量会比较大。沉淀溶解平衡这节课的教学设计中 S 老师始终依据实例来诠释抽象的概念，通过对具体问题的讨论分析带动对平衡知识的学习，引导学生利用平衡移动的一般规律一步步强化对沉淀溶解平衡原理的运用，巩固学生对微观粒子的量的进一步认识，旨在通过"宏观—微观—符号—曲线"思维表征的教学模式，引导学生分析并理解沉淀溶解平衡及沉淀的生成、溶解及转化。

S 老师是基于真实情景的"问题—解决"教学模式来设计教学活动环节的，通过问题串和实验探究过程，并与多媒体有机结合，在问题解决过程中突出对学生思维品质、学法指导和科学精神的渗透，教学设计选取学生所了解的物质和已有的化学经验为课堂教学的背景，以学科知识为支撑，围绕该背景，生成问题，展开讨论并解决问题。教学活动中采用"问题—分析—新问题—再分析……"环环相扣的方式，层层递进来启发学生的思维，逐步将概念以及浓度积公式的运用引到更高水平，教学过程体现知识的延伸过渡和巩固提升。具体的教学流程如表 5-3 所示。

表5-3　指向变化观念与平衡思想的沉淀溶解平衡教学设计研究

教学内容	教学环节	活动探究	问题串	"变化观念与平衡思想"素养培养
沉淀溶解平衡与浓度积	沉淀溶解动态平衡模型建构	AgCl 向 AgI 沉淀转化的实验探究	1.AgI 是如何生成的？Ag^+ 从何而来？	强化学生运用动态平衡观点分析和解决沉淀的生成、溶解与转化的问题；"宏观—微观—符号"三重表征，建构微粒观、平衡观和转化观
	概念运用	浓度积的性质；沉淀溶解平衡曲线分析		
沉淀溶解平衡的应用	实际应用	水垢的形成与去除	2.水垢的成分是什么？水垢是如何生成的？ 3.如何处理水垢？ 4.从微观解释除了酸还有什么物质可溶解 $Mg(OH)_2$？	
		铜矿污水的处理	5.如何降低废水中的 Cu^{2+} 浓度和酸度？ 6.调节 pH 的同时能否除去 Cu^{2+}？ 7.FeS 能否使 Cu^{2+} 浓度达标？	

（4）沉淀溶解平衡教学设计的实践

① 教学实践过程　沉淀溶解平衡的内容具体包括这些层面："沉淀溶解是怎么发生的""如何描述沉淀溶解平衡""怎样的沉淀溶解能够发生""沉淀溶解平衡的影响因素""沉淀溶解平衡能进行到什么程度""沉淀溶解平衡的量变关系""沉淀溶解平衡有什么规律"等，彼此之间相互联系、相互影响、逐步深化。为了便于学生理解和体会电解质溶液中的离子平衡等抽象的概念，S 老师便运用实验将沉淀的生成与溶解清晰直观地呈现在学生眼前。

环节1：沉淀溶解平衡与溶度积概念模型建构

【师】同学们好，今天我们要学习的内容是"沉淀溶解平衡"，在上课之前先做一个小实验。

【PPT 投影】

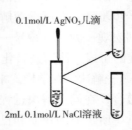

0.1mol/L AgNO₃几滴

2mL 0.1mol/L NaCl溶液

【活动探究1】取一支试管，向其中加入约 2mL 的 NaCl 溶液，再向其中滴加等浓度的 $AgNO_3$ 溶液几滴。

【师】有什么现象呢？

【生】产生了白色沉淀！

【活动探究2】将生成的 AgCl 白色沉淀分装在两支试管中，一支留做空白实验，另一支滴加 KI 溶液，振荡。

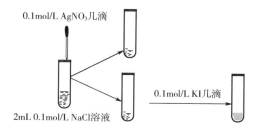

【生】观察实验现象，并解释现象。

【师】Cl⁻是远远过量的。那这样的话，Ag⁺是不是已经反应完了？那现在就有一个疑问，刚刚为什么又产生了 AgI 沉淀？

【师】但是 AgCl 是沉淀啊（教师带着疑问表情）。

【生】沉淀溶解。

【生】AgCl 有部分会溶解在溶液中，生成 Cl⁻和 Ag⁺。

【师】也就是说 AgCl 沉淀溶解生成的 Cl⁻和 Ag⁺是在溶液中的，所以我们用 aq 表示。当加入 I⁻的时候，I⁻和 Ag⁺反应。

【板书】AgCl（s）$\rightleftharpoons$ Cl⁻（aq）＋Ag⁺（aq）

I⁻＋Ag⁺$\longrightarrow$ AgI↓

【师】加入 I⁻，什么时候可以产生 AgI 沉淀呢？（教师期待地看着学生）……（数秒后）好，这个问题就留给大家来理解。

现在我们得出了一个结论，AgCl 沉淀会部分溶解生成 Cl⁻和 Ag⁺，这是一个沉淀溶解平衡，既然是沉淀溶解平衡的话，就必然有一个什么？

【生】平衡常数！

【板书】一、沉淀溶解平衡与溶度积

1.定义：一定温度下，当沉淀_____的速率和沉淀_____的速率相等时，形成电解质的_____溶液，达到平衡状态，我们把这种平衡称为沉淀溶解平衡。

【板书】2.沉淀溶解平衡常数——溶度积常数或溶度积 K_{sp}

（1）AgCl 沉淀溶解平衡表达式：AgCl（s）$\rightleftharpoons$ Cl⁻（aq）＋Ag⁺（aq）

$K_{sp}(\text{AgCl})=c(\text{Ag}^+)c(\text{Cl}^-)$

拓展　A_mB_n（s）$\rightleftharpoons$ $m\text{A}^{n+}+n\text{B}^{m-}$　　$K_{sp}=[\text{A}^{n+}]^m[\text{B}^{m-}]^n$

【巩固训练1】请写出 Ag_2S 的沉淀溶解平衡与溶度积 K_{sp} 表达式。

【师】难溶电解质在水中的沉淀溶解平衡和化学平衡、电离平衡一样，合乎平衡的基本特征、满足平衡的变化基本规律。

【板书】（2）溶度积性质：

1）溶度积（K_{sp}）的大小与温度和物质本身的性质有关，与沉淀的量无关。

2）K_{sp} 反映了难溶电解质在水中的溶解能力。

【巩固训练2】计算比较难溶电解质的饱和溶液 AgCl、AgBr、AgI、Ag_2CrO_4 中[Ag⁺]的大小，得出结论：当阴阳离子个数比相同时 K_{sp} 越小，物质越难溶。

环节 2：概念运用

【师】我们知道对于一个普通的化学反应来说，判断反应进行的方向是引入了 Q，请同学们以 AgCl 为例探讨 Q 和 K 的关系。

【生】思考作答。

【板书】（3）在一定温度下，通过比较任意状态离子积（Q_c）与溶度积（K_{sp}）的大小，判断难溶电解质沉淀溶解平衡进行的限度。

①当 $Q_c = K_{sp}$ 时，溶解平衡

②当 $Q_c < K_{sp}$ 时，沉淀溶解

③当 $Q_c > K_{sp}$ 时，生成沉淀

【师】根据 Q 和 K 的关系，来解释一下为什么向 AgCl 的饱和溶液中滴加 KI 溶液会生成 AgI 沉淀。

【生】溶液中的 Ag^+ 的浓度乘以 Cl^- 的浓度之积大于 AgI 的 K_{sp}。

【师】我们就以 $BaSO_4$ 沉淀的溶解平衡为例，一起来熟悉一下 K 和 Q 的关系运用。

【活动探究 3】某温度时，$BaSO_4$ 在水中的沉淀溶解平衡曲线如图 5-5 所示。下列说法正确的是（　　　）

A. 加入 Na_2SO_4 可以使溶液由 a 点变到 b 点

B. 通过蒸发可以使溶液由 d 点变到 c 点

C. d 点无 $BaSO_4$ 沉淀生成

D. a 点对应的 K_{sp} 大于 c 点对应的 K_{sp}

环节 3：实际应用

【活动探究 4】水垢的形成与去除。

【背景资料】天然水中含有 $Ca(HCO_3)_2$、$Mg(HCO_3)_2$、$CaSO_4$、$MgSO_4$、$CaCl_2$、$MgCl_2$ 等钙盐和镁盐。天然水在加热煮沸过程中，锅炉内常常会形成水垢。锅炉水垢既会降低燃料的利用率，造成能源浪费，又会影响锅炉的使用寿命，还可能形成安全隐患，因此要定期除去锅炉水垢。

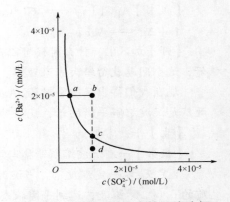

图 5-5　$BaSO_4$ 在水中的沉淀溶解平衡曲线

已知：$CaSO_4$ 难溶于酸，$K_{sp}(CaSO_4) = 9.1 \times 10^{-6}$ mol^2/L^2，$K_{sp}(CaCO_3) = 2.8 \times 10^{-9}$ mol^2/L^2，$K_{sp}(MgCO_3) = 6.8 \times 10^{-6}$ mol^2/L^2，$K_{sp}[Mg(OH)_2] = 1.8 \times 10^{-11}$ mol^3/L^3。

$Mg(OH)_2$ 饱和溶液中，$[Mg^{2+}] = 1.1 \times 10^{-4}$ mol/L；$MgCO_3$ 饱和溶液中，$[Mg^{2+}] = 2.6 \times 10^{-3}$ mol/L。

【师】水垢的主要成分是什么？如何生成？请说明你的理由。

【生】水垢的主要成分是 $MgCO_3$、$CaCO_3$。因为 $Ca(HCO_3)_2$、$Mg(HCO_3)_2$ 受热会分解生成 $MgCO_3$、$CaCO_3$ 沉淀。

【师】天然水在煮沸的过程中一开始确实是生成 $MgCO_3$、$CaCO_3$ 沉淀，但是，煮久了之后，发现，水垢发生了变化，变成了 $CaCO_3$ 沉淀和 $Mg(OH)_2$ 沉淀。为什么？

【生】因为 $K_{sp}[Mg(OH)_2]<K_{sp}(MgCO_3)$，在煮沸的过程中，$MgCO_3$ 沉淀转化为 $Mg(OH)_2$ 沉淀。

【师】那我们从沉淀溶解平衡的角度来分析，也就是 $MgCO_3$ 沉淀溶解生成 Mg^{2+} 和 CO_3^{2-}。

【板书】$MgCO_3（s）\rightleftharpoons Mg^{2+}（aq）+CO_3^{2-}（aq）$

【师】在煮沸的过程中，会有什么变化？

【生1】$MgCO_3$ 溶解正向移动。

【生2】CO_3^{2-} 水解生成 HCO_3^- 和 OH^-。

【生3】HCO_3^- 继续水解为 H_2CO_3 和 OH^-。

【生4】水解产生的 OH^- 和 Mg^{2+} 结合生成 $Mg(OH)_2$ 沉淀。

【师】加热促进了 $MgCO_3$ 沉淀的溶解，于是 $MgCO_3$ 沉淀逐渐转化为了 $Mg(OH)_2$ 沉淀。下面，请大家写一下 $MgCO_3$ 沉淀转化为 $Mg(OH)_2$ 沉淀的化学方程式。

【生】作答。

【板书】$MgCO_3（s）+H_2O \Longrightarrow Mg(OH)_2（s）+CO_2\uparrow$

【师】那我们看到给的背景资料中，发现在 $Mg(OH)_2$ 饱和溶液中的 Mg^{2+} 的浓度要比 $MgCO_3$ 饱和溶液中的 Mg^{2+} 的浓度小很多，这就说明了沉淀的转化是由 K_{sp} 大的向 K_{sp} 小的方向进行。那我们可不可以把刚刚 $AgCl$ 转化为 AgI 的过程用化学方程式表达出来呢？

【板书】$AgCl（s）+I^-（aq）\Longrightarrow AgI（s）+Cl^-（aq）$

【师】通过资料中我们已经知道了水垢的主要成分是 $Mg(OH)_2$、$CaSO_4$ 和 $CaCO_3$，水垢对我们的身体是有影响的，所以我们要除掉它们，怎么除掉呢？

【生】加酸。

【师】水垢中还有 $CaCO_3$，用酸也可以除去，那 $CaSO_4$ 呢？

【生】不可以。

【师】那要怎么处理 $CaSO_4$ 呢？（教师皱着眉头重复问学生）

【生】将 $CaSO_4$ 转化为 $CaCO_3$。

【师】（教师一脸欣喜）对，大家现在发现了 $CaCO_3$ 的 K_{sp} 比 $CaSO_4$ 的 K_{sp} 更小。那要将 $CaSO_4$ 转化为 $CaCO_3$ 要加什么？

【生】碳酸钠。

【板书】$CaSO_4（s）+CO_3^{2-}（aq）\Longrightarrow CaCO_3（s）+SO_4^{2-}（aq）$

【师】对，我们就可以在加酸之前先加 Na_2CO_3 固体或者用少量的 Na_2CO_3 饱和溶液浸泡水垢。那我还有一个问题，除了酸还有没有其他什么物质也可以使 $Mg(OH)_2$ 沉淀溶解？

【生】加水稀释。

【师】但是 $Mg(OH)_2$ 在水中溶解得很少，还有其他的办法吗？

【生】加 NH_4^+。

【师】请解释一下为什么要加 NH_4^+？

【生】NH_4^+ 和 OH^- 反应生成 $NH_3\cdot H_2O$ 降低了 OH^- 的浓度，促使 $Mg(OH)_2$ 在溶液中溶解。

【师】那还有没有其他的解释？……有一个同学说 NH_4^+ 水解呈酸性，生成的 H^+ 和 OH^- 反应降低了 OH^- 的浓度。那到底谁对了呢？

【活动探究 5】（可供选择的试剂有硝酸铵、醋酸铵、硫酸铵、氨水）向少量的 $Mg(OH)_2$ 悬浊液加入适量的饱和氯化铵溶液，结果固体溶解。

【师】我们看到，NH_4^+ 确实能使 $Mg(OH)_2$ 沉淀溶解，那到底谁的解释对了？可用什么试剂加以验证？

【生】选择醋酸铵溶液。

【师】那它和氯化铵的区别在哪里？

【生】NH_4^+ 和醋酸根离子的水解程度差不多，所以醋酸铵是中性溶液，而氯化铵是酸性溶液。

【实验验证】向少量的 $Mg(OH)_2$ 悬浊液中加入适量醋酸铵溶液，固体溶解。

【板书】二、沉淀溶解平衡的应用

1. 沉淀的生成、溶解

2. 沉淀的转化

【师】那么，我们知道了 Q 和 K_{sp} 的关系对沉淀溶解平衡方向的判断，以及沉淀的转化，那大家能不能结合碳酸镁转化为氢氧化镁，硫酸钙转化为碳酸钙，氯化银转化为碘化银，总结一下沉淀的转化过程有什么特点？

【生】由 K_{sp} 大的转化为 K_{sp} 小的。

【师】$BaSO_4$ 能不能转化为 $BaCO_3$ 呢？请看这道题。

【活动探究 6】重晶石（主要成分是 $BaSO_4$）是制备钡化合物的重要原料，但 $BaSO_4$ 不溶于酸，工业上常常用饱和 Na_2CO_3 溶液反复多次处理，即可将 $BaSO_4$ 转化为易溶于酸的 $BaCO_3$。

试从微观的角度进行分析，并写出反应的离子方程式

已知：$K_{sp}(BaSO_4)=1.1×10^{-10}mol^2/L^2$，$K_{sp}(BaCO_3)=5.1×10^{-9}mol^2/L^2$。$Na_2CO_3$ 饱和溶液的浓度约为 2mol/L。

【师生】通过计算论证 $BaSO_4$ 转化为 $BaCO_3$ 的可行性。

【师】通过计算我们知道 $BaSO_4$ 能转化为 $BaCO_3$ 沉淀。既然 K_{sp} 更小的 $BaSO_4$ 能转化为 K_{sp} 更大的 $BaCO_3$，那么 AgI 能不能转化为 $AgCl$ 呢？

【生】可以。

【师】请大家课后算一算 Cl^- 的浓度达到多少的时候可以实现 AgI 向 $AgCl$ 的转化。好，那么现在呢，给大家留一个作业，这个作业呢，非常重要。

【活动探究 7】紫金矿业含铜酸性废水污染事故。

处理被污染河水可采取哪些方法降低 Cu^{2+} 浓度和酸度？并解释其原理。

通过调节 pH，能否同时除去 Cu^{2+}？已知 $K_{sp}[Cu(OH)_2]=2.2×10^{-22}mol^3/L^3$。求算当水样的 pH 值在什么范围内时，才能保证 Cu^{2+} 已沉淀完全？FeS 能使 $c(Cu^{2+})$ 达标吗？已知 $K_{sp}(FeS)=6.4×10^{-18}mol^2/L^2$。

② 教学效果分析

a. 学生回访分析　为了从定性的角度了解学生的学习效果，S 老师对课前访谈的 40 名学生一一进行回访，访谈他们学习之后的感受。学生表示在复习完后，对于难溶电解质溶解平衡的题目，知道从何处入手，而不是简单概念的堆砌，对沉淀溶解平衡的理解也更为深刻，

并且对化学平衡的知识掌握得更为全面。从整体来看，课前与课后学生的学习效果是存在差异的，这也说明，指向"变化观念与平衡思想"素养的"沉淀溶解平衡"的教学设计是有效的，能够实现回顾基础知识，进行知识的重组并提升到综合应用能力的高度，帮助学生强化微粒观、变化观、平衡观和守恒观的教学目标。

b. 学生前后测分析　为了更加深入地从定量的角度了解本节课的复习效果，S 老师编制了"沉淀溶解平衡"的测试题 A、B 卷，A 卷用于前测，B 卷用于后测。测试题仿照课堂上的典型例题进行编排，共计 8 道题：2 道沉淀溶解平衡曲线分析题，3 道沉淀的溶解和生成分析题，3 道沉淀的转化分析题。两份测试卷通过校内 6 名高级化学教师审核，保证两份测试题的难度等效。测试对象是该校的二类实验班 2 个班级共 100 名学生，这 2 个班级均由 S 老师执教，学生知识水平基本一致。A 卷安排在课前晚自习 90min 内完成，B 卷安排在课后当天晚自习 90min 内完成；A、B 卷分别发放 100 份，A 卷回收 100 份，回收率 100%，B 卷回收 100 份，回收率 100%。回收测试题后，使用 SPSS 19.0 对 2 个班级的前后测的平均分以及显著差异进行 t 检验，结果见表 5-4。

表 5-4　甲、乙两班前后测结果分析

项目	甲班		乙班		两班合计	
	平均分	t 检验	平均分	t 检验	平均分	t 检验
前测	65	$t=-5.687$	67	$t=-5.348$	66	$t=-8.639$
后测	83	$P<0.05$	81	$P<0.05$	82	$P<0.05$

通过结果显示，前后测差异比较明显，而且平均分后测也相对前测提高，表明经过一节课的复习之后，学生对沉淀溶解平衡的相关题型掌握较好。随后，笔者对测试题的结果进行更进一步的分析，对于课堂上总结的 3 类知识点，分别编号为 I、II、III，分析前后测的正确率，结果如表 5-5 所示。

表 5-5　前后测知识点正确率分析

知识点	前测	后测
I	70%	75%
II	60%	83%
III	58%	80%

通过正确率分析可以知道，在知识点的掌握上，沉淀的生成和溶解部分知识，学生的进步比较大；而沉淀溶解平衡的曲线分析，通过一节课的复习，进步并没有非常明显，依然需要加强练习，才能真正掌握。这节复习课对学生明确分析沉淀转化的思路上，效果也比较明显。

（5）教学反思　通过这一堂课的设计，S 老师认为在高三复习的过程中，不仅要抓住学生此时复习的重点，突破难点，更要注重对学生的思维方式的训练和核心素养的提升。在高三阶段也不能放弃课堂实验，而是应该通过实验现象激发学生去思考与探究；应该以学生熟知的知识提出问题，在唤醒学生的记忆基础上让学生对这些知识进行内化和提升；教师在教学中同样要强调"宏观—微观—符号"三重表征等，以培养学生的微粒观、平衡观、转化观；与水解平衡的联系使学生意识到水溶液中的各种平衡相互作用、相互影响，拓宽学生的思路；在促使学生思考的同时实现基础的夯实和概念的融会贯通，并考察学生的计算能力、分析能力。

　　S老师在分析了学生的课前课后的学习效果之后，认为指向"变化观念与平衡思想"核心素养的教学能够促使学生自主建构与发展微粒观、平衡观、转化观等化学观念。S老师希望通过这种问题引导式的教学方法引导学生层层深入本节课的化学知识，运用平衡移动原理，学会从微观的角度分析问题。

　　S老师认为，整个教学过程不仅培养了学生尊重实验事实的科学态度和严谨的科学探究方法，也帮助学生建立观点、结论和证据之间的逻辑关系，知道可以通过分析、推理等方法认识研究对象的本质特征，以及用已有知识和方法多角度、动态地分析化学反应，运用化学反应原理解决实际问题，既构建了高效课堂，又立足于学生的"变化观念与平衡思想"核心素养发展。

结语

本节课虽然课堂容量较大，但教学过程中通过真实情景的引入、实验分析、平衡常数的书写、归纳总结等丰富了探究的手段，使学生能顺利强化概念，深刻理解平衡移动规律，形成良好的化学学科观念。通过组织学生解决一系列的沉淀的生成、溶解与转化的平衡问题，进一步强化学生对沉淀溶解平衡知识的应用，真正做到学以致用，提升学生的"变化观念与平衡思想"核心素养。

案例思考题

1.结合案例分析S老师是如何运用基于"变化观念与平衡思想"进行教学设计的。

2.培养学生"变化观念与平衡思想"素养的策略有哪些？S老师是如何运用的？

3.结合该内容在课程标准中发展学生"变化观念与平衡思想"的素养水平要求，分析S老师的落实情况。

4.请选择合适的内容，开展一节基于"变化观念与平衡思想"关键环节的设计。

推荐阅读

[1]施琦.高中生"变化观念与平衡思想"维度核心素养的培养[D].黑龙江：哈尔滨师范大学，2018.

[2]王飞，赵华.复习课应回归教学原点——基于"沉淀溶解平衡"复习课设计的几点思考[J].化学教育，2014，35（1）：44-47.

[3]江合佩.基于"核心素养"建构下的同课异构——以"沉淀溶解平衡"为例[J].化学教与学，2016，（11）：33-37.

[4]谢云芝，李远蓉.基于Rasch模型的高中化学学科核心素养测评研究——以"变化观念与平衡思想"为例[J].化学教育（中英文），2020，41（21）：7-15.

[5]韦新平.指向"变化观念与平衡思想"的元素化合物复习策略研究[J].化学教学，2021（7）：39-43.

5.3.3 用证据推理，构模型认知——Y老师的"燃烧与灭火"教学

案例摘要

"证据推理与模型认知"是化学学科重要思维方法。本案例重点介绍了"燃烧与灭火"一节教学中围绕取火有"术"、驭火有"方"、防火有"法"大板块展开的五大实验探究活动，展现了Y老师如何借助科学探究与创新活动来引导学生收集证据、进行推理、建立模型、修正模型、应用模型，从而发展学生"证据推理与模型认知"的化学学科核心素养的具体实施过程。

案例正文

Y老师是J省N市X重点中学的一名非常年轻优秀的初三化学教师。看似只有短短四五年的教学经验，但Y老师工作一直兢兢业业，始终走在教育教研的第一线，包括去参加各类全国、省级的教学竞赛，申报个人课题，在期刊发表论文等。她以扎实的教学基础、优秀的教研能力，赢得了学生的喜爱，同事的赞赏。今年省级的优秀课例展示活动，化学组一致推荐Y老师为代表参加。

在高中新课标发布以后，Y老师就敏锐地嗅到，以素养为导向的化学教学要开始在化学课堂中开始实施了。初三是孩子们的化学启蒙阶段，更应注重培养孩子们的化学学科核心素养，帮助孩子们掌握关键的能力，养成必备的良好品格，树立正确的价值观念。Y老师发觉，其实目前的初中化学的教学是存在一定问题的。化学知识细而琐碎，包括基本的化学符号、原理，常见的化学方程式等，许多初中化学老师都会倾向记、背的方式让学生来掌握。这种做法在初中阶段的效果是显著的，但是却不利于学生对化学学习的兴趣以及高中化学的课程学习。而在学习高中新课标的时候，Y老师关注到了"证据推理与模型认知"素养，这不正是学生们在学习化学时最为缺乏的思维能力吗！其实，对Y老师来说，"证据推理与模型认知"并不陌生，早在2016年，Y老师就主持了"模型建构方法在初三化学教学中的应用研究"的市级课题。因此，Y老师认为，在化学的教学中，教师应该开展以发展学生"证据推理与模型认知"素养的教学实践，才能帮助学生更好地完成初中阶段的学习，为高中化学奠定良好的基础。结合参加本次优秀课例展示活动，Y老师准备设计一堂以"证据推理与模型认知"素养为导向，培养学生化学学科核心素养的好课。就这样，Y老师开始了她的设计和实践。

（1）基于"证据推理与模型认知"的教学内容选择与分析

① 课题选择引发思考 Y老师在接到这次比赛的任务之后，就开始琢磨，如何选择一个更为合适的课题内容进行以"证据推理与模型认知"素养为导向的教学。

在人教版初中化学教材中，一共分为12个单元合计34个课题。初中化学知识，根据内容主题来划分，可以分为以下几类：

典型物质的学习，包括氧气、水、碳和碳的氧化物的学习等；

化学符号定理的学习，包括元素符号、化学式、化学价、化学方程式、质量守恒定律等；

某一类别物质的学习，包括金属、酸碱盐、简单有机化合物等；

其他，包括化学实验、燃烧及燃料的利用、溶液等内容。

在这些内容中，不是所有的内容都适用，比如说化学符号的学习。那什么样的内容合适呢？

第一，根据证据推理的过程可以得出：以"证据推理与模型认知"为导向的教学适合结合科学探究来展开。在化学学科中，实验证据是最基础、最常见的证据。在《义务教育化学课程标准（2011 年版）》中就列举了八个学生必做实验，包括：粗盐中难溶性杂质的去除；氧气的实验室制取与性质；二氧化碳的实验室制取与性质；金属的物理性质与某些化学性质；燃烧的条件；一定溶质质量分数的氯化钠溶液的配制；溶液酸碱性的检验；酸、碱的化学性质。这些都是初中化学阶段的重点实验，是初中化学的教学重点，帮助我们学习物质的组成、性质、化学变化等。因此，"证据推理与模型认知"素养的培养应该依托实验教学展开。第二，"模型认知"的教学即"建模教学"，包括模型的建立、应用、评估、修正等方面。因此，适合概念、定理的教学。第三，Y 老师还根据比赛的时间对内容选择的范围进行了进一步的框定。比赛的时间定在金秋送爽的十月中旬，按照一般学校的正常进度，学生们此时正在学习九年级上册大概第三单元的内容，由于学生此时对元素、符号、化学式等还没有奠定相应的基础，于是 Y 老师放弃了选择九年级下册的内容，从上册的内容进行选择。在上册的内容中，Y 老师心仪的内容有这样几个：质量守恒定律；二氧化碳制取的研究；燃烧与灭火。这三个内容中，Y 老师最终选择了"燃烧与灭火"。Y 老师选择"燃烧与灭火"这个内容是有所考量的。第一，燃烧的认识模型有不断完善修正的空间。第二，"燃烧与灭火"本身蕴含着化学的学科育人价值。这个课题与社会生活紧密相联，通过教学来培养学生的防火意识、安全意识、社会责任感等，本身就非常有价值。

② 课标研读指引方向　一节课的设计离不开对课标的学习和理解。Y 老师选定课题后，就对 2011 年版《初中化学课程标准（实验版）》展开了研读。课标中对燃烧与灭火的标准要求是让学生认识燃烧发生的条件，了解防火灭火的措施；活动实施与建议为进行燃烧实验条件的探究，交流对日常生活中常见的燃烧现象的认识；提供的学习情景材料有不同材料燃烧引起的火灾与自救；教学建议为在化学教学中可以采用多种探究活动形式，例如，探究"物质燃烧的条件"，可设计三组探究实验，从物质的可燃性、氧气、可燃物的着火点三个方面引导学生进行探究。还可以让学生从图书馆或互联网来查阅有关"钻木取火""燧石取火"的资料，引导学生对资料进行分析、讨论，归纳出物质燃烧的三个条件。Y 老师分析得出，探究实验是学习燃烧与灭火这一内容的重要方式之一，通过实验收集证据，进行推理，得出燃烧的条件。另外，课标还注重燃烧与灭火的知识在生活中的应用，用具体的真实事件引导学生体会化学科学与社会发展的关系，认识学习化学的重要性。

③ 教材对比厘清思路　在人教版教材中，Y 老师选择的"燃烧与灭火"是第七单元"燃烧及其利用"中课题 1 的内容。为上好本节课，Y 老师还结合仁爱版、科粤版、沪教版、北京版、鲁科版五种不同版本教材进行了对比分析。

六个版本都围绕着"探究燃烧的条件""归纳灭火的原理和方法"两大核心知识点展开。

其中，Y 老师最为关注的，是各个版本如何就"燃烧的条件"展开相关的探究。六个版本中对如何探究燃烧的条件展开是略有区别的，其中人教版、仁爱版教材都通过对比红、白磷燃烧的实验现象来进行探究实验；北京版首先通过提供酒精灯、蜡烛、水等让学生设计实验方案，探究燃烧的条件，再通过红、白磷燃烧的实验进行证明；科粤版和沪教版都通过对生活实际现象的讨论交流进行梳理得出；而鲁科版是通过从灭火的原理归纳而来。在 Y 老师看来，红、白磷燃烧的实验是非常经典的实验，许多教材都选择了这一实验，但教材中提供的红、白磷燃烧的实验是存在不足的，比如说不能直接说明燃烧需要可燃物这一条件，但是燃烧需要可燃物其实是非常显而易见的条件，没有再进一步发散的空间，在北京版的教材中甚至没有将这一条件显性地表示出来，而是提出可燃物燃烧的两大条件。另外，红、白磷燃烧的产物是 P_2O_5，具有一定的污染性。但是，Y 老师认为，这种不足恰恰为学生提供了实验的改进方向，能够培养学生的实验创新能力。

另外，在"燃烧与灭火"各个版本的教材内容中，还包含了"燃烧的利弊"这个具有两面性的话题。例如，在人教版教材中首先通过图片介绍了古今燃烧对人类社会发展的作用，又通过火灾和爆炸的现象介绍了燃烧的危害；沪教版和鲁科版教材则通过文字的描述、学生的讨论来明确"燃烧的利弊"。Y 老师认为，让学生充分地认识燃烧的用途、重视火灾的危害都是非常必要的。在学生有了正确的认识以后，更应该教会学生对火进行掌控，在辩证认识的基础之上作出科学的应对，这才是对待燃烧的科学态度。

④ 学情分析确认难点　燃烧是一类重要、典型、特殊、普遍的化学反应，是学生生活中司空见惯的现象，学生已经知道很多促进燃烧和灭火的方法。从实验探究的角度，学生已经初步具备实验的设计操作能力，可以通过实验探究来学习燃烧的知识；从认知的角度，学生已初步形成逻辑地、辩证地认识问题的能力。但学生还不能从化学反应的角度认识燃烧的规律、理解灭火的原理，还不能辩证、客观、科学地认识燃烧的价值，用火、防火的意识也不够强。另外，学生凭借经验所了解的燃烧的相关知识原理，是存在认知偏差的。Y 老师在课前对学生进行了相关的调查发现，学生目前存在以下的认知偏差，包括：燃烧一定需要氧气；燃烧对氧气的浓度有要求；加热才能使物质燃烧；灭火的原理是降低可燃物的着火点等。

因此，Y 老师认为，无论是从科学素养教育的角度，还是从燃烧内容本身的教育价值，或是从学生认知发展的角度，本节课的教学都不能仅仅局限在燃烧的条件等知识性内容的学习上，而是需要挖掘燃烧这一典型内容的社会应用价值、教育价值与育人价值，需要从有效建构和深入发展化学基本观念的高度上认识燃烧现象，了解燃烧的三要素，理解燃烧的实质，学习灭火的方法，运用燃烧的规律，增强防火意识。

⑤ 现状分析精准定位　Y 老师为了准备这节课，开始广泛收集资料。Y 老师收集的资料包含了两部分：第一部分，是在中国知网上下载"燃烧与灭火"教学的期刊文献，包括教学设计、教学实录等；第二部分，是学习观摩全国优秀教师的教学比赛视频，包括了 2007 年、2012 年全国中学化学优质课教学比赛，2014 年河南省中学化学优质课比赛，2016 年安徽省中学化学优质课比赛，以及 2014 年东莞市、黄冈市化学优质课教学比赛等。

Y 老师在"燃烧与灭火"的相关教学设计与实录的文献以及比赛视频分析中发现，"证据推理与模型认知"的学科核心素养渗透在了老师的点滴教学中。

Y 老师选择了 14 篇期刊文献进行细致的阅读和学习，并观摩学习了 22 节优质课例视频。

首先，所有的教学都进行了燃烧三大条件的探究实验，学生通过实验证据推理得出需要同时具备燃烧的三大条件，燃烧才会发生。Y老师进一步进行分析发现，许多老师选择采取学生实验的方式，通过提供木条、石头、煤块、蜡烛、酒精灯、火柴等实验用品要求学生设计对照实验探究燃烧的三大条件，也有老师采取演示红、白磷燃烧对比实验或者演示"水中生火"的实验来说明白磷的燃烧需要同时满足这三大条件。其中部分老师更是将两个实验结合起来。在Y老师看来，无论是学生的探究实验还是教师的演示实验，都提供了实验证据，通过证据推理得出燃烧的三大条件。这对于培养学生的证据推理的素养是非常有利的。在学生观察到了实验现象以后，引导学生寻找对照组作为证据进行说明同样非常重要。而在这一点上，部分老师做得非常好，值得借鉴，也有一部分老师只重视了通过实验现象得出结论，忽略了让学生进行对比分析，寻找对照组的过程。其次，Y老师还发现，许多老师会将燃烧的三大条件以"火"字的板书总结呈现出来，这其实就是模型的一种体现，在"火"字的基础上，再得出"灭"字，将"燃烧与灭火"的模型提炼出来，再应用到真实情境、真实问题的解决中去。例如，森林火灾如何灭火和控制，火灾现场学生们如何自救等。这其实就是模型从建构到应用的过程。最后，Y老师还发现，教师们对学生认识偏差的处理，是不足的。这其实就体现出了在证据推理与模型认知的过程中，教师对学生在模型修正的体验和学习有所忽视。由于学生对"燃烧与灭火"的认知存在偏差，学生总结得出的"燃烧与灭火"的模型也是不完备的。Y老师认为，在初中的化学教学中，不需要学生全面掌握有关"燃烧与灭火"最准确的知识，形成最完善的模型，但一定要让学生能够发出质疑，根据质疑继续寻找证据，体验模型修正的过程。那在"燃烧与灭火"的教学中，有哪些偏差认识呢？Y老师结合《运用探究教学策略纠正认知偏差——九年级"燃烧与灭火"教学设计》和《指向学生辩证思维能力培养的课堂教学——以探究"燃烧与灭火"为例》两篇文献中提出的偏差认识，与其他文献进行了对比。Y老师发现，对于"燃烧不一定需要点燃"这个认识，有三位老师进行了进一步的分析。对于燃烧过程中氧气浓度的含量变化，也有两位老师结合了数字化实验进行定量研究。然而，大部分的老师以及中学传统课堂中的老师，在这方面做得远远不够。

结合以上教学现状的分析，Y老师深刻认识到，在发展学生"证据推理与模型认知"核心素养的过程中，要通过最基本的"燃烧与灭火"的探究实验得出最基本的燃烧模型，能够结合证据，进行分析和推理，同时更应该结合学生的偏差认识，让学生体验辩论思考，在模型修正的过程中不断构建和完善模型，最后，结合真实情境问题，对模型进行应用，培养解决问题的能力。

（2）基于"证据推理与模型认知"教学设计思路

① 教学框架的搭建　在对教学内容和现状进行分析和总结以后，Y老师开始思索下一步的工作。Y老师始终记得带她的师父的一句话：设计一堂课就好比搭建一所房子，首先得把钢筋架子搭起来，才能把水泥灌进去砌成墙，毛坯房建起来后才能去装修。因此，搭建好教学的框架是非常重要的一步。如何去搭建教学框架呢？更明确一点来说，如何设计教学环节呢？Y老师陷入了思考之中。在"燃烧与灭火"这一课时中，如果从教学的内容进行划分，主要可以分为三大部分：燃烧的条件、灭火的方法原理、燃烧与灭火的应用。归结起来可以说是：如何燃、如何灭、如何用。于是，Y老师就定下了课堂中这三大环节。

在搭建了基本的框架后，Y老师找到了Z老师，请Z老师给予相应的指导。Z老师点出，

"如何燃""如何灭""如何用"三大环节非常符合人教版教材中的安排，多数教师在上"燃烧与灭火"的常规课中，就是这么开展的。但是，这堂课的定位是一节优质课例，也就是示范课，想要得到其他同行们的认可，就一定要推陈出新。Y老师得到了Z老师的否定，内心陷入了短暂的焦虑和难过。但是也不得不承认，这样设计确实非常普通。但所谓"好事多磨"，好课同样也需要"多磨"。Z老师在点出问题的同时也给Y老师点明了方向。第一，教学的环节与环节之间不能是孤立的，必须要紧密联系起来，这样才能构成完整的课堂。第二，燃烧与灭火的应用的内容分别建立在"燃烧""灭火"的基础之上，有机的融合比单独的划分是不是更好？第三，教学环节的设置如何更好地发展学生的化学学科核心素养？Y老师想着，这堂课主要发展的是学生的"证据推理与模型认知"的素养，建模是非常重要的一环，并且在模型认知的过程中，模型的应用也是其中的一部分，模型是需要不断完善的修正的，同时，根据模型的完善和修正，也影响着模型的应用。如此想着，Y老师认为，将"如何用"这一部分的内容，融合进"如何燃""如何灭"这两部分内容中。但是仅有这两部分内容，肯定是远远不够。在分析课标和教材时，Y老师就认识到"燃烧与灭火"这一课时，需要与生活社会紧密联系，并且一定要加强学生的安全意识、提高保护自己的能力，学生一定要了解基本的灭火方法，学会火场求生的方法。但是灭火是"治标不治本"的方法，防火更为重要。因此，生活中如何防火也需要学生了解和学习。于是，Y老师认为，还应当加入"防火"的环节。这一想法提出来后，教研组的同事们也纷纷认可这个环节，认为会让整个设计拔高一个水平。然而，一节课的容量始终是有限的，对于学生的偏差认识，也不能通过短短的 45 min 来加以探究和纠正。于是，Y老师还想设置最后一个拓展延伸的环节，通过课后任务的形式，让学生自发地继续学习探索。基本的环节确定完成，教学的框架搭建好了。其他老师又向Y老师提出建议，能不能取个好听好记的"环节"名称，既突出教学任务，又能让人耳目一新。这可把Y老师难住了，但是集体的智慧是强大的，在其他化学教研组老师的帮助下，将四个环节分别命名为：取火有"术"、驭火有"方"、防火有"法"、拓展延伸。其中第二个驭火有"方"还经过了一番讨论与考量。火有利有弊，灭火体现得最多的是弊端，而人类最需要的，不应该是一味的害怕。因此，在Y老师看来，能够善用事物的两面性，教会学生从辩证的角度来看待和应用火，才更符合学生的长远发展。

② 教学情境素材的选取　　Y老师在Z老师的指导下确定了框架后，开始思考该如何选择合适的情境素材。

首先，需要一个整体的情境，将课堂的环节有机地串联在一起。Y老师对于参考文献以及视频资料，认为其中有两位老师做得是比较好的。一位是吴晓红老师，她的《从三国演义看燃烧与灭火的教学设计》中以"三国演义"中"赤壁之战"和"祁山大战"以及"火灾现场"三段视频作为情境素材。另外一位是李炎老师的《基于提高学生参与度的初中化学教学实践》中结合《熊出没》的视频动画，视频中的主要内容有：光头强在森林吸烟，在被熊大、熊二制止的过程中，将烟头扔到树下，并将树下的草木引燃；熊二取水灭火；熊大欲用路标牌扇灭，结果火势却骤然变大。这两位老师在教学过程中，都采用情境作为线索，贯穿了全文，值得学习与借鉴。但是Y老师认为，《三国演义》是小说，《熊出没》是动画，情境本身存在一个问题，就是不够真实。这个时候，教研组一位男老师就为Y老师提出了宝贵的建议，这位老师平时特别喜欢看《荒野求生》这类真人秀节目，这其中在荒野中生火是非常基本的操作。

Y老师回去之后，立马就翻看了艾德的《单挑荒野》节目，里面果然有很多点火的经典桥段，果断选择了视频节目中的一个片段作为本节课的材料。

其次，需要选择合适的实验情境开展具体的教学。毫无疑问，探究燃烧的三大条件是最为重要的。Y老师结合人教版的教材，选择了红、白磷燃烧的对比创新实验。另外，为了修正模型，纠正认识偏差，让学生明白燃烧是需要一定浓度的氧气，甚至是不需要氧气的。Y老师选择了数字化实验探究燃烧后容器内氧气的浓度以及镁条燃烧的实验。

最后，需要结合生活中灭火防火的实例图片，设置灭火防火任务等，帮助学生结合生活实际情境，掌握灭火和防火的方法。

Y老师经过筛选，将选择的情境总结，见表5-6。

表5-6　燃烧与灭火教学中使用的情境素材

素材内容	素材包含的学科问题	素材蕴含的学科与社会价值
艾德荒野成功取火视频	燃烧是如何发生的	火为人类存活提供保障
红、白磷的燃烧的创新实验	燃烧的三大条件是否需要同时满足	应提倡绿色化学，实验开展注重环境保护
数字化实验探究蜡烛燃烧过程中氧气浓度的变化情况	燃烧结束后装置中氧气浓度是否为零	保持科学质疑精神，对事物的认知持辩证主义唯物观
通过制取氧气实验使一支蜡烛燃烧剧烈	如何能让燃烧更剧烈	应该辩证地看待火的利弊，最终实现合理地控制燃烧与灭火
结合生活常识，列举快速熄灭蜡烛的方法	如何能让灭火发生	
挑战A4纸10s烧不坏	如何防止可燃物燃烧	防火比灭火更重要
列举生活中常见防火实例	生活中有哪些防火知识	
镁条在CO_2中的燃烧实验	燃烧是否一定需要氧气	保持科学质疑精神，对事物的认知持辩证主义唯物观

③ 教学目标的确立　打好教学设计的框架后，Y老师对本节课所要完成的教学目标进行了思考。最后整理如下：

a. 通过艾德荒野生火的情境分析以及燃烧的系列实验探究，推理得出燃烧的三个条件及其关系，体会化学学习的思维方法，养成基于证据推理的意识，发展科学探究的能力。

b. 通过数字化实验测量氧气含量以及镁条燃烧实验的开展，纠正对燃烧条件的认识偏差，完善对燃烧的认知模型。

c. 通过设置使蜡烛燃烧得更旺和迅速熄灭的实验活动，建立燃烧的三要素与灭火之间的关系，理解燃烧的实质与规律，通过生火、驭火、防火三个阶段层层递进，发展模型认知的学科核心素养。

d. 通过自主设计防火实验以及列举生活常见防火知识，形成科学防火、灭火、用火的意识，体会利用事物的规律趋利避害，造福人类，培养学生的创新精神以及社会责任感。

④ 教学流程的设计　Y老师采用"三线"将整个教学流程梳理见图5-6。

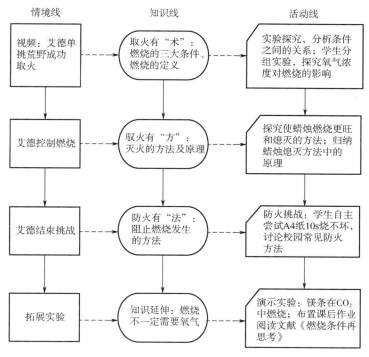

情境线	知识线	活动线
视频：艾德单挑荒野成功取火	取火有"术"：燃烧的三大条件、燃烧的定义	实验探究，分析条件之间的关系；学生分组实验，探究氧气浓度对燃烧的影响
艾德控制燃烧	驭火有"方"：灭火的方法及原理	探究使蜡烛燃烧更旺和熄灭的方法；归纳蜡烛熄灭方法中的原理
艾德结束挑战	防火有"法"：阻止燃烧发生的方法	防火挑战：学生自主尝试A4纸10s烧不坏，讨论校园常见防火方法
拓展实验	知识延伸：燃烧不一定需要氧气	演示实验：镁条在CO_2中燃烧；布置课后作业阅读文献《燃烧条件再思考》

图 5-6 "燃烧与灭火"教学流程图

（3）教学的实施过程 经过不断的打磨和完善，Y 老师在"课例展示"的比赛现场呈现了一堂精彩绝伦的优质课。以下就是 Y 老师在现场的教学实施过程。由于比赛现场的学生是陌生的，Y 老师对学生的学情了解有所不足，于是在正式开始讲课之前，Y 老师就运用了一个"小技术"——Plickers 技术。Plickers 是一款能在课堂上进行实时反馈的手机 APP，老师在 APP 中事先创建好题目和班级。在课堂中，老师只需要一部智能手机和打印好的 Plickers 专属的有编号的卡片，每个学生会有单独对应的一张卡片。学生回答老师的问题时只需要拿起卡片，老师用智能手机一扫就能得到学生回答情况的统计结果。Y 老师就首先结合 Plickers 进行了学情前测。

【课题引入】同学们，火你了解吗？生活中有很多跟火有关的知识，今天我们就是要学习与火有关的知识。

【基于 Plickers 技术的课前测评】在上课前，请同学们做一道选择题，对生活中有关火的说法作出判断。请你完成下面题目的选择，举起你手中的卡片，你选择的选项方向向上。

题目：下列关于燃烧与灭火的说法正确的是（　　　）
A.房屋失火，消防员用水扑灭是因为降低了可燃物的着火点
B.吹灭蜡烛是因为加速空气流动，降低了温度
C.炒菜时油锅着火立即用水浇灭
D.房间发生火灾时应打开所有窗户，有利于人员迅速逃生

经过测试后，Y 老师大致了解了学生的学情，发现大部分学生错选了 D 选项，说明他们

没有意识到如何使燃烧更剧烈。但 Y 老师并没有马上讲解题目，而是正式展开了本节课的教学，希望通过本节课的教学使学生能够正确认识燃烧与灭火，测评过程和结果分别见图 5-7、图 5-8。

图 5-7　教师用手机扫描学生手中的二维码

图 5-8　前测结果

环节一：取火有"术"

① 模型的建立——结合艾德荒野生火，探究燃烧的三大条件

【情境导入】看来大家对火有了一定的认识，那接下来我们将和客人艾德一起来进一步探究。先来看一看艾德的故事。

【播放视频】艾德荒野生火。

视频内容如下：

伴随着直升机起飞的声音，野外求生专家艾德·斯塔福特被投放到一片荒原中，他将什么也不带，被丢下独处十天。艾德说道："点火是首要任务，有了火我就可以做饭，还能控制猖獗的蚊子。"艾德奋斗的一天开始了，他找到了一块干枯的木头，并解说道："这块木头可以说是最棒的木头，非常轻，而且相当干燥，应该能当很棒的生火钻板。"此时，艾德制作了手摇钻、钻板、刀子，只需要一些极为干燥的易燃物用来做一小捆引火物助燃，于是艾德收集了一些枯草。在做好准备工作后，艾德用手摇钻在枯木上打转，产生的余烬将枯草引燃了，然后艾德对着冒烟的干草轻轻吹气，干草开始剧烈燃烧，这时，艾德再将燃着的枯草放进枯枝堆里，终于成功生起了一个火堆。艾德的野外求生十天即将结束，在兴奋之余他也非常担忧："我现在最大的忧虑，就是这里非常干燥，我可不能引起火灾。"

【引导思考】好，取火是完成单挑荒野中关键的一步。那么如果你是艾德，你为了成功取火首先需要什么？

【学生分析】得出艾德取火成功是具备了可燃物和温度的条件。

【解释】我们把可燃物燃烧时需要的最低温度称为着火点。着火点是物质的一种固有属性，通常情况下是不会改变的。所以艾德钻木取火是提高了可燃物的温度，不能改变它的着火点。

【展示】老师这里也找到了一种可燃物——白磷。白磷的着火点为 40℃。

【演示实验】取白磷置于 80℃的热水中，观察到白磷并未燃烧。

【提问】为什么艾德成功取火而老师没有呢？说明这个条件要补充，应该补充什么？

【学生回答】氧气。

【继续实验】使用鼓气球往里面鼓入空气，学生观察到白磷发生了燃烧。

【追问】如果老师想要成功取火的话，燃烧的这三个条件是必须同时满足，还是只需其中的一个？

【学生猜想】全部。

【讲述】实验是检验真理的唯一标准。老师今天还给大家带来了一种可燃物红磷，化学式也是 P，它的着火点为 260℃。另外，我们还看到烧杯中有剩余未反应的白磷，在其上方放一个铜片，铜片上有红磷和白磷（见图5-9）。铜片在这里起什么作用？

【学生回答】导热。

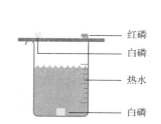

图 5-9　人教版课本实验装置图

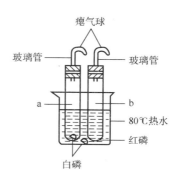

图 5-10　实验改进后装置

【提问】磷燃烧会生成什么？

【学生回答】五氧化二磷。

【讲述】五氧化二磷会污染空气，所以教师把这个实验略作改进（见图5-10），我们把它放到密闭的试管中。这是一支装有红磷的试管，为了便于区分，配上一个戴红色气球的胶塞。你们猜一猜气球在这里起什么作用？

图 5-11　实验现象

图 5-12　板书1

【学生回答】收集产生的五氧化二磷，防止污染空气。

【演示实验】再取一支试管，我们取白磷，擦干其表面的水，把它放到试管中，为了便于区分，给它配上一个带黄色气球的胶塞。将两支试管放到热水中，请你们仔细观察，完成学案上的表格记录。

【学生描述现象】我看到将两支放有红磷和白磷的试管放进烧杯中，那个放有白磷的试管中白磷燃烧了，而红磷那支无明显现象，水中剩余的白磷没有发生燃烧（图 5-11）。

【补充】其实气球也是一个现象，装有白磷的这个气球应该是先变大后变小的。

师生一起完成表格（表 5-7）的填写。

表 5-7　燃烧条件的探究实验记录表

控制变量	可燃物	温度达到着火点	氧气	是否燃烧
水中的白磷	有	达到	没有	否
试管中的白磷	有	达到	有	是
试管中的红磷	有	未达到	有	否

【提问】看到这个表格，你能不能寻找证据，对比分析，说明燃烧的三个条件是否如你们猜想一般需要同时具备呢？寻找一下对照组。

【学生回答】试管中的白磷跟水中剩余的白磷形成对照，说明燃烧一定需要氧气。试管中的红磷跟试管中的白磷也形成了对照，说明温度要达到着火点。

【提问】还有一个问题，你们觉得红磷、白磷在这里做什么呢？

【学生回答】可燃物。

【得出结论】所以我们的结论是：燃烧想要发生，必须需要燃烧的三个条件同时具备，才能取火。

【板书】一、燃烧的条件

　　　　　同时具备——取火（并粘贴板书如图 5-12 所示）

【提问】大家刚刚看到了试管中的白磷发生了燃烧，也知道了燃烧的条件。那你们能不能结合这个现象以及结论描述一下什么叫燃烧？请一个同学描述一下。

【学生回答】可燃物与氧气发生的一种发光放热剧烈氧化反应叫燃烧。

【总结】我们对燃烧的定义是：一般情况下，可燃物与氧气发生的一种发光放热的剧烈的氧化反应，称作燃烧。

② 模型的完善——结合数字化实验完善燃烧的条件

【提出疑问】我们还看到这个试管中的白磷，它烧了一会就停止了，为什么？

【学生猜想】氧气消耗完了。

【教师质疑】真的没有氧气了吗？请你们自主尝试去测定氧气浓度的变化（装置见图 5-13）。

【实验步骤】点燃酒精灯；引燃小木条；请用小木条迅速伸入引燃瓶内的蜡烛，及时熄灭酒精灯。待火焰稳定后，直接盖紧胶塞，观察数据，并记录氧气浓度最低值为_____%。

学生开始实验。老师使用手机拍照记录某组学生的数据。

图 5-13　氧气浓度测量装置

【学生描述现象】蜡烛点燃以后，集气瓶中的氧气浓度降低了，蜡烛先燃烧后熄灭，氧气浓度没有降到零。

【学生得出新认识】燃烧需要足够的氧气，或者说一定浓度的氧气。

【完善板书】将"氧气"的条件更改为"一定浓度的氧气"，如图 5-14 所示。

【提问】这是老师拍的 a 组跟 b 组的数据。为什么这两组测的数据不一样呢（见图 5-15）？

【解释】其实是 a 组跟 b 组测的是容器内不同高度的氧气浓度。

【继续提问】这是学校化学社的同学用同一台仪器测到同一容器内，不同高度的氧气浓度。大家想一想，如果你在火灾现场，这个实验数据对你有什么启示呢？

【学生回答】逃生时要往低处跑。

图 5-14　板书 2

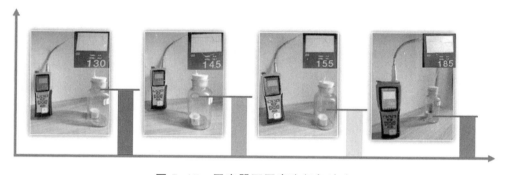

图 5-15　同容器不同高度氧气浓度

环节二：驭火有"方"——艾德控制燃烧

【提问】艾德利用燃烧的三个条件，成功地取得了小火星，那他是怎么样让火烧得更旺的呢？

【学生回答】增加了可燃物，进行吹气。

【提问】那现在你能不能结合这个分析为什么吹气可以燃烧得更旺？

【学生回答】给了它足够的空气，燃烧更旺。

【提问】那老师这里有一支蜡烛，我点燃它，你们有没有办法让它燃烧得更旺呢？

【学生回答】给它足够的氧气。

【提问】再想一下实验室有没有快速制取氧气的方法？

【演示实验】老师带来一套改进的装置（图 5-16）。烧杯中放有蜡烛以及二氧化锰。好，我们点燃蜡烛，加入过氧化氢，看一下会不会燃烧得更旺（图 5-17）。

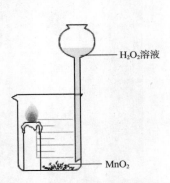

H₂O₂溶液

MnO₂

图 5-16　氧气制取改进装置图

图 5-17　蜡烛燃烧更"旺"的现象

【学生回答】蜡烛火焰变得更明亮一点了。

【继续实验】我们让它再亮一点（继续加入过氧化氢，观察到火焰更明亮但蜡烛熄灭了）。我们刚开始是让火焰更明亮了，改变了氧气，为什么后面蜡烛熄灭了呢？

【学生解释】过氧化氢分解产生了水蒸气，相应降低了对氧气的浓度。

【设置任务】有一支蜡烛，你有没有办法熄灭？原理是什么？结合图片（图 5-18）想一想，快速挑战一下。

图 5-18　灭火的相关材料图片

学生将相应的方法及原理填写在表格中（表 5-8）。

表 5-8　熄灭蜡烛的方法及原理

熄灭蜡烛的方法	灭火的原理
用水浇灭/扇灭/吹灭	降低温度至着火点以下
用沙子覆盖	隔绝氧气
用烧杯盖灭	
用反应产生的二氧化碳熄灭	
用剪刀将烛芯剪断	移除可燃物

【提问】我们看到，如果我们想要灭火，只需要怎么样？

【生】破坏燃烧的条件。

【总结】对，通过改变其中的一个条件，让它燃烧得更旺，再改变其中的一个条件，让它灭了。从而实现成功的驭火，对燃烧加以控制。

【板书】二、控制燃烧

改变其一——驭火

【课堂后测】对于前测的题目，请学生再次作出选择（采用 Plickers 再次扫码）。只有两位同学选择错误。教师进行提问并解答疑惑。

环节三：防火有"法"——艾德避免森林火灾的发生

【情境导入】我们看到生活中的火，善用为福，不善用为祸，一不小心就是火灾了。很多时候，我们需要将可燃物防患于未然之中，让它不发生燃烧。

【布置任务】你们能不能完成一个挑战，让可燃物 A4 纸在酒精灯火焰上直接灼烧十秒以上烧不坏呢？先小组讨论设计实验，然后开始实验，完成后及时熄灭酒精灯。

【学生挑战】成功的方案如下：

方案一：将纸放入水中浸湿，揉成一团，放在酒精灯上灼烧。

方案二：将纸折成小船，浸湿并装好水，放在酒精灯上灼烧。

【讨论与交流】成功组的同学分享经验，失败组的同学寻找原因。

【总结】想要成功防火，只需要预先破坏一个条件，就可以成功防火。

【播放视频】艾德的十天即将结束，在兴奋之余他也非常担忧："我现在最大的忧虑，就是这里非常干燥，我可不能引起火灾。"

【提问】我们看到艾德就要离开这里了。可是他的视频中火还在烧，他怎样做可以预防森林火灾呢？

【学生回答】浇水灭掉。

【提问】在森林里面不要留下火源，那你们能不能说下生活中还有哪些可以预防火灾的例子呢？快速地说一下。

【学生列举】楼道里面都会有灭火器；把楼道杂物搬开，不要堆在一起；一些楼道里面会有烟雾感应器；装有消防水管……

【讲述】还有很多对不对？美丽的校园防火也有办法：教室的安全贴士，我们的防火吊顶以及安全通道门。更多防火的知识，请你们回去参见中国消防网。

环节四：实验拓展，引发思考

【总结】感谢大家对我和艾德的陪伴，我们一起研究了燃烧的三个条件，并且学会控制燃烧，将其防患于未然之中。在课程的最后老师给大家带来了一个趣味实验。

【演示实验】镁条在二氧化碳中燃烧。一瓶事先收集好的二氧化碳，用点燃的火柴检验，火柴熄灭了。现在取一根镁条点燃，放进装有二氧化碳的集气瓶中。

学生发现镁条能持续燃烧，发出耀眼的白光，感到新奇并疑惑。

【布置课后任务】请你们思考为什么火柴熄灭，而镁条却能正常燃烧呢？是不是很困惑？你们回去完成课后作业并阅读文献《燃烧条件在思考》，这里能找到你们想要的答案。

（4）来自 Y 老师的自我反思 在比赛结束之后，几个月漫长的准备有了结果，Y 老师感受到了无比的放松。Y老师回味自己交出的这份答卷，觉得差强人意。对于这节课，Y老师认为成功之处主要在两个方面。

第一，是以培养学生的"证据推理与模型认知"学科核心素养为导向开展教学。整节课主要围绕取火有"术"、驭火有"方"、防火有"法"这三大板块，展开五大实验探究活动，通过引导学生对燃烧与灭火相关实验的探索，纠正了学生对燃烧概念的部分认识偏差，从建立模型、优化模型，应用模型层层递进，培养学生的证据意识，发展学生的化学学科核心素养。另外，在这堂课中，"燃烧与灭火"的模型是"显性化"的。包括采用板书的粘贴、书写将模型更为立体生动地展现出来，在模型修正的过程中，应用数字化实验进行定量分析。

第二，结合了化学情境进行教学，达到了情境教学的良好效果。首先，情境的呈现方式非常多样化。情境呈现的方式包括了视频、实验、传统板书、希沃投屏、Plickers技术多种形式。其次，情境线索贯穿整个教学过程。这堂课全程以艾德单挑荒野的取火，控制燃烧更"旺"或者熄灭，艾德离开荒岛防止森林火灾作为引线。最后，情境蕴含学科价值，始终围绕立德树人展开。本节课强调学习学科知识的同时启发火灾逃生的正确方法，不在森林中留下火源，将火灾防患于未然之中。

但在实践的过程中也发现一些问题，让Y老师觉得这节课还有改进的空间。首先，学生对实验现象的观察及描述能力较弱，例如在白磷燃烧时忽略气球体积的变化，在用传感器测量氧气浓度值时没有注意测量导管的长度等；其次，学生对模型的应用能力偏弱，在寻找熄灭蜡烛的方法时列举不够全面，在进行十秒A4纸烧不坏时部分组是失败的。另外，在此次实践中，对于模型修正的相关问题主要由教师提供，部分实验由教师操作，弱化了学生本身的思考以及动手操作，因此，一些教学活动并没有收到理想的效果。总而言之，学生的证据推理与模型认知能力素养的培养并不是简单一堂课就能达到目的的，需要教师一点一滴地渗透积累，让学生不断地体会，不断地思考，学会质疑，不断完善，才能不断地发展。

结语　在本次省级的课例展示的比赛中，Y老师付出的汗水得到了回报，成功地拿到了初中化学组的第一名。在Y老师看来，这堂课的成功，结合了多个方面的因素。最重要的是Y老师坚持以发展学生的化学学科核心素养为导向，结合学生的认识偏差，从模型的建立到模型的修正，最后结合真实生活情境进行模型的应用，让学生通过实验探究收集证据、对比推理，形成模型认知的思维方法。

案例思考题

1.结合案例分析Y老师是如何引导学生基于证据推理的。结合Y老师教学流程，分析其帮助学生建构模型与模型认知的过程，并补充素养线。

2.Y老师在教学的设计与实践中遇到了哪些问题，又是如何加以克服的？

3.培养学生"证据推理与模型认知"素养的策略有哪些？Y老师是如何运用的？

4.请你选择一个教学主题，进行以培养学生"证据推理与模型认知"为导向的教学关键环节设计。

推荐阅读

[1]杨玉琴，倪娟. 证据推理与模型认知： 内涵解析及实践策略[J]. 化学教育（中英文），2019，40（23）： 23-29.

[2]赵铭，赵华. "证据推理与模型认知"的内涵与教学研讨[J]. 化学教学，2020，02：29-33，60.

[3]陆军. 化学教学中引领学生模型认知的思考与探索[J]. 化学教学，2017，09：19-23.

[4]朱如琴，高翔. 指向学生辩证思维能力培养的课堂教学——以探究"燃烧与灭火"为例[J]. 化学教育（中英文），2019，40（17）： 44-49.

[5]陈建，李秀霞.运用探究教学策略纠正认知偏差——九年级"燃烧与灭火"教学设计[J].化学教学，2016（10）：32-35.

[6]叶婉，李婉冰，姜建文.发展学生"证据推理与模型认知"素养的教学实践——以"燃烧与灭火"为例[J].化学教学，2021（3）：57-62.

5.3.4 L老师指向"科学探究与创新意识"的化学教学——以"亚铁离子化学性质"为例

案例摘要

"科学探究与创新意识"是《普通高中化学课程标准（2017 年版）》中凝练出的五条"学科核心素养"之一，它强调以学生为主体，通过实验等手段自主探究，培养批判思维和创新精神。本案例介绍了 L 老师基于"科学探究与创新意识"进行"亚铁离子化学性质"教学设计、开展课堂教学及教学反思的过程。以期为教育硕士进行相关教学提供借鉴。

案例正文

L老师，男，Z中学一名高级教师，十七年教龄，积累了丰富的教学经验，参加过多次优质课比赛。他以一节"亚铁离子化学性质主题探究课"，获得 2019 年 J 杯高中组评委一致好评，取得一等奖的好成绩。本案例主要介绍该课设计思路与课堂实施的来龙去脉。

（1）巧得良机，偶然与必然 "好，这节课我们就上到这里！"伴随着整齐洪亮的"老师再见！"，L 老师走出了教室，远离了青春的学生们，讲台上的慷慨激昂如潮水般退去，些许疲惫，些许无力。

十几年教龄，经验不断丰富，激情却在不断消退；学生一届又一届，时光如流水般，新鲜感逐渐远去，同样的知识点的传授带来了更多的麻木感；讲台上，讲授、批改、纠正，循环中他的教学也逐渐变成一种固化模式，自我表演的快感逐步消逝，与学生的共鸣感也处在消退进行时。面对如此现状，对于责任心很强的L老师来说，他是焦虑的。不前进就意味着后退，他一直尝试改变与突破现状，也在不断反思，却难以打破僵局。

一个明智的人总是抓住机遇，把它变成美好的未来。而这样的机遇，不断努力的L老师等到了。随着文件的下达，第×届J杯全省优质课比赛不期而至。

"这次任务就交给你了，我们相信你能完成的！"

校领导如是说道。L老师既紧张又兴奋，他在不断尝试中等待的机遇到来了！欣然接受后，他紧锣密鼓地准备起来。

首当其冲的就是选题。L老师苦思冥想，做了很多功课，最终还是选择学生正在学习的高中必修一。对于必修一来说，金属元素化合物知识占据比重较大。且基于金属是一类重要的材料，含有突出的社会价值，L老师决定选取其一作为本节课主题。经查阅，新课标对金属钠、铁均提出明确内容要求，这两者L老师慎重考虑：金属钠，作为学生在高中第一次接触学习的金属，无论是内容、方法均比较基础，入门级别，很难寻求突破。而金属"铁"，基于金属钠及其化合物性质的基础上有序过渡，遵循学生认知顺序及知识逻辑顺序，思维循序渐进，也为本节之后的内容构建研究工具，起到启蒙、奠基的作用，并在内容逐渐深化过程中形成一张有机的知识网络，具有迁移价值。从学科价值来看，铁元素作为学生继氧化还原反应和离子反应之后学习的第一个变价金属元素，为从元素价态和物质类别两个视角认识物质及其变化提供了得天独厚的优势[1]。除此之外，学生在初中阶段已有部分铁及其化合物的知识储备，并对其在生产生活中的应用也有初步的认识，接受度较高。从实践维度来说，相较于其他金属，它在生活中出现频率较高且与生活更为贴近，学生代入感更强，且从中所获得的知识经验也可反馈于生产生活中，与世界的碰撞更为紧密，更具知识的应用价值。

理清想法后，L老师迫不及待地咨询了特级教师S，S老师听后很赞同：

"铁是中学阶段学习到的唯一变价的金属元素，也为后面物质、元素结构的学习奠定了基础，是中学知识的基础和核心内容，能帮助学生掌握学习化学的基本方法，认识化学在生活中的真正应用[2]。另外铁元素学生接受度较高，其相应实验环境及设施也较易获得，从内涵到实施条件都很适合！"

L老师备受鼓舞，但随后S老师的话提醒了自己：

"铁元素的课题选择我很支持，但有一点你还需注意：正因它是变价金属元素，相应涉及的如各自价态对应化学性质、不同价态转化、甚至不同价态综合快速转化的原理等的内容较多，相对繁杂，且对应授课方式也不尽相同。你现在要做的是回归教材，找到这门课你想表达的重点是什么，知识的侧重点是什么，从知识本身延伸出的，你希望传递的理念是什么……还需要再斟酌细化。"

L老师仔细回忆内容，翻阅新教材，发现尽管铁元素涉及铁的单质、铁的化合物等内容，

❶ 刘妍，王秀红，张冬华.基于化学学科核心素养的"铁盐和亚铁盐"教学设计[J].化学教育(中英文)，2019，40(07):33-37.
❷ 周浩漫，衷明华.铁的重要化合物教学设计[J].江西化工，2015(02):160-165.

但基于之前的离子反应及氧化还原反应，归根结底还是铁元素化合价变化，使其在铁单质、亚铁离子、铁离子之间转化。而亚铁离子上接铁离子，下有铁单质，可以溶液又能在固态中如鱼得水，且处于中间价态，因此对学生纵向思维要求较高，可挖掘内容较多，维度较广，并且具有很强的生成性，适合教师灵活融入相应思想。于是他当机立断，选择了"亚铁离子的化学性质"为主题。

L老师深呼一口气，终于把选题确定了！

（2）不破不立，革故鼎新　确定了选题，L老师悬着的心放下了一些，但他深知这远远不够，紧随其后，他开始了教学设计。

他毫不犹豫地扎进了教材。在学校教育教学中，基础教育课程教材是教师组织教学活动的最主要依据，也是学生在学校中获取学科系统知识的主要渠道[1]。多年教学经验告诉他，教材不仅展现当今科学现成的结论和分析论证在形式上的汇集，还包含内容背后所蕴含的思想、观点和方法，潜存着知识在认知过程方面的丰富价值。正因如此，研究教材是L老师非常重视的一步。翻阅新版教材后，他发现相比之前，化学与人类、化学与社会的紧密联系相关内容呈现较多，如人均摄铁量、缺铁性贫血等都是现今社会热门议题，且新课标情境素材建议中明确提出补铁剂。为顺应化学新理念，L老师决定将其融入教学设计中。通过查阅相关文献他发现：铁组成血红蛋白，在造血过程中是必需的元素之一。影响铁吸收利用的因素很多，就吸收率而言，Fe（Ⅱ）比Fe（Ⅲ）大约高2倍~3倍[2]。

"与生活相关，同时还涉及不同价态铁离子转化，太适合纳入课堂中了。"

L老师如是想道。

根据以往积累的经验，从大体上的"应用—性质—应用"的规律，他设想的具体思路如下：

由缺铁性贫血引出亚铁离子的性质，根据金属离子的一般性质分为与酸、碱反应，通过小组参与实验制备氢氧化亚铁，根据现象归纳性质，再由其在空气中易被氧化为氢氧化铁，实现亚铁离子到其他价态的转化。结尾扣题，前后呼应，解答为何缺铁性贫血补充的铁是二价铁，留下作业——如何促进二价铁的吸收。

他兴致勃勃地询问化学教学、教育方面专家J老师是否可行。J老师听完后，却没有露出L老师所期待的笑容。他指出：

"你的思路符合普遍规律，这样进行下去确实能完成一堂课，也有一些创新，如结合情境将内容融入其中，学生学习动机增强，且课堂前后呼应，思路清晰。但大部分课堂都是"应用—性质—应用"这一思路，你让人眼前一亮的点不够突出。且本课探究性较弱，只是与学生单向的输出与输入，更多是停留在基础知识传授层面，每一步没有深挖知识背后的价值，目的性不明显，衔接不够流畅，最重要的是没有一个突出的思想支撑，这堂课难以出彩。再者就是，

❶ 陈耿锋，龚英，陈继平.基于情境认知与学习理论的素质类化学校本教材开发——以校本教材《化学视野》为例[J].化学教育(中英文)，2020，41（13）：17-21.
❷ 董宝平.铁与人体健康[J].化学教育，2003（03）：1-3.

你涉及的实验探究环节，能否凸显探究的意义？相应实验是否有认真做过，能否成功呢？"

L老师虽然沮丧，但略有所悟，没有思想的课堂是没有灵魂的，按部就班的常规设计仍陷入之前固化教学的死循环，不足以改变教学现状；重知识轻方法的做法冲淡了学生可能产生的潜在、丰富的学科理解，使其仅处在基础层面的知识的传递，未能激发学生与化学内隐性的思维等共鸣；仅能带领学生掌握知识，知识背后的潜在价值未挖掘，实验等手段的不当应用不能带给学生以深度思考，化学的魅力并没有真正体现。

思想的定位也是个难题，不断地选择与放弃，他驻足不前。而一场T教授带来的关于"化学学科核心素养"的讲座给了他新的思考力。T教授提到：

> 学生发展核心素养，主要是指学生应具备的，能够适应终身发展和社会发展需要的必备品格和关键能力。[1]以核心素养推进教育改革与发展已成为当今世界的热潮，全面认识核心素养内涵有助于建立我国学生发展核心素养框架，推进素质教育改革。[2]课标将其分为"宏观辨识与微观探析""变化观念与平衡思想""证据推理与模型认知""科学探究与创新意识""科学态度与社会责任"五个层面，它们之间相辅相成，相互促进。对于教师，化学学科核心素养的培养是个长期的过程，是由低到高的进阶过程。并不是每一课时的教学都能涉及以上五方面素养的，但每一课时的教学需要在学科核心素养的某几个方面有所体现。一个紧跟时代的教师，就应将核心素养在课程中深度融入，让学生从中受益。

听到这里，L老师知道是时候了，不破不立，革故鼎新。时代总是在旧思想的破除与新思想的建立中更替。他坚定舍弃过去相对的固态教学模式，决定将核心素养真正融入课堂中，而不是停留在口号与学习层面。五大素养各有侧重，而对于元素化合物知识，根据其教学定位和L老师对其教学功能的理解，他认为是落实"科学探究与创新意识"这一核心素养的重要载体。

（3）教学再探，好事多磨　紧接着，下一个问题紧随其后。要设计以"科学探究与创新意识"为主题思想的课堂，自然应了解其内涵及核心意义所在。课标中提到：认识科学探究是进行科学解释和发现、创造和应用的科学实践活动；能发现和提出有探究价值的问题；能从问题和假设出发，依据探究目的，设计探究方案，运用化学实验、调查等方法进行实验探究；勤于实践，善于合作，敢于质疑，勇于创新。从哲学的角度来说，创新仅仅只是"发现和改变中"得到某种"自身适用的东西"。而这种得到往往源自对周围事物的观察发现，当然，这种观察与发现中潜存着批判精神，只有怀着一颗批判的心才能注意常人难以注意的存在。正如著名教育家杜威提出的反思性思维，它可以让学生从不同的角度看待事物并赋予不同的价值，正如他所举的简单例子，一块石头对于没有反思能力的人就是一块石头而已；而对于有反思性思维的科学家、考古学家，这块同样的石头会蕴含其矿物特质或者是几百万年前的地质状况等信息。[3]正因如此，耳熟能详的科学家牛顿，从平凡的苹果坠落现象中发现万有引力。由此创新的第一步是要具有批判意识，敢于发现，敢于质疑。拥有了批判意识，就会更容易从生活中挖掘不同于所质疑的问题，也就意味着具备了起因和动机。

而真理往往来源于实践。创新意识的获得需要借助实践探究得到。尽管不同的科学家有

---

❶ 核心素养研究课题组.中国学生发展核心素养[J].中国教育学刊，2016(10):1-3.

❷ 辛涛，姜宇，林崇德，师保国，刘霞.论学生发展核心素养的内涵特征及框架定位[J].中国教育学刊，2016(06):3-7, 28.

❸ 史立英，甘洪倩，曹洁.反思性思维的概念、价值与培养策略[J].教学与管理，2016(33):12-14.

不同的研究领域，采用不同的研究方式，各自在利用数据和实验结果、使用定性或定量方法、遵循的基本原则、吸取他人研究成果方面有很大的不同，其探究活动过程仍存在一定的共同之处，即从问题开始、运用假设和理论、寻找和依靠证据、作逻辑推理、表达和交流结果等。❶ 2015 年 PISA 中新增了"科学素养"，测评框架中更重视对科学探究的评估与设计。❷化学作为科学的一个分支学科必然要反映、体现和落实科学课程的基本理念。❸

化学是一门以实验为基础的学科。许多化学观念、理论、方法的建立离不开化学实验的支撑。要以实验探究为手段，帮助学生建立起化学观念、形成化学方法。❹它能够反映科学的创造性。在以往的教学中更多的是给学生传递间接经验，让学生识图记忆；再深一步也是直接给出长胶头滴管插入溶液中得到清晰现象的措施，并没有从学生角度出发，使其通过探究得出相应结论。思及此处，L 老师认识到了自身存在的"只要学生动手做实验就是探究"的误区，对"实验探究"的认识更加深刻。一个完整的实验探究包括提出问题、假设猜想、设计方案、实验验证、得出结论几个环节。由此 L 老师由这几个方面入手，教学设计有了新的思路。基于本堂课主题为亚铁离子的化学性质，他得出以下探究流程（图 5-19）。

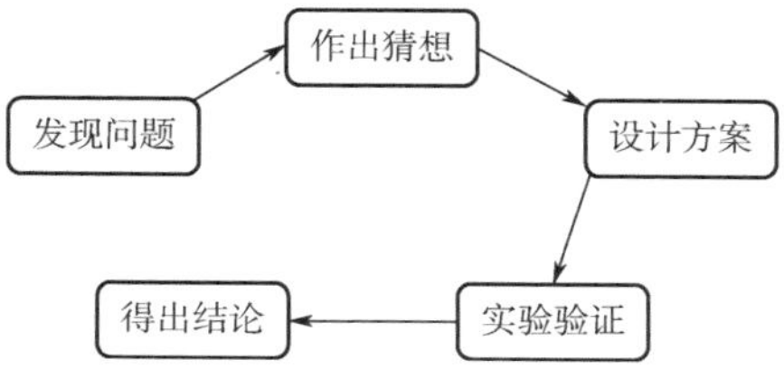

图 5-19　探究流程

基于以上工作，他再次请教了 J 老师，J 老师指出：

这堂课要基于"科学探究与创新意识"，那么相较于之前的思路，你要让探究更显性化、具体化。"科学探究"，也就是探究要具有科学性。你所设计的探究流程是比较常规的，但是是否适合亚铁离子这一主题呢？比如，你的猜想从何而来？

L 老师回忆到之前 J 老师提到的实验环节的真实性问题，对教材中的制备氢氧化亚铁的实验，依据亚铁离子中滴入氢氧化钠的步骤多次尝试，发现并不能清晰观察到如图 5-20 所示的白色沉淀到灰绿色沉淀的转变过程，肉眼大概率也只能观察到白色一闪而过。预设与生成往往有一定差距，而差距中一定有某些因素干扰。由此他将探究思路变为：由真实实验产生的认知冲突发现问题，对问题提出猜想即干扰因素，由干扰因素相应猜想来设计方案，再通过方案实验验证，得出结论。

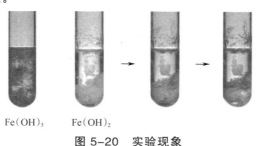

Fe(OH)₃　　Fe(OH)₂

图 5-20　实验现象

❶ 徐学福.科学探究与探究教学[J].课程·教材·教法，2002(12):20-23.
❷ 刘帆，文雯.PISA2015 科学素养测评框架新动向及其对我国科学教育的启示[J].外国教育研究，2015，42(10):117-128.
❸ 肖笛，熊言林从 PISA 视角分析新加坡初中 Discover Chemistry 教材中的科学探究思想[J].化学教育(中英文)，2019，40（03）：40-44.
❹ 相佃国.元素化合物教学的定位与设计——以高中《化学 1》为例[J].化学教育，2015，36（05）：26-29.

在与同行交流时，他再一次提到了这一探究思路。老师们集思广益：

"尽管这一探究思路针对的是氢氧化亚铁的制备，扩大化来说，更对应着物质制备，是否可以改为物质制备的一般思路？我们将其称为探究思路，但其实仍需通过实验落地，对于实验来说，对应的实验目的、实验原理都是完成实验的重要因素之一"。"干扰因素都有哪些应该要具有科学性，要引导学生科学猜想"。

基于此，他将有关制备氢氧化亚铁的环节称为"物质制备的一般过程"，见图5-21。

基于干扰因素的科学性考量，L老师进行了进一步工作。根据以往的经验，学生大多能想到与空气接触带来的氧化因素，也能在引导下自主设计方案验证，但除此之外是否还有别的原因呢？L老师由此通过化学教育、中学化学教学参考等刊物文献的查阅，确定还有吸附因素，即反应产生的絮状沉淀本身的吸附作用使亚铁离子聚集。故干扰因素全面性也是L老师要呈现在课堂中的。

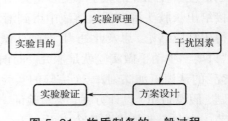

图 5-21　物质制备的一般过程

部分教学实录如下：
① 发现问题，明确实验目的

【师】世界卫生组织调查显示全球每年患缺铁性贫血的人约有十亿。那么什么是缺铁性贫血？缺铁性贫血应该补充何种铁的化合物？让我们带着问题一起来观看视频。

【师】缺铁性贫血一直是社会重点关注的内容，而治疗时所用药物是亚铁离子，那么同学们知道亚铁离子有哪些性质吗？可以与哪些物质反应？

【生】与酸反应。

【师】与酸反应？哪个酸？

【生】不太清楚。

【师】不要紧，学完了这节课以后我们就清楚了。好，还能够跟碱反应制备？

【生】氢氧化亚铁。

【师】很好，请坐。那今天我们进入主题所要学的第一个内容"探究氢氧化亚铁的制备"。制备氢氧化亚铁我们可以将硫酸亚铁加入（留白给学生反应回答时间）氢氧化钠溶液当中。

【实验目的】制备 $Fe(OH)_2$

【实验原理】$2NaOH+FeSO_4 === Fe(OH)_2\downarrow（白色）+Na_2SO_4$

好的，大家的桌上有试剂，请同学们自主实验验证结果（细心提醒，进行实验的同学要规范操作，并做好记录）。请同学们展示并阐述观察到的现象。

【生】观察到将硫酸亚铁溶液滴进氢氧化钠溶液之后生成了灰绿色沉淀。

【师】有疑问吗?

【生】有,我好像没有看到它变成教材上所述的白色絮状物。

【师】好,另一组的同学。

【生】我们组也观察到它直接产生了灰绿色沉淀。

② 寻找原因,理清原理

【师】好,请坐下来。大家想一想刚才同学们说的现象,为什么我们没有看到白色沉淀呢? 因为它可能被(空白给予学生思考)?

【生】氧气。

【师】看不到的原因是因为可能被氧气氧化了。那我们看一下这个刚才做的实验当中有哪些地方可能会引入氧气。

【生】从滴管滴入试管口的位置带入了氧气;也有可能原来的溶液本身有氧气。

【师】还有可能吗? 好非常棒,请说。

【生】我觉得可能是因为滴下去之后溶液和空气有接触所以就被氧化了。

【师】非常棒! 还有和空气接触的这个地方也可能会带入氧气。那么溶液中是否有氧气呢? 我们可以通过微电脑传感器来测定溶解的氧的量。

【干扰因素】哪些地方会引入氧气呢?

温度为 19.1℃时溶液中氧气含量为 42.9×10^{-5}。说明刚才同学们判断是正确的,溶液中的确有氧气。

③ 方案设计,实验验证

【师】我们可以看一下有哪些措施可以减少氧气对该实验的影响。

【生1】将胶头滴管伸入试剂中减少氧气影响。

【生2】可以在原先氢氧化钠溶液中滴加一层煤油,能隔绝空气。

【生3】可以把滴进去的溶液加热煮沸,赶走氧气。

【师】非常好,同学们提出了三个措施。仅用试管、胶头滴管,还有新制的硫酸亚铁溶液、煮沸后的氢氧化钠溶液、煤油,请你设计一个实验方案来制备氢氧化亚铁(相互讨论,小组交流)。请大家分享所设计的实验方案。

【生1】因为要防止氧化,所以我觉得应该先往试管里加入氢氧化钠溶液,再滴加煤油,最后加入硫酸亚铁溶液。

【师】还有要补充的吗?

【生2】我觉得他的那个方案不太严谨,他没有考虑到开始滴加时的氧气,应该拿长胶头滴管滴入硫酸亚铁。

【生3】我认为煤油应该倒入。倒入时它密封性更好。

【师】非常好。请同学们按照刚才这个同学的方案制备纯净的氢氧化亚铁，并汇报实验结果。

【生】我在煤油的下层成功地看到了白色的沉淀，但是过了一会儿变成了灰色。

【师】有没有不同现象？好，没有。刚开始看到了白色最后发现还是变成了灰绿色。这个灰绿色沉淀到底是什么？请你根据资料卡片设计实验，证明灰绿色沉淀到底是二价铁还是三价铁？（两分半时间，可讨论）

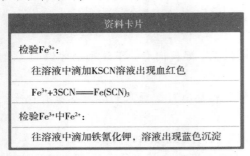

【师】（走入学生周围）你该选择哪些试剂？当然，你可以多选、少选、不选，只要能进行实验。

【生】我们认为可以取灰绿色沉淀进行过滤，然后将过滤得到的产物加入硫酸中溶解，再把溶液分成两份，一份加硫氰化钾、另一份加铁氰化钾，观察现象。

【师】有需要补充的吗？注意不是把灰绿色固体过滤，而是溶液。好，请两名同学和我一起完成这个实验。这是我过滤好的灰绿色的固体。取出两支试管，（教师演示实验）一名同学滴加硫氰化钾，另一名滴加铁氰化钾，（对学生）说说观察到的现象。

【生】把硫氰化钾滴入溶液中溶液变为血红色，说明有三价铁。

【师】好，请回，另一名同学呢？

【生】刚才我的试管里出现了蓝色的沉淀，然后振荡以后就变成了蓝色的溶液，说明这里面应该有二价铁离子。

【师】蓝色沉淀颜色深还是比较浅？

【生】我觉得它应该比较深，说明里头含有大量的亚铁离子。

【师】为什么可能会有大量的亚铁离子？

【生】首先沉淀与空气接触时间不是很长，另外生成的絮状沉淀有可能吸附了溶液中的亚铁离子，导致含量较高。

【师】这个同学答得非常好，我相信他将来很有可能成为一个化学家。

由此我们知道它的过程应该有氧化和吸附，请你写出由氢氧化亚铁氧化变成氢氧化铁的化学方程式，并标出它的电子转移。（学生黑板书写化学方程式）好，我们来看这位同学写的，首先方程式写对了吗？

【生（全体）】好像对了。

【师】好像对了，对了还是没对？

【生（全体）】对了。

【师】然后他用单线桥标出了电子转移，正确不？

【生（全体）】对的。

【师】对的，我看到下面有很多人用的是双线桥标，都是可以的。

（4）冲云破雾，不虚此"行"　亚铁离子因对应元素为变价元素，主要涉及氧化性和还原性两方面性质。对于亚铁离子还原性及氧化性性质，L老师延续了探究流程：发现问题、作出猜想、设计方案、实验验证、得出结论。

部分教学实录如下：

【师】好，由此我们知道氢氧化亚铁被氧气氧化成氢氧化铁，所以我们进入第二个主题——亚铁离子的还原性。依据其还原性，你预测它可能与哪些氧化性的物质反应？

【生（全体）】氯气；高锰酸钾；溴；次氯酸根；过氧化氢；重铬酸根。

【师】很好，有很多。你能否设计实验方案，得出亚铁离子与碘离子、亚铁离子与氯离子的还原性的大小？好，给大家三分钟的时间。（学生讨论方案）请小组来汇报。

【生1】我们组讨论出来的方案是，将氯水滴入硫酸亚铁当中，然后再加入硫氰化钾，观察它是否会变红。将硫酸亚铁滴入淀粉-碘化钾溶液当中，观察它是否会变蓝。

【师】你先试一下，看到什么现象？

【生1】没有任何现象。

【师】请你想一想为什么没有现象？

【生1】我突然想起来，因为亚铁离子和碘离子都是有还原性的，所以它们应该无法反应。

【师】你把你的方案再说一遍。

【生2】我认为应该修改成将三氯化铁滴入碘化钾溶液当中，这样三价铁就可以将它氧化，然后应该就可以变蓝了。

【师】请坐下来，好。你们组的方案是一样的吗？有没有不同的地方？

【生3】这个方案跟他们的基本类似。因为原理是一样的。

【师】好，我们来看一下，可以往三氯化铁溶液中滴加淀粉-碘化钾，观察现象，然后将新制的氯水滴入硫酸亚铁中，好的，请大家进行实验验证。（学生进行实验操作）（大家的实验操作有的还要规范一些，包括有的同学拿胶头滴管就不太准确，应该用中指跟无名指夹住底下的玻璃棒部分，用大拇指和食指夹住胶头）

【师】好，我看到大家基本上做完了，请一个小组说一下观察到的两个现象是什么？

【生】第一个是氯水滴入硫酸亚铁，再加入硫氰化钾，发现溶液变成了血红色，第二个是先加入淀粉-碘化钾，然后滴三氯化铁，发现溶液变成了蓝色。

【师】好，请你坐下来，有不同现象吗？

【生】没有。

【师】好，由此我们知道它的还原性大小的顺序，哪一组同学举手来告诉我？

【生】碘负离子大于二价铁离子大于氯负离子。

【师】好，请你写出三价的铁离子和碘离子、氯水和亚铁离子的反应方程式。（学生在下面书写化学方程式）好，我看到大家基本都写对了。

我们回到刚开始放的视频，想一想为什么缺铁性贫血补充的铁是二价铁。

【生（全体）】因为血红蛋白里是二价的铁。

【师】好，如果有一个缺铁性贫血的病人，他要服用硫酸亚铁，你觉得他最好跟什么试剂一起服用？

【生】维生素C。

【师】很好，维生素C是非常不错的，但是他不想吃维生素C，他家里可能有些水果，你觉得他最好跟哪些东西一起吃？

【生】橘子，猕猴桃，果汁……

【师】好的，大家回去可以再上网了解一下，很多水果维生素C含量很高，比方说刚才你们说的脐橙、橘子等都是。

整堂课属于探究范畴，对于"科学探究与创新意识"，其主体应为学生。L老师以学生为主体，角色定位清晰，课堂中让学生真实参与，产生认知冲突，促使其主动验证猜想，最终借助探究得出结论。基于此，通过适当引导，学生能够自主设计科学实验方案并依据方案来实验验证，即熟悉探究一般过程且付诸实践，如类比于氢氧化亚铁的制备探究，学生能在还原性的探究中预测其与各种氧化性物质反应，再结合方案验证，并得出各离子还原性，但并不能凝练、表达出相应方法论，或者说没有将探究流程系统化的意识。基于此，L老师在课堂的最后将探究流程显性化，为学生解决相应问题提供有效的科学探究框架。通过氢氧化亚铁的制备、还原性、氧化性的探究过程，L老师将探究的一般流程显性化、规律化地传递给学生，为学生提供探究的一般思路。

【师】好，讲到这里，有两个问题：

通过这节课我们有哪些收获和体会？我要说我的收获和体会，你们是我上这么多次课以来做得最优秀的学生，我也想以后中国的诺贝尔化学奖的获得者，说不定就在各位中产生！我也预祝大家以后能够更多地学习化学，为化学事业贡献自己的一份力量！

请你回顾氢氧化亚铁的制备过程，物质的实验制备的一般过程是什么？首先是实验目的，然后是实验原理，然后是设计方案，然后是干扰因素。（引导学生回答）先要排除干扰因素，然后再对应地进行实验方案的设计，最后是实验验证。

【师】最后学完了这节课之后，你的收获和体会是什么？请大家踊跃举手，大胆谈出你内心的想法。

【生】合作探究需要严谨的科学态度。

【师】很好，好，还有吗？你说。

【生】我觉得不能只是去学课本上的东西，要自己去增强自己的动手能力、实践能力，然后还有就是敢于质疑的精神，不能按课本上说什么你就信什么。就像有一句特别有名的话，就是"尽信书则不如无书"，所以说，我们得培养自己的质疑精神，我们得自己去动手。

【师】我想告诉大家，课本是经过前人多次的验证，当然我们也不排除它的确存在这样的问题，大家有科学探究的精神是好的，不是说不能相信，我们要站在巨人的肩膀上继续爬着这个楼梯往上走。还有补充吗？

【生】我的意思不是说我们不相信课本上的，而是如果对课本上的内容有疑问，就要去验证这个内容，我动手去验证一下自己的观点是否正确，这样才能得出结论，但是也不排除自己错了。

【师】可能我刚才有点曲解你的意思了，如果你觉得不对，就去探究，这也是我们说的如果你要成为一个科学家的必经之路。还有没有需要补充的？

【生】在这个实验当中我们经常会出现各种各样的意外，但是实际上我们不能因为我们做得好就这样过去了，我们应该在合作的态度当中要有严谨的科学态度，就是认真对待每一个步骤，探究这个步骤会出现什么样的干扰因素。

【师】好的，还有没有补充的？

【生】实验探究的过程是由我们一步步去深入，发现问题，然后不断去设计实验，再来解决问题的过程。我觉得这个实验过程可以激发我们的兴趣，然后在这个实验过程中我们一步步地去深入理解实验的原理，更能够深入地去学习好。

【师】好，我相信大家还有很多其他的想法，鉴于时间关系我们就讨论到这。

课后，L老师也进行了教学反思。整堂课对亚铁离子的化学性质尤其是以氢氧化亚铁的制备为线展开深度探究，不但横向考虑了化学性质包括氧化性、还原性等，对纵向深度思维的引导也进行铺垫。对于这一基于"科学探究与创新意识"的课堂，他深知创新与探究要真正落实必须以学生为主体，让学生学习方式真正转变，并以问题驱动其在亲身直观的体验中构建探究思想、辩证意识；他开展以化学实验为主的多个探究活动，并把握实验深度，且通过让学生思考、表达探究过程将隐性的思维过程显性化，促进感性认知到理性认知的转变；充分发挥探究价值，注重探究过程中的生成性问题，及时解答，最终传递创新意识这一理念。

在设计过程中他对各个环节不断改进，不断寻求突破，对"科学探究与创新意识"内涵深度挖掘，量变逐渐引发质变，最终他打破了固态教学模式，冲破迷雾，给他的教学注入了新的生命力。

正是L老师的种种考量、思想注入，这堂课受到评委们的高度赞赏，斩获佳绩，真正不虚此行。

结语

对每一位化学老师来说，教学是他们的必修课，是传递学生以化学知识和方法、化学魅力，促进教师自身专业发展的重要环节。新时代引领下，化学教学变成了教师们的进阶课程。突破常规是教师们持续追求的目标。"科学探究与创新意识"作为这一高中化学学科核心素养的重要方面，给教师们很好的启发，课堂更应以学生为主体，让其在真实探究中不断证实与证伪，在此循环中螺旋上升，建立辩证思维；在认知冲突中挖掘本质，预设与生成中不断突破常规，培养创新意识。本堂课呈现了以亚铁离子化学性质学习为明线、"科学探究与创新意识"素养发展为暗线的教学过程，每个环节都体现着创新与辩证，对应试教育下的学生改变也是巨大的，且L老师也从中真正突破了过往的固有教学模式，真正做到与学生在互动中教学相长。这启示我们，在教学中要大胆创新，敢思敢做，最终实现双赢。

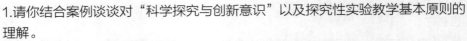
1.请你结合案例谈谈对"科学探究与创新意识"以及探究性实验教学基本原则的理解。

2.案例中 L 老师是如何构建探究的一般流程的？L 老师是如何一步步向学生传递创新意识的？

3.请用姜建文著《化学课堂探究教学"制订计划"的评价》中的编码分析法对案例中探究性实验的制定过程进行评价。

4.结合本案例的学习，自选某课题，自主设计一个基于"科学探究与创新意识"的相关教学环节并实施。

推荐阅读

[1]毕华林，刘冰，著. 化学探究学习论[M]. 济南：山东教育出版社，2004：10.

[2]任长松，著.高中新课程与探究式学习[M]. 天津：天津教育出版社，2005：1.

[3]姜建文，潘振蓓，王岩. 化学课堂探究教学"制订计划"的评价[J]. 化学教育（中英文），2018，39（11）：5-9.

[4]吴兰. 化学实验教学中的课例研究——以"新制氯水成分的探究"为例[J]. 化学教学，2012（11）：39-41.

[5]李新义，陆晓萍，高建伟. 新课程中学化学实验系统设计与实践研究[J]. 化学教学，2015（07）：17-22.

[6]潘振蓓，姜建文.基于科学史的"元探究"教学在化学学科中的应用[J].化学教学，2018（11）：56-60.

5.3.5　基于生活的化学复习课——以"牙膏中的化学"为例

案例
摘要

化学知识来源于生活也作用于生活，基于生活的化学教学其目标是将化学知识与生活中的真实问题联系起来，在学习的过程中让学生感悟化学的意义和价值，培养学生的社会责任感和科学精神。本案例中，Y 老师以牙膏这一生活中常见的物质为载体，通过设计牙膏成分的验证、轻质碳酸钙的制取以及不同品牌牙膏中碳酸钙含量测定三个主要环节，在课堂中赋予学生不同的身份和角色来提高学生对碳酸钙这种物质的定性和定量分析的能力。介绍 Y 老师这一堂基于生活的化学复习课的教学过程，希望能够为读者提高化学复习课设计能力提供参考。

关键词：复习课；生活化；牙膏。

背景信息：

美国心理学家奥苏贝尔在其代表性论著《教育心理学—— 一种认知观点》一书的

扉页中写道："假如让我把全部教育心理学仅仅归结为一条原理的话，那么，我将一言以蔽之：'影响学习的唯一重要因素就是学习者已经知道了什么。'"对于这句经典名言，一般将其理解为教学时必须在当前所学的新知识与学习者原有认知结构的某个方面之间建立起非任意的实质性联系，这种联系最直接、最有效的形式就是生活中的真实问题。

在化学教学的过程中，为了克服学生对抽象概念和复杂原理的理解困难，在解读教材基本内容的同时也要补充一些相关联的生活常识，运用真实的生活场景、熟悉的生活物品、类似的生活经验等载体帮助学生解决学习中遇到的问题。这样既可以解决教学中遇到的问题也可以让学生更好地实现知识的迁移。

在教学过程中我们把基于生活的化学教学的内容归为以下四类。

① 基于化学史的教学，将化学学习中的概念、学说和理论与形象生动的化学史的故事结合起来。

② 基于生活中的常见化学现象和事实的教学，我们的衣、食、住、行都与化学有着密切的关系，在教学过程中可以将这些常见的现象与化学知识相互结合。

③ 基于科技前沿和社会发展的教学，在化学的基础教育中都应该积极地渗透化学领域的新材料、新技术、新理念的相关知识和情感。

④ 基于化学对生活发展影响的教学，化学是一门科学，对社会和生活既有积极的也有消极的影响，在教学过程中要合理地运用素材帮助学生科学认识化学。

Y 老师，男，H 市初中化学老师，在教学岗位上虽然时间不长，但教学成果显著，经常代表学校参加各级各类优质课比赛，多次受到学校的表彰。本案例介绍了 Y 老师的一节参赛课"基于生活的化学复习课——以'牙膏中的化学'为例"的教学设计与实施过程。

 案例正文

（1）Y 老师的赛前准备　J 学校在每年的省级和市级教学比赛中都取得了耀眼的成绩。这不，A 省一年一度的"青年教师优质课比赛"又要开始了，每年这个时候都是各教研组最忙碌和最兴奋的时刻，每个青年教师都积极地为自己争取比赛资格，J 学校化学教研组也展开了激烈的竞争。本次比赛分高中组和初中组，各有一个名额进入省级比赛。所以学校首先在初中部和高中部分别筛选了教学能力过硬的几个青年教师，让他们各自准备一下要参赛的主题方向。要代表学校去参加省级的比赛，教师的基本功是基础，同时也要选取具有亮点的参赛课题，只有这样才能真正脱颖而出。根据当前课改形势，大家多从核心素养、实验创新、项目式教学等角度设计了不错的教学计划。这确实是当下教学的热门，也是每位教师要去努力的方向，最后高中组的 F 老师的"发挥探究实验在发展学生化学学科核心素养中的重要功能——以乙烯的化学性质实验改进为例"获得了参赛资格。高中组的参赛方向确定后，大家觉得初中组的主题就应该更有独创性一点，大家希望在初中组看到一个不一样的东西。最后脱颖而出的是 Y 老师的"基于生活的化学复习课"这一选题得到了教研组的一致认可。

为了得到这个参赛机会，在比赛中继续延续 J 校的荣誉，Y 老师做了如下的准备：

① 向恩师取经　Y 老师参加比赛时正是初三下学期的下半段，大家都真正进入中考复习阶段，基本完成了初中的学业任务，这也是 Y 老师之所以想以复习课参加比赛的一个重要原因。因为他自己也正面临着复习课的一些困惑。Y 老师查阅了大量的资料，也没有找到教学设计的灵感。就在这时 Y 老师想到了一个人，那便是自己的研究生导师 Z 老师。Z 老师年轻的时候是重点高中的化学老师，90 年代通过考研成了省属师范大学化学教育方向的研究生，毕业便留在了省属师范大学任教。Z 老师是一个有着丰富的中学教学经验和教学研究背景的教授。在大学的时候大家就很喜欢上他的课，他的课不仅有理论也有实践，对在校的大学生很有帮助。Y 老师会选择当化学老师在一定程度上也是受到了 Z 老师的影响。自己虽然毕业了，但也一直跟自己的恩师保持着联系，在教学中遇到了难题也都会请教 Z 老师。所以就利用周末的时间找到自己的导师。见到 Z 老师后，Y 老师讲到了自己在准备青年教师优质课比赛的事情，他把自己目前的想法跟老师作了介绍，他说道："初三年级的学生刚接触化学这门课程，学生对于化学知识的学习有比较大的热情，加上知识本身也比较基础，所以在上新授课时学生就基本上能够掌握要学的知识点，这对老师来说是值得欣慰的，但这也为后面的教学带来了很大的问题。那就是复习课效率极低，教师不断地炒现饭，学生也没有什么参与的积极性，为了解决这个问题我试着采用不一样的复习方法来提高学生对复习课的学习激情，但效果都不是很好。我这次选择复习课作为自己的参赛方向，一是因为自己确实存在这个复习课的问题，如果不是比赛，自己可能也不会有大量的精力来琢磨这个复习课；二是希望通过比赛让更多优秀的老师去思考这个问题，借助比赛这个平台把这个问题好好地讨论一下。"

Z 老师首先对 Y 老师这种敢于直面问题的态度表示欣慰，同时也很理解 Y 老师的困惑，复习课一直就是一线教师头疼的问题，很多老师要么是炒现饭，要么是题海战术。这两种常见的复习课形式都很容易消磨初中生对化学学习的积极性。Z 老师说："复习课，需要解决'对路、到位'问题。学生已经有了一定的知识储备、生活经验，但复习内容的熟悉性让学生学习感觉乏味，主体参与不足，导致复习效率普遍不高。事实上，复习课承载着'回顾整理、沟通生长'的独特功能，复习教学是'温故'更是'知新'。其课型特点决定了上好复习课的关键在于能否有效调动学生参与课堂以及学生思维的活跃性。既然复习课最大的问题是枯燥、没有新意。那你觉得什么样的课学生最感兴趣呢？"Y 老师说："讲知识点时没兴趣听，讲到生活中的新闻啊、趣事啊、科技啊就有说不完的话了，还有学生对实验也很有兴趣。"Z 老师笑了笑说："这是学生的天性，所以作为老师我们在课堂上不能无视甚至禁止学生的这些所谓的'无关紧要的闲扯'，而是要利用好学生感兴趣的这个点。你想想是不是这个道理？"Y 老师想了想说"您是说学生觉得化学复习课枯燥无味，我们可以把化学复习课上得跟新课一样，比如将要复习的知识与生活场景结合起来？"Z老师说："是的，生活化的教学！你可以思考一下。"Y老师说："有道理，但我们在新授课的时候就已经引入了大量的生活知识了，感觉再讲大家也没兴趣。"Z老师摆摆手说："不不不，新授课的知识点是零碎的，你复习课的任务可以设计一个主题线，将所有的知识点串联起来。打个比方说知识是画笔，生活情境是画布，你要让学生用掌握的零碎的知识在你选取的生活背景上作出优秀的画卷。所以新授课是'学懂'，而复习课是'会创作'。"听了Z老师的话，Y老师恍然大悟，他说："对呀，我们一直在烦恼学生上复习课时觉得枯燥，如果把知识渗透进学生感兴趣的生活中去，那就完全不一样了。既然学生都那么自信自己学会了、都懂了，那就考验考验他们是不是真的像自己想的那样'厉害'呢，那就用实际的任务来验证一下呗。"

通过与Z老师交流后，Y老师回去就选定了围绕"碳酸钙"这一知识为切入点设计了一堂"基于生活的化学复习课"。

② 查阅文献，理解要义　Y老师结合"生活化的化学课"教学理念以及根据自己的教学经验，Y老师明白"基于生活的化学课"，如果实行得不好，可能会出现在课堂上热热闹闹，课下茫茫然然的现象。要做好"生活化"的教学，普遍认为要做好以下四点。❶

a. 知识载体形式要丰富　"基于生活的教学"首要特征是基于真实性和社会化任务的教学，强调学习素材源于真实生活，教学形式体现社会参与。在教学过程中教师设计的"生活化的载体"往往只体现在教学的某个环节，伴随着教学环节结束的还有情境的消失。这样的基于生活的教学是表面的，教师一旦使用不当就很容易让学生觉得突兀又没有价值，所以在教学过程中，如果能找到合适的生活化的载体，符合整堂课的教学理念，使其能贯穿整个课堂就很完美了。将知识融于情境，将任务赋予真实的问题解决，为学生真实参与创设条件。这样才能真正激发学生的学习兴趣，才能自发地去解决问题，才能让化学真正走进生活。

b. 小组活动不应形同虚设　由于学生在解决真实的问题时能力有限，所以在进行教学时教师通常会建立小组，以小组为单位解决问题。建立小组一方面是提高解决问题的速度，另一方面是为了提高大家合作交流的能力。当前的课堂中，小组活动大多流于形式，形同虚设。以组长为核心的小组编制形式使得组员过于依赖组长，从而将组员的社会功能予以弱化。小组内往往呈现严重的两极分化现象，勤思善言的组员积极性高，沉默内向的组员参与程度低，小组活动实质上演化成某些个体的舞台。所以在教学的过程中教师要积极地去发现学生的优点，让每一个学生都可以在自己所在的小组中找到自己的位置，发挥自己的长处。

c. 课堂对话要多样　课堂教学是一个双边对话的过程，师生、生生的质疑、争论、协商、分享等双边对话是课堂学习共同体的重要特征。双边对话建立在个体相互尊重与信赖的基础上，当前很多教师追求效率，与学生的交流大多限于知识层面的交流，情感上缺乏互动，课堂上难以营造尊重与信赖的情感氛围，进而无法构建真正高效的课堂。另一方面，双边对话依赖于教学过程中的互动生成。当前学校教育与工业生产的组织原理相同，通过统一的教育流水线，输出高产量的教育产品。课堂中一味追求效率，忽视学生的个体经验与个体差异，单向性的知识输入取代双边性的互动生成，教育由慢的艺术畸形转变为快的生产。这些问题在课堂教学中都要尽量避免。

❶ 颜标峰.浅议课堂学习共同体的建构策略——以"牙膏与化学"的教学实录为例[J].化学教与学，2017（第6期）：37-40.

d. 课堂内外界限明显　"基于生活的教学"课堂学习需要突破课堂界限，让学生养成在生活中发现问题，在课堂中解决问题，在生活中运用知识这样一个良好的学习习惯。因此需要考虑课堂环境与更大的课外环境的联系。但令人不甚乐观的是，将课堂内外以上下课铃声分界是当前的普遍现象。课堂是知识传达的时空，课外的学习资源则不予开发或开发不足，界限明显的课堂内外造成生活化教学不深入、不真实的现状。因此为了解决这个问题，教师在进行生活化的教学过程中要适当地引导学生打破课内外的概念界限，在课外创设具有学习意义的活动，突显学习的社会性、自主性和生活性，将有利于构建高效的课堂。

Y 老师在进行了大量的学习准备后，认为这节"基于生活的化学复习教学课"可从以下几点来进行教学过程设计：创设应用性情境；组织合作性学习；引发争论性质疑；设计拓展性活动。

据此 Y 老师在教学中进行了如下的教学环节设计。

③ 设计教学过程　Y 老师在多次探索"基于生活的化学复习"思路后，选定了人教版九年级下册第十一单元"盐　化肥"中的主题一"生活中常见的盐"以"碳酸钙的知识链"为主线设计了如下的教学过程：

教学环节	教师活动	学生活动	设计意图
课前分组	课前向全班说明合作性学习的任务形式，将班级内 40 名学生按照性格特征、学业水平、能力倾向三个维度进行测评	全班共分为十组，在四人小组中保证各个维度和层次有相应的组员	组建有效的学习小组
课前热身	布置学生"调查家用牙膏成分"的任务	运用书籍、网络等多种手段了解"家用牙膏的成分"	培养学生善于从生活中发现"化学"的意识。将课外调查结果聚拢到课内进行科学性探究，衔接课堂内外
讨论	引导学生讲出自己课后调查牙膏成分的结果	每个小组都讲出了自己的调查结果	让学生意识到自己课堂外的工作是有价值的
调查反馈	将十组同学的调查结果反馈在表格中	找到牙膏成分的共同点和不同点	将生活中的牙膏与化学知识建立联系
成分检测方案制定	通过设问的形式引导学生如何测定牙膏中的成分	发表自己对测定牙膏中成分的观点	引导学生自己解决生活中的化学问题
牙膏成分的测定实验	提供相应的实验素材，引导、辅助学生完成实验	合作完成牙膏中水和碳酸钙的检验	提高学生的实验操作能力，巩固水和碳酸钙的化学性质这一知识点
设计工艺生产流程	赋予学生"牙膏工厂的设计团队"的角色引导设计工艺流程	扮演牙膏工厂的设计团队，合作绘制生产轻质碳酸钙的流程图	将学生置于真实的情境中，提高解决问题的内动力
分析不同工艺流程	时时拍摄各设计团队的阶段性成果，展示在投影上	小组成员向大家展示工艺流程图设计的原理	通过交流明晰自己的设计意图和其中可能存在的问题
分析定量分析装置的优缺点	展示定量分析的装置，赋予学生"牙膏工厂质检员"的角色来分析该装置	讨论并交流该装置的优缺点	培养学生的"优化意识"，善于全面考虑问题
改进定量分析装置	【布置任务】根据刚才的讨论优化这个定量分析装置	以小组为单位设计出优化后的装置	培养学生解决问题的能力

教学环节	教师活动	学生活动	设计意图
实验演示	结合学生设计出的改进实验装置，设计一个最优的装置，进行实验演示	观察教师的实验演示结果	通过教师的演示提高学生对自己解决问题的信心
课后练习	布置课堂测评	完成课堂作业	检测学生的学习水平
拓展参观牙膏工厂	布置学生利用课后时间，通过查阅资料、走访牙膏厂的形式了解牙膏的更多生产方面的知识	搜集牙膏生产的资料并做课内分享	设计拓展性活动，带着课堂的理性体验，走进真实的生产生活，将课堂的意犹未尽延伸到课外

（2）"基于生活的化学复习课"实施

① 教学实录

a. 分组调查牙膏成分　科学有效的小组学习是实践课堂学习共同体的要素。本堂课中的合作性活动多样，涉及实验、绘图、定量设计等形式。课前向全班说明合作性学习的任务形式，将班级内 40 名学生按照性格特征、学业水平、能力倾向三个维度进行测评。性格特征维度设置两个层次：外向交际型、内向思考型；学业水平维度设置三个层次：优秀、合格和有待提高；能力倾向维度设置三个层次：实验能力强、绘图能力强和设计能力强。全班共分为十组，在四人小组中保证各个维度和层次有相应的组员。

在保证上述的分组原则后，以男女混合、就近友伴组合为佳。确定分组名单后，布置各组进行"课前热身"的合作性活动——调查家用牙膏的成分。

b. 实验检验牙膏成分

【调查反馈】牙膏在我们生活中应用广泛，课前同学们以小组为单位调查了家用牙膏的成分，教师将十组同学的调查结果反馈在表格中。

关注牙膏成分

名称	主要成分
摩擦剂	磷酸钙、碳酸钙、氢氧化铝、二氧化硅
发泡剂	十二烷基硫酸钠
保湿剂	甘油和水
增稠剂	角叉胶或羧甲基纤维素钠
防腐剂	安息香酸钠
增香剂 甜味剂	香精 糖精
着色剂	二氧化钛、食用色素
氟化物	氟化钠或一氟磷酸钠

【提问】其中哪些成分比较熟悉，你会用什么方法检验这些成分？

【学生1回答】水，可以用无水硫酸铜检验。

【学生2回答】碳酸钙，可以用稀盐酸检验。

【老师】说得非常好，那老师在课前也为大家准备了实验装置，大家现在以小组为单位进行实验。

【学生实验】合作完成检验牙膏中水和碳酸钙的实验。

【老师活动】观察各小组的实验操作情况。

【老师】有谁愿意分享实验现象吗？

【学生3】向无水硫酸铜中加入牙膏后，无水硫酸铜变蓝。

【学生4】向牙膏中滴加盐酸后有气泡产生。

【老师追问】大家都是这样的现象吗？

【学生5质疑】我们小组向牙膏中加入稀盐酸，没有明显现象。

【老师释疑】请结合调查反馈表，思考现象出现的原因。

【学生活动】观看调查表，发现有的牙膏中不含碳酸钙，恍然大悟。

【老师释疑】碳酸钙添加在牙膏中，发挥摩擦剂的作用，二氧化硅等颗粒也具有这样的功能。作摩擦剂的碳酸钙颗粒细小且均匀，在牙膏工业中称为轻质碳酸钙。

c. 设计生产工艺流程

【角色扮演】假如你们小组是牙膏工厂的设计团队，如何将价格低廉的石灰石转化为轻质碳酸钙？

【图片展示】工艺流程图的设计要点。

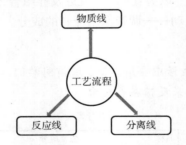

【学生活动】扮演牙膏工厂的设计团队，合作绘制生产轻质碳酸钙的流程图。

【老师活动】时时拍摄各设计团队的阶段性成果，展示在投影上。

【分享与交流】学生自愿分享设计成果，其他学生认真聆听。设计成果分为两类：

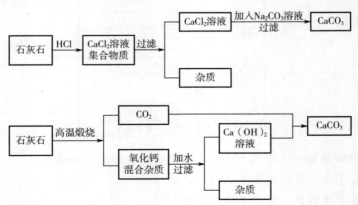

【老师提问】有两种不同的设计方案，你们团队愿意选择哪一种？

【学生6】我愿意选择第一种，因为它看起来更加的简单一些。

【学生7】我们小组是第二种方案，第二种方案看起来复杂，但其实它的利用率更高。

【老师总结】两种方案各有利弊：第一种方案耗能小，但药品需求量大，且不宜控制用量；第二种方案产物利用率高，但耗能高，且产率较低（氢氧化钙的溶解度小）。

【学生补充1】第二种方案还有一个不足：石灰石中含有二氧化硅，氧化钙和二氧化硅在高温条件下会反应，生成硅酸钙，消耗部分氧化钙，降低产量。

【学生补充2】还有一个问题值得思考，轻质碳酸钙颗粒细小均匀，两种方案中，生成的碳酸钙是否符合要求？

【老师总结】大家说得非常好，如果我们真的是牙膏厂的一名设计师的话，大家思考问题的角度是正确的，我们就是要从多方面去思考这个问题，权衡利弊。在实际生产中我们的设计方案不可能是完美无缺的，但我们永远都要追求更好，要敢于质疑。

d. 改进定量分析装置

【老师】大家再思考一个问题，牙膏当中的摩擦剂像碳酸钙，是不是越多越好呀？

【学生8】不是，如果摩擦剂太多的话，我们刷牙时会把嘴唇和舌头磨破。

【老师过渡】说得非常好，作为摩擦剂的碳酸钙在牙膏中有最适宜的添加比例，如何检测牙膏中碳酸钙含量是否达标？

【学生8】我知道，在工厂里面有质检员，他们的工作就是测定产品里面各成分含量的，那么一支牙膏中的碳酸钙含量应该也可以测定。

【老师】说得非常好，但问题是现在碳酸钙混在了牙膏里，我们怎么测定呢？

【学生9】有办法可以把碳酸钙提取出来吗？

【老师】肯定是可以提取的，但我们学校现在还没有这个提取条件啊，而且碳酸钙不需要提取就可以测定，我们自己就可以测定哦，思考一下？

【学生10】我知道了，我们可以测定其中的某一种元素的含量，碳酸钙中含有钙、碳、氧元素。氧元素不行，很多物质里面都有氧元素，是不是可以测钙元素和碳元素呢？

【学生11】估计有点难，可不可以转换成某种物质呢？

【学生5激动地站起来】我知道了，我们加盐酸啊，它就会产生二氧化碳，然后用石灰水吸收二氧化碳不就很好了吗？

【老师】大家刚才分析得很对，那我们来看看装置吧。

【PPT展示】定量分析的装置模型

稀盐酸

碱石灰

【角色扮演】假如你们小组是牙膏工厂的质检团队，如何完善装置使得检测结果更加准确？

【学生活动】扮演牙膏工厂的质检团队，合作完善碳酸钙定量检测装置。

【老师活动】参与小组的定量设计讨论，对化学基础薄弱的小组进行指导。

【分享与交流】学生自愿分享设计成果，其他学生认真聆听并作相关补充。

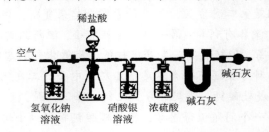

【学生追问】吸收氯化氢是否可以使用饱和碳酸氢钠溶液？

【学生活动】表示赞同，饱和碳酸氢钠溶液吸收氯化氢，不吸收二氧化碳。

【学生质疑】我们小组认为不能使用饱和碳酸氢钠溶液，氯化氢与碳酸氢钠反应，生成二氧化碳，干扰碳酸钙含量的测定。

【学生活动】频频点头，豁然开朗，响起掌声。

【老师追问】上述装置虽然严谨，但是过于复杂，可否将装置进行简化？

【学生回答】将挥发性酸换为不挥发性酸，比如稀硫酸，可减少一个除杂装置。

【学生11质疑】我认为不能将稀盐酸换成稀硫酸，稀硫酸与碳酸钙反应会生成微溶物。

【学生12质疑】稀硫酸与大理石反应时，微溶物覆盖在表面，会阻碍反应进行，但是牙膏中的轻质碳酸钙颗粒细小。

【学生13再质疑】稀硫酸与轻质碳酸钙反应时，微溶物真的不会阻碍反应进行？

【演示实验】稀硫酸与轻质碳酸钙的反应，轻质碳酸钙反应完全。

e. 随堂测评

【老师】今天我们扮演牙膏生产团队，体验到方案设计的辩证和定量质检的严谨，老师相信下面的问题对你们来讲都是小问题，让我们一起看看吧。

【展示PPT】课后练习

对牙膏的探究要用到许多化学知识：

（1）根据你的推测，牙膏摩擦剂的溶解性是_____（填"易溶"或"难溶"）；

（2）牙膏中的摩擦剂碳酸钙可以由石灰石来制备，有学生设计了一种制备碳酸钙的实验方案，其流程图为

① 在"煅烧炉"中发生反应的化学方程式是_____，该反应类型属于_____反应；

② 在"沉淀池"中生石灰与水反应的化学方程式是_____；

③ 投入"反应池"中的石灰乳是不均一、不稳定的混合物，属于_____（选填：溶液、悬浊液或乳浊液）；

④ 反应池中发生的化学反应是 $Ca(OH)_2 + Na_2CO_3 \xlongequal{\quad} CaCO_3\downarrow + 2NaOH$，若在化学实验室里分离出"反应池"中的沉淀物，该操作的名称是_____；

⑤ 本流程图中_____（填物质名称）可以替代"碳酸钠溶液"达到降低生产成本和节

能减排；

（3）检验牙膏中是否含有碳酸盐的实验方法是_____；

（4）某学生为了测定一种以碳酸钙为摩擦剂的牙膏中碳酸钙的含量，在烧杯中称取这种牙膏膏体 100.0g，向烧杯中逐渐加入稀盐酸至不再有气体放出（除碳酸钙外，这种牙膏中的其他物质不能与盐酸反应生成气体），共用去稀盐酸 800.0g，反应完毕后称得烧杯内物质的质量为 878.0g（所有质量数据均不含烧杯质量），请你计算这种牙膏中碳酸钙的质量分数。

【学生】思考并完成题目。

f. 拓展参观牙膏工厂

【课外拓展】今天我们扮演牙膏生产团队，体验到方案设计的辩证关系和定量质检的严谨性，真实的牙膏工厂中，是按照我们设计的思路进行生产的吗？我们今天的课结束了，但我们的学习并没有结束，大家可以借助互联网去看看能不能收集到牙膏生产的相关知识。如果有条件的话也可以亲自去牙膏厂看一看，好不好？

【学生】开展课外拓展。

② 教学评价

a. Y 老师的教学反思

（a）创设真实情境，发展化学学科核心素养　教学要联系生活，以生活中的真实片段为载体，注重实践应用能力和创新精神的发展，对于核心素养的提升和发展具有重要价值。核心素养，在真实的生活情境下培养尤为重要。本节课围绕"牙膏中含有哪些成分""如何鉴定这些成分""如何定量测定牙膏中的成分"等与牙膏有关的一系列生活、生产问题。赋予学生真实的任务角色，要求学生应用所学知识，结合生活中的见闻和体验，思考并回答相关问题或完成某些任务，使其在解决实际问题的过程中，更有效地掌握知识，熟练方法，树立核心观念，发展核心素养。从学生的课堂表现可看出，学生认为收获最多、印象最深的多为与生活实际紧密联系的内容。

（b）创新教学设计，激发学生学习兴趣　学生的课堂和课后表现显示，学生对新的复习形式、新的素材、新的问题角度会留下更深刻的印象，并认为自己在这些方面有新的认识和收获。这对教学的启示是：对于相同的知识点，教学设计的创新，可以更好地激发学生的学习兴趣，提高学生的有效参与程度，达到更好的教学效果。本节课一改过去的"梳理基础知识—训练典型例题—讲解解题技巧"的传统初三复习模式，采用以"牙膏成分的探究"为主要情境线索，"串联"重要的相关知识点的"串烧"式复习模式，让学生觉得形式新颖，不枯燥。复习碳酸钙性质和含量测定，以选择优化定量测定方式为任务，从性质和装置优化两个角度思考问题，并引入递进任务，让学生觉得更有挑战性，更愿意参与。在碳酸钙成分的鉴定复习课，过去我们常常采用回顾碳酸钙的性质、书写转化过程中的化学反应方程式。本节课则在此基础上，进一步引导学生动手验证自己的认识，效果更显著。

（c）用好问题串，促进知识、思路结构化　围绕教学内容的基本框架，梳理出几个重要核心问题，凸显知识之间的逻辑结构，使各教学环节、知识内容环环相扣。本节课把学科基础知识、能力和素养要求转化为几个核心问题：牙膏的摩擦剂成分是什么？你有什么方法鉴定这种摩擦剂？如何生产摩擦剂？如何测定牙膏中摩擦剂的含量？搭建起本节课的基本结构。

在教学实施中，每个问题的设计应结合学生已有认知水平和认知规律，指向明确；同时留给学生足够的时间思考和表达，并针对学生的回答进行追问。例如，在讨论"牙膏厂如何生产碳酸钙这种摩擦剂"这一环节，系列问题串促使学生发挥主体性，深入思考，逐步构建知识体系，锻炼化学思维能力。

b. Z 老师眼中的这堂课　比赛结束后 Y 老师觉得应该把这堂课给老师看看，因为老师最清楚这堂课的前因后果，老师的点评对今后的教学活动也有很大的帮助。

Z 老师首先赞扬了 Y 老师对复习课进行了较大的创新，让真实的生活情境贯穿课堂。而不是单纯地为了教学而设置空洞的情境，给我们的教学创造了更大的空间，带来了新的视野。同时他认为 Y 老师很好地把科学探究作为突破口，让学生多做实验，从实验中学习更多的东西，让科学探究的精神融入学生的学习中。他也强调在这堂课上 Y 老师的师生互动、生生互动做得比较好。教师要根据知识的重点和内在联系精心设计有机联系的问题组，安排好设疑的层次与梯度，不断提出问题，造成悬念，引起学生探索知识的愿望。Z 老师也为 Y 老师的这堂公开课提出了一些改进的建议。第一：他提到了做定性实验时，一定要有参比性。如果没有对比实验，那么这个实验就可能没有说服力。在实验这一块，他建议老师要尝试改变实验的观察方法，不仅仅是用眼睛观察，还可以发挥我们其他的感官，从多方面、多角度来观察实验，以便更好地观察到实验结果，这样也符合科学探究的精神。第二：Z 老师也提出了一个问题，那就是这一堂课的设计是希望发现某些方面有特质的学生。比如在刚才的课中，授课老师在观察学生做实验过程中，是否发现了一些学生在实验中表现出了以前并没有被发现的优点，进而鼓励学生发挥他们在学习中的特长。第三：Z 老师建议我们在进行教学设计时，既要设计教学内容，又要对学生学习进行更好设计。比如在培养学生动手能力时，要从实验等多角度来考虑，同时要考虑心理学上提出的"三序"问题，即学生的认知顺序、心理发展顺序及知识的逻辑顺序，争取在培养学生动手能力这一块提供更多的方法，开拓出新的思路。

结语　在本次省级课例展示比赛中，Y 老师付出的汗水得到了回报，成功地拿到了初中化学组的优秀奖。这堂课的成功之处就在于 Y 老师能够针对化学复习课的常见问题，创造性地与"生活"相结合。化学在衣、食、住、行领域中发挥着广泛的作用，化学知识的应用在我们的生活中无处不在。能让学生感受这点无疑会提高学生学习化学的积极性，增强学生的社会责任感，提高学生应用化学知识解决实际问题的能力。从当前化学课程的设置来看，环境、能源、资源枯竭等问题是化学与生活、化学与技术方面的重要内容，教师不仅在新授课，在复习课中也应从中挖掘素材，与社会热点新闻结合，创设学生感兴趣的问题情境。这样就可以促使学生积极地去思考、探究、解决问题或发现规律，并伴随着一种积极的情感体验，这种情感如对于知识的渴求、对于客观世界的探究欲望和激情、发现规律的兴奋等。

**案例
思考题**　1.请分析"牙膏中的化学"这节复习课所涉及的课程内容与课程目标。
2.Y 老师是如何将教学内容与生活相结合的？并说一说 Y 老师在这堂课中的独

特之处。

3.复习课与新授课有哪些不同？复习课的难点在哪里？Y老师的这堂复习课有没有克服复习课的难点？

4.生活化教学有哪些优点？Y老师有没有体现生活化教学的优点？

5.如何将知识与生活结合起来？找到了知识与生活的结合点之后我们应该考虑哪些问题？

推荐阅读

[1]吴春峰，高晓莹，邓善银.基于思维模型建构的高三有机化学复习——以"基础有机合成路线设计的反应先后次序"为例[J].化学教育（中英文），2021，42（1）：35-35.

[2]白云文，张亚芳.化学核心素养导向的中考化学复习课——以"氧气主题复习"为例[J].化学教育（中英文），2020，41（11）：13-17.

[3]顾弘，吴永才.教学评一致性视域下金属单元复习课的实践[J].化学教育（中英文），2020，41（3）：16-21.

[4]孙楠，陈凯，倪娟.基于科学风险认知的九年级"营养与化学"复习课设计[J].化学教育（中英文），2019，40（5）：22-25.

[5]蒋屹林，邹非，卫欣.游戏教学在化学概念复习上的运用——谁是卧底[J].化学教育（中英文），2018，39（7）：36-38.

[6]钟辉生，姜建文.学生双反思试卷讲评模式的构建与实践[J].化学教学，2014（7）：75-78.

[7]张娟，姜建文.基于化学史的"元素周期表"教学设计[J].化学教育（中英文），2017，38（17）：75-81.

[8]刘毛毛，姜建文.基于职业取向的化学教学设计——以"硫酸的工业生产"为例[J].化学教育（中英文），2021，42（15）：21-26.

第6章
化学教育测量与评价

6.1 化学教育测量与评价概述

化学教育测量与评价是化学教学的基本要素之一，是教学过程的一个重要环节。它是通过一定的方法和途径，对教育目标、教育过程、教育结果以及影响教育的各种因素进行的一种价值判断活动。通过化学教育测量与评价收集的反馈信息，教师可以掌握学生的化学学习状况，为改进教学提供依据；学生可以获得学习反馈，为反思和改进学习提供动力。化学教育测量与评价的目的是促进学生的全面发展和教师教学水平的提高。

6.1.1 化学日常学习评价

《普通高中化学课程标准（2017年版）》（以下简称"新课标"）关于"教、学、评"一体化的理念使教学评价成为一大研究热点，但课堂学习评价尚未引起一线教师的足够重视。化学日常学习评价是对教学目标达成程度的诊断，在日常教学中做好"素养为本"的教学评价是实现"教、学、评"一体化的基础。新课标"教学与评价建议"中明确指出：化学日常学习评价是化学教学不可或缺的有机组成部分，是化学学习评价的一种重要表现形式，是实施"教、学、评"一体化教学的重要链条。

课堂教学评价作为教育教学评价的一个重要的部分，它的存在具有一定的历史性。反思过去的课堂教学评价发展历程，特别是20世纪以来，对课堂教学评价的探索逐渐由内隐走向外显，开展了多种形式的课堂教学评价实践活动，也取得了相应的成果。但由于受到现行的教育观念和目标、课程结构与内容、教学方式以及中、高考制度和升学压力的强烈影响和制约，化学课堂教学评价存在较为严重的问题，尤其是化学学习评价。

课堂教学即时性评价是指在课堂教学过程中，评价者对评价对象的具体表现所作的即时的表扬或批评。新课程评价理念特别强调了教师的评价应关注于学生发展中的不同需求。重视与学生的情感交流，促进学生综合素质的提高，新理念的提出要求教师应摆脱过去僵化的思维模式，从只重视分数的怪圈中跳出来。全方面地审视学生，发现学生成长发展过程中的需要，树立课堂教学评价的新理念，加强自身对新理念的理解。如今的科技发展日新月异，学生不仅在课堂中学到知识，利用其他途径依然能了解未知的领域，但这样学到的知识有益也有害，教师应该对这些有充分的了解，引导学生学习积极向上的内容，使学生开阔眼界的同时也促进了教师的学习。课堂即时评价可以使教师从理论和实践两方面优化自己，掌握新的教学理念促进教师终身学习。

新课程的新理念给评价者提供了新的理论指导，评价者们也都在不断地用新课程的评价理念武装自己。然而将这些新的理念落实到操作层面，尤其是化学课堂教学中，仍然存在着较为严重的问题。课堂是学生日常学习的主阵地，为了迎合新课程所强调的要注重学生的发展性评价，大部分教师也开始注意在课堂中对学生进行即时性评价，但根据已有研究及课堂观摩活动发现，教师重教轻评、只教不评、盲评瞎评的现象仍然十分普遍，主要表现在：

① 一味地说"好"　在当前的课堂中很多教师不敢负面评价学生，一律用"好""不错"进行机械评价。回答问题时，学生答得并不怎么样，一些教师偏要夸上一句"说得真好！"这样的现象在公开课教学中尤为常见。而如此一味说"好"，表面上看是对学生表扬了，其实质是教师对学生所采取的一种无意识的不置可否的态度，它会使做过努力的学生得不到应有的鼓励，也使不辨是非的学生认识不到自己的缺点，就当时来说，也许失去了一次很好的教育契机，长此以往，会使学生丧失信心或迷失方向。因此，这样的"表扬"并不能起到激励作用。

② 评价过于程式化　自从新课程强调要尊重学生的个性以来，就有不少课堂开始掀起一股运用掌声、口号声进行评价的热潮。掌声是整齐划一的"啪、啪、啪啪啪"，口号声是整齐响亮的"你真棒！"这样的评价方式在小学的课堂上适当运用，也许有一定的效果，但在中学的课堂上经常采用这样的评价方式是没有多大意义的。因为这样的评价程式化，对谁的表扬都一样，缺乏针对性，缺乏真情。对稍有感悟和自我意识的学生，心灵的震撼力是很小的。

③ 表扬后没有提出新的要求　表扬时仅停留在精彩的答案上，没有追溯原因，表扬后也没有对其他同学提出新的要求或指导性意见，这样，容易使学生产生从众心理，低水平模仿，或者囫囵吞枣迎合别人。如果教师在表扬中能多说几句，不仅能使被表扬者得到更深层次的指导，也能碰撞出其他同学思维的火花。

课堂是实施发展性评价的主阵地，课堂教学即时性评价不仅是实现发展性评价必不可少的途径，也是实施情感教育目标的重要举措。然而，纵观国内外对学习评价研究的众多成果，却很少看到对前面所述的课堂教学即时性评价存在问题的研究。因此，以真实的课堂教学为载体，来研究教师对学生的即时性评价具有重大的意义，这不仅可以指导教师将他们的新课程思想更好地转化为实际的教学行为，而且对提高学生的学科素养具有重要作用。

6.1.2　学业质量水平考试

《普通高中化学课程标准（2017年版）》中的学业质量标准，将化学学业质量水平划分为4级，分别对4个水平级别的质量要求作出说明。课程标准在关于"学业质量内涵"的论述中指出："学业质量是学生在完成本学科课程学习后的学业成就表现。"高中化学学业质量标准是以化学学科核心素养以及表现水平为主要维度，结合化学课程内容，对学生化学学业成就表现的总体刻画。

学业质量水平是考试评价的重要依据。高中化学学业质量水平2是高中毕业生在化学学科应该达到的合格要求，是化学学业水平合格性考试的命题依据；学业质量水平4则是化学学业水平等级性考试的命题依据。

2014年3月30日教育部颁布的《关于全面深化课程改革　落实立德树人根本任务的意

见》（以下简称"意见"）明确提出，将"发展学生核心素养体系"的研制与构建作为推进课程改革、深化发展的关键环节。2018 年 1 月，依据上述"意见"修订的《普通高中化学课程标准（2017 年版）》（以下简称 2017 版新课标）正式出版，标志着新一轮的高中化学课程改革正式开始。2017 版新课标更新了高中化学课程的"基本理念"，要求"以发展学生学科核心素养为主旨，重视开展'素养为本'的教学，倡导基于化学学科核心素养的评价"，即倡导基于"发展学生化学学科核心素养"的"教、学、评"一体化。因此，高中阶段的化学学习评价（包括化学日常学习评价和化学学业成就评价）应高度契合新课标的基本理念，以"素养为本"的化学学习评价观为指导，紧紧围绕化学学科核心素养的发展水平和化学学业质量标准来确定化学学习评价目标，充分发挥评价促进学生化学学科核心素养全面发展的功能。

在我国现阶段的中小学教学评价体系中，纸笔测验仍作为主要的评价手段，发挥着区分、诊断、导向及激励等多项功能，尤其是"高考"，其作为一项已存在几十年的重大考试项目，发挥着为我国选拔、分流各类人才的重要作用，同时也影响着各位学子的前途命运，特别是在我国一千多年的科举制度的影响下，已然成为一种根深蒂固的"文化"现象。因此，高考试题应对其应试群体保持着公平性，这是最重要的，而公平性在一定程度上依赖于试题的规范性，体现在考试内容范围及能力要求层次符合考试大纲，试题的难度、区分度等质量指标合理，试题的设计符合心理学、测量学等理论基础。2017 版新课标要求的"素养为本"的化学学习评价观反映到高考题的变化上需要一定的过渡时间，但高考题的命题理念从 2017 版新课标颁布那年开始已发生变化，其初步体现于《2017 年普通高等学校招生全国统一考试大纲》的修订，该修订要求命题者要遵循"提前谋篇布局，体现素养导向，做好与新课程标准理念的衔接，在高考考核目标中适当体现核心素养的要求，梳理必备知识、关键能力、学科素养、核心价值的层次与关系"的基本原则，为积极探索构建"一体四层四翼"高考评价体系，全面对接基于核心素养培养的课程标准和高考综合改革做好铺垫。

作为中学化学一线教师，开展基于化学学科核心素养和学业质量标准的命题研究是必要的、刻不容缓的，有助于把握高考化学命题方向，从学科核心素养角度析题，进而为其展开基于促进学生化学学科核心素养的化学日常教学与评价提供导向与经验，有助于全面落实"以发展学生化学学科核心素养为主旨"的课程理念。

6.2 典型案例

6.2.1 中学化学专家型教师课堂即时性评价特征及启示——以"原电池"为例

案例摘要

课堂评价与学校教学和学生学习有着紧密联系，课堂即时评价作为一种内部课堂评价，在教育教学中发挥着重要的作用。通过对高中化学专家型教师、新手型教师"原电池"课堂录像的实录研究分析，明确了课堂即时性评价的类型、功能，以及如何在课堂教学中合理地运用各种课堂即时性评价，并相应地给出了一些建议。

案例正文

　　Berliner（伯利纳）在对教师教学专长的研究基础上，曾提出教师成长的五阶段理论：新手阶段、优秀新手阶段、胜任阶段、熟练阶段和专家阶段。本案例主要讨论新手阶段教师和专家阶段教师的课堂即时性评价特征。一般认为新手型教师是指从事教学工作1~3年的教师。专家型教师就是具有某种教学专长的教师，一般地，认为专家型教师应具备15年以上的教龄，具有高级职称和一定的教学荣誉。在本案例中，教师A是具有丰富教学经验的专家型教师，具有非常丰富的教学经验且取得了诸多教学荣誉。为了更好地说明专家型教师与新手型教师课堂即时性评价的特征，本案例选择了一个只有一年教龄的新手型教师作为对比。

　　结合专家型教师和新手型教师对人教版（2019年版）化学选择性必修1第四章第一节中的"原电池"课堂实录，列举课堂教学片段及师生对话，对言语性评价和非言语性评价加以对比，对专家型教师和新手型教师的即时性评价特征进行说明，以期得到相应的启示。

　　（1）非言语性评价　非言语性评价是指辅助性言语，一般指教师在课堂上的肢体性语言，包括如语气、语调、身体动作或目光等。

　　① 教学片段

　　a. 教学片段1

专家型教师（教师A）

【师】根据实验现象你能总结出这个原电池有什么缺陷吗？

【生】电压电流不稳定。

【师】对了（音量明显提高，语调欢快，并向学生投以肯定的眼光），电压电流读数不稳定，最后甚至逐渐趋于零。

【师】（点头表示肯定学生的回答，语调变得欢快）那么再请问，铜离子在铜片上得电子就有一个沿外电路的移动，如果在锌片上得电子的话，是否能够沿外电路定向移动被我们利用成电流呢？

【生】不能。

【师】好，不能。（点头表示肯定）那么这种电子的存在会造成什么呢？

【生】使得电池效率降低。

【师】好，这也就是说锌片的利用率低（边写板书边用左手招手表示赞同学生的回答）。

【师】再请问，我们生活中所使用的电池具有便携性，用的时候就接上，不用就断开，对吧？那这个电池你把电路断开，会怎么样呢？

【生】继续反应。

【师】对了，断开电路锌片继续和硫酸铜反应，所以它还有一个开路损耗（边写板书边用左手招手表示赞同学生的回答）。

　　……

新手型教师（教师B）

【师】根据之前的实验现象，你有没有发现单液原电池有什么缺点呀？我请一位同学来回答下。

【生】电流过快。

【师】对（点头表示肯定）。还有呢？除此之外，你还观察到什么现象吗？

【生】电流表读数不稳定。

【师】（招手表示肯定学生的回答）好，请坐。那也就是说这种原电池不能提供稳定的电流，更可怕的是什么呀？

【生】电流产生过快。

【师】那如果是这样的话，生活中，我用手机跟别人打电话，"喂，是×××吗？喂……喂……"挂断了，手机没电了是不是。

【生】是的。

【师】那这样的原电池肯定就不行了，不利于我们加以使用。

……

b. 教学片段2

专家型教师（教师A）

【师】我们请一位同学来回答下你所观察到的电压和电流数据。（眼神与手同时示意一位学生起来回答问题）。

【生1】电流和电压都在持续减小。

【师】（点头表示赞同）电流电压都在持续减小，你能告诉我一个具体的数值吗？

【生1】电压是从1.06V降低到0.83V。

【师】（板书将学生的答案写出）然后就停止了吗？

【生1】还会继续降低。

【师】大家观察到的也是这样吗？（语气由平稳变为稍带疑惑）不是就说话（用手和眼神同时示意另一位同学起来回答，接着立刻以感谢的目光并点头示意刚刚那位学生坐下）。

【生2】读数不稳定，忽高忽低。

【师】好，请坐（并同时用手势示意学生坐下）。

【师】我还要请你来回答（用期待的眼神和手势示意第一位同学），通过这个现象你是不是觉得这个电流表存在一些问题呢？

【生1】是。

【师】那你觉得这个问题可能是什么原因导致的？

【生1】铜离子在溶液中直接和锌板发生反应。

【师】那你的意思是在锌板上也出现了铜单质？（语气变得疑惑）

【生1】对，也出现了铜。

【师】真的是这样吗？你们掀开盖头来看看，看锌板上是否真的出现了铜。

……

新手型教师（教师B）

【师】通过观察发现你们刚刚组装的单液原电池不能提供稳定的电流，还会……

【生】减小。

【师】（点头表示肯定学生的回答）你猜一猜，是什么原因导致出现了这种情况。转过头看看你们的装置，猜一猜。

【生1】我猜应该是电极一边是正电荷，另一边是负电荷，积累多了，反应就终止了。

【师】你的意思是说铜离子的浓度逐渐减小吗？

【生1】对。

【师】很好，这是你的一个猜想。

【师】（提高语调）大家在观察实验现象时，有没有发现什么反常现象出现啊？（用手势示意一位举手的学生起来回答问题）

【生2】在两个电极上都有铜生成。

【师】（学生回答正确，老师露出了微笑）非常好，同学们给出了两个猜想。第一，是因为铜离子浓度减小；第二，是因为两个电极上都有铜生成。按道理，负极上应不应该有铜生成啊？

【生】不应该。

……

② 教学反思与建议　教师 C 在观摩教师 A 和教师 B 的课之后，认为：

教师 A 在两个教学片段中都借助了相当丰富的非言语性评价，如在教学片段 1 中，学生回答问题正确，时而用肢体语言表示肯定，时而改变语气语调来表示对学生答复的赞同，即使是在书写板书的过程中都不忘招手表示对学生回答的肯定。在教学片段 2 中，有一位学生（生 1）回答问题不准确，教师 A 并没有用语言直接去评价该学生的回答，只是语气稍加疑惑，并示意另一位学生（生 2）起来回答问题。这时，生 1 回答问题后由于没有得到教师的正面回答，可能会产生疑惑，"我刚刚的回答到底准不准确啊"，甚至会产生负面情绪。紧接着，教师 A 又巧妙地化解了这个"危机"，待生 2 回答完后，又用手势示意生 1 起来再解决另一个问题，并投以期待的目光。通过细节，充分体现了教师 A 作为一名具有丰富教学经验的专家型教师的教学机智。整个课堂不仅语言流畅生动，非言语性评价也运用得淋漓尽致。正所谓"此时无声胜有声"，有时候一个眼神的交流或者惊喜的语调比直接来一句"真棒"效果更佳。

教师 B 在课堂上也运用了相对较多的非言语性评价，如点头表示肯定，提高语速，露出微笑……但相对教师 A 来说，频率和形式稍微少一些。

对比教师 A 和教师 B 同一堂课同一个知识（概念）的教学片段，不难发现，专家型教师无论是从非言语性评价的频率还是形式都要比新手型教师丰富许多，且专家型教师在教学过程中还体现出了超强的教学机智，毫无疑问，辅以形式丰富且恰当的非言语性评价的课堂会更为生动。当学生在回答问题正确时，教师用赞许的目光或微笑给予肯定和激励，使学生体会到被教师肯定的快乐；对于比较害羞内向不敢主动回答问题的学生，教师可用鼓励的目光注视他，给他信心和勇气，使他相信自己一定行。

学习的内核是思维，学科的学习不仅具有工具性，同时具有人文性和启发性，要在学习过程中，让学生发展思维，陶冶情操。教师要用饱满的情绪和丰富而有效的肢体语言贯穿整个课堂教学，激发起学生与教学内容相一致的情感。另外，教师的评价也不能忽视体态语言。一个充满希望的眼神，一个赞许的点头，一个鼓励的微笑，拍拍学生的肩膀，甚至充满善意的沉默，都不仅仅传达了一份关爱，还表达了一种尊重、信任和鼓励，这种润物细无声的评价方式更具亲和力，更能产生心与心的互动，其作用远远大于随意的口头表扬。

（2）言语性评价　言语性评价，根据评价的内容，可分为积极评价、中性评价和消极评价，积极评价按其程度不同可分为确定性评价、称赞性评价、点拨性评价，中性评价也称为真实性评价。

① 确定性评价　确定性评价是指教师对学生的行为给予认同、肯定，但其程度也仅仅限定于单一的肯定，没有进行进一步的指导。

a. 教学片段

专家型教师（教师A）

【师】现在组装的这个原电池能不能帮它取个名字啊？

【生1】两液原电池。

【师】两液原电池？可以，请坐，有没有更具创意一点的啊？

【生2】双液原电池。

【师】双液原电池。这个可以，请坐，我个人比较喜欢双液。双液也好，两液也好，反正就是它的结构特点已经很突出了。跟单液电池相比，你告诉我它的优点是什么？

【生】电流持续而稳定。

【师】非常好。这就是我们通过实验得到的结论，也验证了我们之前的猜想是……

【生】正确的。

【师】对啦，不仅是正确的，而且是完全正确的。

……

新手型教师（教师B）

【师】同学们，这次实验怎么样？搭上盐桥之后有什么不同现象吗？情况改变了吗？

【生】改变啦。

【师】好，那我找同学来详细描述一下。

【生1】（举手回答）电池的电流不太稳定，但是电压比较稳定。

【师】哦（没听清）？再来一遍。

【生1】电流不稳定，电压稳定。

【师】好，请坐。大家观察到的现象是否都是这样？那联想下生活中的电池吧。我们用电池听收音机，听到最后会怎么样？

【生】慢慢没电了。

【师】对了。但是你注意到了没有，一个用电器，它始终要告诉你工作电压是多少。那我们这次组装的原电池的实用价值体现在什么地方？

【生】解决了电压不稳定的问题。

【师】对了，解决了单液电池电压不稳定的问题。

……

b. 教学反思与建议　教师 C 在观摩教师 A 和教师 B 的课之后，认为：

这是两位教师对同一个知识点——"双液电池的优点"的课堂教学片段。在这个教学片段中，两位教师都应用到了典型的肯定性评价。肯定性评价是一种对学生的行为、表现等给予认同、肯定的评价类型。

教师 A 在这个教学片段中所运用到的肯定性评价语言有："可以""这个可以""请坐""对啦"，且在作出这种评价之后会对学生的表现进行具体的说明。比如教师 A 问能不能给刚刚组装的原电池取个名字，学生 1 回答："两液原电池"，教师 A 评价道："可以，请坐，有没有更具创意一点的啊？"生 2 回答道："双液原电池"。教师 A 评价道："这个可以，请坐，我个人比较喜欢双液"。其实双液也好，两液也好，这些回答都是可以的，都能够体现出该电池的结构特征，教师 A 对生 1 的答案作了肯定性的评价"可以"，那如果教师 A 只是说了一句可以，从学生心理层面分析，学生 1 可能就会产生疑惑："我刚刚的回答到底正不正确啊，老师说的可以到底是什么意思啊"，这样可能就会造成学生 1 出现"开小差"的情况，也就会导致后面的知识讲解没有听到，这对学生的课堂效率是不利的。而教师 A 补充的一句："有没有更具创意一点的啊"，不仅是对学生 1 回答的一个答复（我这个回答是正确的，只是还有更有创意的名字），也有利于引导学生作进一步的思考。而对学生 2 的评价是："这个可以，请坐，我个人比较喜欢双液"，是对生 2 的一种肯定，"我个人比较喜欢双液"，这样的评价很含蓄，没有直接将学生 1 和学生 2 的回答进行对比，避免了造成一方积极性受到打击的情况，这样的肯定性评价非常巧妙。

教师 B 在此教学片段中所用到的肯定性评价有："好""好，请坐""对了"。这里就出现了上文分析的情况，教师 B 对学生的回答作了肯定性评价之后，并没有作进一步说明。例如，教师 B 提问观察到的现象是什么，学生答"电池的电流不太稳定，但是电压比较稳定"，教师 A 只说了"好，请坐"，这是典型的一种肯定性评价，但是学生可能不太理解老师这一句"好，请坐"的涵义，"我这个回答是不是正确的呀，老师到底是什么意思呢"，没有得到正面回应，就会出现思想"开小差"的情况，课堂效率降低。

肯定性评价的特点就在于其程度仅仅限定于单一的肯定，没有进行进一步的指导。这种评价过于机械化，不能使学生清楚地认识到是自己哪方面能力得到了教师的肯定，使努力勤奋的学生得不到教师的鼓励，造成心理期待与现实的落差。因此，在实际教学过程中，教师若要用到肯定性评价，最好再作进一步的说明，使学生的心理期待得到回应，会取得更佳的效果。

② 称赞性评价　称赞性评价又称表扬性评价，是指教师以自身的理念和经验为评价的基础对学生的行为本质给予简单的表扬，例如教师会使用"很好""很不错""有进步"等简单的鼓励性语言，对学生的行为给予肯定赞扬。

a. 教学片段

专家型教师（教师 A）

【师】盐桥在这里起到了一个连通电路的作用。那么同学们再接着看，Zn 失电子，体积减小，电子沿着电路到铜片上，溶液中的铜离子得电子，生成了什么？

【生】铜单质。

【师】非常好。请同学们再来观察硫酸铜和硫酸锌溶液时间久了会发生什么变化。

【生】溶液中锌离子逐渐增多。

【师】很好。那电子在往外跑时，电子带什么电呀？

【生】负电。

【师】那你觉得锌离子的增多会对电子的往外定向移动是一种什么？

【生】抑制。

【师】我听到了一个非常准确的词"抑制"，对了，所以你看这样的话，这个问题是不是要解决？你能从中看出盐桥还有一个什么作用吗？

【生】维持溶液的电中性。

【师】好，那你觉得如果溶液中的锌离子增多的话，盐桥中的离子会怎样移动呢？我请同学来说。

【生1】盐桥中的氯离子会向 Zn 极移动，钾离子会向铜极移动。

【师】好，非常棒。

……

新手型教师（教师 B）

【师】从单液电池到双液电池，装置上最大的改进就是使用到了盐桥，同学们请看课本，归纳盐桥的作用，然后用最精练的语言告诉老师。我们学理科的，要学会归纳，语言要精练。

【师】看完了吗？

【生】看完了。

【师】（示意一位学生回答）你告诉老师，盐桥的作用是什么？

【生1】构成通路。

【师】很好！就是用什么构成通路？

【生1】电解质溶液。

【师】如果没有构成通路，就会破坏溶液的……

【生】电中性。

【师】真好啊，请坐！所以这里盐桥的作用用精练的语言来描述就是：通过保持溶液的电中性来构成通路。

……

b. 教学反思与建议　教师 C 在观摩教师 A 和教师 B 的课之后，认为：

这是两位教师对同一个知识点——"盐桥的作用"的课堂教学片段。在这个教学片段中，两位教师都应用到了典型的称赞性评价。区别于肯定性评价，称赞性评价是指教师对学生的行为本质给予简单的表扬。

教师 A 所用到的称赞性语言有："很好""我听到了一个非常准确的词""非常棒"。教师 B 用到的称赞性语言类似："很好""真好啊，请坐"。不论是从措辞，还是从使用频率上看，两位老师所运用的称赞性评价都差不多，这表明在实际教学过程中，无论是专家型教师还是新手型教师，都非常注重对学生良好的表现给予表扬。从心理层面分析，这个年级阶段的学生表现欲较强，渴望在同龄人甚至异性面前表现自己，如果在课堂上，自己的良好表现能够得到教师的称赞，这对他们来说是一种非常良好的激励作用。同时与肯定性评价不同，学生听到教师的称赞性评价会感受到包含教师程度更深的用心以及对自己的关注，这对学生的学习起到了正强化的作用。

当然，称赞性评价不能是盲目的，学生答非所问，甚至回答错误，这时如果只追求鼓励学生而忽视了学生回答问题的错误而给予称赞性评价，这对学生来说是一种错误的引导，且对其他学生也是一种反面的影响。因此，在教学过程中，教师应正确把握称赞性评价的合理性与频率，并尽可能地避免生硬、单调无趣的语言。

③ 点拨性评价　点拨性评价是指教师针对学生的学习表现情况，在运用肯定、赏识性语言的同时，适当地给予学生点拨、引导，或给予方法上的指导，让学生明白老师赏识自己的原因是什么，同时体会到老师对自己的期望，从而产生强大的内驱力。例如："不错，学习就得认真""观察真仔细，同学们真能干，能从不同的角度观察思考""你是如此聪明，做得不理想也没关系，尽你的全力去做！好好努力，你知道关键就在这里"等。

a. 教学片段

专家型教师（教师A）

【师】同学们，动手开始实验，体验盐桥电池，注意观察之前的问题有没有得到解决。

【生】（以小组为单位进行实验）。

【师】有不明白的可以问老师。

【师】把书收起来，平着放。来，你可以做到的。

【生】可以先搭桥吗？

【师】没关系，先搭好桥也可以。同学们实验还是很认真的，不错！

【师】注意不要用手直接接触。大家一定都要参与到实验中去，体验这个过程，你会收获很多乐趣的。

【生】为什么电压稳定，电流不稳定？

【师】电压稳定，电流不稳定是吧？你试想下在生活中用电池听收音机是什么感觉，这样明白了吧？

【师】好，说明我们同学观察实验还是非常仔细的。

……

新手型教师（教师B）

【师】大家开始动手实验吧！

【师】用盐桥进行实验有没有构成闭合回路啊？

【生】有。

【师】是吗？让我来看看。

【师】用滤纸连接的有没有电流通过呀？

【生】有。

【师】有没有同学没有观察到电流表指针发生偏转的啊？

【生】我们没有。

【师】你们思考一下，为什么相同的实验药品，别的同学成功了，而你们观察不到指针的偏转呢?

【生】电流太小,电流计检测不到。

【师】同学思考得很深刻啊,那还等什么呢,赶紧换灵敏电流表看看是否能检测到电流吧!

……

b. 教学反思与建议　教师 C 在观摩教师 A 和教师 B 的课之后,认为:

这是两位教师指导学生进行盐桥实验的课堂教学片段。教师 A 在这个教学片段中,所用到的点拨性评价语言有:"来,你可以做到的""同学们实验还是很认真的,不错""注意不要用手直接接触。大家一定都要参与到实验中去,体验这个过程,你会收获很多乐趣的""好,说明我们同学观察实验还是非常仔细的"等,这些语言都是非常典型的点拨性语言。教师 A 在指导学生进行课堂实验的过程中,认真观察,对学生在实验过程中出现的一些小问题进行指出,用词也非常合理得当,对学生提出的疑问进行恰当的引导性解答,对一些操作或表现良好的地方进行肯定、赏识性评价的同时,适当地给予学生点拨、引导,或给予方法上的指导,这样一来,学生就能明白老师赏识自己的原因是什么,同时体会到老师对自己的期望,从而产生强大的内驱力。反观新手型教师,在点拨性评价的运用上就稍微逊色一些,在这个教学片段中,教师 B 几乎没有运用到点拨性评价,对学生实验操作的情况还停留在肯定性评价或称赞性评价的层面,且语言稍显生硬。

化学是一门以实验为基础的学科,中学化学教材有很多实验需要教师指导学生进行体验。那么在指导学生进行实验的过程中,教师首先必须要认真观察每位学生的实验情况,对整体情况要有一个好的把控。学生在实验过程中遇到的疑问,出现的错误以及表现良好的地方,在给予肯定、称赞的同时,要善于适当地给予一些点拨和引导,这样不仅能使学生知道自己当时的状况,而且使学生明白继续努力的方向。

④ 中性评价　中性评价又称事实性评价,是指教师利用自己最客观的观察,对学生的表现情况,尤其对学生知识与技能方面的掌握情况所给出的如实的反应,让学生知道自己的问题所在。

a. 教学片段

专家型教师(教师 A)

【师】同学们,利用你手上的器材,根据老师 PPT 上所提供的实验装置图,搭建装置,进行实验。

【师】有不明白的可以问老师。

【师】大家一定要参与到实验中,不能光看其他同学操作,一定要自己体验。

【师】我发现有些同学会用手直接拿电极,因为你们的手上有汗,也就是 NaCl。

【师】我请一位同学来描述下你所观察到的电压电流数据。

【生】电流和电压都在持续减小。

【师】电流电压都在持续减小,你能告诉我一个具体的数值吗?

【生 1】没有记录。

【师】大家注意啊,在实验过程中要养成记录实验数据的习惯,以便我们作进一步的分析。

……

新手型教师（教师 B）

【师】根据之前的实验现象，你有没有发现单液原电池有什么缺点呀？我请一位同学来回答下。

【生】电流过快。

【师】对。还有呢？除此之外，你还观察到什么现象？

【生】电流表读数不稳定。

【师】好，请坐。那也就是说这种原电池不能提供稳定的电流，更可怕的是什么呀？

【生】电流产生过快。

【师】那如果是这样的话，生活中，我用手机跟别人打电话，"喂，是×××吗？喂……喂……"挂断了，手机没电了是不是。

【生】是的。

【师】那这样的原电池肯定就不行了，不利于我们加以使用。

b. 教学反思与建议　教师 C 在观摩教师 A 和教师 B 的课之后，认为：

这是两位教师提问学生进行实验后所观察的实验现象的课堂教学片段。教师 A 在此教学片段中，运用到较为丰富的真实性评价，如："大家一定要参与到实验中，不能光看其他同学操作，一定要自己体验""我发现有些同学会用手直接拿电极，因为你们的手上有汗，也就是 NaCl""大家注意啊，在实验过程中要养成记录实验数据的习惯，以便我们作进一步的分析"。在此实验过程中，教师 A 观察到有些学生没有参与到实验中，便立即指出，要求学生都参与到实验中；一些学生在操作过程中，有不恰当之处，如用手直接接触电极，教师 A 及时对这个操作进行了真实性评价，并指出这样做不对的原因，不仅让学生知道自己错了，还会使学生意识到自己这样做为什么错了。而反观教师 B 的教学过程，这样的评价很少见，列举的教学片段中并未出现真实性评价。

其实，有些教师在课堂即时评价中，按照自己预设的问题进行提问，学生若回答出预期的答案教师会表扬，课堂教学按部就班地继续进行；若学生的答案没有涉及教师预期的答案，教师往往会将学生的思路硬拽到预期的答案上来。如果教师任凭学生自由表现将会得到一些预期外的回答，有些回答可能会触发学生之间争论，预设的教学活动就会被打乱。那么这样评价的真实性就会大大降低。新课程提倡对学生以激励性评价为主，帮助学生认识自我、树立信心，实现个体价值，激励学生的学习热情，促进学生课堂表现的良性发展。课堂评价应兼具激励和反馈的功能，既激发学生的学习兴趣，又使学生通过评价及时得到学习情况的反馈，促进师生的交往和互动。因此，教师在备课时，应进行充分的课堂预设，对学生可能回答的情况进行假设，这样才能在课堂上对学生的回答作出客观而真实的评价。

⑤ 指责性评价　指责性评价又称负面评价，是指教师对学生表现不好的地方所应用的批评或指责性语言，在新课改浪潮的推动下，这样的评价已经为数不多了。例如："你的想象也太不着边际了""做过多少遍了，还能错"等。另外，一些教师为调动学生学习积极性，在回答了一些很简单的问题后，就夸大其词地表扬该生很聪明等，让学生不知这是表扬还是讽刺，反而会让学生很难堪，这时学生学习的信心与积极性也会受到负面影响。

本案例所选择的两位教师的课堂实录中均未出现指责性评价，这里不作列举。

在实际课堂教学中，指责性评价很容易打击学生自信心，甚至会使学生产生抵触心理。中学阶段的学生仍处于青春叛逆期，这个阶段的学生逆反心理比较重，若教师在课堂上过多使用一些指责性的语言，会造成他们内心的不满，甚至导致学生对化学学科的厌倦甚至放弃，产生较大的消极作用。在课堂中，如果学生回答错误，应以鼓励为主，对于一些调皮捣蛋的学生，在必须使用指责性评价时，也应当注意措辞，切不可上升到人身攻击。当然，教师在课堂上不要轻易否定学生，并不等于机械地运用激励性评价。整节课都是老师赞不绝口的表扬和多种形式的奖励，将使赞扬和奖励失去应有的价值。对高中学生来说，廉价的赞扬甚至可以在学生心理上演变成一种羞辱。教师的评价应该是中肯的，既要肯定学生的表现，又要明确指出学生的不足，当然，谈不足时态度一定要诚恳，不能有丝毫鄙视、挖苦或批斗的语气。

结语

课堂即时评价是教学评价的重要组成部分，在化学课堂中即时评价也是化学教师使用最频繁的教学评价方式。随着新课程改革的实施，新的评价体系也应逐渐形成，改变以往的评价模式，切实地落实课程改革所提出的培养学生全面发展的目标。

课堂即时评价作为教学过程中最及时、最有效得到反馈信息的一种评价方式应受到教师、学校的重视。在课堂中，教师应给予学生具体、有意义的评价。笼统空泛的评价反馈不能从实质上帮助到学生在行为或者思想上的改变，课堂即时评价需要具体、有意义，让学生在得到评价后知道自己哪方面做得好或者不足。还应避免单一的评价方式。课堂即时评价方式对学生的认知参与和情感参与有显著正向影响，教师在课堂中进行评价时，应注重采用丰富的语言对学生的课堂表现进行评价，并且要善于运用表情、眼神等非语言评价方式。此外，评价应关注学生的个性差异。不同学生在个性发展中表现出差异性，教师应该充分了解学生的心理发展以及个别差异，评价不同的学生时，应采用与之相适应的评价标准。高中生情绪的产生往往具有冲动性和爆发性，因此教师批评学生时，应从客观事实出发，注意言语用词，以免伤及学生的自尊心。有些学生既期望表现自己，又碍于情面不愿意让人知道自己的想法。因此，应该营造一种良好的课堂讨论氛围，让每个学生都有权发言、勇于发言、乐于发言。对不同学习风格的学生，应采取不同的激励措施，例如应多鼓励场依存性学习风格的学生评价其他学生的观点。

案例

思考题

1.在中学化学课堂教学中，除了上述即时性评价类型，还有哪些值得关注的维度？

2.结合案例，谈谈即时性评价在教、学、评一体化教学中的角色及定位。

3.结合案例思考，在实际的教学过程中，当没有获得你认为满意的回答时，你该怎么做？

4.结合案例，谈谈新手教师或即将成为教师的师范生，如何提高自己在课堂教学中即时性评价的准确性和有效性，以及运用课堂即时性评价的能力。

推荐阅读　[1]徐兆洋.学生发展性评价：应知应会[M].长春：东北师范大学出版社，2011.

[2]覃兵.课堂评价策略[M].北京：北京师范大学出版社，2010.

[3]杨向东，崔允漷.课堂评价：促进学生的学习和发展[M].上海：华东师范大学出版社，2012.

[4]尹筱莉.课堂教学特质论：对专家型与新手型化学教师课堂教学的深度解析[M].北京：教育科学出版社，2012.

[5]王红艳.新手教师在学校实践共同体中的学习[M].重庆：重庆大学出版社，2012.

6.2.2　G老师参加的一次命题比赛

 案例摘要

　　了解试题命制的一般流程，熟悉试题命制的基本理论，对中学教师提高命题与析题能力有着重要作用。通过呈现一名一线教师参加命题比赛的完整过程，为教育硕士研究生和新教师就如何命题与析题，如何在评价中落实对学生化学学科核心素养的考查提供案例参考，并通过案例思考题的思维发散作用，让学习者对试题命制形成一个更为深入的认知，知道试题命制的一般实施流程、教育测量理论与方法，进而促进教师专业技能发展。

 案例正文

　　Z市为使全市高中教师更准确地理解全国卷的命题理念和要求，更好地相互交流、了解命题的方法与技巧，提高教师命题与析题的能力，培养和发现优秀命题教师，决定在全市举行2019年高考模拟试题命题比赛。比赛分为初赛、复赛两个阶段，初赛先在该市各区举行，决出复赛名单；复赛在市教科院举行，要求参赛人员对其所命试题进行说明与答辩，最后依据所命试题的文本成绩与说题成绩按权重计总分，决出获奖名单。

　　来自Z市Y区某高级中学的G老师参加了此次命题大赛并获得了一等奖，笔者在了解到其获奖情况后，经过素材搜集、深入访谈，将其参赛历程还原如下。

　　（1）赛前的犹豫与动员

　　① G老师的犹豫　对于此次命题比赛，G老师由于以往的失利和职业倦怠一开始是不愿参加的。

　　"对于这次区级选拔赛，我本来是不打算参加的，因为去年参加过了，当时由于自己的书写不够工整，无缘复赛，只得了三等奖，但 X 老师一直鼓励、鞭策我参加比赛，在此我表示非常感谢。老师工作了一段时间就会有一定的惰性，会变懒，这时候需要旁人多加督促与激励，非常欣慰自己身边有一位这样不断给我机会、不断督促我前行的好大姐。"G 老师说道。

② 赛前动员　赛前，G 老师任职中学所在区的教科院化学教研员 S 老师为提升该区初、高中化学教师的命题能力和对中、高考试题的研究水平，精心组织了两次命题讲座培训，分别邀请了该市高考模拟考试和中考命题的专家以及 W 市负责高考模拟考试命题的化学教研员 J 老师。两次培训促进了该区化学老师对中、高考试题的深入研究，进一步提升了模拟试题的命题质量。此后，该区教科院又特别邀请 B 中学的 L 博士对全区的化学教师进行关于新课标、学科核心素养、学业质量水平划分等方面的培训。教师们通过培训对学业质量水平的划分有了更清晰的认识，能将学科核心素养和学业质量水平应用于中、高考试题的分析之中，并以学科核心素养为考查立意进行了模拟命题。而在单独指导方面，该区教科院化学教研员 S 老师对 G 老师进行了多次指导，详细讲解了命题时如何挖掘素材，突出亮点和创新点，并叮嘱 G 老师在命题过程中一定要保证试题的科学性和严谨性，避免原则性错误。

（2）初赛的崭露头角　G 老师觉得既然这次决定参加命题比赛，那就要尽力去做好，于是他打算在命题过程中每一步尽量做到以理论为支撑，也为后面复赛阶段的说题比赛积累素材，做好准备。于是在参加比赛之前查阅了许多命题相关文献，包括试题的基本要素，化学试题设计的一般过程，如选材、设问等。

① 厘清试题要素，搭建试题框架　初赛开始，在拿到市教科院提供的命题情境素材并认真研读后，G 老师开始了他命题的第一步。他先从命制试题的第一步即解构试题的基本要素出发来建立一个命题框架。于是他想起之前查阅的几篇文献中有关于试题基本要素的阐述，大致如下：

a. 根据奥斯特伦特的理论，将试题定义为：在教育和心理特质测试中，试题是一个测量单元，它具有刺激情境和对应答形式的规定，它的目的是要获得被试的应答，并根据应答对考生的某些心理特质方面的表现（如知识、能力等）进行推测。

b. 杨学为教授认为高考试题是由立意、情境与设问三部分组成。

c. 雷新勇教授指出试题应该具备三个要素：测量目标、刺激情境和设问。

G 老师在一番思忖之后觉得杨学为教授对试题基本要素的解读在试题具体命制上具有更强的操作性，于是他决定从"立意、情境与设问"三个角度初步建立起命题框架。

那么从何立意、怎样选择情境以及如何设问等问题就摆在眼前了。G 老师觉得既然 2017年版新课标的基本理念是"以发展学生学科核心素养为主旨，重视开展'素养为本'的教学，倡导基于化学学科核心素养的评价"，那么这次模拟命题的立意就应该基于化学学科核心素养，而且核心素养也不是虚无缥缈的，对它的考查同样也是建立在知识的基础上的。至于情境的选择，G 老师说，现在的高考化学试题中的情境基本取材于日常生活、工业生产及科研新发现等与我们的生产生活实践相关的部分，强调素材的真实性，所以他觉得试题素材应在这些范围内选择，而这次市教科院提供的素材是废旧可充电电池中重金属的回收新工艺，正好也属于这一类材料。而关于试题的设问角度，G 老师觉得应该参考近几年的高考化学卷，看看

② 结合素材及样卷，提炼设问角度　这次市教科院提供的废旧可充电电池中重金属的回收新工艺包含流程处理等具体信息，G 老师的想法是以这个素材为原型，设计成一道化工流程题，而且这类试题在高考中出现的频率很高，设问角度多样，比较容易考查学生化学学科核心素养的各个方面。为了对高考化工流程题的设问角度有更清晰的认识，他在征得市教科院命题现场监考人员的同意下取得近几年的全国新课标高考化学卷，对其中化工流程题的设问角度进行了详细分析，具体内容见表 6-1。

表 6-1　工艺流程考点分布（2015~2018 年合计 10 套）

试卷	图表（除流程）	概念用语	方程式	物质判断	操作现象	原理分析	原因目的	电化学	K_{sp}	计算	工艺条件	元素	合计
2018 年 I 卷	1		2	1			1	2		1		S	8
2018 年 II 卷	1		2	1			2	1			1	Zn	8
2018 年 III 卷	1	1	1	1	1	1		3				Cl/I	9
2017 年 I 卷	2	1	2			1			1	1	1	Ti/P	9
2017 年 II 卷			1	4			2			1		Ca	8
2017 年 III 卷	1	2	1	2		2				1	1	Cr	10
2016 年 I 卷		3	1	3					1	1		Cl	9
2016 年 II 卷													
2016 年 III 卷	1		2	3		1				1		V	8
2015 年 I 卷		1	2	2	1		2				1	Mg/B	9
2015 年 II 卷	2		1	4		3		2		1	1	Mn/Zn	14
合计	9	8	15	21	2	8	7	8	2	7	5		

G 老师根据表 6-1 内容，结合市教科院提供的命题素材，选取了适合本次命题素材的几个设问角度，分别是原料预处理、条件选择、陌生化学方程式的书写、实验操作、原理分析、信息型离子方程式的书写、循环物质判断及 K_{sp} 相关计算共八个设问角度。

③ 甄选素材信息，明确考查内容　G 老师想，既然已经充分研读了市教科院提供的废旧可充电电池中有关重金属回收的新工艺，根据该素材也提炼了若干个设问角度，那么如何将原素材中提供的相关信息以尽可能简洁、精炼而又不影响学生解决问题所需信息的完整性的形式呈现在试题中呢？通过与前面八个设问角度的对比筛选，G 老师选取了素材中与试题设问点相关的主要信息。

【信息一】本研究用碳酸铵水溶液浸取上述含 Ni、Cd、Co 和 Fe 的电池废物，Ni、Cd、Co 被浸取液浸出，而 Fe 和其他残渣被分离出来。然后用催化氧化方法，将二价钴氧化为三价钴，形成 $Co(OH)_3$ 的沉淀析出。利用液体萃取法从上述沉淀溶液中分离出 Ni，有机相中的 Ni 用硫酸溶液淋洗，Ni 由有机相转入硫酸溶液中，浓缩结晶获得产品 $NiSO_4$；萃取后的残余浸出液含 Cd，通过逐出溶液中的 NH_3，得到 $CdCO_3$ 沉淀。其具体的工艺流程见图 6-1。

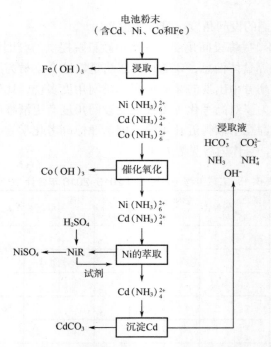

图 6-1 金属浸取及分离回收的工艺流程图

【信息二】浸取实验：用氨性碳酸盐溶液浸取，测定浸出残渣中 Ni、Cd、Co 含量，由此计算出它们的浸取率。浸取 24h 后得到的数据见表 6-2。

表 6-2 从电池粉末中浸取 Ni、Cd 和 Co

试验号	$[NH_3]+[NH_4^+]$ /mol	$[HCO_3^-]+[CO_3^{2-}]$ /mol	[Ni] /（g/L）	[Cd] /（g/L）	[Co] /（g/L）	Ni 浸取率 /%	Cd 浸取率 /%	Co 浸取率 /%
1	1.0	—	0.07	0.04	0.02	12	49.0	11
2	2.0	—	0.19	0.36	0.24	27.8	72.3	26.8
3	4.0	—	0.53	0.07	0.12	77.9	90.0	75.7
4	8.0	—	0.56	0.09	0.13	85.9	87.2	86.4
5	2.2	0.2	0.60	0.56	0.26	74.8	98.1	75.3
6	2.6	1.6	0.59	0.08	0.12	97.2	88.6	98.1
7	3.5	1.5	0.57	0.57	0.32	86.0	98.8	86.7
8	4.8	1.5	0.88	0.48	0.26	98.4	98.8	94.9
9	5.6	1.6	0.55	0.10	0.15	97.7	85.1	96.8
10	9.6	1.6	0.63	0.09	0.23	95.6	84.1	96.1
11	4.0	2.0	0.44	0.57	0.32	92.4	98.8	93.3
12	5.4	2.0	0.87	0.45	0.25	98.0	98.3	97.5
13	4.5	2.5	0.67	0.59	0.34	96.3	95.6	95.8
14	5.8	2.5	0.92	0.44	0.24	99.4	99.1	99.3

试验号	$[NH_3]+[NH_4^+]$ /mol	$[HCO_3^-]+[CO_3^{2-}]$ /mol	[Ni] /(g/L)	[Cd] /(g/L)	[Co] /(g/L)	Ni 浸取率 /%	Cd 浸取率 /%	Co 浸取率 /%
15	6.2	3.0	0.86	0.46	0.24	98.9	98.9	98.6
16	5.2	3.2	0.66	0.53	0.23	97.6	97.6	97.5
17	6.7	3.5	0.86	0.46	0.21	98.9	98.9	99.2
18	7.5	3.4	1.00	0.28	0.21	99.3	99.3	99.5

【信息三】Co 的氧化沉淀：滤液经石墨催化氧化在 90℃下通入一定量的空气，2.5h 以后 Co^{2+} 完全氧化成 Co^{3+}，生成 $Co(OH)_3$ 沉淀。该沉淀用盐酸溶解，Co^{3+} 被盐酸还原成 Co^{2+}，并生成 $CoCl_2$，经浓缩、结晶、离心，得到粉红色结晶 $CoCl_2 \cdot 6H_2O$。

【信息四】Ni 的萃取和反萃取：$Ni(NH_3)_6^{2+}+2HR \rightleftharpoons NiR_2+2NH_4^++4NH_3$，$NiR_2+2H^+ \rightleftharpoons Ni^{2+}+2HR$。

【信息五】Cd 的沉淀：在 Cd 沉淀操作中，通过加热含 Cd 的碳酸盐浸出液和向溶液中通入热蒸汽的方法，逐出浸出液中的 NH_3，这时镉生成不溶于水的碳酸盐沉淀。其反应式如下：
$$Cd(NH_3)_4^{2+}+CO_3^{2-} \rightleftharpoons CdCO_3(s)+4NH_3\uparrow$$

【信息六】Ni 的萃取剂能选择性地从含 Cd 的溶液中萃取 Ni。但要注意，当溶液中含 Ni 量较高时，要实行多级萃取，才能将 Ni 完全提出。萃取剂可以反复使用，但当发现萃取率下降时，要蒸馏净化萃取液，并补充一定量的萃取剂。

【信息七】萃取 Ni 后的浸出液，通过加热降氨的办法，让 $Cd(NH_3)_4CO_3$ 生成 $CdCO_3$ 沉淀。沉淀 Cd 后的余液进入吸收塔，让加热除去的氨再次回到余液中，再向其中补充较多量的 CO_2 和少量的氨气，就构成了新的浸取液。

G 老师的命题设想如下：

原料预处理：【信息一】中的"浸取"步骤，考查学生对"浸取"步骤的本质理解。

实验条件选择：【信息二】的浸取实验相关数据，考查学生对数据的分析与解读。

陌生化学方程式的书写：【信息三】中 $Co(OH)_3$ 到 $CoCl_2$ 的转化，考查学生对氧化还原方程式原理在陌生情境中的迁移能力。

实验操作：【信息三】中 $CoCl_2$ 到 $CoCl_2 \cdot 6H_2O$ 的主要操作，要求学生能依据实验目的选择正确的实验方法，能正确区分冷却结晶与蒸发结晶的区别。

原理分析：【信息四】中 Ni 的萃取和反萃取原理，考查学生对材料中提供的陌生原理的理解，能结合已学的化学平衡移动等知识对陌生情境中的化学变化进行分析说明。

信息型离子方程式的书写：【信息五】Cd 的沉淀操作中的化学变化表征，要求学生能依据材料信息，推断物质变化的实质并能用化学符号准确表征。

循环物质判断：【信息六】与【信息七】，考查学生对整个工艺流程的分析。

K_{sp} 相关计算：依据相关数据，设计理论层面的 K_{sp} 相关计算，要求学生依据问题解决需要，明晰计算思路并依据正确的计算结果对物质变化作出合理推理，考查从定量角度对物质变化进行分析和推断的能力。

④ 整合题需信息，完成试题设计　依据各小题命制需要，对以上素材中的七个主要信息

进行整合，G 老师将图 6-1 中的工艺流程图结合其他几条信息改编成图 6-2，作为将要命制的化工流程题的题图。

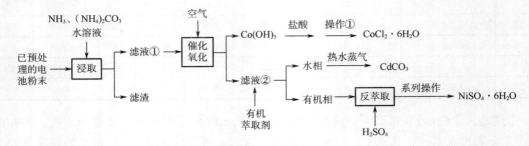

图 6-2 试题题图

在整理出图 6-2 后，G 老师依据试题主要设问，编制试题，经多次打磨推敲后，定稿试题，全貌如下：

试题：（15 分）废旧可充电电池主要含有 Fe、Ni、Cd、Co 等金属元素，一种混合处理各种电池回收金属的新工艺如下所示：

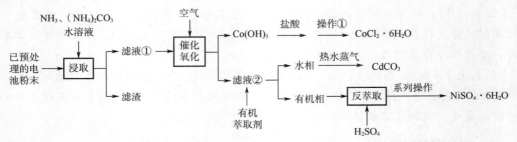

已知：Ⅰ.滤液①中含有 $Ni(NH_3)_6^{2+}$、$Cd(NH_3)_4^{2+}$、$Co(NH_3)_6^{2+}$ 等物质。

Ⅱ.萃取和反萃取的反应原理分别为：$Ni(NH_3)_6^{2+}+2HR \rightleftharpoons NiR_2+2NH_4^++4NH_3$，$NiR_2+2H^+ \rightleftharpoons Ni^{2+}+2HR$。

回答下列问题：

（1）为了加快浸取速率，可采取的措施为_____（任写一条）。

（2）浸取过程中 NH_3 和 NH_4^+ 的物质的量之和与 Ni、Cd、Co 浸取率的关系如表 6-3 所示，由表 6-3 可知，可采用的最佳实验条件编号为_____。

表 6-3　NH_3 和 NH_4^+ 的物质的量之和与 Ni、Cd、Co 浸取率的关系

编号	$n(NH_3)+n(NH_4^+)$/mol	Ni 浸取率/%	Cd 浸取率/%	Co 浸取率/%
①	2.6	97.2	88.6	98.1
②	3.5	86.0	98.8	86.7
③	4.8	98.4	98.8	94.9
④	5.6	97.7	85.1	96.8
⑤	9.6	95.6	84.1	96.1

（3）Co(OH)$_3$ 与盐酸反应产生气体单质，该反应的化学方程式为 _____

_____。

（4）操作①的名称为 _____、过滤、洗涤。

（5）向有机相中加入 H$_2$SO$_4$ 能进行反萃取的原因为 _____

_____（结合平衡移动原理解释）。

（6）将水相加热并通入热水蒸气会生成 CdCO$_3$ 沉淀，并产生使红色石蕊试纸变蓝的气体，该反应的离子方程式为 _____。

（7）上述工艺流程中可循环使用的物质为 _____。

（8）已知 $K_{sp}(CdCO_3)=1.0\times10^{-12}$ L^2/mol^2，$K_{sp}(NiCO_3)=1.4\times1^{-7}$ L^2/mol^2。若向物质的量浓度均为 0.2mol/L 的 Cd^{2+} 和 Ni^{2+} 溶液中滴加 Na$_2$CO$_3$ 溶液（设溶液体积增加 1 倍），使 Cd^{2+} 恰好沉淀完全即溶液中 $c(Cd^{2+})=1.0\times10^{-5}$mol/L，此时是否有 NiCO$_3$ 沉淀生成 _____

_____（列式并计算）。

参考答案：

（1）搅拌（1分）（答适当升温、增大浸取剂的浓度均得分）

（2）③（1分）

（3）2Co(OH)$_3$+6HCl $=\!=\!=$ 2CoCl$_2$+Cl$_2\uparrow$+6H$_2$O（2分）

（4）蒸发浓缩、冷却结晶（2分）

（5）根据 NiR$_2$+2H$^+$ $\rightleftharpoons$ Ni^{2+}+2HR 可知，加入 H$_2$SO$_4$，c（H$^+$）增大，平衡向右移动（2分）

（6）Cd(NH$_3$)$_4^{2+}$ + CO$_3^{2-}$ $\xrightarrow{\Delta}$ CdCO$_3\downarrow$ +4NH$_3\uparrow$（2分）

（7）NH$_3$、有机萃取剂（2分）

（8）Cd^{2+} 恰好完全沉淀时，$c(CO_3^{2-})=\dfrac{K_{sp}(CdCO_3)}{c(Cd^{2+})}=\dfrac{1.0\times10^{-12}}{1.0\times10^{-5}}=1.0\times10^{-7}$(mol/L)，$Q=c(Ni^{2+})\cdot$

c（CO$_3^{2-}$）$=0.1\times1.0\times10^{-7}=1.0\times10^{-8}$L^2/mol^2＜$K_{sp}(NiCO_3)=1.4\times10^{-7}$L^2/mol^2，因此不会生成 NiCO$_3$

沉淀（3分）[或 Cd^{2+} 恰好完全沉淀时，$c(CO_3^{2-})=\dfrac{K_{sp}(CdCO_3)}{c(Cd^{2+})}=\dfrac{1.0\times10^{-12}}{1.0\times10^{-5}}=1.0\times10^{-7}$(mol/L)，

$c(Ni^{2+})=\dfrac{K_{sp}(NiCO_3)}{c(CO_3^{2-})}=\dfrac{1.4\times10^{-7}}{1.0\times10^{-7}}=1.4$(mol/L)＞0.1(mol/L)，因此不会生成 NiCO$_3$ 沉淀]

⑤ 回顾试题要素，开展试题分析　在 G 老师初步完成试题设计后，他觉得有必要对自己所命试题展开一定的分析。他说，既然自己的命题是从试题构成要素开始的，且是以化学学科核心素养为立意基础，那么在完成试题初步设计后，有必要回过头来从试题构成要素角度进行分析、检验，分析结果见表 6-4。

表 6-4　试题要素分析

题号	设问角度	情境来源	立意目标	
			学业质量水平	质量描述
（1）	原料预处理	【信息一】	1-3（科学探究）	能依据化学问题解决的需要进行实验条件的选择

题号	设问角度	情境来源	立意目标	
			学业质量水平	质量描述
（2）	实验条件选择	【信息二】	1-3（科学探究）	能依据化学问题解决的需要进行实验条件的选择
（3）	陌生化学方程式的书写	【信息三】	3-1（证据推理）	认识化学反应的本质
（4）	实验操作	【信息三】	2-3（科学探究）	能根据已有的经验设计简单实验
（5）	原理分析	【信息四】	3-2（变化观念与平衡思想）	能根据化学平衡原理说明物质转化的规律
（6）	信息型离子方程式的书写	【信息五】	4-1（证据推理）	能在物质及其变化的情境中从不同角度对物质及其变化进行分析和推断
（7）	循环物质判断	【信息六】【信息七】	1-1（科学态度与社会责任）	具有安全意识，能将化学知识与生产、生活实际结合
			3-1（微观探析）	认识化学反应的本质
（8）	K_{sp} 相关计算	素材之外、理论设计	4-1（证据推理）	能从定量的角度对物质变化进行分析和推断

G 老师分析表 6-4，他认为自己所命试题在化学学科核心素养类型的涵盖度及素养水平的分布上总体良好，五类化学学科核心素养皆有涉及，素养水平要求大多在水平 3 和 4，符合 2017 年版新课标对化学高考（化学学业水平等级性考试）试题素养水平的基本要求。于是，他便将稿子交了上去。

不久，《关于 2019 年 Z 市高中化学教师高考模拟命题比赛初赛评比结果的通报暨说题（复赛）比赛通知》公布，G 老师在初赛的 33 位参赛选手中脱颖而出，进入复赛 10 人名单，代表学校所在区参加复赛。

（3）"备战"复赛，成功"登峰"

① 无从下手　G 老师得知自己将要代表所在区进入复赛即说题环节后，兴奋之余又有一丝担忧。G 老师说，自己的试题设计过程还算顺利，在说题环节也能基本依据相关理论展开说明，但除此之外也就没别的素材了，所以可用于说题的材料未免太单薄，只有理论层面的命制过程。

② 群策群力　得知 G 老师的担忧后，当天下午，该区教研员 S 老师和 G 老师所在中学化学科组 X 老师就组织召开科组会议，对 G 老师所命试题的说题环节进行讨论，讨论如何为说题环节做好准备。

会议刚开始时，场面还算热闹，但过了一会儿，区教科院化学教研员 S 老师站了出来，提醒大家，我们这次会议的主题是为 G 老师的说题环节出谋划策，还请大家积极思考，主动献言。话音未落不久，会议室便安静了许多，过了一会儿还是没人提出建议，S 老师见状，觉得她得为此次会议强调一下方向，她说道：

我们这次命题比赛的主题是高考模拟试题命题大赛，高考是一个常模参照性考试，而对于常模参照性考试而言，试题的难度和区分度是衡量试题质量高低的主要技术指标。为保证试题具有较高的质量，理想的情况是在正式考试之前，抽取一定的、有代表性的样本，对试题进行试测，采取适宜的数学模型来获取试题的难度和区分度参数。但由于时间紧迫，我想我们可以先做一下难度的理论评估，不知大家有没有什么建议或想法。

过了一会儿，一位年轻老师（H老师）在座位上与其他老师小声谈论，S老师见状，便邀请他起来给大家简单地讲解一下。于是，H老师略带腼腆地站起来，他说道：

是这样的，前几年，我还在读硕士的时候，看到过有关文献对试题难度控制的报道，让我印象比较深的一个方法就是利用"SOLO分类理论"对试题的能力要求层次进行区分，进而在一定程度上起到对试题难度进行控制的作用。

H老师发完言后就坐下了，S老师与化学科组组长X老师若有所思，他们经过一番讨论后决定，"既然目前没有其他办法，时间又紧，那不如就依他的想法做吧，而且他以前对这个理论又有研究，就让他先给大家作详细介绍，讲下具体的应用思路，然后再来实施"。于是S老师就请H老师在会上给大家介绍了这个方法是如何应用的。H老师略带腼腆又兴奋地站了起来，说道，"这个工具本身有一定的复杂性，我先花十分钟给大家找一篇代表性的文献并打印给大家吧，这样大家看起来也方便，我们讲解起来也快"。

过了一会儿，H老师捧着略微有点烫的、打印好的文献资料回到了会议室，给与会老师一人发了一份，让大家先了解一下。几分钟后，他把文献资料投到投影幕布上，细致地讲了起来。

SOLO分类理论是约翰·彼格斯和凯文·科利斯教授以皮亚杰地发展阶段论为基础建立起来的。他们认为，一个人的总体认知结构是一个纯理论性的概念，是不可检测的，称为"假设的认知结构"（hypothetical cognitive structure，HCS）；而一个人回答某个问题时所表现出来的思维结构却是可以检测的，称为"可观察的学习成果结构"（structure of the observed learning outcome，SOLO）。因此，他们认为，尽管很难根据皮亚杰地分类法认定学生处于哪一个发展阶段，但却可以判断学生在回答某一问题时的思维结构处于哪一层次。

他们对学生在回答某一问题时的思维结构层次划分见表6-5。

表6-5 SOLO层次划分与具体表现

SOLO层次	能力	具体表现
前结构（prestructural）	最低：问题线索和解答混淆	学生基本上无法理解问题和解决问题，或者被材料中的无关内容误导，回答问题逻辑混乱，同义反复
单点结构（unistructural）	低：问题线索+单个相关素材	学生在回答问题时，只能涉及单一的要点，找到一个解决问题的线索就立即跳到结论上去
多点结构（multistructural）	中：问题线索+多个孤立的相关素材	学生在回答问题时，能联系多个孤立要点，但这些要点是相互孤立的，彼此之间并无关联，未形成相关问题的知识网络
关联结构（relational）	高：问题线索+相关素材+相互关系	学生在回答问题时，能够联想问题的多个要点，并能将这多个要点联系起来，整合成一个连贯一致的整体，说明学生真正理解了这个问题
抽象扩展结构（extended abstract）	最高：问题线索+相关素材+相互关系+假设	在解决问题时，学生会动用外部可用资料和抽象知识，通过解决问题，学生会归纳出新的更抽象的知识结论，具有开放性，并在原问题基础上进行合理拓展

H 老师继续说道：

虽然 SOLO 分类理论最初是用于开放性问题的评价上，而且在文科如历史、地理等科目上的应用比理科更广、更适用，但随着研究人员（学者、一线教师等）的开发与实践，它的应用范围更广了，在国内中学化学教育上的应用也取得了可喜的进展，如用于分析和编制试题与评分标准，分析高考试题的 SOLO 层次，指导课堂教学设计与实践等。那么，在这里，我的想法是应用文献中报道的用来分析试题 SOLO 层次的研究方法来为 G 老师所命试题作一个试题难度预估。目前 SOLO 分类理论应用于试题设计及评价的方法共有两种：直接使用开放性问题作为测试工具，根据学生对开放性问题的作答结果，应用 SOLO 分类理论分析、判断其在这个问题上表现的 SOLO 层次；学生要顺利完成某个问题，其回答就需要达到一定的 SOLO 层次，相应地可以认为该问题已经对学生预设具体的 SOLO 层次要求，那么将开放性问题根据 SOLO 分类理论改编成若干道小题组成的题组，每道小题分别对应单点结构至抽象扩展结构的某一个 SOLO 层次，如果学生能够顺利完成这些问题，就可以认为学生已达到相应的 SOLO 层次，这类试题在理科试题中较为普遍。在具体实践中，应用这两种方法都可以实现预设的评价目的，获得可信的评价结果。

而 G 老师所命试题就属于第二类，所以我们可以依据 SOLO 分类理论，结合化学试题本身的特征进行相关要素分析，厘清其每一 SOLO 层次对应的化学试题结构特征，进而提出基于 SOLO 理论的化学试题分析框架。目前这方面的文献较多，所以在这里我们可以直接借鉴相关分析框架，见表 6-6。

表 6-6　SOLO 层次在化学非选择题中的具体划分

试题内部结构	结构特征	简称
单点结构水平	多以考生熟悉的内容为问题背景材料，解答问题只需要单个化学知识或技能单元	U
多点结构水平	多以考生熟悉的内容为问题背景材料，解答问题需要多个化学知识或技能单元	M
关联结构水平	多以考生较陌生的内容为问题背景材料，考生需调动多个化学知识或技能单元，并结合试题新信息，通过分析、归纳、综合才能得到答案	R
抽象扩展结构水平	超越具体的问题情境，考生需通过逻辑、推理、演绎的方式，提炼出科学的假设或推论	E

下面我们以 2016 年全国高考理综新课标Ⅰ卷的第 28 题为例来简单说明一下如何具体应用以上分析框架。H 老师说道：

28. $NaClO_2$ 是一种重要的杀菌消毒剂，也常用来漂白织物等，其一种生产工艺见图 6-3。

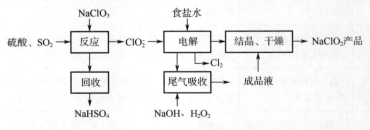

图 6-3　$NaClO_2$ 生产工艺

回答下列问题：

（1）$NaClO_2$ 中 Cl 的化合价为＿＿＿＿＿。

（2）写出"反应"步骤中生成 ClO_2 的化学方程式＿＿＿＿＿。

（3）"电解"所用食盐水由粗盐水精制而成，精制时，为除去 Mg^{2+} 和 Ca^{2+}，要加入的试剂分别为＿＿＿＿＿、＿＿＿＿＿。"电解"中阴极反应的主要产物是＿＿＿＿＿。

（4）"尾气吸收"是吸收"电解"过程排出的少量 ClO_2。此吸收反应中，氧化剂与还原剂的物质的量之比为＿＿＿＿＿，该反应中氧化产物是＿＿＿＿＿。

（5）"有效氯含量"可用来衡量含氯消毒剂的消毒能力，其定义是：每克含氯消毒剂的氧化能力相当于多少克 Cl_2 的氧化能力。$NaClO_2$ 的有效氯含量为＿＿＿＿＿。（计算结果保留两位小数）

分析：

（1）单点结构水平。在 $NaClO_2$ 中 Na 为 +1 价，O 为 -2 价，根据正负化合价的代数和为 0，可得 Cl 的化合价为 +3 价。学生解答此题只需知道化学式中各元素化合价代数和为零即可，故依据表 6-6 可知，此题要求的 SOLO 层次为单点结构水平（U）。

（2）多点结构水平。反应物为 $NaClO_3$、SO_2、H_2SO_4，生成物为 ClO_2 和 $NaHSO_4$，依据各元素反应前后化合价变化可知，$NaClO_3$ 是氧化剂，还原产物为 ClO_2，还原剂为 SO_2，还原产物为 $NaHSO_4$，再依据氧化还原反应方程式的一般书写步骤即可得出该反应的化学方程式为：$2NaClO_3+SO_2+H_2SO_4\Longrightarrow 2NaHSO_4+2ClO_2$。学生解答此题至少需要：能依据反应前后元素化合价的变化分析出具体的氧化剂、还原剂；知道氧化还原反应方程式的一般配平步骤。故此题要求的 SOLO 层次为多点结构水平（M）

（3）单点结构水平、关联结构水平。第一问，除去粗盐水中的 Mg^{2+} 和 Ca^{2+}，可以先利用 NaOH 溶液除去 Mg^{2+}，利用 Na_2CO_3 溶液除去 Ca^{2+}。此题情境对学生来说较为熟悉，学生解答此题只需回忆 Mg^{2+} 和 Ca^{2+} 的一般沉淀方法即可，故此问要求的 SOLO 层次为单点结构水平（U）。第二问，食盐水中含有 Cl^-，且电解时有 ClO_2 充入，电解后有 Cl_2 和 $NaClO_2$ 生成，根据其中 Cl 化合价的变化及反应中同一元素化合价不交叉的规律可知，阴极反应的产物为 ClO_2 的还原产物即 $NaClO_2$。学生解答此题需要：理解电解反应的一般模型；知道同一反应中不同价态的同一元素在反应前后化合价不交叉的规律；能将以上两个知识点在具体情境中分析、综合，进而归纳出正确答案。故此问要求的 SOLO 层次为关联结构水平（R）。

（4）关联结构水平。分析题图信息可知，反应物为 NaOH、H_2O_2、ClO_2，生成物为 $NaClO_2$，分析化合价变化可知该反应中 ClO_2 为氧化剂，被还原为 $NaClO_2$，则分析其他反应物可知还原剂为 H_2O_2，氧化产物为 O_2，根据反应前后得失电子守恒可知，氧化剂与还原剂在反应中的物质的量之比为 2:1。学生解答此题需要：能依据元素化合价变化分析出氧化剂、还原剂；能依据电子得失守恒分析出氧化剂与还原剂的数量关系；能依据得失电子推理出氧化产物。此题情境相对陌生，学生不仅需要了解多个知识点，而且还要能将其迁移至具体的情境进行综合分析，故要求的 SOLO 层次为关联结构水平（R）。

（5）抽象扩展结构水平。$NaClO_2 \sim Cl^- \sim 4e^-$，$Cl_2 \sim 2Cl^- \sim 2e^-$，故氧化能力相等时有关系式 $a\text{mol}(NaClO_2)\times 4e^-=b\text{mol}(Cl_2)\times 2e^-$，假设 1g $NaClO_2$，代入关系式可得需 Cl_2 1.57g，即有效氯为 1.57g。此题的计算本身并不难，难点在于学生对新概念即有效氯的理解，要求学生能依

据新概念的定义分析出一般的计算等式，故此题要求学生：能将"氧化能力"量化，即转移相同的电子数；依据新概念的定义写出"氧化能力"相等时的一般关系式；物质的量与物质的质量间的转换。故此题已超越具体的问题情境，需要学生依据新的假设，通过逻辑、推理、演绎的方式，得出结论，故其SOLO层次为抽象扩展结构水平（E）。

大家听完H老师的介绍后有部分老师点了点头，也有部分老师皱着眉头，对此还心存疑惑。此时另一位老师说出了他的疑虑：

到目前为止，我们确实可以看到这个理论在分析试题难度时的作用，但我们拿来分析G老师所命试题以后呢，仅仅也只是知道了该题各小问的SOLO层次，那试题的难度到底合不合适还是没个结论啊，不能因为说低层次较多就比较容易，高层次较多就比较难这么模糊来得出结论吧。

G老师和其他老师觉得似乎有道理，大家刚刚有的兴奋劲似乎又被压了下去。会议现场又开始寂静了下来。突然，S老师发言了：

既然SOLO分类理论经常用于高考化学试题的难度分析，那我们就先分析前几年的高考卷，看看历年高考卷中化工流程题的SOLO层次分布，再拿来与G老师所命试题进行一个横向比较。

听完S老师的发言后，大多数老师表示同意，于是会议决定由S老师、G老师和H老师三人分别进行此项分析工作，最后对有异议的地方进行讨论协商。

几个小时过去了，最后的分析结果也出炉了，见表6-7。

表6-7　2013~2018年理综新课标I卷化学工艺流程题及模拟试题的SOLO层次分类统计

年份	分值及分值比例	SOLO层次			
		U	M	R	E
2013年	所占分值	1	1	2	11
	分值比例/%	6.67	6.67	13.33	73.33
2014年	所占分值	1	6	4	4
	分值比例/%	6.67	40.00	26.67	26.67
2015年	所占分值	2	7	3	2
	分值比例/%	14.28	50.00	21.43	14.28
2016年	所占分值	2	2	7	3
	分值比例/%	14.28	14.28	50.00	21.43
2017年	所占分值	2	3	6	3
	分值比例/%	14.28	21.43	42.86	21.43
2018年	所占分值	0	4	6	4
	分值比例/%	0	28.57	42.86	28.57
模拟试题	所占分值	2	2	6	5
	分值比例/%	13.33	13.33	40.00	33.33

大家看到分析结果后发现，从历年高考的纵向比较看，每年该题中各 SOLO 层次分值比例似乎没有控制得很好，大家觉得可能这个分析方法需要从试卷整体上去考虑，那么与历年高考化工流程题所涵盖的各 SOLO 层次分值比例进行比较，进而确定模拟试题难度合适性的方法似乎不太行。那么还有没有其他的方法呢，此时有人提议：

既然这次比赛的主题是高考模拟试题命题大赛，而命题的目的是测量与评价学生的学业成就水平，那不如拿去试测一下，真正检验试题质量，为说题环节增加相关素材和实证，哪怕数据显示试题质量一般，但这个过程也说明了我们对命题理论的熟悉性，试题的质量也是在不断修改中提升的。

此言一出，大家表示同意，此时另一位老师又说道：

这个想法我很赞同，试题就是用来检测学生学习水平的，我觉得把试题拿去试测不仅可以为试题质量提供说明数据，还可以发挥试题的诊断和导向功能，依据试测数据，分析学生在相关知识内容方面的掌握情况，这也正是试题的功能之一，而且在诊断方面得出的结论既可以作为说题环节的资料，也为后续教学提供指导，岂不是一举两得。

大家纷纷表示赞同，于是，S 老师站起来，总结道：

两位老师说的都很有道理，通过试测，不仅可以发挥试题的区分功能，还能依据测试数据具体分析学生的主要问题，为教学提供参考。既然现在已经有了对策，就赶紧去实施吧。

当日晚自习期间，在 G 老师所在年级组的大力支持下，选取 4 个班级进行试题的抽样反馈，在验证试题质量的同时充分发挥试题的诊断、导向功能，并初步统计数据为复赛的说题环节做好准备。部分统计数据见表 6-8。

表 6-8　模拟试题的抽样分析

班级	人数	第1小题	第2小题	第3小题	第4小题	第5小题	第6小题	第7小题	第8小题	大题合计
重点班5	49	0.877551	0.959184	0.846939	0.969388	0.734694	0.44898	0.459184	0.517007	0.687075
重点班6	47	0.978723	1	0.765957	1	0.904255	0.212766	0.478723	0.460993	0.67234
平行班9	38	1	0.947368	0.631579	0.973684	0.723684	0.157895	0.473684	0.307018	0.585965
平行班11	40	0.975	0.95	0.7875	1	0.6125	0.125	0.5	0.158333	0.563333

G 老师以平均分数法对各小题在各班的难度进行统计分析，发现第 1、2、4 小题的难度系数较小，对测试班的学生来说相对容易；第 6、7、8 小题对各班学生来说得分率都偏低，第 6、7、8 小题分别是考查信息型方程式的书写、K_{sp} 相关计算及工艺流程中循环物质的判断，在一定程度上说明学生将知识应用于陌生情境的分析及综合能力较差。在此基础上 G 老师进一步深入挖掘试测数据价值，他仔细分析学生的得分数据发现，试题总得分相同的同学较多，但得分点却差异明显，于是 G 老师便通过对各 SOLO 层次进行赋分的方式，进而得出得分相同学生的综合思维值及其排名，如表 6-9 所示。

表6-9　得分相同学生的综合思维值分析

姓名	第1小题	第2小题	第3小题	第4小题	第5小题	第6小题	第7小题	第8小题	填空题得分	综合思维值	综合思维值排名
SOLO	U	U	R	M	R	E	R	E			
190528	0	1	2	2	0	0	1	3	9	3321	39
190627	1	1	2	2	0	2	1	0	9	2322	50
190628	1	1	2	2	0	0	1	2	9	2322	51
190629	1	1	0	2	2	0	1	2	9	2322	52
190630	1	1	0	2	2	0	1	2	9	2322	53
190529	1	1	2	2	0	2	1	0	9	2322	54
190530	1	1	2	2	0	0	1	2	9	2322	55
190531	0	1	2	2	0	0	1	1	9	1521	66
190532	1	1	1	2	2	0	1	1	9	1422	67
190631	1	1	2	2	2	0	1	0	9	522	72
190632	1	1	2	2	2	0	1	0	9	522	73
190633	1	1	2	2	2	0	1	0	9	522	74
190634	1	1	2	2	2	0	1	0	9	522	75
190635	1	1	2	2	2	0	1	0	9	522	76
190636	1	1	2	2	2	0	1	0	9	522	77
190533	1	1	2	2	2	0	1	0	9	522	78
190534	1	1	2	2	2	0	1	0	9	522	79
190535	1	1	2	2	2	0	1	0	9	522	80
190536	1	1	2	2	2	0	1	0	9	522	81
190537	1	1	2	2	2	0	1	0	9	522	82
190538	1	1	2	2	2	0	1	0	9	522	83
190539	1	1	2	2	2	0	1	0	9	522	84

　　G老师分析认为："评价对教学有一定的指导作用，分数相同时高阶思维掌握好的学生要重视回归课本等基础方面的复习，低阶思维掌握好的学生要重视解决真实情境问题、迁移应用方面的训练。"

　　显然，经过试题难度预估及试测，G老师的说题素材已经收集得较为齐全，于是G老师便立即将素材整理成说题比赛所用PPT，并邀请S老师作为评委对其说题环节进行反复打磨，为复赛做好准备。

　　③ 成功"登峰"　复赛当日，G老师和区教研员S老师同行至复赛现场，G老师的说题过程先从试题的三要素（立意、情境、设问）角度展开，对命制试题的核心素养、真实情境以及与近六年全国新课标Ⅰ卷吻合的设问方式进行了阐述，并基于SOLO分类思想对试题和学生的作答情况进行了评定，最后还说明了学生检测结果对复习教学的导向作用。

　　功夫不负有心人，最终，G老师荣获Z市高考模拟试题命题大赛一等奖（共6名）。

　　（4）感悟与收获　G老师在斩获Z市高考模拟试题命题大赛一等奖后，在Z市Y区教科院微信公众号这次比赛报道的文章结尾写下如下感言。

陪伴

在初赛期间，S老师多次利用自己的休息时间在区教科院办公室为我们进行赛前辅导，为我们这次顺利通过初赛打下了坚定的基础。在复赛准备阶段，在S老师的部署下，年级组的其他老师特意安排了两个重点班和两个平行班进行试题检测，而且我和我的同事们白天还要管理班级和上课，所以只能晚上将试卷全部改出，并录入分数，进行SOLO分类相关数据分析，一直忙到凌晨一点。之后，S老师一直在网络上帮我们修改说题课件，并给我们提供了很多关于说题方面的素材，节省了我寻找资源的时间。为了我们的说题环节更加顺利，S老师与X老师要求我们试讲，然后她们提出建议，我们再修改，修改完再试讲，试讲完再修改，反反复复，说题课件我就修改了6稿。最后，S老师陪着我们到复赛现场参加2019年Z市高考化学模拟命题比赛复赛。S老师在场，让我们信心十足，复赛时取得86.8分，结合初赛成绩，我获得2019年Z市高考化学模拟命题比赛的一等奖（第五名）。

感恩

在此次市级比赛过程中，S老师一直陪伴着我们，无论从试题的打磨与修改，还是说题课件的制作过程中，S老师不是在网络上指导我们（初步估计，语音和文字的指导多达1000条），就是在来现场指导我们的路上。我相信在S老师的带领下，Y区的化学教学与教研水平一定会得到一个跨越式的提高。此次比赛成绩的取得，离不开我们的团队。首先感恩S老师对我此次比赛的一直陪伴；其次当我思想懈怠的时候，感恩S老师和X老师的激励；最后感恩学校给我此次比赛提供的各方面的支持与帮助，感恩学校化学科组全体同仁对我的支持与帮助。

除此之外，G老师还从此次命题过程中提炼出高考化工流程题的一般设计模型，见图6-4。这也为日后备考这类试题指明了方向；同时，G老师说此次命题大赛让他感受到命题是个要求很高的技术活，他希望以后能加强相关理论学习，一方面为解读高考试题服务进而精确指导日常教学，另一方面也为下次比赛做好准备。

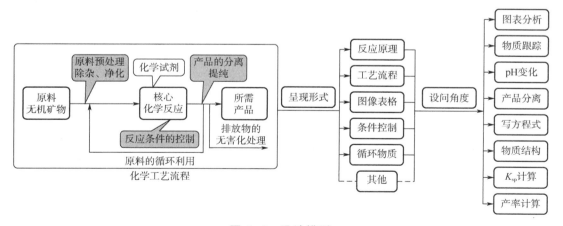

图 6-4 设计模型

结语

命制试题是测量学生学习效果的基本手段。了解命题流程、命题基本理论与工具不仅是命题专家的必备素养，也是一线教师的教学能力维度之一。在与 G 老师就此次命题过程进行交流时，我们也了解到，他在获奖略显兴奋之余，也感慨谈到自己以往教学之不足：以前通常在分析试题时只停留在学科知识层面，对学生考试结果的解读也只是分数高低与知识漏洞。而此次命题经历使其知道试题的基本要素，知道如何从技术层面解构与命制试题、分析试题质量和解读学生对试题的应答结果，获取相比以往分析角度更多的反馈性信息。他相信这些技术性收获在以后日常教学中，无论是形成性评价，还是终结性评价，都是可以深入实践的，可以让自己对学生的学习效果进行更具方向性、技术性的测量与评价。

案例思考题

1.提炼 G 老师的命题流程，并对 G 老师的各步操作作出说明。

2.查阅试题命制相关资料，说说你认为"基于化学学科核心素养的试题命制"该如何做，试绘出其路径，并据此对 G 老师的命题流程作出评价。

3.以小组为单位，分别对案例中 G 老师命制试题进行 SOLO 层次分析，组间比较分析结果；查阅关于 SOLO 分类理论的介绍及应用等文献，结合组间比较分析结果及组内分析过程，总结 SOLO 理论在试题分析方面的优势与局限。

4.查阅教育测量相关文献，了解试题难度与区分度的概念、计算方法等相关信息，结合案例中的表 6-8，说出你能从中推理出的信息。

5.参考 G 老师提炼的高考化工流程题一般设计模型（图 6-4），试命制一道化学试题，并作简要说明（有条件的话可以进行试测）。

推荐阅读

[1]徐红.教育测量与评价[M].武汉：华中科技大学出版社，2016：03.

[2]中华人民共和国教育部.普通高中化学课程标准（2017 年版）[S].北京：人民教育出版社，2018.

[3]姜建文，吴俊杰.基于"真实情境与实际问题"的化学试题命制——以"碳九泄漏事故"为例[J].化学教育（中英文），2019，40（23）：5-10.

[4]赵雪，毕华林.基于 SOLO 分类理论的高考化学主观题的结构分析[J].化学教育，2016，37（13）：35-41.

[5]吴有昌，高凌飚.SOLO 分类法在教学评价中的应用[J].华南师范大学学报（社会科学版），2008（03）：95-99，160.

[6]姜建文，等.化学探究实验教学中活动表现评价探讨[J].化学教育（中英文），2010，31（12）：25-29.

[7]姜建文. 成长记录袋在"中学化学教学设计论"教学评价中的应用研究[J].化学教育（中英文），2011，32（1）：49-51.

[8]吴俊杰，姜建文.素养测评导向的化工流程题命制实践与思考——以"海水提溴"为例[J]. 化学教学，2020（8）：84-88.

第7章
化学教学技能

7.1 化学教学技能概述

2014年第30个教师节前夕，习近平总书记考察北京师范大学时发表重要讲话，勉励广大教师做有理想信念、有道德情操、有扎实学识、有仁爱之心的"四有"好老师。科学家爱因斯坦在谈到教师修养时，提出三条基本要求：一是"德"，即崇高的思想品德；二是"才"，即渊博的知识；三是"术"，即高超的教学艺术技巧。

化学学科的教学技能一般包括教学技巧和教学能力两方面，教学技能不只是教师组织或实施教学的简单行为特征，而是教师素质的综合反映。它真切地体现了教师的文化愿景和文化信仰，彰显着教师超越自我或超越传统的学识风范、个人优势和人格魅力。随着基础教育改革的发展，要求各学科教学要发展学生学科核心素养，学生化学学科核心素养的发展是一个自我建构、不断提升的过程，教师要紧紧围绕化学学科核心素养发展的关键环节，引导学生积极开展建构学习、探究学习和问题解决学习，促进学生化学学习方式的转变，这为化学教学技能的发展提出了新的要求。依据教师专业化发展，课堂教学技能主要包括四个基本方面：

（1）教学设计技能　是指教师开发利用课程资源的意识、智慧和技能。主要指遵循教学过程的基本规律，设计教学问题情景，对教学活动进行规划、安排和决策。

（2）教学组织技能　是指组织教学的行为和保障课堂教学程序的方法和能力，它包括关注学生的行为、指导学生合作学习和探究学习、与学生沟通交流的行为，教学随机性过程中的教育机智，解决各种冲突（课堂冲突、教学冲突、人际冲突等）的策略。如调控技能、变化技能、演示技能等。

（3）教学语言技能　是指在教学实施过程中运用或组织语言的技巧和方法。它包括口语技能、导课技能、提问技能、结课技能、体态语言技能、板书技能等。

（4）自我发展技能　是指教师通过同行互助与反思行为提升自身教学的能力和方法。师范生可以通过微格教学手段、教学见习和教育实习等多种教育实践机会实现自我发展。说课技能、评课技能等属于一种课堂教学外的评研型实践技能。

课堂教学既是一门科学，又是一门艺术，必须经过严格的系统训练。实践证明，要全面提高化学教学技能，还必须向微格领域拓展，将复杂的教学行为进行适当的微观分解，以进行有效的技能训练。以下为几种典型教学技能。

7.1.1 化学引课技能

古人曾说"良好的开始是成功的一半"，教学引课就如同一幅美丽的油画中的调色油，色度调好了，就为整幅油画奠定了良好的基础。著名的特级教师于漪也曾说过："课的第一锤一定要敲在学生的心灵上，激发他们思维的火花，或像磁石一样把学生牢牢地吸引住。"可见一堂课的开始是多么重要。成功的课堂导入可以有效地激发学生学习的兴趣、引起他们的求知欲，在课的开端就敲在了他们的心头上，引起学生们的共鸣，激发他们的思维。为了能达到此种教学效果，必定要寻求有趣味的、基于学生兴趣和情感的课堂导入。

导课应遵循的原则有目的性、针对性、趣味性、关联性等。目的性是指课的导入必须围绕这节课的目的要求进行，要有助于激发学生学习兴趣，要有助于学生初步明确学什么、为什么要学、怎么学等。针对性就是要针对教学内容的特点和学生的实际及教师自身的特点去选择导课方式。导课方式的选择，最根本的还是要依据教学内容，因为教学内容的差别制约着导课方式的选择。趣味性是学生主动追求知识、认真学习的条件之一，又是课堂气氛活跃的基础。因为有趣的学习能提高学习效率。导课的趣味性很大程度上依赖于教师生动形象的语言和炽烈的感情。因为课文中深刻的思想内容和科学道理，大都是通过生动形象的语言表达出来的。关联性则要求教师的导课应建立在学生已有的知识经验基础上，或通过复习、提问、回忆前面已学过的知识，或联系学生熟悉的现象和实例进行引入等。导课方式不一，但目的相同，都是为传授新知识打下基础，使学生受益感知。所以导课一定要善于以旧引新、温故知新。导课的内容，要与新课重点紧密相关，能揭示新旧知识的联系。

导课的方式可以是：

（1）直接导课法　开宗明义直接揭示课题，点明学习目的和要求，以引起学生的重视。

（2）温故导课法　利用新旧知识之间的联系，通过温习旧课达到启发新知的学习效果。

（3）悬念导课法　教学一开始，教师有意识地设置一些悬念，使学生处于一种急于求解、欲罢不能的状态，促使他们带着问题全神贯注地投入学习中。

（4）实验导课法　通过演示和课文内容相关的实验来导入新课。这种方法在小学常识等课程中比较常用。

（5）情境导课法　教师创设一个与教学内容相关、具体而生动的教学情境，使学生为之所动，为之所感，产生共鸣，从而激励学生进入新的教学情境。教学情境可以通过教师的语言，或多媒体手段，或课堂环境的布置等来创设。

（6）生活经验导课法　利用学生熟知的生活经验来导课。对于学生来说，生活中的经验有正确和错误两种，有时利用学生生活中的错误经验来导课，可以起到意想不到的效果。

（7）故事导课法　教师选取或寓意深刻、或轻松幽默、或鲜为人知、或扣人心弦的故事，通过讲故事的方式导课，也是学生喜闻乐见的形式。

（8）游戏导课法　一个好的游戏导入设计，常常集新、奇、趣、乐、智为一体，它能最大限度地活跃课堂气氛，消除学生因准备学习新知识而产生的紧张情绪，可以为学生营造一个轻松愉悦的学习氛围，等等。

7.1.2　化学结课技能

结课是课堂教学过程中的一个有机组成部分，我们称之为课堂小结或者课堂结尾，主要是指教师在课堂结束时，围绕课堂教学内容、突出教学重点、强调教学难点展开，帮助学生归纳梳理知识、建构知识体系，使学习内容更有条理、更系统，实现知识和能力的迁移的教学行为方式❶。赫尔巴特学派的莱因（Rein）提出的五阶段教学法把课堂教学分为：预备、揭示（提示）、比较（联系）、概括（总结）、应用❷。明确指出，当课堂教学结束时，必须将教学内容进行系统性的总结。谚语有云：编筐编篓，重在收口；描龙画凤，难在点睛。这些都给我们一个重要的启示，要把一件事做到完美，一个好的收尾正如编筐编篓的收口一般，直接影响整体效果。化学课堂教学的结课也正是如此，要让它起到点睛之笔的作用，就必须精心设计，才能给人以"课虽尽而意未止"之感。

化学课堂教学是一门科学，也是一门艺术。想要呈现一节精彩的化学课，必然不能忽视任何一个教学环节的设计。结课作为课堂教学的最后一个环节，不仅会影响课堂结构的完整性，也会直接影响化学课堂教学的效果。从现代心理学的角度分析，当课堂教学结束前几分钟，也正是学生精力不足，最容易感到疲劳，注意力普遍开始下降，学习效率最为低下的时候，这时更需要介入有效的刺激来保持学生学习兴趣的连续性，吸引学生的注意力。从另一个角度讲，一节课的结束也意味着另一节课的开始，那么我们在日常化学课堂教学中要综合运用多种手段、策略来做好化学课堂教学的"收口"工作，从而使其"新足适新履"❸。好的结课是教师教学技能精湛高潮的体现，优秀的化学教师，"结课"往往能做到恰如其分，给化学课堂教学画上点睛之笔，不仅可以使所教的内容得以概括、系统、深化，而且还可以激发学生的求知欲，维持学生的思维状态，使学生的思维由浅入深、由深入广，逐渐过渡到课后的学习情境中；还可以帮助学生理解本课堂的知识，铺设新旧知识的桥梁，以新学的知识回顾以往的知识，为学好下一堂课的知识打下基础，培养学生思考、分析、解决问题的能力，更能提升教学效果❹。在结课过程中，教师也能及时发现教学上的不足，从而改进教学，提高自身的专业发展。

在当前化学课堂教学中，很多老师都能使导课和其他的教学环节精彩纷呈、引人入胜，唯独结课成了败笔，比如：有的老师只重开头不重结尾，随意总结，流于形式；有的老师草草收场，不扣重点❺；也有老师拖堂结尾，效果不佳；还有的老师把结课当成一种"灵活性"的环节，有时间就总结，没有时间就直接下课❻。这些现象不仅在常规教学中普遍存在，在少部分的优质课中也会出现。因此，为了提高化学课堂教学的质量，研究化学课堂教学中教师对结课环节的处理有着重要的意义。

国外关于课堂小结的思想可以追溯到17世纪捷克著名的民主教育家夸美纽斯在《大教学论》中的相关论述，他提出"一切先学的功课都应该成为一切后学功课的基础，这种基础是绝对必须彻底地打定的"❼，主张有计划、按顺序地进行教学，重视学习基础的奠定，强调新旧知识之间的联系，夸美纽斯要求课堂教学必须使学生获得巩固的知识。他认为学习知识而不能及时巩固，就如同过眼云烟，无法获得真正的收获。因此，这就要求教师在课堂教学中

❶ 陈泽雄.高中思想政治课结课设计研究[D].长沙：湖南师范大学，2016.
❷ 王天一，等著.外国教育史（上册）[M]．北京：北京师范大学出版社，2005：67.
❸ 朱茂盛.浅谈新形势下的化学课堂结课设计[J].中学课程辅导（教学研究），2016（18）：15-16.
❹ 吴玲飞.高中物理结课的实践研究[D].金华：浙江师范大学，2012.
❺ 刘章玉.课已尽意犹在——结课方式例谈[J].考试周刊，2018（38）：8-9.
❻ 王志敏，唐云.探析"课堂小结"的重要性[J].新课程研究·职业教育，2008（8）：92，93.
❼ [捷克]夸美纽斯，著.大教学论[M]．傅任敢，译.北京：人民教育出版社，1957：28.

要帮助学生及时、有效地梳理知识和归纳小结，及时进行教学效果反馈，才能为后续的学习提供基础。在后来的教育家如赫尔巴特、凯洛夫、杜威、罗杰斯等人提出的理论中都对课堂教学结课环节的必要性作了阐述，但各有不同，例如：杜威更强调学生的"活动"，课堂小结以学生为主体，教师属于从属地位；罗杰斯则强调要进行发展性的课堂小结，培养学生的独立性、创造性❶。

我国对结课的研究以期刊论文居多，硕博论文较少，而中国知网上关于化学学科课堂小结的期刊论文也是为数不多。从目前的期刊论文中可知，主要是从学生认知结构的完整性、教学作用与意义、教学方法、教学模式、教学主体等几个角度对结课进行研究。文献中多是从结课的功能出发，归结出的结课方法主要有：归纳法、练习巩固法、拓展发散法、延伸式、创设情境式、承启式、设置悬念法、解谜式、比较式、引趣法等❷。

7.1.3　化学提问技能

随着新课程改革的不断推进和以人为本教育理念的逐步深化，教育工作者们越来越认识到课堂师生互动的重要性。而课堂提问是当前课堂上师生之间进行互动交流的最主要形式，因此也成为当今世界被研究最多的课题之一。美国学者，史蒂文斯曾对课堂提问进行了系统的研究，他指出在课堂教学中，师生问答的时间大约占去了普通课堂教学的 80% 的时间。可见，课堂提问几乎贯穿于教学过程的始终，是教师进行正常教学活动必不可少的教学方式。有效的课堂提问能够促进课堂上的师生交流，发展学生的高水平思维，从而有利于引导学生获得新知识。除此之外，还能帮助教师调控学生的学习状态。提问方式是否合理有效，直接影响着课堂教学质量和教学目标的实现。在课堂教学中，教师要想在课堂获得较好的教学效果，充分展现课堂的生命活力，充分发挥课堂提问的作用显得尤为重要。

现实的化学课堂教学中，很多教师对课堂提问不够重视，对化学课堂提问的策略和原则缺乏研究和探索，他们的提问具有较大的随意性，存在着一些问题：教师的课堂提问数量和频次较多，但提问的质量不高，所提的问题大多属记忆性问题，问题难度没有层次性，缺乏启发性；提问后留给学生思考的时间过短，还没有等学生进行充分的思考，教师便急于说出答案，快速过渡到课堂的下一环节；提问反馈的方式不恰当。教师的提问更多是为了指引学生说出正确答案，而对课堂中学生的生成性问题和错误答案未给予及时的反馈和评价，也没能巧妙地采用追问的方式来进一步探查和运用学生的想法。以上这些实际课堂教学中存在的问题都使得课堂提问不能很好地促使学生产生思考、质疑和探索，使课堂提问不能发挥其应有的作用，导致课堂出现"满堂问"，却"启而难发"的局面。

课堂提问是教师的一项基本功，反映着教师课堂语言的把握和运用，体现出一个化学教师独特的教学风格和教学有效性。因此，研究课堂提问既是化学教师提高自身教师专业素养的必修课，也是最终走向专家型教师的必由之路。在教学实践中，我们的教师应该从现实化学课堂提问所存在的问题出发，结合化学学科特点，探究化学课堂提问的策略和方法，勤于反思，善于总结优秀的课堂提问经验，从而不断优化我们的课堂提问，以进一步改善我们的

---

❶ 钱芳.中学地理结课的问题与策略研究[D].武汉：华中师范大学，2015.
❷ 陈筱勇.中学化学结课语的设计[J].化学教育，2009，（5）：26-28.

课堂教学。

7.1.4　化学情境创设技能

《普通高中化学课程标准（2017 年版）》明确指出："真实、具体的问题情境是学生化学学科核心素养形成和发展的重要平台，为学生化学学科核心素养提供了真实的表现机会。因此，教师在教学中应重视创设真实且富有价值的问题情境，促进学生化学学科核心素养的形成和发展"[1]。新课程十分重视教学情境的创设与问题意识。所谓教学情境，是指在教学过程中为了达到既定的教学目标，从教学需要出发，引入或创造与教学内容相适应的具体场景或氛围，引起学生的情感体验，帮助学生迅速而正确理解教学内容，促进他们的心理机能全面和谐发展，提高教学效率。

　　然而，经调查发现有相当一部分老师不重视开展情境教学，他们认为创设教学情境太麻烦，直接讲出来不就好了吗？何必搞得那么复杂？再加上平时的教学任务繁重，担心课时安排不够，因而教学中往往直奔主题，进行干巴巴的知识讲授。试想，如果将 6 g 盐放在你的面前，你咽得下去吗？但当把 6 g 盐放入一碗美味可口的汤中，你在享用佳肴时，无形中就将这 6 g 盐全部吸收了。这就和知识融入教学情境中的道理一样，如果只是这种简单的知识点传输，学生可能难以接受。但如果将知识技能融入一定真实、复杂的教学情境中，学生会在情境中不自觉地吸收新知识、获得新技能，也会最终提高核心素养。因此，为了提高课堂教学质量，增强课堂感染力，研究教师的课堂教学情境创设行为必不可少。

　　《现代汉语词典》指出：情境即情景；境地。指某一段时间和空间许多具体情形的概括。《辞海》又将情境定义为：一个人在进行某种行动时所处的特殊背景，包括机体本身和外界环境。而情景解释为："景"指外界的景物，"情"指由外界的景物所激起的感情。情景是指能够激起人们情感的景物。目前，对情境创设的研究大都集中在情境创设的意义、原则、策略及误区上。例如，姜建文教授等人在《教学有情　情有可源》中提出教学情境创设应遵循科学性、趣味性、真实性、发展性和多样性原则[2]。余文森教授将教学情境创设的策略归纳为七种：通过实物创设情境、通过图像创设情境、通过动作（活动）创设情境、通过语言创设情境、通过新旧知识和观念的关系和矛盾创设情境、通过"背景"创设情境、通过问题创设情境。[3]华东师范大学的杨玉琴、王祖浩老师通过具体的教学案例分析得出由于许多教师对教学情境的内涵及其价值缺乏正确的理解，对教学情境的使用尚存在某些误区：情境中没有学科问题、情境偏离核心知识、情境渲染负面影响、情境创设虎头蛇尾。并提出了为了充分发挥情境的作用，教师必须把握情境的内涵及价值[4]。东北师范大学的研究生雷宇在研究创设有效性的化学教学情境行为时提出，对于教师而言，要处理好"控"与"放"的辩证关系。教师要敢于"放"，只有放开手脚让学生去做，学生才会在做中得到感悟、得到启发，课堂上才会积极主动地去思考问题、接受新知；教师也要善于"控"，考虑如何引导、调控学生围

❶ 中华人民共和国教育部.普通高中化学课程标准（2017 版）[S].北京：人民教育出版社，2018.
❷ 姜建文，等.教学有情　情有可源[J].化学教育，2011（5）.33-35，46
❸ 余文森.论教学情境的主要类型[J].教育探究，2006（3）.
❹ 杨玉琴，王祖浩.教学情境的本真意蕴———基于化学课堂教学案例的分析与思考[J].化学教育，2011（10）：30-33.

绕知识积极思考，这样的情境创设才有效❶。从中弥补了化学教学情境创设无效性行为的缺陷，但从研究的结果来看依然不够成熟与全面。黄秀娟、陈迪妹较早将教学情境用于培养核心素养上，在她们的研究中构建"情境-模型"双轮驱动的课堂模式，借助情境问题串的创设让学生经过概括、类比，发现并构建化学思维模型，使隐性知识显性化；然后应用思维模型解决具体情境问题，找出解题的一般方法和思路，形成学生自己个性化的思维模型，达到发展学生化学素养的目的❷。之后，江合佩等人也纷纷研究了基于核心素养的情境探究课堂教学。

从已有的研究结果来看，国内外对于教学情境的研究都有悠久的历史，对于课堂教学情境创设的研究也很多，但是从有效性视角对其进行深入的研究目前还很少；提出教学实践中情境创设的问题和误区的文章也不少见，但理论与实践相结合的文章较少；关于具体学科教学情境创设的研究虽然较为丰富，但缺少系统性与规律性，使许多教师难以把握；而基于核心素养的教学情境创设的研究更是寥寥无几，但这却是新课程理念重点提倡的课堂教学方式，因此我们应该重视基于核心素养的教学情境创设。这有助于化学教师系统了解创设教学情境的策略与方法，以此促进化学教师将教学情境服务于课堂教学，激发学生的学习兴趣，培养学生的核心素养，充分落实新课程理念。

根据化学学科核心素养的内涵和教学情境的特征，可以将教学中所创设的情境分为八大类，它们所承担的功能各有侧重：创设媒体情境，提高学习兴趣；创设史实情境，树立科学态度；创设问题情境，激活学生思维；创设实物情境，形成宏微符三重表征思维；创设类比情境，构建认知模型；创设实验情境，引发探究欲望；创设信息情境，锻炼推理能力；创设生活情境，培养社会责任。

7.2 典型案例

7.2.1 J中学化学导课设计的破茧成蝶

好的导课是成功的一半！它能够激发学习兴趣，引起学习动机；建立认知冲突，产生成就动机；实行目标教学，产生任务动机；衔接新旧知识，主动建构新知识。导入的方式多种多样，教学中要根据化学学科不同的内容和学生的特点精心选择。案例记录了J中学化学教师课堂导入的实践探索，揭示了导课的原则、导课的目的、导课的作用、导课的类型，以期为读者以教学启示。

❶ 雷宇.初中化学教学情境创设有效性的行动研究[D].长春：东北师范大学，2012.
❷ 黄秀娟，陈迪妹.高中化学"情境·模型"教学模式的实例研究——以苏教版化学1"从铝土矿中提取铝"为例[J].化学教与学，2017（11）：6-10.

（1）正本溯源找问题　J中学与其他兄弟学校进行几次联考，大部分学科的各项指标都不错，唯独化学成绩不理想。其实化学成绩一直是该校的一个短板，为此校领导找J中学化学教研组长D老师，要求他查找原因，寻找解决的办法，争取把全校的化学成绩提上去，D老师承受了很大的压力。

通过随堂听课，D老师发现在课堂上出现相当一部分学生的注意力不集中，学生提不起兴趣等情况。他与教研部门经过商讨制定调查问卷，针对学生的现状进行探求，同时也设计了针对教师的问卷调查。

通过对调查问卷的分析，D老师总结出来学生对于J中学化学教师在教学中存在的一些问题：

① 较多教师教学设计不重视，不得学生的欢心。

② 较多教师教学满堂灌，未考虑学生的接受能力。

③ 较多教师教学方法单一，学生提不起学习的兴趣。

④ 较多教师没有课堂导入，使得学习气氛紧张，没有活力。

针对以上问题，D老师陷入深深的思考之中，教研活动从何入手呢？

（2）专家支招明方向　D老师决定把自己的迷惑跟大学里原来的X老师作个交流，X老师听了之后，谈了自己的建议，把自己收存的2010年全国高中化学优质课大赛获奖作品发给了D老师，并商定一周后参加J中学化学教研组的教研活动。D老师获得视频后，如获至宝，按X老师的建议，提高课堂教学质量从抓教学设计入手，从易到难。从引课到结课开展系列教研活动。D老师发现获奖作品中有较多老师都选择了普通高中课程标准实验教科书《化学》必修一第3章第1节的内容"金属的化学性质"一节作为参赛课题，说明对这节内容大家都比较关注，D老师就以它们为对象进行教学设计研究，于是组织大家一起观看视频，发现比赛的教师讲解极富有感染力，学生参与度极高，极大地震撼了J中学的教师。作为导课教研活动专题，D老师的计划是先截取了两节导课视频，组织本组教师观看，然后请大家畅所欲言，最后由X老师作专题发言，对本组教师进行导课设计培训。

① 课堂导入实录

实例1：认识金属钠（甲老师）

a. 使用教材　高中化学必修一第4章第1节，人民教育出版社。

b. 导入教学材料　视频《火光中的生死隔离》。

c. 导入环节课堂教学实录

【师】上课。

【生】老师好。

【师】同学们好，请坐。

【师】欢迎大家来到今天这堂化学课，首先老师给大家播放一段视频《火光中的生死隔离》，请同学们认真去看去听。

【媒体播放】重庆的火灾新闻——火灾中的生死隔离。

【师】大家在视频中看到了什么?

【生】一场大火灾。

【师】而且是一场非常危险的火灾。大家有没有仔细听,在视频中有这样的描述,正当消防员们准备救火时,从厂方听到了一个更为可怕的消息,是什么呢?

【生】金属钠。

【师】在距着火点很近的一个厂房里,储存着大量的金属钠,金属钠的出现为什么会让消防员感到事态严重呢?

【生】金属钠能和水反应。

【师】这一定和金属钠的性质有关,那这一节课我们就通过这一线索,来认识金属钠的物理以及化学性质,看能不能找出令消防员感到事态严重的原因。

【板书】认识金属钠。

【PPT展示】记者从现场发回来的照片。

【师】从上面这张照片可以看到有十几辆消防车已经排成了长龙,说明大量的人力资源已经投入救火中,而下面这张照片说明消防员已经储备了充足的水源准备灭火,既然人力资源是充足的,特别是我们平时灭火所用的水源也是充足的,那为什么消防员还是感到事态严重呢?

【生】金属钠。

【师】刚才还说特别是水源也是充足的。

【生】金属钠和水发生了反应。

【师】我们身边存在许许多多的化学反应,我们都害怕吗?没有,那说明这个反应很危险,它具有一定的危险性。金属钠与水反应,会有怎样的危险性,我想同学们现在还无法体会到消防员那一刻的心情。没关系,老师接着来播放一段视频,在实验室模拟钠与水的反应。(播放视频)

实例2:金属和氧气的反应(乙老师)

a. 使用教材　高中化学必修1第三章第1节,人民教育出版社。

b. 导入教学材料　千年雷峰塔视频。

c. 导入环节课堂教学实录

【PPT展示】美丽的雷峰塔夕照图片。

【师】我们一起来看这幅图片,在夕阳下,这湖,这山,这塔,显得格外柔美,这便是杭州西湖十景之一的雷峰夕照。我们知道雷峰塔的美不仅是源于山,源于水,也源于许仙和白娘子那段凄美的爱情故事,2000年雷峰塔重建的时候,确实在塔底挖出了一个宝贝,当然不可能是那条渴求爱情的白蛇,那到底挖出了什么呢?我们一起来看一下当时的记录。

【视频播放】雷峰塔底挖出来的金属文物,大铁函和银质舍利塔在历经千年之后的外观差别。

【师】好,大家注意到没有,在历经千百年以后,纯银的舍利塔依旧光亮如新,而盛装它的大铁函却已经有了斑斑锈迹,同样是金属,为什么差别这么大呢?好,请一位同学来说说看。

【生】大铁函与空气接触，被氧化了，所以产生了锈迹，而纯银在大铁函中密封，与空气接触较少，所以说只是有一点泛黑，但还是比较新的。

【师】好，这位同学说出了他的观点，认为是大铁函接触空气、纯银舍利子被密封而出现了不一样的现象。还有同学有不一样的观点吗？

【生】我认为是组成它们的材料不同，铁函是由铁组成的容易被氧化，纯银舍利子是由银组成的不容易被氧化。

【师】非常好，她告诉我们，铁容易被氧化，银不易被氧化，那最常见的氧化剂就是氧气，今天，我们就一起来探讨，金属与氧气的反应。

② 课堂导入教师讨论　教研组会上，教师们对这两个实录进行了广泛的交流与探讨。G老师认为甲老师关于火灾的视频非常贴合生活实际，也非常震撼人心，很容易激起学生的责任心。乙老师找到的视频跟金属与氧气的反应非常贴切，能引起了学生极大的兴趣，将学生的注意力都抓了过去。A老师非常欣赏乙老师的导课。导入初期乙老师用一张非常美丽的西湖雷峰夕照唤起了学生对美景的向往，他还用了非常优美动听的语言吸引学生的注意力，并且巧妙地设下了悬念，成功地勾起学生的好奇心。当学生在揭秘雷峰塔底挖出的是舍利塔后，能自然过渡到金属与氧气的反应，将传统文化与化学结合起来。学生听完之后是对美景以及传统文化的满满向往。S老师喜欢甲老师的导课，认为甲老师一直向学生强调消防员所处的险境，一方面是向学生强调钠与水反应的剧烈程度，另一方面其实向学生展示了消防员不畏生死的职业精神。H老师认为甲老师导入的时间用了4分6秒，觉得时间有点长。另外，太过强调钠的危险会让学生对钠的相关实验产生畏惧心理。乙老师的引入可以结合不同地区的实际情况，学生会更有代入感。D老师总结道："大家对甲老师和乙老师的导入还是持赞成态度的，有一位老师提到了我们可以找到更多导入的方法，根据不同的课时能设计更具贴切该课的导入，我觉得很有意义，值得我们进行更为深入的研究。"

③ 课堂导入专家总结　X老师作为特邀专家对J中学化学组全体教师就导课相关内容进行专题培训。X老师认为，导入环节在教学中具有：集中学生注意力、唤起学生原有认知、制造认知冲突、激发学习兴趣和探究欲望、明确学习目标、创设问题情境进入课题等重要作用。在设计导入环节时应遵循：科学性、针对性、目标性、启发性、问题性、关联性等原则。导入设计要符合以学生为中心，以课堂内容为中心，激发学生兴趣，选材新颖，方法、形式多样等要求。教学材料应该选取与生活、生产、科学技术紧密联系的，学生觉得新颖的、生动形象的材料，或者前驱知识，比如图片、音乐、视频、奇异的自然现象、新颖的实验等。以上的两个案例都选取了与日常生活紧密联系的素材，充分地展现了化学学科与生活的紧密联系。另外，评价一个课堂导入好不好，关键是看起到导入应有的作用没有，遵循了导入应有的原则没有。而不能从简单还是复杂来考虑。

课堂导入也并不意味着只能用一种方法，在教学实践中，可以巧妙地将两种或多种导入方法联系起来，穿插在一起使用。

心理学研究表明，亲身经历过并获得深刻体验的东西往往令人终生难忘。在化学教学中，可以通过创设情境，让学生亲自参与实验及课堂教学活动，这样更有利于学生快乐地接受知识；再者，学习的内容与学生熟悉的生活背景越贴近，学生自觉接纳知识的程度就越高。在化学教学中，可以对抽象的化学概念进行生活化诠释，利用生活经验和已有知识基础为学生学习提供元认知支持，将生活经验作为"先行组织者"，引导学生解决一些有针对性的生活问题，在化学概念、化学模型与学生已有知识、经验之间建立联系，帮助学生解决在理解上的元认知障碍，最后通过知识的横向迁移，将其中的思想方法应用到新课教学中。

（3）展示出成效　J中学在教研组讨论之后，老师们对课堂引课的作用有了较深刻的认识，在教学中注重激发学生学习兴趣，注重各教学环节教学设计，包括对引课的设计，使用的引课方法也多种多样，更有针对性和实效性，学生对化学学科的兴趣也大大增加，化学课堂气氛活跃了起来。为了让化学组各位同行认真进行教学设计，提高课堂教学质量，将"导课设计"教研活动专题的相关内容落到实处，D老师经与校领导商议，决定开展为期一周的化学展示课活动，并邀请全县化学教师莅临观摩指导。以下案例仅是记录部分参赛老师的课堂导入实录，并对各位老师所使用的导课素材进行点评。

① 王老师导课——视频导入法

【师】冬天来了，天气比较冷，所以我们会采取一些措施来进行保暖，那么在北方有些人会通过喝一点小酒来获取温暖。

【视频播放】酒在人体内代谢全过程。

【师】看完了这个视频，同学们能提炼出乙醇哪些性质？

【生】根据视频内容作答。

【师】今天我们来详细学习乙醇的物理性质和化学性质。

【点评】乙醇隶属于人民教育出版社高中化学选修5第三章第1节。将酒在人体内代谢全过程视频作为导课情境，一来，饮酒现象在日常生活中随处可见，通过视频可以普及饮酒的相关知识，容易引起学生的共鸣。二来，酒在人体内代谢全过程涉及诸多乙醇的物理性质和化学性质，可以贯穿乙醇学习的全过程。

② 黄老师导课——热点新闻导入法

【视频播放】央视对硫黄熏银耳的报道。

【师】硫黄熏的银耳有什么危害？如何辨别？

【生】提取新闻信息回答问题。

【师】结合刚才的新闻，你能获取哪些关于 SO_2 的信息？结合氧化物类别、氧化还原反应的规律（S元素的化合价特点），你还能推测出 SO_2 哪些性质？

【生】我听到了他说有刺激性气味，然后我听到了有保鲜和漂白的作用。SO_2 中 S 元素是 +4 价，而 S 的最高价态是 +6 价，最低价是 −2 价，这里的 S 价态处于中间，所以，它既有氧化性又有还原性。

【师】那我想帮助大家提供一个思路。看到 SO_2，你能想到和它类似的物质是什么？

【生】 CO_2。

【师】因为 SO_2 和 CO_2 比较相似，从物质分类角度看它应该属于哪一类物质？

【生】酸性氧化物。

【师】那就应该具备酸性氧化物的特点。接下来，我们就通过实验来研究 SO_2 的相关性质。

【点评】近年来热点新闻也成为高考题的"香饽饽"，热点新闻导入法是指教师将热点新闻同新知识巧妙地结合起来的导入方法，此种导入方法不仅仅能够极大地吸引学生的兴趣，而且能够培养学生将化学与生活联系起来的意识，培养教师与学生关注新闻的良好习惯。"二氧化硫"隶属于人民教育出版社高中化学必修1第四章第3节。黄老师选择热点新闻"硫黄熏银耳"作为导课情境既能引出课题及二氧化硫的部分性质，也能够引导学生对与化学有关的社会热点事件作出正确的价值判断。

③ 张老师导课——联系实际导入法

【师】咱们平常浏览网络、网址不计其数。大商场里的商品琳琅满目，图书馆里的书汗牛充栋，那么这么多的物品，我们仍然能找到物品所需，为什么？

【生】分类。

【师】为了分类，人们根据一定的规则将大量物质进行分类，比如说化学反应，元素周期表中的元素，你们知道它们是依据什么原则进行分类的吗？

【生】分析作答。

【师】元素周期表当中，共有112种元素，这112种元素，就组成了我们现在极其丰富的物质世界。那么这112种元素组成的成千上万种物质，为了更好地研究物质的性质和用途，就有必要对它们进行分类。那么用什么样的标准分类，各类物质又具有什么样的关系呢？这节课我们就来学习物质的分类。

【点评】联系实际导入法则是通过展现生活中随处可见的事物、例子去引发学生共鸣的一种导入方法。此种导入方法的资源简便易展示，但是要寻找学生生活中常见的、与课程内容贴切的例子，而不是闻所未闻的、格格不入的例子。"物质的分类"隶属于人民教育出版社高中化学必修1第二章第1节。张老师选择学生喜闻乐见的网址、商品、图书等视角作为导课情境，可以很方便地切入到对物质分类的学习。

④ 刘老师导课——目标导入法

【师】上学期我们完成了元素化合物的学习，这堂课我们将进一步深化对元素及其化合物的学习，找到学习的窍门。这个窍门就是元素周期表。

【PPT展示】考纲对元素周期表要求：知道元素周期表的发展历程；能说出元素周期表的编排原则及其结构；能根据原子序数确定元素在周期表中的位置。

【师】请同学们大声朗读一遍。

【生】学生朗读。

【师】考纲对元素周期表的要求也是本节课的学习目标，请大家把书翻到第四页——元素周期表。

【点评】目标导入法是指在刚开始上课时就将本节课要学习的目标及考纲要求罗列出来。优点是能明确学生的学习目标，让学生在听课过程中能够有目的抓住重点，缺点是不能很好地提高学生学习的兴趣，对于学生来说较为乏味。"元素周期表"位于人民教育出版社化学必修 2 第一章第 1 节。刘老师将考纲对该内容的要求界定为学习目标，针对性强，但是作为高一的学生，此类学习目标似乎有超前、超多的嫌疑。

⑤ 严老师导课——诗词导入法

【师】苏轼的《格物粗谈》中有这样的记载："红柿摘下未熟，每篮放入木瓜三枚，得气即发，并无涩味。"为什么成熟的木瓜可以用来催熟未成熟的红柿呢？

【生】（沉默）

【师】这是因为熟水果自己就会放出乙烯，所以乙烯可以作为水果的催熟剂，使生水果尽快成熟。

【师】有时为了延长果实或花朵的成熟期，又需要用浸泡过高锰酸钾溶液的硅土来吸收水果或花朵产生的乙烯，以达到保鲜要求，这是什么原理呢？

【生】高锰酸钾溶液和乙烯会发生反应，能够吸收乙烯。

【师】我们高一的时候已经学过乙烯了，请同学们回忆一下乙烯有什么化学性质呢？

【生】讨论作答。

【师】那这一节课我们继续来学习与乙烯性质相似的其他烯烃的性质：脂肪烃里的烯烃。

【点评】诗词导入法是指用与课堂内容相关联的诗词唤起学生的注意力，解释诗词的内容进行提问引起学生的兴趣。诗词导入法显得尤为"文艺"，将化学很好地和语文联系起来以引起学生的共鸣，使学生不由自主地进入学习状态。"烯烃"位于人民教育出版社高中化学选修 5 第二章第 1 节脂肪烃第二课时烯烃。严老师选用苏轼的作品作为导课情境，既可以温习和巩固乙烯性质学习，又可弘扬优秀的传统文化，增强文化自信。

（4）课堂导入教学反思　经过一年狠抓教学质量，特别是定期开展的公开课、教学研讨和检查教学设计制度，J 中学化学学科有了明显的改变，教师在省、市里的教学技能大赛都取得了不错的成绩，学生在奥林匹克竞赛中也表现不错，中考、高考化学成绩也明显提升。诚然化学教学质量的提高，靠一个人、靠一节课是不行的，是靠着集体长期不懈努力的结果。就课堂导入环节而言，老师们有什么体会和感悟呢？

a. 课堂引课实施现状反思　J 中学实践表明，好的课堂引课对提高学生学习积极性、激发学生探究欲望、建立化学知识与 STSE 的联系起到极大的作用，有助于提高课堂教学效果。当然，这要花一定的时间去精心设计，一些老师难免有松懈，在日常的课堂教学中难以坚持。因此，如何让老师们真正自愿重视课堂导入环节的设计，是值得广大教育工作者反思的。

b. J 中学教师对课堂导入的反思　D 老师：一年来，老师们在教学中努力钻研教学设计，课堂导入丰富多彩且更有针对性，值得我们好好总结。

C 老师：那次的导入研讨会对我的影响很大，从此我对导入有了新的认识，在新知识的教学上我都会非常注重导入，现在明显地发现学生通过我精心设计的导入，能够很快进入学习状态，所有成绩的取得说明做好教学设计的重要。

E 老师：就导入环节来看，最耗时间的就是寻找导入的材料，或许我们可以一起建立导入材料的资料库，进行资源的共享，等这个资料库完整地建立起来，则会是我们的教学导入设计及进行的一大助力。

结语

J中学教师意识到自己对于教学设计，包括课堂导入的疏忽。为了更好激发学生学习的兴趣，努力探究课程导入的方法，J中学教师通过对2010年全国高中化学优质课大赛的两节"金属的化学性质"的导入方法进行了讨论和比较，然后在实践中研究，在研究中反思，终于结出了成功的果实。需要指出的是，J中学总结导入方法没有覆盖全面，且对于如何选择应用导入方法没有具体指明，在新课程的理念下成功设计诸多不同课程对应的教学导入之路，任重而道远，因此需要进一步深入研究，希望大家在教学中多用教学理论指导教学实践，继续J中学探索之路。

**案例
思考题**

1.金属的化学性质这两节课的课堂导入设计分别采用了什么导课方式，你能够从他们的评论中受到什么启发？

2.J中学教师在实践中展示的5个导入案例，你如何评价？

3.教学实践中，还可能会采取哪些导课方式？并设计一个导课的教学片段。

4.请你谈谈教学中有什么具体措施可以提高导课水平？

推荐阅读

[1]王杰.导入：浅议高中化学教学的课堂导入[J].教育教学论坛，2012（11）：98-99.

[2]弓立伟.浅谈高中化学教学中的课堂导入[J].中国校外教育，2012（25）：50.

[3]李松.浅析化学课堂导入技巧[J].化工管理，2016（05）：83.

[4]王凡，文庆城.一次化学优质课活动后的思考[J].化学教育，2011（7）：25-27.

[5]徐超成."化学能与电能的转化"新课引入方法的对比研究[J].化学教育，2013（7）：21，24.

7.2.2 异彩纷呈的同课异构结课

**案例
摘要**

　　结课是课堂教学的有机组成部分，一个好的结课，可以概括梳理、巩固强化、激发情感、画龙点睛、及时反馈，也可以设置悬念、为下文埋下伏笔。本案例从J中学高二年级化学备课组组长X老师的疑惑展开，记录了教研活动和校内同课异构活动过程，重点对同课异构的课题（人教版选修"电解池"）的课堂实录的结课环节进行研究分析，为学习者提高结课水平提供借鉴。

　　J 中学高二年级化学备课组共 8 个化学老师，每个老师都有各自的教学风格和特色。X 老师担任年级化学备课组组长，是一位任教多年、经验丰富的化学教师，教学工作认真负责，经常组织备课组开展教研活动，并且都取得不错的成果，得到了备课组老师们的一致认可。备课组的 A 老师和 D 老师为新手型老师，虽然教学经验不足，但是平时在教学中会有较多新颖的想法，是备课组的新鲜力量。B 老师年纪较大，教学经验丰富。其余几位老师也都有比较丰富的教学经验，C 老师和 F 老师在青年教学技能大赛中都拿过大奖。

　　（1）相约"结课"教研主题　　X 老师是 J 省重点中学高二年级化学教研组的组长，面对高二阶段的关键教学期，总感觉化学组的老师们的授课过程缺少点什么东西，教学过程不尽完美，但几经思索不得其因。近期 X 老师参加了市里举行的教师教学培训活动，此次活动的主要内容是提升教师教学技能、增强课堂整体效果。活动中 X 老师收获颇丰，充分认识到教学设计是提高教学质量的关键，他对照本校的教学情况，终于找到了症结所在，发现确实有一些老师没有精心设计教学过程，有些老师精心设计了开头，使导课环节妙趣横生，但是结课环节却缺乏设计，降低了整堂课的教学效果；也有一些老师上课直奔主题，上到哪算哪，下次课接着上。这样的课堂对于特殊的高二学生来说往往会在一节课的时间里，渐失学习兴致。于是 X 老师反复思考，决定开展教学设计系列研讨，先易后难，从结课入手开展一次教研活动，希望能够通过开展教研活动，使备课组的教师都能意识到结课环节的作用和重要性，并能更好地理解不同结课方法的优点及遵循相应原则。可是相约"结课"为主题的教研活动该如何展开呢？怎样才能达到理想的效果？这个问题让 X 老师一时找不到答案。

　　（2）"时结课"专题培训　　X 老师在困惑了几天之后，决定把自己的想法和困惑同大学里的化学教学论专家 Z 老师进行交流，希望能从 Z 老师处得到一些启发。Z 老师听了之后，谈了自己对结课设计的看法，提出了自己的建议，并把自己至今收存到的全国高中化学优质课大赛获奖作品发给了 X 老师，并商定一周后参加 J 中学化学教研组的教研活动，作为教研活动的指导教师。X 老师拿到视频后，如获至宝，决定按照 Z 老师的建议，根据本校的教学进度需要，从中选择两节关于"电解池"的优质课进行专题研讨。X 教师就以它们为对象进行教学设计研究，于是带着视频组织备课组的教师们一起观摩学习，希望给年级组的化学老师们一些启发，引起大家对课堂结课环节的重视。

　　① 课堂结课教学实录

　　实例 1："电解池"（甲老师）

　　a. 使用教材　　高中化学选修 4 第四章第三节，人民教育出版社。

　　b. 结课环节课堂教学实录

【师】我们今天的学习就到这里，下面请同学们回顾一下本节课所学的内容，并用思维导图的形式画出本节所学。

【生】分小组合作绘思维导图。

【师】能不能解释一下你们所画的思维导图？

【生】各组派代表解释所绘思维导图，其他成员对其进行补充。

当老师发现部分学生所画的思维导图存在错误或者学生在解释过程中表达不够明确时，及时给予引导。

【师】经过组员的补充以及老师的引导，大家画的思维导图基本上都能体现本节课所学的知识点，以及它们之间的联系。老师相信通过大家的精美绘图和准确讲解后，对本节内容一定掌握得不错。

实例2："电解池"（乙老师）

a. 使用教材　高中化学选修4第四章第三节，人民教育出版社。

b. 结课环节课堂教学实录

【师】课堂进行到现在，我们已经学习了电解的主要内容，这个时候，老师想考考大家。

【PPT展示】几道练习题。

【生】观察问题，并思考，认真完成练习。

【师】哪位同学来回答下题目？

【生】积极发言，回答问题，最终解决问题。

【师】看来同学们对本节内容掌握得不错，那么我要把咱们这节课用到的9 V电池奖励给大家，希望大家在课后利用生活中的材料完成电解实验，继续探讨电解池的工作原理，下节课我请同学上来汇报自己的实验方案、现象等。

② 课堂结课教师讨论　在认真观看了两个教学视频之后，教师们对此展开了广泛的交流与探讨。在交流过程中对这两节课堂教学的各个环节、整体效果都进行了评析。下面是关于两节优质课课堂教学结课环节讨论的部分发言。

D老师：我认为这两节"电解池"的课的结课环节做得都很好，也各有特点。其中甲老师通过让学生自己动手画思维导图的方式，能让学生主动概括和总结本节课的重点知识，掌握知识之间的逻辑关系，建构完整的知识体系。这种归纳式的结课其实我们在平时的教学中是常用的。但我一般的做法都是让学生用语言表述个人的学习收获，或者自己进行归纳总结，我觉得用思维导图进行归纳总结更加新颖，而且效果也相当不错，让所有学生都活动起来了。

B老师：甲老师的结课方式比较新颖，这样做其实不仅是让学生理清了知识点之间的联系，还提高了学生相互合作的意识。乙老师结课的时候用的是一系列的练习题，这种练习巩固式结课十分常见，可是又很特殊，让学生做家庭实验这种操作性的课后作业，能提高学生的动手能力，很好。

F老师立马补充道：B老师，您说的我基本认同，可我不太赞同乙老师的结课方式是练习巩固式的方法。因为这个课后实验有一定的开放性，并未限定学生所用电极、试剂等，而是让学生自由地从生活中寻找材料，实验更具创新性，是比较敞开的实践活动。因此，我认为本次课的结课方式应属于将所学知识向课外延续、向实践伸展的一种延伸式的结课方式。

X老师指出：大家对这两个优质课视频中授课老师的教学思路和教学方式还是比较认同的，对于甲老师和乙老师的结课方式，毋庸置疑，甲老师的结课方式属于归纳法。对于乙老师教学中的结课方式，我一开始的理解也很浑浊，后来学习了相关文献并查阅了书籍，认为是延伸式结课方式，这一点也获得了 Z 老师的认可。视频中两位老师教学环节设计得非常精彩，内容讲解富有感染力，结课环节的设计更是达到了画龙点睛的效果，在整个教学中，课堂气氛活跃，学生参与度高，这是不可多得的优质课例。我希望大家能向他们学习，多反思自己的课堂教学，让化学学科核心素养在我们的课堂教学中生根、发芽和开花。

③ 课堂教学专家培训　省师范大学的学科教学专家 Z 老师受邀参与 X 老师组织的"结课"主题教研活动，在听完各位老师的发言后，Z 老师对"结课"相关理论进行阐述。

Z 老师认为，结课跟导课正好相反，导课作为一堂课的开头，结课就是一堂课的结尾，有了结尾一堂课才完整，之所以这样说，是因为结课也有它的作用和重要性，就像写作文强调"凤头、猪肚、豹尾"，结课就如同这"豹尾"，虽然花的时间只要 3~5 min，但是只要设计得好，就可以达到概括梳理知识、巩固强化新知、建构知识体系、激发学习兴趣和探索欲望的作用，也可以通过结课将课堂由校内延伸到校外，让学生将化学知识与生活、生产相联系，不仅可以激起学生的社会责任感，还能培养学生的各种能力，这种由知识向能力、情感的培养也是非常有意义的。好的结课能够提升整堂课的教学效果，起到画龙点睛的作用。在设计结课环节的时候也要遵循一定的原则，如目的性、针对性、概括性、巩固性、启发性、引导性和灵活性等原则。结课设计应与教学目标保持一致，能够针对教学内容有的放矢地进行概括总结，结课作为最后一个环节，要是能做到与导课环节遥相呼应，更能体现课堂教学的完整性。化学课堂教学结课的方式有很多，如归纳式、练习巩固式、拓展发散式、升华式、延伸式、创设情境式、承启式、设置悬念式、解谜式、比较式、引趣式等。其中，归纳法是指在课末教师引导学生对整堂课的内容进行概括综合，让学生对所学知识进行归纳整理，使之系统化、条理化；延伸式结课就是引导学生运用本课所学知识向课外延续、向实践伸展的一种结课方式。刚才观看的课堂实录中，甲老师用的是归纳法结课，乙老师用的就是延伸式结课方式。不同的结课方式有不同的特点，要根据教学内容和学生的情况特点选择适合的结课方式，才能使课堂效果达到最佳。因为从心理学的角度来看，大部分学生是很难对一件事一直保持集中的注意力。当一堂课将要接近尾声的时候，学生会出现精力不足、注意力降低的现象，如果这个时候的结课能呈现一个让学生感兴趣的素材，对学生形成有效刺激，吸引他们的注意力，就能保持学生学习能力的连续性。并且在结课时教师也应立足于引导和补充，尽可能地让学生参与课堂，自己完成总结，调动学生学习积极性。由于结课时间通常比较短，所以老师在结课时，应语言表达简练、清晰，做到自然得当，水到渠成。

（3）同课异构展精彩　高二年级备课组的老师们在经过教研活动讨论之后，补充了相关理论知识，对结课的作用和重要性等都有了比较深入的认识。为更快更好地促进青年教师的专业发展，提升教师的教育教学水平，打造优质课堂，年级组开展了以"电解池"为内容采用不同结课方式的同课异构活动。参与上课的老师为青年教师 C 老师、A 老师、D 老师和 F 老师。按照不同的结课方式逐一呈现如下。

① 归纳法结课　归纳法结课是指教师在课末引导学生对整节课学习的内容进行概括综合，让学生对本节课的内容有个总体印象，将本节课所学的知识整理归纳，使之条理化、系统化，便于学生将感性认识上升到理性认识，以达到巩固知识的一种常用方法。

在化学课堂教学中，在用归纳式结课时应注意既要帮助学生建构知识体系，也要关注学生主体性的发挥。归纳式结课是教师在教学中最常用的结课方式之一，因为这种方法比较简单、易于操作，也非常实用、有效，不管是概念课还是实验课，都可以用这种方式进行结课。可以是老师总结，但最好是能让学生自主完成总结，由教师引导和补充。总结不是对知识的简单复述，而是提纲挈领地对一节课的知识进行概括，帮助学生建构一个系统、完善的知识体系，让学生更深刻地理解所学知识以及知识点之间相互联系。教师启迪学生自主总结的过程中，也是培养学生的概括总结能力的过程。在老师总结的时候，除了要对知识的脉络十分清晰，语言表达简练、清晰外，还应注意与学生保持"互动"，切忌教师自顾自说。这里的互动"是指通过师生多种感官的全方位参与，促进认知与情感和谐和多维互动的教学关系的生成，实现学生的主动发展"。A 老师的结课采用的就是这种方法。

A 老师课堂结课片段实录

【师】同学们，学到这里我们的新课就结束了，你们在这节课学到哪些内容？跟大家分享一下。

【生】表达自己的收获。

【师】本节课，我们主要学习了电解池是将电能转化为化学能的装置，还学习了它的构成条件和工作原理，最后我们学习了阴阳极离子的放电顺序。

【点评】所有听课老师一致认为，A 老师在学生表达的基础上对本节课的主要内容进行了概括和总结，属于归纳式结课。X 老师作为化学教研组的组长对本节结课提出较为中肯的意见：整个总结过程显得比较单薄和生硬，总感觉是太刻意地让学生去总结，不知是不是自己感觉学生的总结不完美，自己又总结一遍。这个地方感觉有点多余，应放心让孩子去表达，去表现，要给他们完全展现自我的信心和机会，要让学生感受到老师对自己的认可，这样才能激发学生的学习兴致。其他听课老师表示。A 老师很好地运用了归纳法，不过用法很普通常见，如果以新颖的方式使用归纳法结合，一定是一节精彩的展示课。

② 练习巩固法结课　练习巩固法也是教师在结课时最常用的结课方式之一。练习巩固法结课是指教师针对本节课的教学目标选择或编制相应的习题，通过及时练习不但使学生巩固了新知识，而且能让教师了解教学中的欠缺之处，从而找准不足，调整教学。做练习的过程也是对本节教学内容的回顾总结。

教师在使用练习巩固法结课时要注意：

a. 练习内容、习题难度要与教学目标保持一致　以课堂实训的方法进行结课，是为了让学生巩固学习的新知识，新知识的掌握是我们设计本节教学目标的一部分，所以练习题的设计或选择也是为教学目标服务。要达到在结课的几分钟内通过习题检测学生对知识的掌握情况，就必须对练习题所涵盖的内容进行设计和安排，通常练习题所考查的知识要包括本节课的重点或者难点，同时老师也要把握练习题的难易程度，难度通常与教学目标水平持平或者略高于教学目标。这样才能较好帮助学生巩固新知，加深对概念原理等知识的理解，落实核心知识的掌握和核心素养的发展。

b. 鼓励学生积极参与课堂，增强学生自信心　在讲解练习题时，教师应多关注学生在课堂中生成的想法和观点，给学生解释所得结论的机会，而不只是跟学生"对答案"。只有学生发表观点或提出疑问时，教师才能清楚了解学生对新知识的理解程度。教师应在答疑解惑时，帮助学生理清知识脉络，建构知识体系。在师生、生生交流中，给予学生肯定或表扬，有利于增强学生的自信心，同时，教师也能清楚地意识到自己在教学中的不足。D 老师选择了练习巩固法进行结课。

D 老师课堂结课片段实录

【师】同学们，不知同学们对电解池原理是否掌握透彻，接下来我们来做几道练习题巩固下。

【PPT 展示】

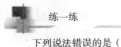

下列说法错误的是（　　　）

A 由电能转化为化学能的装置叫电解池
B 在电解池中跟直流电源的正极相连的电极是电解池的阳极
C 在电解池中通电时，电子从电解池的阴极流出，并沿导线流回电源的负极
D 电解池中阴极发生还原反应，阳极发生氧化反应

【师】答案？理由？

【生】C，电解池中电子是从阳极流出，沿导线流回电源的正极。

【师】很好，看来大家已经理解了电解池的工作原理。非常不错，那再来看看下一道题。

【PPT 展示】

练一练

用下图装置电解 Na_2SO_4 溶液，写出有关的电极反应式和电解总反应式。

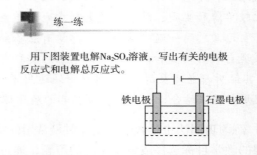

铁电极　　　　　石墨电极

【师】大家思考下这个题目，拿出草稿本试着书写反应式。

【生】思考作答，展示。

【师】从实验装置上看，可以判断与电源正极相连的铁电极是阳极，发生的是氧化反应，铁原子放电，阳极反应为 $Fe-2e^- = Fe^{2+}$；而石墨电极为阴极，发生还原反应，溶液中水电离出来的氢离子放电，阴极反应为 $2H_2O+2e^- = H_2\uparrow +2OH^-$。所以电解总反应式为 $Fe+2H_2O = Fe(OH)_2+H_2\uparrow$。

【点评】毋庸置疑，B 老师的结课方式是典型的练习巩固式结课。B 老师用两个课后练习题检测学生对本节课重点知识的掌握和理解情况，帮助学生巩固所学知识，是一种很好的复习本节新课的结课方式，受到听课老师的一致认可。但，也有老师认为这样的结课方式不能涵盖本节所学的全部内容，有所欠缺。

③ 比较法结课　比较法即把本堂课的教学内容与同一单元或有一定联系的其他教学内容进行对照、比较的结课方法。用这种方法来结课，能使学生很清楚地比较前后所学，理解

二者的本质不同，加深对所学内容的理解和巩固。

C 老师课堂结课片段实录

【师】同学们，我们今天学习了电解池，在本章第一节的时候我们学习了原电池，现在为了更加理解二者的原理，我们来进行二者之间的对比学习。

【PPT 展示】原电池与电解池异同比较，表 7-1。

表 7-1　原电池与电解池异同比较

项目	原电池	电解池
电极名称		
电极材料		
电流方向：外电路 内电路		
组成		
原理		
功能		

【师生】共同完成表格内容。

【点评】C 老师的结课方式属于典型的比较法结课。C 老师抓住了教材中前后知识的关联性，也把握了学生的认知心理障碍，对比两大抽象概念：原电池和电解池，紧扣二者之间的联系和本质区别，温故知新，帮助学生克服学习疑难。这一结课方式考虑到学生学情的需要和教学解疑的需求，受到新手教师 A 老师和 D 老师的连连称赞，他们表示要向 C 老师学习，提高教育教学理念，综合考虑设计教学内容。

④ 创设情境法结课　创设情境法是指教师在设计结课语时，充分运用教学语言或教学媒体构成课堂教学的课末情境，使学生觉得上课是一种艺术享受；如在"元素周期表和元素周期律"结课时请同学们发挥自己的想象力，将时间倒推到俄国化学家门捷列夫所在的年代，自己也来编写一张元素周期表。这种创设情境的结合方式既使学生深化了课堂所学的知识，又留给学生继续探究知识、发展兴趣的空间。新一轮课程改革特别强调要在教学中创设真实的问题情境，注重让学生在真实的问题情境中学习新知，发展素养。

F 老师课堂结课片段实录

【师】我们今天学习了电解池，也掌握了它的原理，可是当年英国科学家戴维在通电可以分解水的启发下，用电解的方法研究了物质的组成。

【PPT 展示】戴维的生平及事迹。

【师】假如，我们有机会与戴维进行交流，你想对他说些什么？请在课后写一封三百字左右给戴维的公开信。

【生】课后积极查找网络资料，完成给戴维的公开信。

【点评】听完 F 老师的教学展示，X 老师表示高度赞扬和十分满意。X 老师评价 F 老师的结课通过创设情境从科学与人文的角度出发，探测学生对知识的理解程度，引发学生的情感共鸣，使本节课达到了由知识到情感的升华，引导学生形成正确的价值观念和科学态度。这样的结课方式有一定的高度，科学知识与人文理念兼顾发展，理性思考与感性认知同步培养。B 老师补充道，这样的总结新课方式是我从没有用过的，从教育的根本任务——立德树人来说，这样的课堂有助于学生必备品格和正确价值观念的逐步培养，有利于化学学科核心素养在化学课堂中的落地生根。其他老师纷纷抱着学习的态度，表示对 F 老师课堂教学展示的赞美。

（4）实践成效与反思　以校内同课异构活动为契机，J 中学高二年级化学教师们似乎找到了调动学生学习兴趣的方向，并开始朝着这个方向落实。X 老师经常抽空去听其他老师的课，以鞭策他们提高教学质量。X 老师发现老师们的化学课堂氛围有了明显的改善，学生对学习的兴趣不再是逐渐减弱了，在快要下课之时，学生也能保持高昂的学习兴致和愉悦的心情，在课后复习中能对所学知识一一理清，形成认知框架，考试成绩也有不同程度的提升。除了学生取得进步之外，J 中学的老师在学校教学质量和教学效果的紧抓之下，参加教师教学技能大赛也获得了喜人的成绩，学校领导感到非常欣慰。因此，课堂教学中，导课固然重要，但结课也不能忽视，教学质量的提高，是每一个教学环节共同发力的结果，也是老师们共同努力、长期坚持所取得的成效。就课堂结课而言，老师们通过长期的实践，也都有很深的感悟。

① 课堂结课实施现状反思　结课环节的有效开展与导课等其他环节构成了完整的教学体系。从 J 中学的实践经验中可知，成功的结课环节能在很大程度上提升课堂教学整体效果，在帮助学生建构知识体系、巩固新知、提升学习兴趣、培养化学学科核心素养等方面都起到了很大作用，同时成功的结课是要结合教学整体需要，避免与教学核心内容的脱节。J 中学的化学老师逐渐意识到这一点，并且在教学中不断重视并合理设计结课环节。但是 X 老师也发现一些年长的教师教学风格已经十分成熟和固定，不太注重结课环节的设计。于是，X 老师对其多次进行思想上的疏导，告诉他们教育教学理念对教学实践的指导意义。因此，这些年长的老师也在不断地尝试中。

② J 中学老师的课堂结课反思　A 老师：上次关于课堂结课的教学研讨活动，让我收获了很多，我作为一个入职不久的新老师，能够参加这样有意义的活动，对我后来的教学工作起到了很大的帮助。从那以后，我每次备课的时候，都有意识地提醒自己要做好结课环节的设计，而且在上不同内容的时候，也能大胆地尝试不同的结课方式，学生的课上反馈都很不错。

D 老师：上次研讨会谈到结课方式多种多样，我自己实践后的体会是，效果各有千秋。我用得比较多的还是归纳式和练习巩固式，这两种方法很实用。有时候在上一些比较枯燥的概念课的时候，就会选择用创设情境式或者引趣式的方法结课，选择一些学生比较感兴趣的素材，活跃课堂气氛。如果是有两节内容前后延续或者拓展，我更多地会选择设置悬念式或者比较式。如果是内容与环境保护有关的，用升华式是最好了。

B 老师：我以前上课的时候基本都不会去关注结课环节的设计，我的年纪也算是比较大的了，觉得跟学生的沟通有时候确实不如新老师。但是那次研讨活动之后，我也积极吸取，开始放手让学生自己去做总结，学生们的表现比我想象中的要好很多，所以有时候我们还是要对学生"该放手时就放手"。

C 老师：提升教学质量的发力点还是教学设计，要是课堂教学环节能够环环相扣，紧密连接，课堂的整体教学效果也会有很大提升。要想教学设计做得好，也必须花心思精心设计，结课环节作为教学过程的有机组成部分，当然也不能轻视。

X 老师：我非常感谢这段时间以来老师们对我工作的配合，在上次的教研活动中，我解开了许久的内心郁结，找到了结课技能是我们教学中不能忽视的一个环节，也看到大家的精彩展示，感受到大家对结课技能的重视，看到了我们教研组化学教学效果的提升。大家要继续保持教学热情，改进教学，提升自身的教学质量。

结语

结课是一个教学环节，更是一门艺术。J 中学的高二年级化学备课组长 X 老师在一次学习中引发思考，不知如何改变目前一些教学过程中的不良现象，在百思不得其解之时，与本省师范大学的学科教学专家交流，最后对症下药，抓住教师们结课环节的设计，郁结得以解开。在教学研讨活动中，X 老师首先组织老师观看优质课比赛的获奖视频，用真实的例子让教研组的化学老师们对优质课进行评析，紧扣结课环节以"电解池"为题进行同课异构活动展示，互相学习，教研相长。各位老师都表示收获很大，进步颇多，深刻认识到只有精心设计结课，才能使结课起到画龙点睛的作用，提升学生的学习热情，从整体上提升教学效果。

案例思考题

1.请结合本案例中涉及的结课方式，分析其特点，并指出其在课堂教学中的作用。
2.教学中，还可能涉及哪些结课方式？如果是你来上"电解池"这节课的内容，你会用什么结课方式？并设计一个结课的教学片段。
3.在化学结课设计和实践中，你遇到了哪些问题？你是如何从结课中获得反馈，促进自身教学技能成长的？

推荐阅读

[1]王后雄. 新理念化学教学技能训练[M]. 北京：北京大学出版社. 2015.
[2]陈筱勇. 中学化学结课语的设计[J]. 化学教育，2009（5）：26-28.
[3]张向东. 结课的安排与处理[J]. 化学教学，2006（5）：11-13.
[4]朱俊峰. 谈化学教学中的结课艺术[J]. 化学教学，2006（1）：22-23.
[5]陈东林. 结课技能微探[J]. 化学教学，2001（5）：11-12.

7.2.3　化学专家型教师课堂提问特征及启示——以"二氧化硫的性质"为例

案例摘要

课堂提问是师生课堂互动的主要方式，也是教师进行课堂教学必不可少的手段。通过对高中化学专家型教师、新手型教师"二氧化硫的性质"课堂录像的实录研究分析，明确了课堂提问的类型、功能，以及如何在课堂教学中合理地运用各种课堂提问，并给出了一些相应的建议。

 案例正文

在我国，以连榕为代表的学者赞同把教师的成长阶段分为三个阶段，即"新手—熟手—专家"三个阶段。目前对专家型教师、熟手型教师和新手型教师虽尚无明确的界定。但现有的关于对教师的研究一般认为新手教师一般是指具有0~4年教学工作经验的教师，新手教师对于教学还处于摸索并逐步适应的阶段。而专家型教师一般是指具有某种教学专长和超高教学技能，在教学中能取得显著效果的教师。专家教师较于新手教师有较好的课堂把控能力。基于以上分析，案例中选取的观察对象A教师是具有两年教学经验的新手教师。而专家教师B具有十五年以上教龄，具有高级职称，并且是所在任教学校的学科带头人。

根据化学课堂中不同阶段、不同环节提问的目的和作用，课堂提问分为引入性提问、讲解性提问、过渡性提问、探究性提问、应用性提问。

专家型教师B课堂实录"二氧化硫的性质"获得"一师一优课"比赛省级一等奖，该课的提问具有很强的针对性和启发性，形式多样。在"二氧化硫的性质"一课中，教师B运用了多种提问技巧。为了比较专家型教师与新手型教师提问的差异，本案例呈现专家型教师B课堂实录片段的同时，也相应呈现了新手型教师A相同课例的课堂实录片段。通过教师C的点评，厘清专家型教师B提问的类型、原理、方式、作用及特征等。

（1）引入性提问　引入性提问是指在课堂的开始为了进行新课题引入而进行的提问。因此，在教学中，首先应该结合教学内容和教学目标，精心设计引入性提问，使问题能够激发学生对即将学习的新课的兴趣，推动课堂教学的顺利展开。因为学习兴趣是推动学生进一步积极主动学习的直接动力。其次，提问要能突出教学目标，学生通过回答问题可以直指本堂课的学习目标。再次，设计的提问不能过于简单，问题中可以带有适当的提示，又要为学生的思考留下空间，问题一定要经过学生思考才能够回答。孔子说："疑，思之始，学之端。"一个人要有问题才会去思考，才会去学习。因此，我们设计的引入性问题要留有悬念的感觉，使学生在心理上产生一种想要揭开答案的期待，待学完整堂课的知识以后才可破解心中的悬念，解答疑惑。同时要关注学生回答问题时语言表述的准确性和完整性，若学生发生语言表述错误时，应及时予以纠正。一般学生发生表述错误可能有两种原因：一是起来回答老师的问题时心理过于紧张，导致思维受阻；二是学生对概念理解不正确。如果学生是由于心理紧张，教师应以平和的语气、和蔼的态度来加以引导，消除学生紧张的心理。如果是因为对概念理解不正确，那么教师可以通过适当的追问，使学生在老师的引导下进一步准确理解概念，最后正确解答问题。

① 教学片段

新手教师A

片段：

【演示】介绍 SO_2 的喷泉实验装置，提醒同学们观察现象，并思考形成喷泉的原因。

【师】为何向烧瓶中挤入少量的水，就能形成红色的喷泉？

【生】因为外界压强增大，烧瓶内压强减小，把烧杯中的溶液压进烧瓶形成。

【师】对！压强差是形成喷泉的原因。那谁能解释一下紫色石蕊溶液进入烧瓶中变成红色是为什么？

【生】说明烧瓶中的溶液显酸性。 SO_2 溶于水。

【师】能溶于水并显酸性的氧化物叫什么氧化物？

【生】酸性氧化物！

【师】二氧化硫的第一个化学性质是与水反应形成亚硫酸。

【板书】与水反应 $SO_2 + H_2O \rightleftharpoons H_2SO_3$

具有酸性氧化物的性质

专家教师 B

片段：

【视频】新闻报道：近日有市民反映在某农贸市场买的银耳，闻起来总感觉味道不对劲。相关管理人员前往调查了解，发现这批银耳打开袋子便能闻到一股刺鼻的味道。经过检验，这批银耳中的硫元素含量严重超标。二氧化硫检出值为 1.49g/kg，超出标准值 28.8 倍。据了解，二氧化硫可用来漂白和保鲜，大量食用会影响人的身体健康。目前，工商部门已经将这批问题银耳向有关部门申报，对这批银耳的来源，工商部门将继续予以追查。

【师】结合刚才的新闻，请同学们思考两个问题。第一，你能获取哪些有关 SO_2 的信息？第二，结合我们学习过的氧化物的类别、氧化还原反应的规律，S 元素的化合价特点，你还能推测出哪些关于 SO_2 的重要性质呢？

【生】有刺激性气味，二氧化硫具有保鲜和漂白的作用。

【师】很好！

【生】 SO_2 中 S 元素是 +4 价，而 S 的最高价态为 +6 价，最低价为 −2 价。它属于中间，应该是既具有氧化性又具有还原性。

【师】说得好！其他同学有没有补充的？

【生】 SO_2 属于酸性氧化物，能与水、碱、碱性氧化物、某些盐反应，能使指示剂变色等。

② 教师 C 点评 C 教师在观摩教师 A 和教师 B 的课后认为：A 教师在导课环节演示了一个实验后，接着以"为何向烧瓶中挤入少量的水，就能形成红色的喷泉""那谁能解释一下紫色石蕊溶液进入烧瓶中变成红色是为什么"及"能溶于水并显酸性的氧化物叫什么氧化物"三个问题逐步引导学生进入二氧化硫性质的学习。学生在回答老师的第一个问题时出现了错误的表述（外界压强增大），但教师非但没有给学生指出错误，而且还对学生的回答予以肯定，然后很快直接过渡到下一个问题。A 教师提的第三个问题中包含过于明显的提示，回答此问题学生甚至不需要任何的思考就可以直接回答。这种几乎自带答案式的问题无疑是不利于激起学生思考的。通过这三个问题，A 老师完成课题导入的同时，也完成了二氧化硫其中一个化学性质的教学。但没有给学生之后继续学习接下来的内容留下悬念，未激起学生更多的思考。

B 教师在课堂开始通过视频播放一则新闻报道后，直接抛给学生两个问题："你能获取哪些有关 SO_2 的信息"及"结合我们学习过的氧化物的类别、氧化还原反应的规律，S 元素的化合价特点，你还能推测出哪些关于 SO_2 的重要性质呢"，让学生尝试从新闻中获取的信息来对问题进行分析，同时还通过问题 2 中包含的适当提示拓宽学生思考问题的角度。通过这两个问题引导学生从不同的角度思考和推测二氧化硫的性质，也让学生明确了本堂课的教学主题——二氧化硫的性质。为接下来的学习做了很好的铺垫。

（2）讲解性提问　讲解性提问是课堂知识讲解过程中提的问题，包括教师课前预设的问题和课堂形成性问题。教师要善于根据教学目标，精心设计环环相扣的问题，引导学生随着问题由浅入深，由易到难地构建知识体系，逐步解开问题的疑惑，逐步接近问题的真相。设计环环相扣且具有层次性的问题要求教师对教材有整体的把握，全面理解教学内容。缺乏对教材和教学内容的整体把握，会导致设计的课堂提问缺少条理性，使课堂问得"碎"，那么学生也就难以通过课堂学习构建结构化的知识体系。由于学生是具有能动性的个体，加之一个班的学生知识量和认知水平是有差异的，那么教师也就难以完全了解和把握学生的学情。因此，教师在课前设计问题时也必定会难以避免设计的问题难度超过学生可接受程度的情况。当呈现的问题难度过大，课堂出现无答的情况时，教师要善于灵活调整问题难度，通过细化问题或者转变提问的角度，逐步引导，循序渐进。

① 教学片段

新手教师 A

片段：

【师】请大家看该反应式中的这个符号"$\rightleftharpoons$"，它被称为"可逆符号"，表明该反应是一个可逆反应。那什么是可逆反应？请大家看书上的定义，用笔把它画下来。

【师】酸性氧化物还具有什么性质？对照初中所讲的 CO_2 的性质思考。

【生】还能与碱和碱性氧化物反应。

【师】好！那请你到黑板上来写 SO_2 与 Na_2O、$NaOH$、$Ca(OH)_2$ 的反应式。

【生】$SO_2 + Na_2O == Na_2SO_3$

$SO_2 + 2NaOH == Na_2SO_3 + H_2O$

$SO_2 + Ca(OH)_2 == CaSO_3 \downarrow + H_2O$

【师】下面让我们来看 SO_2 中 S 的化合价为 +4 价，处于中间价态，因为 S 元素有 -2、0、+4、+6 几种常见的化合价，由此我们推测 SO_2 既有氧化性又有还原性，是不是这样的呢？

【演示实验】介绍制备 SO_2 的实验装置和药品，提醒同学们观察将新制的 SO_2 分别通入盛有 H_2S 溶液、$KMnO_4$ 溶液、品红溶液的试管中将会有什么现象发生。原因是什么？同桌可以讨论。

【师】将 SO_2 通入 H_2S 溶液中，有何变化？为什么？

【生】溶液变浑浊。

【师】溶液变浑浊，证明有单质 S 生成，说明 SO_2 被还原成 S 单质，SO_2 发生氧化还原反应，所以 SO_2 的第二个化学性质就是氧化性。

【板书】氧化性 $SO_2 + 2H_2S == 3S \downarrow + 2H_2O$

【师】将 SO_2 通入 $KMnO_4$ 溶液中，有何变化？为什么？

【生】KMnO₄溶液褪色。

【师】KMnO₄溶液褪色说明什么？（学生无答）

【师】说明 MnO_4^- 被 SO_2 还原成 Mn^{2+}，体现了 SO_2 的还原性。这个反应式不要求大家掌握，但要求大家记清楚反应现象。SO_2 也能被 O_2 氧化成 SO_3，这是工业制硫酸中的重要一步，注意反应条件。

【板书】还原性 $2SO_2+O_2 \xrightarrow[\triangle]{催化剂} 2SO_3$

【师】品红是一种红色有机色素，我们已经观察到 SO_2 通入其中品红颜色褪去，这种褪色也称为漂白，那么 SO_2 这种漂白作用稳定吗？怎么验证？（没有学生回答）

【师】可以给它加热，看这种漂白效果是否稳定。

【演示实验】对试管中已褪色的 SO_2 品红溶液加热，褪色的溶液又出现红色！说明 SO_2 的漂白作用是不稳定的。鉴别 SO_2 的方法就是利用其能使品红溶液褪色，加热后红色又复现的现象。

【板书】漂白性（暂时）

专家教师 B

片段：

【师】好！简单地整理一下。刚才有位男生特别提到关于 S 的化合价，SO_2 当中 S 元素是 +4 价。咱们初中刚刚学习过氧化还原反应，我们知道 +4 价属于 S 的中间价态，所以在化学反应当中化合价既可以升高被氧化，也可以降低被还原。因此在反应中既可以当作氧化剂，体现氧化性，也可以作还原剂，体现还原性。此外，SO_2 还应具有酸性氧化物的通性。那接下来我们就通过实验来研究二氧化硫的相关性质。请一个小组按照学案当中的要求完成前三个实验。大家开始。

【师】需要我帮忙吗？有哪个地方不理解吗？（教师不断在课堂中走动，观察学生的实验，了解学生实验情况）

【师】好！完成实验的同学填写好实验报告。熄灭酒精灯，停止加热，整理实验台。找同学来汇报一下你的实验结果。你在实验中看到了什么现象？

【生】我们做的第一个实验里将装有 SO_2 的试管倒置在盛水水槽中，可以观察到试管里的液面会上升，说明 SO_2 可以溶于水，而且从它上升的体积来看，说明它在水中的溶解度还是比较大的。然后我们做的第二个实验里面就是用 pH 试纸来测 SO_2 水溶液的酸碱性，通过比色卡发现它是显酸性的。但是做的第三个实验是取 SO_2 注射入装有品红溶液的试管里。就是它加热之后颜色……（学生语气断断续续，不连贯）

【师】加热之前呢？

【生】加热之前颜色就变淡了。

【师】好！颜色变浅了。然后我看到你们做了一个很重要的对比实验。

【生】我们加热的时候发现它的颜色变深了。

【师】这里需要表扬的是我看了个别小组也做了对比实验。在加热前和加热后两根试管中的颜色有明显的变化。发现加热之后溶液又变成什么？

【生】颜色还原，又变深了。

【师】又变红，变回原来的颜色。非常好！请坐！

【师】但是我想提一点实验的细节和安全。刚才观察到这一小组在使用pH试纸的时候出现了错误。我们应该把试纸放在哪里？（学生无答）

【师】我给同学们准备了玻璃片，而这个小组用的是手。还有玻璃棒蘸取待测液点在pH试纸上，然后与比色卡比较，观察颜色的变化。那么在这一小组当中，刚刚在加入的过程当中出现了一点小意外。在加热的时候首先应该是要预热的。看来同学们的实验基本功还要在平时的训练当中再加强，胆大的同时也要心细啊。

【师】那通过这三个实验，我们知道二氧化硫不仅能够溶于水，同时也能够与水发生反应生成一种弱酸，它叫亚硫酸。

【板书】反应的方程式：$SO_2+H_2O \rightleftharpoons H_2SO_3$

【师】这里老师用了一个特殊的符号，叫可逆符号，反映出这个反应二氧化硫和水反应生成亚硫酸的同时，亚硫酸会分解产生二氧化硫和水。我们就把类似这样的反应称为可逆反应。刚刚第三个实验，我们用到了一种特殊的试剂，叫品红。这也是同学们第一次遇到的。我们看到它的实验现象发生了明显的变化。那请你帮助老师分析一下二氧化硫能漂白，它的特点应该是什么？

【生】应该是跟胶体有关。

【师】跟胶体有关？为什么想到胶体呢？（追问）

【生】学生回答不出来。

【师】那好！请你先继续思考。有答案的话咱们再交流。还有其他的同学有想法吗？

【生】我觉得二氧化硫的漂白性是不稳定的。因为它在加热的时候，漂白的物质又会重新分解成有色的物质，说明在加热的条件下，它是不稳定的。

【师】嗯。说得很好。还有吗？其他同学有没有补充的？（无学生回应）

【师】那我们一起来看一看万能的百度是怎样介绍的。请班里的语文课代表来洪亮地朗读一下这篇材料。

【生】二氧化硫具有漂白性。工业上常用二氧化硫来漂白纸浆、丝、草帽等。二氧化硫的漂白作用是由于它能与某些有色物生成不稳定的无色物质。这种无色物质容易分解而使有色物质恢复原来的颜色，因此用二氧化硫漂白过的草帽辫日久又变成黄色。二氧化硫与某些含硫化合物的漂白作用也被一些不法厂商非法用来加工食品，以使食品增白等。食用这类食品对人体的肝、肾脏等有严重损伤，并有致癌作用。此外，二氧化硫还能够抑制霉菌和细菌的滋生，可以用作食物和干果的防腐剂。但必须严格按照国家有关范围和标准使用。

【师】非常好！请坐！那通过这段文字，我们应该清楚二氧化硫漂白的原理和特点。我们可以简单概括为三个方面。第一，二氧化硫能够使某些有色的物质，并不是所有，这里我们通常指的是有机的色素，所以我们可以把它概括为"选择性"。我们今天选择的试剂是什么呀？

【生】品红溶液。

【师】对。叫品红溶液。第二，它生成了一种不稳定的无色物质，我们可以把它概括为"不稳定性"。第三，老师想说它的漂白发生的是一种非氧化还原反应。这一点和同学们将来会学到的过氧化钠和氯水的漂白是有本质上的区别的。这是三个方面的概括。

【师】接下来，我们继续来看第二组探究实验。二氧化硫与溴水的反应，二氧化硫和氢氧化钠、酚酞的反应。大家完成学案当中的探究实验。

【生】按照学案要求完成探究实验。

【师】上述实验溶液也发生了褪色，是否也体现二氧化硫的漂白性？你能设计实验进行验证吗？给大家两分钟讨论，设计实验方案。

【生】学生设计实验方案。

【师】哪个小组来展示一下？

【生】我觉得因为二氧化硫可以和有色物质生成不稳定的无色物质，加热后又易分解变回原来的颜色。如果是二氧化硫的漂白性使它变了颜色，那么我们再把它进行加热，它应该就会分解后又变回溴水的黄色，那就可以说明是二氧化硫的漂白性使它变了色。

【师】很好！那第二个实验呢？

【生】额（思考了一下，但没有回答）。

【师】也可以用第一个方法对不对？好！坐下！其他的同学评价一下她的想法怎样，她的方案和你想到的有没有不同点？还有其他想法吗？

【生】我对第二个实验有不同的观点。如果是亚硫酸把酚酞漂白了的话，那么其中的酚酞遇到碱也不会变红。

【师】大家能理解他说的吗？给他点掌声好不好？想法非常好。但是第一个实验老师要铺垫一个问题，溴水是一种常见的氧化剂，SO_2当中的S化合价为+4价，处在中间价态，当它遇到一种典型的氧化剂的时候会发生氧化还原反应。那请你推测一下这个S元素的化合价会有怎样的变化？（等候片刻，学生无答）

【师】应该叫被氧化，化合价会升高。那对应的产物有可能是什么？

【生】我认为被氧化的产物应该是硫酸根。（思考了片刻）

【师】被氧化成了硫酸根，所以接下来我们可以怎么操作来验证？

【生】检验硫酸根，用$BaCl_2$溶液和稀盐酸来证明。

② 教师C点评　教师C在观摩教师A和教师B的课后认为：教师A在接下来讲解的过程中，为强调SO_2与H_2O的可逆反应特征提出了问题"那什么是可逆反应"，但没有给学生回答的机会，而是直接让学生翻书本查看定义并作标记，未给学生表达对可逆反应的理解的机会，也就不能探查学生对可逆反应的认识。因此，更是不能保证学生对SO_2与H_2O的可逆反应特征的理解是否正确。教师A向学生提出"酸性氧化物还具有什么性质？对照初中所讲的CO_2的性质思考"，引导学生类比CO_2性质的相关知识运用到SO_2的学习当中，并以此来尝试写出体现SO_2酸性氧化物性质的相关方程式，能够有效促进学生知识的迁移。

教师A还通过"将SO_2通入H_2S溶液中，有何变化？为什么""将SO_2通入$KMnO_4$溶液中，有何变化？为什么"来进行二氧化硫的氧化性和还原性的讲解。但学生在回答前一个问题时只说："溶液变浑浊"，并没有进一步回答"为什么"，教师没有继续追问，而是自己直接说出答案。学生回答后一个问题时也只回答了："$KMnO_4$溶液褪色"，没有回答"为什么"。教师A这时候继续展开追问"$KMnO_4$溶液褪色说明什么"，可见教师A也意识到学生回答的不完整性这个问题，想要对其进行纠正，但遗憾的是教师A等了一会儿后，还是没有学生回答，教师A便再一次自己说出了答案。可见，教师A在提问过程中缺乏足够耐心，也缺乏一定的导答策略。

教师B的讲解过程除了课堂预设的问题以外，还根据学生的课堂表现灵活调整问题，根据学生的回答提出新的问题，提出一些形成性问题。教师 B 在让学生通过做实验验证前面所推测的二氧化硫的性质后，首先向学生提出问题："你在实验中看到了什么现象"，但是学生回答的过程中出现了卡壳，于是教师 B 又继续提出两个带有提示性的问题："加热之前呢""发现加热之后溶液又变成什么"。教师 B 通过细化问题，帮助学生完整地回顾刚才的实验现象，力图引导学生能够正确回答出问题。在讲解二氧化硫的漂白性时，教师 B 提出问题："那请你帮助老师分析一下二氧化硫能漂白，它的特点应该是什么"，学生回答错误后，教师 B 没有直接否定学生的回答，而是继续追问学生为什么会想到胶体，直到学生还是回答不出来，教师 B 才请学生坐下思考，有想法再继续交流，然后询问其他同学的想法。关注学生的思维过程的同时，注意到保护了学生的自信心。考虑到学生这节课第一次接触品红溶液，教师 B 还针对此进行了一个提问"我们今天选择的试剂是什么呀"，以加深学生对品红溶液的记忆。之后，教师 B 提问"那请你推测一下这个 S 元素的化合价会有怎样的变化"时，出现了学生无答的情况。于是教师 B 给出一个提示性的问题"应该叫被氧化，化合价会升高。那对应的产物有可能是什么"。在学生遇到思维障碍时，教师 B 根据学生的实际认知可接受程度灵活调整问题，降低问题难度，循序渐进地诱导启发学生。教师 B 还善于观察学生的课堂表现，根据观察对学生的实验操作进行了适当的点评。专门针对学生的错误操作提出问题"我们应该把试纸放在哪里"，以加深学生的印象，下次再做类似操作就不容易出错了。

（3）过渡性提问　过渡性提问是教学过程中教师用一句话概括或提示之前所学的内容，再引出新知识，由旧知识进入新知识的教学而进行的提问。教学中设计过渡性提问要在新旧知识结合点处进行设问。架起新旧知识连接的桥梁，使新知识以旧知识为生长点，纳入原有的认知结构中，逐步启发学生完成学习的迁移。运用迁移规律能培养学生思维的灵活性，还能提高学生的类比归纳能力。

① 教学片段

新手教师 A

片段：

【师】以前我们还学过哪些物质具有漂白作用？它们与 SO_2 漂白有何不同呢？

【师】$HClO$ 能使有色物质褪色，Na_2O_2 也有漂白作用。

【师】初中还讲过什么物质具有褪色或脱色作用？

【生】活性炭。

【师】好！接下来我们总结一下：SO_2 漂白是暂时性漂白，原理是它与品红这类有机色素发生化合反应，生成无色不稳定化合物；$HClO$ 和 Na_2O_2 的漂白是永久性的，因为它们能将有色物质氧化成无色物质；活性炭是通过物理吸附有色物质使溶液褪色的。

专家教师 B

片段：

【师】那么我想帮助大家提供一个思路。看到二氧化硫，你能比较亲切地想到我们初中学过的与它类似的另外一种氧化物是什么？

【生】二氧化碳（学生齐答）。

【师】那既然它跟二氧化碳比较相似，所以我们说它也应该是一种典型的什么？

【生】酸性氧化物（学生齐答）。

【师】那就是说二氧化硫也应该具备酸性氧化物的通性和特点。那什么是酸性氧化物？酸性氧化物具有哪些通性？

【生】与碱反应只生成盐和水的氧化物是酸性氧化物。酸性氧化物能与水反应、与碱性氧化物反应、与碱反应。

② 教师 C 点评　教师 C 在观摩教师 A 和教师 B 的课后认为：教师 A 在讲授二氧化硫漂白性的时候提出问题"以前我们还学过哪些物质具有漂白作用？它们与 SO_2 漂白有何不同呢""初中还讲过什么物质具有褪色或脱色作用"，意在引导学生通过把以前所学的具有漂白性的物质与 SO_2 的漂白性对比，实现旧知识到新知识的一个过渡，同时试图通过比较加深学生对 SO_2 漂白性原理和特点的理解。但是这两个问题都属于记忆性的问题。学生只需要通过简单的回忆答出所学过的有漂白性的物质即可，而漂白的原理和特点却由教师 A 自己进行归纳。但是如果能通过提问逐步引导学生自行比较和归纳，不仅能激发学生的思考，还更有利于发展学生的类比归纳能力。此外，片段中教师 A 也没有对学生的回答进行反馈和评价。

教师 B 通过"看到二氧化硫，你能比较亲切地想到我们初中学过的与它类似的另外一种氧化物是什么""那既然它跟二氧化碳比较相似，所以我们说它也应该是一种典型的什么"和"那什么是酸性氧化物？酸性氧化物具有哪些通性"三个问题逐步引导学生从对二氧化碳与二氧化硫的相似性，到酸性氧化物通性的回忆，最终过渡到二氧化硫性质的学习。因此这三个问题属于过渡性问题。

（4）应用性提问　应用性问题是搭建一个新的问题情境，让学生运用新获得的知识以及之前所学的知识来解决新的问题。化学是与生活密切相关的学科。化学对社会生产发展和人类生活都有非常重要的作用。因此，在教学实践中，我们应该合理利用应用性提问使学生学会应用所学的知识去解决生活中的问题，达到学以致用。设计合理的应用性问题要做到：应用性问题的设计要创设真实的问题情境，引导学生在情境中运用知识，解决问题；应用性问题中创设的问题情境最好要贴近生活，与学生生活密切相关，以激发学生的兴趣。通过应用性提问让学生充分认识到化学与社会、生产、生活实际的联系，并在运用知识解决问题时体会到化学的价值和力量。

① 教学片段

新手教师 A

片段：

【师】到此我们学习的 SO_2 的化学性质主要表现在哪些方面呢？应抓住四点：与水反应、氧化性、还原性和暂时的漂白性。性质决定用途，请同学们思考 SO_2 有哪些用途呢？

【生】可以用来作为漂白剂，也可以用来制取硫酸。

【师】这位同学说得对。二氧化硫具有漂白性，可以用于漂白纸张、丝、草帽等有色物质。二氧化硫还可用于制取硫酸。但是除此之外呢，二氧化硫还可用作防腐剂。但是一定要适量。过量的二氧化硫是会影响人体健康的。

专家教师 B

片段：

【师】很好！刚刚我们一起学习了二氧化硫的性质。那么接下来我想请同学们根据二氧化硫性质来思考，二氧化硫在我们的生产、生活中可能有哪些用途呢？

【生】可以用于漂白，可以制取硫酸，还可以用于食品防腐和杀菌。但是要适量。

【师】这位同学说得非常好。老师有一本心爱的书，是1993年我上高中的时候特别喜欢的一本化学书。今天我已经把它带过来了，给大家展示一下。二十多年过去了，这本书的颜色已经变得很黄了，"人老书黄"啊。那么为什么书放久了会发黄呢？

【生】因为二氧化硫的漂白具有不稳定性。

【师】说得很好。那么在食品当中，葡萄酒里竟然也含有二氧化硫。今天老师也带了一瓶葡萄酒。老师先把它打开。你们先看一下标签里有没有二氧化硫？

【生】有。

【师】有，是吧？我们先倒出一点。那么在喝酒之前有一个优雅的动作，就是摇一摇杯子。请同学们思考这是为什么。

【生】我猜测葡萄酒中含有二氧化硫。而二氧化硫溶于水生成亚硫酸，亚硫酸不稳定，振荡可以使它分解一部分。

【师】通常我们在喝葡萄酒之前要先醒酒，醒酒的过程最主要的因素是让酒中的香味物质经过氧化而散发出来，所以我们可以闻到很好的香味。同时还可以减少葡萄酒当中残留的二氧化硫含量。所以，刚才这个同学谈到的观点是正确的。另外还有我们平时生活中吃的麻辣烫中经常用到的豆芽、粉条，包括银耳，甚至是我们使用的一次性筷子当中，可能都会残留二氧化硫。我们怎样在食用这些食品之前做一个简单的处理呢？

【生】我觉得应该是加热一下。

【师】最后咱们简单地总结一下这节课学到的内容。这节课我们从二氧化硫的用途入手，从实验探究和理论分析两个方面研究了二氧化硫的相关性质。并且应用这些性质解决了一些重要的问题。我想说提到二氧化硫很多人往往想到的是有毒有害有污染，导致酸雨。但是经过我们这节课的学习，我们发现二氧化硫功不可没，既可以漂白、防腐，甚至可以制备硫酸。推而广之，其实很多的化学物质，食品添加剂都在促进着我们的生活发展。只要我们能够合理地、安全地使用它，在一定限度的程度上、一定量上使用它，就会改善我们的生活。我们常说科学是一把双刃剑，希望同学们能够在今后的学习和生活当中关注身边的化学，学好化学，用好化学，让我们的生活更加美好！最后祝愿化学的明天更美好！祝愿我们的同学明天更美好！谢谢大家！

② 教师 C 点评　教师 C 在观摩教师 A 和教师 B 的课后认为：在课的最后，教师 A 向学生们提出一个应用性的问题，鼓励同学们运用所学的知识去思考二氧化硫的用途。在学生回答之后，教师 A 只是作了简单的归纳和说明。

教师 B 通过"那么为什么书放久了会发黄呢""那么在喝酒之前有一个优雅的动作，就是摇一摇杯子。请同学们思考这是为什么"和"我们平时生活中吃的麻辣烫中经常用到的豆芽、粉条，包括银耳，甚至是我们使用的一次性筷子当中，可能都会残留二氧化硫。我们怎样在食用这些食品之前做一个简单的处理呢"几个问题，结合生活中一个个具体的实例，引导学生认识二氧化硫的应用和二氧化硫的两面性。问题取材于生活，贴近学生，使学生更加能够体会到化学与生活息息相关，认识到所学知识是有用的。

结语

综上所述，我们可以看到新手教师和专家教师在课堂提问的设计，课堂提问的方式，对学生回答的反馈与评价，对课堂无答情况的处理等方面均有较大的差异。专家教师设计的提问条理性较新手教师清晰；专家教师更倾向于对学生的回答进行有针对性的评价，对于学生回答问题出现思维阻碍时，善于通过一定的引导和提示，启发学生回答问题。专家教师的课堂有问有导，学生敢于发表想法，课堂充满活力。而新手教师在学生回答不完整、回答出现表述错误时，没有及时给予纠正。对学生出现无答时，倾向于放弃引导，直接说出答案，课堂更多是在新手教师的自问自答中进行。通过对新手教师和专家教师课堂提问的比较，可以学习和借鉴专家教师课堂提问的优秀经验，如何设计提问，如何导答，如何追问等。课堂提问贯穿于课堂的始终，对激发学生兴趣，启发学生思维，提高课堂教学质量有着重要的作用。要想化学课堂收获较好的教学效果，需要精心设计好每一个课堂提问。

案例思考题

1.案例中总共涉及哪些提问类型，各自适合在什么情境下使用？
2.通过案例中专家教师与新手教师的课堂提问的比较，你得到了什么启发？
3.问题设计应该遵循什么原则？请举例说明。
4.请你谈谈，如何在教学实践中提高自己的提问技能？

推荐阅读

[1]葛彦君；陈凯.职前教师教育视角下的中学化学名师课堂提问的案例研究[J].化学教育，2016，37（10）：49-54.
[2]周文红.化学课堂有效问题的本质特征[J].化学教育，2015（11）：18-21.
[3]徐慧贞.高中化学教学中引发学生自主提问的策略研究[J].化学教育，2014（19）：36-39.
[4]熊新华，杨玉琴.课堂教学中问题的设计:结构、层次与生成[J].化学教育，2013（5）：3-5.
[5]杨玉琴，王祖浩.化学课堂有效提问的系统研究[J].化学教育，2011（12）：18-22，27.
[6]刘玉荣；陈昕昕.中学化学课堂有效提问的量化研究[J].化学教学，2016（7）：13-18.

7.2.4 中学化学专家型教师教学情境特征及启示——以"葡萄糖的结构和性质"为例

案例摘要

　　通过对高中化学专家型教师、新手教师"葡萄糖的结构和性质"课堂录像实录的教学情境进行研究分析，明确课堂教学情境的类型、功能，以及创设课堂教学情境的策略及应遵循的原则。其启示是：合理创设多媒体情境，提高学习化学兴趣，应遵循真实性和科学性原则；合理创设史实情境，树立学生科学态度，应遵循主题性原则；创设问题情境，激活学生思维，应遵循有效性原则；创设实物情境，形成宏微符思想，应遵循适切性原则；创设类比情境，构建认知模型，应遵循"同中始异中进"原则；创设实验情境，引发探究欲望，应遵循发展性原则；创设信息情境，锻炼推理能力，应遵循多样性原则；创设生活情境，培养社会责任，应遵循趣味性原则。

 案例正文

　　我们通常以化学教师的教学年龄、职称以及教学口碑作为划分专家教师的标准。一般地，专家教师应具备工作十五年以上教龄、具有高级职称和一定的教学荣誉。案例中，教师 A 已有 20 年以上的教龄，具有高级职称，是市学科带头人、省名师培养对象，因此，认定教师 A 为专家教师，并选择该教师的一节"葡萄糖的结构和性质"作为案例进行剖析。为了更好地说明专家型化学教师情境创设的特征，我们选择了一位三年教龄的新手教师 B 作为对比。

　　专家教师 A 课堂实录"葡萄糖的结构和性质"（人教版选择性必修3）获得"一师一优课"比赛省级一等奖，该课创设了丰富的教学情境，具有很好的启示意义。在"葡萄糖的结构和性质"（人教版选择性必修3）一课中，教师 A 共使用到了六种教学情境。为了比较专家教师与新手教师对情境运用的差异，本案例呈现专家教师 A 课堂实录片段的同时，也相应呈现了新手教师 B 相同课例的课堂实录片段。通过教师 C 的点评，厘清专家教师 A 设计教学情境的类型、原理、方式、作用及特征等。

　　（1）多媒体情境　　多媒体情境指的是利用多媒体教学技术集文字、图形、图像、声音、动画、视频等多种方式显示教学信息，充分调动学生多种感官，给学生展示真实、直观的教学信息。

　　多媒体素材通俗易懂，形象生动，融知识性、趣味性、可读性、适用性于一体。运用多媒体技术创设教学情境，可提高学习化学的兴趣，提高课堂教学质量，有助于发展学生化学的学科核心素养。

由于多媒体技术有助于促进真实课堂发展，如通过展示图片帮助学生感性认识；通过多媒体呈现大量的信息资料可以节省课堂时间，提高课堂效率；通过动画演示促进学生快速理解微观变化过程。广大教师对多媒体教学情境给予高度的关注和热情，由于许多教师对多媒体教学情境的内涵及其价值缺乏正确的理解，在多媒体教学情境的使用中可能存在不真实的误区。因此，教师在创设多媒体教学情境过程中不能一味为了方便而使用多媒体情境，要仔细琢磨多媒体情境的真实性和科学性，正确使用多媒体情境才能促进教师教学。

① 教学片段

专家教师 A

片段1：

【师】葡萄糖是我们日常生活中常见的物质，人们对它会有怎样的认识呢？下面请看我校科创社同学的相关调查结果。

【媒体播放】科创社同学的相关调查录像视频。

【生】观看视频。

【师】通过以上视频，我们可以感受到，葡萄糖就在我们的身边，以及它对我们的生活和生命具有重大的作用。这节课呢，我们就一起来学习葡萄糖。

片段2：

【PPT展示】用葡萄酿制葡萄酒的密封酒罐子图片。

【师】你们知道为什么能用葡萄酿制葡萄酒吗？（示意学生起立回答问题）

【生】细胞发生无氧呼吸，使葡萄糖变成乙醇和二氧化碳。

【师】很好！葡萄糖经过酒化酶的催化，1mol的葡萄糖可以得到2mol的乙醇和2mol的二氧化碳。

【师】我们再来看一个情境，现在大家处于高三阶段，长时间久坐有没有感到腰酸背痛？

【生】有。

【PPT展示】腰酸背痛的图片。

【师】如果现在我拉你们出去跑1千米，你的腿会如何？

【生】会很酸。

【师】你们知道这是为什么吗？

【生】产生了乳酸。

……

新手教师 B

片段1：（引课）

【PPT展示】葡萄糖酸钙口服溶液、市面上卖的葡萄糖、医院里用的葡萄糖氯化钠溶液相关图片。

【师】前面我们已经学习过酯和油脂这些基本的营养物质，下面我们接着学习另一种基本的营养物质——糖类。其实糖类在我们的生活中处处可见，比如葡萄糖酸钙口服溶液、市面上卖的葡萄糖、医院里用的葡萄糖氯化钠溶液。这些就是我们生活当中经常见到与葡萄糖相关的物质，今天我们就来系统研究葡萄糖这个物质。

【生】观看图片，听讲。

片段2：

【师】葡萄糖有两个特征的反应，第一个是产生砖红色沉淀的反应，第二个是发生银镜反应。由于时间关系我们就不做这个实验了，下面我们通过实验视频来看下这个实验会有什么实验现象。

【媒体播放】实验视频。

【生】观看视频，记录现象。

② 教师 C 点评　教师 C 在观摩教师 A 的课之后，认为片段 1 和片段 2 中的多媒体情境分别为：教师在引课时播放了科创社小组拍摄的调查视频、教师讲到用葡萄糖酿制葡萄酒和葡萄糖分解产生乳酸导致酸痛时展示了相关图片。其中片段 1，教师通过视频创设教学情境，让学生直观地感受葡萄糖无处不在及其在我们生活中的重要作用，从而激发学习兴趣。片段 2，教师通过多媒体技术给学生展示生动形象的图片，代替了枯燥乏味的文字，帮助学生较快理解教学内容，增强课堂效果，提高教学效率。

教师 C 在观摩教师 B 的课之后，认为展示图片和播放实验视频的教学环节属于多媒体情境。片段 1 中，教师展示了生活中的葡萄糖图片有助于扩宽学生的视野，极大地吸引学生的注意力。教师 B 为了讲解葡萄糖的化学性质，用实验视频代替真实实验，虽然教学效率得到了提高，但是学生的实验素养得不到发展，长久以往也会使学生失去对化学的兴趣和探索未知的欲望。

（2）史实情境　创设史实情境指利用化学史实的方法创设教学情境。利用化学史创设的教学情境可以帮助学生深入理解化学知识，有助于向学生进行不畏艰险、顽强探索的科学精神的教育，有助于帮助学生树立严谨求实的科学态度。

创设史实情境应树立学生科学态度。教师在讲授科学史实的过程之中，学生将受到科学家吃苦耐劳、坚持不懈的探究精神影响，顿生敬意，不仅能够使学生积极主动地学习，还能逐步养成探索未知、崇尚真理的科学意识，促进学生科学态度的化学学科核心素养发展。

创设史实情境，应遵循主题性原则。化学史内容丰富，有的与课题关联不大，有的偏离教学核心知识。因此在创设史实情境时要对化学史实进行筛选，要让创设教学情境服务教学主体。

① 教学片段
专家教师 A
片段：

【师】对于这个球棍模型，我们可以看到很多的原子，很难看清楚吧？那么在 1890 年德国有一位化学家叫 Fischer 做出了伟大的贡献，他把这个空间立体结构投影到二维的平面结构，形成更易观察的结构简式，我们把它叫作 Fischer 投影式。这个探究葡萄糖结构的过程是一个非常复杂的过程，Fischer 历时将近 7 年的时间才测出葡萄糖的结构，并获得诺贝尔化学奖。所以说前人传授给我们的知识费了非常大的工夫、投入很大的精力。因此，我们学习化学知识的态度应该带着崇敬的心情去学习，应该学习科学家不畏艰辛的科学精神和严谨求实的科学态度。

【生】认真聆听，仔细体会。

新手教师 B
片段：

【师】镜子制备有悠久的历史。公元前 3000 年，古埃及人发明了"青铜镜"。13 世纪初，意大利的玻璃工业格外发达，他们发明了透明玻璃。可是没过多久，镜子里面的人像就变得模糊不清了。1508 年，意大利的玻璃工匠达尔卡罗兄弟终于研制成功了实用的玻璃镜子。他们先把锡箔贴在玻璃面上，然后倒上水银，水银是液态金属，能够很好地溶解锡，并紧紧地黏附在玻璃上而成为真正的镜子。然而，使用水银不好的地方在哪？

【生】水银有毒。

【师】对，水银是汞，有毒，且镜面也不太光亮。于是，人们又设法对它进行改进。1843 年，德国科学家发明了镀银的玻璃镜子。这种镀银玻璃镜子背面发亮的东西，是一层薄薄的银层，这层银不是涂上去的，也不是靠电镀上去的，而是利用一种特殊而有趣的化学反应镀上去的，你们知道是什么化学反应吗？

【生】银镜反应。

【师】对，但是从原料选择的原则上考虑，使用银有什么缺点？

【生】太贵了。

【师】到了 20 世纪 70 年代，科学家又发明了铝镜，比镀银的玻璃镜便宜、耐用，也更为光彩照人，在镜子的历史上写下了崭新的一页。从镜子制备的过程中大家可以发现，即使是一面简单的镜子都是经历了几千年，可见科学道路之艰辛，也可见科学家顽强探究的伟大精神。我们还感受到科学在不断地进步与发展，镜子的制备到今天并不是终点，也许几十年后、几百年后又会新发明出更加简便、高效的制备方法，所以同学们要好好学习化学知识，说不定下一个新发明就是你们其中一位，老师期待同学们的发明创造。

② 教师 C 点评　教师 C 在观摩教师 A 的课之后，认为专家教师案例片段中的史实教学情境是教师给学生讲授 Fischer 发现葡萄糖结构的发现史。教师通过给学生讲授化学史，不仅帮助学生理解葡萄糖结构的由来，更让学生体验科学家探究的历程，体会科学家不畏艰辛、严谨求实的科学态度。并以此教育学生要崇尚真理，尊重科学，向科学家的伟大精神学习。

教师 C 在观摩教师 B 的课之后，认为新手教师在片段中的史实教学情境是教师给学生讲解镜子制备的历史，既让学生主动学习镜子制备的历程，更让学生感受到科学道路并非一帆风顺，感受科学探究的不易。教师还利用化学史实教育学生要认真学习化学知识，鼓励学生多创新、多发明创造。教师 B 虽然详细给学生讲述了镜子制备的历史过程，学生能够轻松掌握镜子制备的历史发展阶段。但是仔细思考，这样的教学情境引起的是学生对镜子制备历程的关注，还是对其中所蕴含的化学原理的探讨？本节课的主题是"葡萄糖的结构和性质"，教学的重点应是引导学生认识葡萄糖的结构特点，进而探讨葡萄糖的化学性质。

（3）问题情境　问题情境是指学生觉察到的一种有目的但又不知如何达到这一目的的心理困境。也就是说，当已有知识不能解决新问题时出现的一种心理状态，要摆脱这种处境就必须模拟出以前未曾有过的新的活动策略，亦即完成创造性活动。

创设问题情境，使学生产生好奇心和求知欲，极大地激发了学生的探索动机和兴趣，有利于培养学生的创新意识和提出问题的能力。通过问题情境来讨论问题、展开联想、提出猜想，训练学生创新所需的思维素质和创新精神。化学课堂教学过程应该是不断地发现问题、解决问题的思维过程。解决问题首先要发现问题，发现问题既是思维的起点，更是思维的动力。因此在教学中要精心创设问题情境，通过问题情境把培养学生的创新意识、创新精神、创新能力落到实处，实现发展核心素养的目标。

教学情境的有效性可以帮助教师投入尽可能少的时间和精力而取得尽可能多的教学效果，实现教学目标。教师创设的问题情境要把问题问到点子上，所提问题要反映做什么、怎么做、为什么、怎么样。从而使教学目标明确，教师意图清楚，学生成竹在胸，整个课堂有的放矢。因此，创设问题情境时，应深入思考设计的每一个问题价值所在，认真判断问题的有效性。只有创设有效的问题情境，才能真正启发学生深入思考，提高课堂教学效率和质量。

① 教学片段

专家教师 A

片段：

【师】同学们，大家从颜色上可以观察到这支试管有什么实验现象？

【生】变成了砖红色。

【师】对，也就是说有砖红色沉淀生成。根据我们已学的知识，能使氢氧化铜悬浊液在加热条件下产生砖红色沉淀的物质，应该是它的分子结构中含有什么官能团？

【生】醛基。

【师】那么，现在我们能不能通过老师所做的这个实验来说明葡萄糖分子结构中含有醛基？

【生】可以。

【师】大家都一致认为可以，这是我们已学知识给我们的反馈。但是同学们，你们再思考下，老师刚才所加的葡萄汁从物质类别来说，它属于纯净物还是混合物？

【生】混合物。

【师】你现在觉得还能不能直接得出刚才的那个结论？

【生】不能。

【师】有没有可能这个体系中还含有其他还原性的物质起到作用？所以，我们化学在研究物质性质的时候应该使用什么样的物质？

【生】纯净物。

【师】好！根据我们所学的知识，醛基检验的另外一种方法是什么？

【生】银镜反应。

【师】那么接下来老师为大家提供相应的实验药品，用纯净的葡萄糖配制的溶液和银氨溶液，你们通过实验探究葡萄糖是否含有醛基？

【生】完成实验探究。

新手教师B

片段：

【师】葡萄糖可以发生氧化反应，但是它是在我们人体里面进行氧化反应的，是不是？

【生】是。

【师】低血糖是不是要注射葡萄糖溶液？

【生】是。

【师】注射葡萄糖溶液时葡萄糖到了我们人体里面之后，它就会发生氧化反应，生成什么？

【生】二氧化碳和水。

【师】还释放出……

【生】能量。

【师】释放出能量供我们人体活动所需。这个就是葡萄糖的氧化反应，我们称它为什么氧化反应？（课件展示"生理氧化反应"）

【生】生理氧化反应。

② 教师C点评　教师C在观摩教师A的课之后，认为"大家从颜色上可以观察到这支试管有什么实验现象""我们能不能通过老师所做的这个实验来说明葡萄糖分子结构中含有醛基""那你现在觉得还能不能直接得出刚才的那个结论""你们通过实验探究葡萄糖是否含有醛基"等均属于创设问题情境的教学环节。专家教师通过一连串的问题情境激活学生的思维，激发并维持学生的学习兴趣，为课堂教学创设一种紧张、活跃、主动、张弛有度的教学气氛，调动学生参与学习的积极性和主动性，最终达到教学的目的。

教师C在观摩教师B的课之后，认为"低血糖是不是要注射葡萄糖溶液""它就会发生氧化反应，生成什么""还释放出"等也属于问题教学情境。新手教师通过创设问题情境步步引导学生，引发学生积极参与教学互动，课堂氛围较好，顺利完成了教学任务。教师B创设的问题情境虽然吸引学生注意力，促进学生积极参与，课堂教学氛围较好。但是，深入分析就会发现这样的问题情境不能启发学生深入思考，学生不用任何思考就可以随口回答出来。简单的齐唱式回答往往会因学生积极参与的良好课堂氛围和整齐划一的学生回答，影响教师准确判断学生掌握知识的真实情况。从表面上看学生似乎都掌握了知识，但实质上这样的问题却不能达到培养学生思维能力的效果，是一种无效性提问。

（4）实物情境　创设实物情境是指通过真实、具体的实物来呈现学习情境。实物教学情境能有效地丰富学生的感性认识，帮助学生将抽象的化学用语、复杂的化学知识转化为感性、可见、摸得着的具体事物。因此，实物教学情境是形象的、具体的，它能有效地刺激和激发学生的空间想象力，帮助学生将宏观的现象和微观的本质与抽象的用语相结合。例如，专家教师在片段1中给学生展示葡萄糖的球棍模型实物，让学生从宏观的实体上观察到葡萄糖的空间立体结构，同时又启发学生从微观上认识葡萄糖分子结构中原子之间的连接方式。形成"宏观-微观"相结合的学科观念，有利于学生深入理解抽象的微观世界，达到发展核心素养的教学目的。

实物教学情境帮助教师讲授抽象知识，方便教师教学，因此受到许多教师的青睐，教师创设的所有实物情境都应当让学生能够感知和领悟，换言之，教师教学情境的创设也是为学生的学习所服务的，所以要考虑到是否适合学生的学习，是否遵循了适切性原则。

① 教学片段

专家教师 A

片段 1：

【师】那么葡萄糖的空间立体结构会是怎么样的呢？我们来看一个模型（教师展示实物——葡萄糖的球棍模型）。

【生】观看模型。

片段 2：

【师】那么接下来我们一起来学习葡萄糖的性质。今天老师带来了一瓶葡萄糖（展示一瓶葡萄糖），你们可以直观地感受它有什么物理性质？

【生】白色固体。

【师】那你们还知道它有什么样的物理性质吗？

【生】易溶于水，有甜味。

【师】好，刚才这位吃了老师新鲜葡萄糖的同学告诉大家是什么味道？

【生】甜的。

【师】好，说明葡萄糖具有甜味。

新手教师 B

片段 1：

【师】这是我从超市里买来的葡萄糖（展示实物——葡萄糖），这是我们日常生活中大家都接触到的葡萄糖。

【生】观看实物。

片段 2：

【师】那么葡萄糖会有怎样的物理性质呢？大家的实验台面上都有一瓶葡萄糖，拿起来观察一下葡萄糖的颜色、状态、溶解性、气味分别是什么？

【生】白色固体。

【师】是否溶于水呢? 大家可以实验一下。

【生】(实验探究)

【师】葡萄糖有没有甜味?

【生】有/没有。

【师】有没有甜味大家可以去超市买一包葡萄糖来试一下。

② 教师 C 点评　教师 C 在观摩教师 A 的课之后,认为片段 1 中"展示实物——葡萄糖的球棍模型"和片段 2 中"展示一瓶葡萄糖"均属于实物教学情境。专家教师通过给学生提供真实、具体的球棍模型,帮助学生快速理解抽象的空间立体结构,发挥学生的空间想象力。同时,也促进课堂发展,提高教学效率。教师在讲解葡萄糖的物理性质时直接给学生呈现一瓶葡萄糖,学生通过观察实物产生感性认识,自主学习葡萄糖的物理性质。通过创设实物情境,学生能够真实感受化学知识,化抽象为具体,增强教学效果。

教师 C 在观摩教师 B 的课之后,认为片段 1 中"展示实物——葡萄糖"和片段 2 中"大家的实验台面上都有一瓶葡萄糖,拿起来观察一下葡萄糖的颜色、状态、溶解性、气味分别是什么"均采用了创设实物教学情境的方法。其中,片段 1 中的实物教学情境是在引课时,老师为了吸引学生的注意力给学生展示在自己超市里买的葡萄糖。片段 2 中创设的实物情境是教师为了帮助学生学习葡萄糖的物理性质给学生呈现一瓶葡萄糖。教师通过实物展示,吸引学生的注意力,帮助学生直观感受葡萄糖的物理性质,促进学生理解化学知识。教师 B 在片段 1 中引课时为了吸引学生的注意力,给学生展示了一包葡萄糖,之后这包葡萄糖就再也没提到过。教师 B 的处理不像教师 A 给学生展示实物之后还让学生观察葡萄糖的颜色、状态,发挥实物的价值。这样的教学情境只是为了情境才情境,并没有深入思考给学生展示一包葡萄糖的作用是什么,教学情境在此处使用有没有必要,是否合适。

(5)类比情境　所谓类比教学情境指的是利用类比的方法创设教学情境,从已知对象具有的某种性质推出未知对象具有的相应性质,有利于把新知识与记忆中结构相类似的旧知识联系起来,从而构建解决问题的一般思维模型。

类比教学情境是由已知探索未知的一种重要的教学情境,教师运用类比的思想创设教学情境,要求学生把当前学习内容所反映的知识尽量和自己已经知道的知识相联系,并对这种联系加以认真的思考,引发了学生的学习动机。这样将原有的知识结构与新知识的学习有机地结合起来,促进了新旧知识的相互渗透,从而自觉地建构出当前所学知识的意义。

实践表明,把类比情境应用于教学,不仅可以增强教学效果,更重要的意义在于可以使学生逐渐掌握类比联想的科学思维方法,构建一般认知模型,落实核心素养培养。

类比教学情境有助于发展学生存同求异的思维能力,从而深化对教学内容的理解。批判性思维是思维品质的一个重要方面。在教学实践中,创设恰当的类比情境,可以引发学生的深入思考,经过对事物多角度的批判性分析之后,会对事物产生更全面、深刻的认识。类比不仅要求作事物之间相似性的比较,也要从思考"同"中开始,在思考"异"中推进,在类比的差异中，发现出新的意义来，培养创新精神，促进核心素养发展。

① 教学片段

专家教师 A

片段 1：

【师】刚才老师在做新鲜葡萄汁滴加的实验过程当中，前面这位同学给大家回答了一个问题，他看到了一个现象，往新制氢氧化铜悬浊液中滴加了新鲜葡萄汁后，颜色发生了变化。这是什么原因呢？这个和葡萄糖的结构有没有关系呢？下面请同学们观看老师做一组实验。（准备实验仪器）这里有五支试管，分别加入了等量的新制氢氧化铜悬浊液。下面 1 号试管不滴加任何其他试剂，振荡；2 号试管滴加乙醇溶液，振荡；3 号试管滴加乙二醇溶液，振荡；4 号试管滴加丙三醇溶液，振荡；5 号试管滴加葡萄糖溶液，振荡。（边讲解边演示实验）好，同学们现在我们怎样来描述这五支试管的实验现象？

【生】颜色逐渐变深。

【师】颜色逐渐变深，很好！那么 1 号和 2 号试管的颜色有没有什么差别？

【生】没有。

【师】对，后面三支试管的颜色在逐渐加深。在这一个过程中，我们来看下 2 号试管滴加了乙醇溶液，3 号试管滴加了乙二醇溶液，4 号试管滴加了丙三醇溶液，5 号试管滴加了葡萄糖溶液。我们利用类比的思想，在我滴加的这个物质结构的对比当中，你可以推测葡萄糖的结构可能有什么样的特点？

【生】含有多羟基/五个羟基。

【师】多羟基，有同学说有五个羟基，是不是？

【生】是。

【师】好，再通过颜色逐渐加深可以知道葡萄糖的分子结构里面含有的羟基数目更多，3个以上对不对？

【生】对。

【师】而且羟基的位置有什么特点？

【师&生】邻位。

片段 2：

【师】刚才我们已经探究出了葡萄糖的分子结构，如果从官能团的类别来讲，葡萄糖的分子结构中含有几种官能团？

【生】两种。

【师】哪两种？（示意学生起立回答问题）

【生】有醛基和羟基。

【师】很好，请坐。那么我们知道有机物的性质主要由什么决定？

【生】官能团。

【师】那么具有这样的官能团，理论上应该会具有相应的性质吧？好，接下来我们一起来总结葡萄糖的化学性质。

【板书】化学性质：1.醛基的性质；2.羟基的性质

【师】根据我们已学的知识，根据醛基的性质，它应该可以体现出来哪些化学性质？

【生】可以发生有砖红色沉淀的反应。

【师】它能够具体和什么样的物质反应呢？

【生】氢氧化铜悬浊液。

【师】对，还有吗？

【生】可以加成、氧化。

【师】可以加成和氧化，分别和什么物质？

【生】和氢气加成，被高锰酸钾氧化。

【师】很好，对醛的知识记忆很全，掌声送给他。

【生】鼓掌。

【师】好，哪位同学来说说葡萄糖的羟基具有什么样的性质呢？（示意学生起立回答问题）

【生】可以和氧气催化氧化，可以和钠生成氢气，可以和羧基反应发生酯化反应，可以和卤素原子发生取代反应。

【师】非常好，请坐！掌声送给她。

【生】鼓掌。

【师】好，我们再来一起归纳葡萄糖的醛基和羟基的性质。

新手教师B
片段：

【师】化学性质由什么决定？

【生】官能团。

【师】刚刚我们也分析了，葡萄糖的结构中含有什么官能团？

【生】醛基和羟基。

【师】根据这个决定结构，我们来推测一下葡萄糖有什么样的化学性质？

【板书】化学性质：1.羟基的性质；2.醛基的性质

【师】首先是羟基的性质，我们之前学过了哪个物质含有羟基？

【生】乙醇。

【师】可以发生什么反应？

【师&生】催化氧化、酯化反应。

【师】除了这两个性质之外，还可以发生什么反应？联想下乙醇。

【生】思考。

【师】乙醇可以和金属钠反应，也就是说羟基可以跟金属钠发生取代反应。这些都属于羟基的性质，那葡萄糖是不是也含有羟基，既然含有羟基，葡萄糖是不是也具有这样的性质？

【生】是。

② 教师 C 点评　教师 C 在观摩教师 A 的课之后，认为专家教师在片段 1 中创设的类比情境是：通过 5 支试管中的颜色逐渐加深以及 5 支试管中所加物质分子结构中羟基数目增加并相邻的特征，类比推理出葡萄糖的分子结构中具有多羟基且羟基相邻的特点。在片段 2 中创设的类比情境是：通过之前学习的羟基和醛基的化学性质，推理出葡萄糖的化学性质。教师通过类比情境，顺利地完成对葡萄糖分子结构的推导和葡萄糖化学性质的学习，既引导学生回顾旧知识，将新旧知识很好地融合，又突破教学难点，给学生传授一种高效的学习方式，提高学生的学习效率，真是一举两得。

教师 C 在观摩教师 B 的课之后，认为新手教师在片段中创设的类比情境是：根据之前已学的乙醇中所体现的羟基的化学性质进行总结，归纳葡萄糖的化学性质。教师通过类比乙醇的化学性质引导学生逐渐总结归纳葡萄糖的化学性质，教学思路清晰，有条不紊。教师通过类比情境，既完成了新知识的学习，又促进学生复习旧知识，达到融会贯通、学以致用的效果。

（6）信息情境　信息教学情境是指教师通过给学生呈现各种信息资料以创造学生收集、处理、利用信息的教学情境。

教师在教学中创设信息情境，让学生根据信息资料，通过多种有效手段进行整理与归纳，学会判断和识别信息的价值，并恰当地利用，有目的地锻炼学生处理信息、分析数据、收集证据的能力，同时渗透了教学的严谨性和科学性，也可培养学生证据推理与模型认知的学科核心素养。

教育传播理论认为：教学、学习的实质就是实现信息的流动。如何将教育信息结构化、符号化，实现教育信息的有效互动，是教育传播学研究的实质。教师在教学中创设信息情境，应当尽可能从内容到形式遵循多样性原则，内容可包括科技、新闻、故事、实物、实验、模型、化学史料等素材，形式可包括文字、符号、图表、多媒体、实验、角色体验等表达方式。

① 教学片段

专家教师 A

片段：

【师】接下来老师给大家提供几个信息。

【PPT 展示信息】分子式：$C_6H_{12}O_6$；葡萄糖是直链化合物；当两个羟基连在同一个碳原子上时，物质很不稳定。

【师】根据我们所学的知识可以判断出葡萄糖的分子结构中不饱和度为几？

【生】1。

【师】那能说明有几个醛基？

【生】1 个。

【师】好，再结合第二个和第三个信息请同学们在学案上试着书写葡萄糖的结构简式。请一位同学到黑板上来写。（示意学生举手回答问题）

【生】上台书写葡萄糖的结构简式。

【师】好，我们一起来看看你们写的和他的是一样的吗？

【生】一样的。

新手教师 B

片段：

【师】因此，我们得知葡萄糖可能是醛类，也有可能是甲酸酯类，到底是怎么样的呢？我们来看看前人已经得出的信息。

【PPT 展示信息】葡萄糖与氢气反应彻底还原后可以生成己六醇；1mol 葡萄糖能够与 5mol 醋酸酐反应生成 $C_6H_7O(OOCCH_3)_5$；一般来说，一个碳上连两个羟基是不稳定的。

【师】前面我们说葡萄糖一定含有醇羟基，那么会有几个醇羟基呢？有没有可能是甲酸酯类呢？大家可以根据这些已知信息讨论下。

【生】学生讨论。

【师】从信息一当中说一下，葡萄糖有没有可能是甲酸酯类？

【生】不可能。

【师】为什么？

【生】因为酯类一般很难与氢气加成。

【师】可以否定葡萄糖属于甲酸酯类这个猜测。那么根据信息二可以得出什么样的结论呢？

【生】它应该是有 5 个羟基。

【师】对。因为它可以和 5mol 醋酸酐反应成酯。那么，信息三可以说明什么问题？

【师&生】羟基不在同一个碳上。

【师】根据我们刚刚推理出来的结论，你能够画出葡萄糖的结构简式吗？好，下面你们都在纸上画一画。×××同学到黑板上画一下。（示意同学到黑板作答）

【生】画出葡萄糖的结构简式。

② 教师 C 点评　教师 C 在观摩教师 A 和教师 B 的课之后，认为两位教师均在各自教学片段中利用课件通过展示多条信息创设教学信息情境，让学生根据已知资料推断葡萄糖的结构简式，培养学生的信息处理及推理论证能力，锻炼学生的逻辑思维。

结语

教学情境是无形的"情"和有形的"境"的有机融合。作为外部诱因，可以诱发并触及学生的精神需求，开启学生的思维之窗。学生由情入境，由境生情，情境交融，主动投入课堂教学活动中，积极建构意义学习。目前，化学教师已然清晰地认识到情境教学的强大功能，也越来越广泛地开展情境教学，形式也越来越多样化，成为化学教学的基本手段之一。但是教师在创设情境时应时刻保持谨慎，防止和避免富丽堂皇、牵强附会、呆板僵化、缺乏和谐的情境充斥我们的课堂❶。要围绕教学情境的本真意蕴❷，即：教学情境的本质属性——蕴含学科问题；教学情境的核心内涵——引导知识建构；教学情境的深层价值——促进知识迁移；教学情境的情感取向——弘扬学科价值。本着科学性、真实性、主题性、有效性、适切性、同中始异中进、发展性、多样性、趣味性等原则，不断探索钻研情境教学，促进学生化学学科核心素养的形成和发展。

案例思考题

1.请归纳本案例中共涉及哪几类教学情境，它们各自有什么特点？
2.教学中，还可能涉及哪些教学情境，请举例说明。
3.通过案例中专家教师与新手教师的教学情境运用比较，你得到了什么启发？
4.利用王祖浩情境评价标准编码分析法分析本案例中专家教师和新手教师所创设教学情境。
5.请你谈谈，如何在教学实践中提高自己的情境教学能力？

推荐阅读

[1]徐真.化学教学情景与化学教学情境辨析[J]. 化学教育，2007（6）.
[2]张小菊，王祖浩.化学课堂教学情境的评价研究[J].化学教育，2013（3）：27-32.
[3]刘银. 浅谈课题引入中创设问题情景的原则和方式[J]. 化学教育，2007（1）：23-25.
[4]毕华林，亓英丽. 化学教学中问题情境的创设[J]. 化学教育，2000（6）：10-12.
[5]邓永财，李广州.IHV-化学史教育的新方法[J]. 化学教育，2006（12）.
[6]刘玉荣，王后雄.高中化学教学中"示错情境"的设计及教学功能[J].化学教学，2013（2）.
[7]姜建文. 试论化学教学情境创设的伦理视角[J].化学教学，2011（5）：3-6.

❶ 黎冬梅，罗庆康.广西教育学院学报，2009（2）：79-80.
❷ 杨玉琴，王祖浩.教学情境的本真意蕴[J].化学教育，2011（10）：30-33.

第8章
化学教学研究与教师专业发展

8.1 化学教学研究概述

　　教研即教学与研究，是指总结教学经验，发现教学问题，研究教学方法。教学中谁都有可能遇到疑难问题，需对问题进行求证研究。教研的目的一方面可以提高教育教学质量，另一方面也可以为教师的专业发展提供源动力。教师专业发展，是指教师在教育教学过程中的教育思想、知识结构和教育能力的不断发展。一般情况下教师的专业发展应立足校本，从个人意识、自我反思、同伴互助、校本教研、专家引领等有效途径实现。作为一名成熟的教师，应当坚持"以学促教，以教促研"教学之道，努力提高服务学生的水平，同时拓展自身的专业修养。然而在"升学本位"思想的指导下，很多教师只是埋头写教案、讲解知识、批改练习，被繁杂的教学常规检查弄得疲惫不堪，根本没有时间搞教研。由于课堂都是围绕着应试展开，师生眼里盯着的是题海，老师选题、编题、讲题，学生做题、校题成了教学常态。教师在题海里打转转，没有精力进行反思、专业阅读，对教学中的困惑很可能进行表层思考后就搁在一边，因此绝大多数老师不知道如何搞研究，教研水平得不到长足发展。甚至有些教师在学生换了一茬又一茬，教材换了一版又一版情况下，依旧还是年复一年地复制自己 N 年前的教案，并据此进行课堂教学，如此教师的业务能力停滞不前，专业发展也会受到极大的限制。

　　教学研究历来是教育理论的生成点，更是促进教学实践不断走向有效的"助推剂"，教学研究也是教师成长为专家型教师的必由之路。基础教育课程改革与实践为化学教学研究展现了丰富的研究课题和向教学研究的深度、广度进军的广阔舞台。

8.1.1 化学教学研究的基本环节

　　化学教学研究是人们从客观存在的化学教学事实出发，采取科学的方法，对有关化学教学问题进行分析和解决，从而发现相关规律，促进化学教学发展的科学研究活动。

　　校本教学研究是教师为了改进自己的教学，在自己的教学中（课堂内外）发现了某个教学问题，并在教学过程中"追踪"或汲取"他人的经验"去解决问题，使自己的教学日益完善。校本教学研究是教师基于自己的教学实践产生的，它强调教师对自我教学实践的关注，从最基础的教学情境（环节）中去发现问题。

　　一个完整的化学教学研究课题，一般包括以下几个基本环节：确定研究课题；查阅相关文献；制定研究计划；实施研究计划；得出研究结论；撰写研究论文。

8.1.2　化学教学研究的一般方法

化学教学的研究方法有多种，由于教育研究的错综复杂，一个研究课题可以综合运用几种方法进行研究，但是某一项课题又有它特定的任务和研究对象，所以在研究工作中往往是根据课题的特点、任务和研究对象，采用起主导作用的某一种方法，配合运用其他的方法：观察法；调查法；实验法；文献法；整理统计法；行动研究法。

8.1.3　化学教学研究的基本内容

从整个教学研究系统来说，无论是从教学实践中选择课题，还是从教学理论体系中选择课题都是需要的。一般来说，来源于教学实践的课题，明显地具有现实意义，而来源于教学理论体系的课题，明显地具有理论上的意义，但两者的区别又不是绝对的。事实上，许多来自实践的课题的解决能够丰富有关教学理论，促进理论的发展，而来源于理论体系的课题，虽然有时不一定直接推动教学实践活动，但对教学实践活动具有指导作用，并最终为教学实践活动服务。

化学教学研究的首要环节就是确定研究课题，它决定研究的价值和意义。化学教学体系复杂，内容丰富，新课程改革与教学实践需要解决的问题繁多，这给化学教学研究提供了广阔的研究空间。根据化学教学设计所涉及的内容初步进行划分，大致可以确定以下几个方面的基本内容：化学课程标准与教材研究；化学教学设计研究；化学教学模式与方法研究；化学学习问题研究；化学实验及教学研究；现代教育技术手段研究；化学教学资源研究；化学学科能力问题研究；化学教学测量与评价研究；化学教学中其他问题的研究。

8.2　教师专业发展概述

8.2.1　现代化学教师的专业素质

教师的专业化是社会变革与教师角色转变的要求，因为掌握学习者的特点和学习规律以及教学理论知识，驾驭各学科领域的知识经验，都已构成一种非常专业化的学问和技能。

教师的专业素质就是教师在教育教学活动中表现出来的、决定其教育教学效果的、对学生身心发展有直接显著影响的心理品质的总和。现代教师专业素质具有如下特征：

（1）全面性　教育要面向全体学生的发展，要求教师不仅具备学科教学的能力，还要有全面育人的能力，为学生学会学习、学会做事、学会合作、学会生存打下扎实的基础，使学生全面协调发展。

（2）示范性　教师的思想品德、个性修养乃至一言一行都必然会对学生产生潜移默化的影响，这就要求教师时时处处严格要求自己，不断提高自身的修养，德才兼备，树立良好的职业形象，以确立自己在教育中的崇高地位，这也是区别于其他职业的显著特点。

（3）稳定性　教师直接参与的经常性的教育教学工作，具有稳定性、重复性和可操作性，所以教师的基本职业品质要内化成稳定的心理结构去操纵教师的职业行为，这也就要求教师具有熟练、规范的职业品质。

（4）创造性　新的教学理念要求教师不仅要勤奋，还要研究教育科学，不断提高师生双方在教育活动中的自由度。创新思想是教师要具备的基本素质之一。

教师的专业素质不仅表现为知识经验的积累和教育教学技能训练水平的提高，更重要的是具备研究或探究的态度和能力；教师要具有批判思维能力和创新精神；要能够分析、评价和改进自己的教学实践，要有对教学进行分析的态度；具有能够对现有的教育理论和技术进行批判和创造的能力等。

教师先进的教学理念和先进的教学行为必须通过教师的专业素质来体现。教师的专业素质是以一种结构形态而存在的，即先进的教学理念、精湛的专业素质等。这为化学教师指明了努力的方向。

8.2.2　化学教师的专业化发展途径

中学化学教师专业化发展的途径或方式多种，归纳起来，有以下几种主要途径：在职培训与进修；专题自学与应用；教学研究与总结；教学实践与反思。

教师尤其要重视教学实践与反思。美国心理学家波斯纳曾提出教师的成长公式是"经验＋反思＝成长"，我国著名心理学家林崇德也提出"优秀教师＝教学过程＋反思"的成长公式。无论是前者还是后者，我们都可以得出一个结论：反思是我们教师发展的重要基础。是否具有反思的意识和能力，是区别作为技术人员的经验型教师与作为研究人员的学者型教师的主要指标之一。

教师反思能力通常包括：教育理念的反思能力；知识的反思能力；教学方法的反思能力；外显行为的反思能力。以上能力的培养重在：

（1）提高对教学反思的认识，增强反思意识，形成反思习惯　农村教师较容易得过且过，自我满足，认为成为一个优秀教师很难，主观上缺少教师专业发展的远大目标。所以，农村教师首先就要端正态度，提高认识。

（2）自我剖析　自我剖析既是教师对自己进行批判性反思过程，更是自我提高的过程。教师要敢于"亮丑"、敢于"纠错"，学校也要提供合理的氛围和心理支持。

（3）以教师为镜　经常对照优秀教师的教学行为，吸收他人成功之处并融入自己的日常教学中。农村初中教师外出学习的机会本来就不多，化学教师属毕业班老师，外出机会就更少，缺少交流，互联网是一个好的资源，大量的优秀课例、教学视频要充分加以利用。

（4）以学生为镜　教师工作的着眼点和落脚点都体现在学生的发展上，衡量教师工作的质量也必须从学生的发展上表现出来。因此学生的反馈意见应该成为教师反思自己的一面镜子。多数农村初中老师反映他们在尊重学生方面做得都不够，缺少以生为本的理念。在反思过程中，应该充分听取学生的意见，吸纳学生的有益建议。

（5）养成写教学后记的习惯　撰写教学后记要做到及时和真实，通过对教学过程的全面反思，查找差距，提出改进意见，不断地提高教学效果。教学后记既是上一轮教学过程的延续，又是新一轮教学过程的高质量准备。

（6）加强反思指导　反思既是一种思想，更是一种技术。奥斯特曼和可特凯普的反思过程理论值得广大教师借鉴，他们认为反思过程主要包括四个环节：积累经验—观察和分析—重新概括—积极验证，建议老师们多实践。

8.3　典型案例

8.3.1　一位特级教师的教研心路

　　不管是提升教育教学水平还是提升自身专业修养，都离不开教学研究，本案例以一所普通二类完中（完全中学）特级教师 Z 老师为对象，从教研结缘、教研主题与教研副产物等三个方面解剖他的教研心路，试图探寻一位教育新人由普通教师成长为特级教师的一些线索和共性。为读者从事教学研究和教师专业发展提供借鉴和参考。

 案例正文

　　本案例以 Z 老师为研究对象。Z 老师，市学科带头人、省骨干教师、省学科带头人、省特级教师。毕业于某师范大学化学教育专业，教龄 16 年。Z 老师有丰富的教研成果，其成果涵盖各类课题、各种比赛、各层次专题报告及教学论文。Z 老师勤于反思、坚持实证，善于总结，每年都有数量不等的研究成果公开发表在《化学教育》《化学教学》《中学化学教学参考》等杂志上，由于 Z 老师教研能力突出，曾先后两次入选《中学化学教学参考》教师风采栏目，这是 Z 老师所在省的特有荣耀。可以说，在论文发表数量和质量方面，Z 老师走在了其所在县、市乃至省的前列。Z 老师教研的成功，绝非偶然，其中一定有规律可循，有些共性的东西值得借鉴，这是我们选择 Z 老师作为教学案例的原因。

　　（1）教研结缘——多因素共振　作为一线教师，谁都不会否认教研的重要性。评职称需要发表论文、论文评比获奖、主持或参与课题研究等。Z 老师所在学校的绝大多数教师的教研都是为职称的晋升而做，教研的质量和数量带有很强的功利性。Z 老师与其同行不同，热爱教研，专心教研，坚守教研。为什么 Z 老师会选择教研呢？须知，选择教研相当于选择寂寞，坚守教研相当于放弃爱好，持续教研相当于持续高强度付出。中学一线教师本身工作繁重，压力大，Z 老师是如何与教研结缘的呢？

　　Z 老师的个人成长经历也许是其中一个重要内在因素。Z 老师是来自大山里的孩子，学习非常用功，平日里除了读书也没有什么别的爱好，没事就捧着个书本。因此 Z 老师的专业知识非常扎实。读大学期间，Z 老师最喜欢去的地方就是学校图书馆，读各类书籍，多次给低年级的同学讲授专业课。大三时 Z 老师选择考研，结果由于英语一分之差，与武汉大学失之交臂。英语始终是Z老师或者农村孩子的伤痛。虽然Z老师以优秀毕业生的身份毕业，但由于考研错过了一些好的机会，结果去了一个小县城城乡接合部的二类完中教书。Z老师所在学校周边全是民房，除了在学校逛逛，没有什么地方可以消遣。看着班上的同学都在重点中学任教，Z老师的确有些惆怅。Z老师也曾想着继续考研，但是贫寒的家境让他默默地放弃了。一个人住在学校，又不善于与人沟通，加上又是外地人，日子过得挺枯燥。Z老师有读书的习惯，学校图书馆虽然没有什么藏书，但Z老师却成了它的常客，也是唯一的借阅者。除了图书馆，Z老师最爱去的是化学实验室。在中学，老师们认为做实验浪费时间，又没效果，与其做实验还不如讲实验来得更高效。看书、做实验成了Z老师打发时间的两项活动。后来Z老师自费订阅了《化学教育》《化学教学》《中学化学教学参考》等与教学有关的专业杂志，每一期都潜心阅读。通过专业阅读，Z老师乐在其中，Z老师喜欢一边阅读，一边做笔记，一边反思。

从Z老师的学习和工作经历来看，Z老师能吃苦耐劳，具有坚韧不拔的意志，专业知识非常扎实，喜欢专业阅读。这些都有利于Z老师结缘教研。

然而扎实的专业仅是教师开展教学研究的前提和保障。作为经历大学本科甚至研究生教学洗礼的青年教师，不愿开展教学研究，也不知道如何开展教学研究的大有人在。有的可能是性格使然，有的可能怕累，有的可能没有人引领，等等。当然任何一位初登讲台的教师都希望提高自己的教学水平、教研能力。但是内因没有外因刺激，往往很难起什么变化。

大多数中学教师眼里所谓的教研，不就是参加教研活动，听听课或评课吗？现实中，多数中学的教研活动流于形式，质量不高，听课、评课也是"你好、我好、大家好"。有教研之形而没有教研之实。这也是中学多数教师难以教研相长的因素之一。当然作为一名青年教师，如果有名师提携则比较容易摸到教研的门路，进而走进教研殿堂。但Z老师没有这个幸运，因为其所在的学校没有省级骨干教师、省级学科带头人，更没有特级教师。

一般而言，驱动教师进行教研既有可能是某项任务，也可能是某个事件，还有可能是教师自身因素。通过参加各类优质课比赛脱颖而出的教师，其教学设计能力肯定会有所突破，这类属于任务驱动型教学研究。通过听课、评课或参加培训而有所感悟进而累积研究素材，找到研究方向，这类属于事件驱动型教学研究。爱反思与较真的教师时不时会发现教学中的一些问题，不把遇到的问题琢磨透，心里总有一道坎，这类属于教师自身因素驱动型教学研究。

缺少了专业引领或同伴互助，引发Z老师开启教研之路的支点或催化剂是什么呢？某一年的暑期，很多年事稍长的同行大部分都愁眉苦脸，Z老师觉得很奇怪，平日里开朗的这些前辈们都怎么了？原来他们在感叹，在打听，打听哪里有论文发表渠道。Z老师刚开始觉得很诧异：做老师也要公开发表论文？不是把书教好就行吗？后经同事指点，Z老师认真阅读了职称参评条件才知晓了缘由。

Z老师心想，既然论文是评职称的必要条件，自己何不做好船来等水呢？自打参加工作后，Z老师习惯将教辅资料上似是而非的观点，逐条记下来，有的从理论上进行证实与证伪，有的通过实验进行证实与证伪。当时就有老教师好心提醒Z老师说，不要钻牛角尖，你的新观点会让学生无所适从。比如某某观点，随便翻开一本资料都是一样的，你却提出了相反的意见，学生会相信你吗？你的发现对高考有用吗？想想老教师的善意提醒，Z老师惊出了一身冷汗。

　　有一年，市教研室到 Z 老师所在的学校检查指导工作，学校通知 Z 老师准备一堂课。Z 老师选择了"铝的重要化合物"一节。课堂上，Z 老师额外增加了把铝投入氯化铜溶液的实验，实验结果与预期完全不一样，非常反常：溶液冒出大量气泡，出现蓝色沉淀，铝表面后来覆盖了一层红色的物质。当时师生都很尴尬，市教研员也对出现的现象含糊其词。这是什么原因引起的呢？教研组活动时，大家对铝与氯化铜的异常现象讨论很热烈，但始终没有一个任人信服的说法。这激发了 Z 老师的钻劲，他把实验现象记录下来，查找资料，似乎有了点理论上的头绪。第二天下着鹅毛大雪，Z 老师一头扎进实验室，分别做了钠、镁、铝与不同盐溶液的反应，记录现象。有趣的是有的金属与盐溶液反应现象与理论推测相符，有的出现了反常。近一天的实验，Z 老师的手冻得通红通红的，但心里却非常兴奋，隐约觉得自己发现了一个新天地。通过大量的文献研究，Z 老师终于对实验异常现象作出了合理的解释。既有实验数据，又有理论深度。Z 老师试图按照《中学化学》的写作范式整理成文，经过 6 个月的漫长等待，Z 老师公开发表论文的梦想终于实现了零的突破。

　　就这样 Z 老师开始了研究投稿之路。遗憾的是，之后的两年里，Z 老师投了十几篇稿件都石沉大海，但 Z 老师始终相信，自己的文章发表不了肯定是没有达到发表的要求，创新性不够。每当遇到挫折时，Z 老师都会在心里对自己说：科学性和创新性是论文的第一要素。有了这个信念，Z 老师一路坚持下来。坚持总会有收获的。后来 Z 老师陆续有成果见于各类化学期刊，甚至有一年《中学化学教学参考》刊登了 Z 老师的三篇文章，这在一线教师中实属罕见。同事经常调侃 Z 老师说："是不是你与编辑部很熟，对你格外照顾？" Z 老师说："也许有你说的因素，但是稿件的质量绝对是杂志录用的第一标准。我因为写得多了，对《中学化学教学参考》栏目把握得比较准确，对相应栏目的写作范式也更清晰。即使这样，要达到 30% 的命中率也很难。"

　　对于中学一些教研能力很强的老师，当其取得高级职称后，往往意味着科研热情的退潮。后来 Z 老师也顺利地评上职称，但他还继续搞教研，发论文。这又是为什么呢？Z 老师说："评职称跟发论文没有必然关系，很多人没有公开发表论文照样评到了职称。而且，现在评职称逐渐淡化论文。但是我依然会继续研究、写作、投稿。因为这已经成了我的习惯。习惯一旦养成，是很难改变的，否则生活节奏全部会被打乱。阅读化学专业杂志成了我生活的一部分，阅读让我充实，时不时会给我带来研究的灵感。有了研究灵感不进行研究是很难受的。"

　　从 Z 老师的教研经历来看，他之所以结缘教研，首先具备搞教学研究的扎实专业知识和性格，沉得住，钻得进，认准了坚持不懈，迎难而上。其次持之以恒地进行专业阅读与反思，厚积薄发。再次教学研究由功利性引发，逐步走向自觉自律。

　　（2）教研主题——不断突破瓶颈　　教研论文是教师进行教学反思、探索、研究成果的一种主要表达形式。教师的教学论文依据内容可以划分为经验总结型、实验论证型、规律探索型、问题解决型、观点评述型等。一般教师的论文素材有三个方面的来源：教学实践过程中的疑难困惑、同伴互助或参加培训时的感悟、专业阅读的启迪。从教学中获取创作灵感必须建立在经验和反思的基础之上，从与他人的交流中获得创作灵感则需要放下身段，善于倾听。从阅读中获取创作灵感必须多读多记多总结，站在他人肩膀上提升自我。

Z老师研究成果具有鲜明的阶段性，呈现三个前后不同的研究板块。早期Z老师的研究主要是通过实验手段和文献对教学中似是而非观点的证实与证伪，接着是开展实验创新设计研究，后来是高考试题研究。

所谓的"似是而非的观点"指的是教师或教辅资料甚至教材中的某些具有一定的逻辑关系且看似正确的观点。这些观点往往经不起实证的检验，有的是伪观点，有的观点只在一定条件下才成立。若教学中教师传授大量似是而非的观点及让学生训练了大量似是而非的试题，这无疑对化学知识科学传播及学生素养的发展百害而无一利。

中学阶段，老师们为了提高学生们学习新知的效率，比较倾向于这个规律或那个规律的总结，或者对某些共性的东西进行提炼而不加限制地外推等。这就势必导致规律的泛化，存在许多似是而非的观点。比如从理论到理论，没有考虑到某些试剂的特殊性质，如用蒸馏法从碘的四氯化碳溶液中提取固体碘；知识面狭窄，考虑不到问题的复杂性，如往溶液中加入与反应无关离子平衡不移动；思路理想化，忽视外界环境对反应的干扰，如二氧化硫与氯化钡溶液不反应等。Z老师认为作为青年教师，刚从大学毕业，比较容易发现中学这样或那样的"似是而非的观点"，证伪这些观点并不需要高深的理论，只要肯下工夫去做实验或查文献，是比较容易研究的。

有一次Z老师及其同行到县里听了一节重点中学某老师的公开课，内容是"硅及其化合物"，其中授课教师对二氧化硅与碳反应的产物之一不是二氧化碳而是一氧化碳作了解释：倘若二氧化硅和碳反应生成的是二氧化碳，那由于在高温条件下，二氧化碳和碳还会继续发生反应生成一氧化碳，所以二氧化硅和碳反应生成的应该是一氧化碳而不是二氧化碳。显然这样解释学生听着很合理。

开始Z老师觉得该老师解释很有道理，后来当学到选修4"化学反应进行的方向"一节时，Z老师对二氧化硅与碳反应的气态产物为什么是一氧化碳这个问题进行了深入思考。于是就萌发了探讨关于硅及其化合物中一些反常性质的想法。这样就有了《浅析硅及其化合性质中三种常见错误解析》一文。其研究的价值在于澄清了教学中的一些事实，为一线教师的教学提供参考。

同样是化学老师，为什么对教辅资料上的似是而非的观点，Z老师能够发现问题，并质疑考证，而他的同行却做不到呢？Z老师认为对于教辅资料上的似是而非的观点有两种情况，一是老师的确没有看出来，还有一种看出来了，但是由教辅到教辅去查证，事实上几乎所有教辅的观点都是一致的，老师还以为自己弄错了，结果也就不了了之。Z老师举例说，对于反应 $dA(g)+eB(g) \rightleftharpoons fC(g)$，在恒容恒温条件下达平衡，若增加A的量，从数学角度看，物质B的转化率增大无疑，而A的转化率有可能增大、减小或不变。但是所有的教辅资料都认为A的转化率减小。通过网络搜索得到的答案也是一样。Z老师说，肯定有老师认为这种结论的逻辑性不够严密，但是要进行求证似乎很难。因此转化率问题中的这个结论俨然成了经典。Z老师说，发现这个结论有问题并不难，难在如何求证。求证则涉及数学建模，需要运用到较为高深的数学知识。很多老师，参加工作后一直从事中学化学教学，高等数学相关知识随着时间的推移慢慢遗忘了。碰到此类问题大有"心有余而力不足"。最后也只能认同了这个结论，并把这个结论讲授给学生。在Z老师看来，要对中学教辅资料上的似是而非观点进行求证除需要扎实的专业知识外，还要扎实的数学知识，对于化学教辅资料上的似是而非观点更要用实验去检验，实验是化学一切争论的最高法庭。

连续几年，Z老师对中学广泛存在的似是而非观点进行乐此不疲的探讨，后来发现越来越找不到研究的对象了，在Z老师眼里，能够研究的都研究得差不多了，研究一度陷入停顿。怎么办呢？

以实验为基础是化学学科的重要特征之一，化学实验对于全面发展学生的化学学科核心素养有着极为重要的作用。化学实验有助于激发学生学习化学的兴趣，创设生动活泼的教学情境，帮助学生理解和掌握化学知识和技能，启迪学生的科学思维，训练学生的科学方法，培养学生的科学态度和价值观。因为钟爱实验，而且一直通过实验进行研究，当研究"似是而非观点"方向遇到了困难时，Z老师将研究的重点放在对教材中实验进行创新设计上。但是实验创新研究比较难做，为什么呢？Z老师认为实验改进这个领域，撞车太频繁了。因为任何一本化学杂志都开设有这一栏目，有时辛苦很长一段时间搞出个实验改进，实验效果也不错，结果投稿后总是没消息，自己都觉得泄气，差一点放弃了该领域的研究。但是Z老师是个不服输的人，既然要搞实验创新，就一定要有成果。Z老师的实验创新坚持绿色化、微型化、低成本化，如果实验创新一旦获得成功，也可以在教学中进行推广应用，变演示实验为学生分组实验，让更多学生通过实验学习化学。

关于实验创新的研究，Z老师引以为傲的是对碳还原氧化铜实验的改进。因为这是Z老师为他爱人解决的难题。Z老师的爱人是一位初中化学老师，一次偶然机会，Z老师爱人对Z老师说，她们备课组几年来一直没有成功演示过碳还原氧化铜的实验，主要是很难观察到黑色氧化铜变成红色，如果要看到红色氧化铜需要近二十分钟的加热时间。现在这个演示实验要么不做，要么视频播放。Z老师对她的爱人说，你们同事就没人对该实验进行改进研究吗？Z老师的爱人说，初三哪有时间搞研究，天天都是忙着赶进度、改作业和试卷。

碳还原氧化铜实验是初三化学教材上的一个经典实验。该实验成功率为什么较低呢？通过查资料，Z老师明白了其中的缘由：碳和氧化铜的晶体结构相当稳定，使该化学变化具有高活化能，引发反应的温度约为800℃；此反应为固相间的反应，反应在表面进行。为了对碳还原氧化铜的实验进行创新设计，Z老师首先进行了文献检索，查找已有的碳还原氧化铜的实验改进研究文章，发现有不少教师对该实验进行改进，输入碳和氧化铜等关键词进行检索，竟然检索出几十篇有关碳还原氧化铜的实验改进。改进主要集中在三个方向。①碳和氧化铜质量比。得出的结论为：碳和氧化铜的质量比控制在（1：10）～（1：15）之间为宜。②温度控制。最适合的热源为酒精喷灯。温度越高，反应现象越明显。而单纯用普通的酒精灯加热几乎观察不到红色的铜生成。③碳和氧化铜的来源。碳的来源有木炭、炭棒、活性炭、蔗糖脱水炭、炭黑。综合比较以木炭为佳。氧化铜的来源有碱式碳酸铜和硝酸铜。看到检索结果，Z老师心里拔凉拔凉的。这还怎么改进？过了一段时间，Z老师受铝热反应的实验的启发，认为高温条件是碳还原氧化铜实验的关键，能否在炭粉和氧化铜粉末中掺入少许高锰酸钾或氯酸钾，高锰酸钾分解产生氧气，让炭瞬间燃烧，产生高温从而启动氧化铜的还原。通过实验论证，的确能达到效果，但是由于反应在大试管内，反应太剧烈有爆炸的危险，且无法对产物二氧化碳进行检验。二氧化碳可以来源于炭的燃烧，也可以来源于碳与氧化铜的反应。实验改进没有成功。一段时间沉淀后，Z老师受到一篇探究灼烧浸有氯化铁滤纸实验现象文章的启发，隐约感觉利用滤纸燃烧产生的红热炭也许能够将氧化铜还原。经过多次的实验，Z老师终于巧用滤纸完成了碳还原氧化铜实验。该实验创新点在于利用滤纸燃烧产生的热量及生成的红热炭把氧化铜还原成红色的铜。滤纸燃烧和氧化铜还原浑然一体，现象明显，操作简单，成功率 100%。其缺点为由于实验在开放环境中进行，没有办法对反应产物之一二氧化碳进行检验。二氧化碳的检验并不是该实验的重点和难点。实验改进的初衷是观察黑色的氧化铜变成红色。

实验改进成功后，Z 老师将其整理成文字，先是按照《化学教学》的范式进行写作投稿，三个月的等待，没消息。之后 Z 老师对文章作进一步修改，从理论高度对实验改进作了进一步阐释，补充对实验产物——红色物质的检验，使文章更严谨。最终文章被《化学教育》录用。

工作七八个年头后，Z 老师逐渐减少了对"似是而非观点"的争鸣和基于实验的相关研究。而是着眼于高考真题试题评价、命题规律探索、高考复习等方面的研究。为什么会出现这种研究方向巨大的转变呢？同样是教研能手，由于个人的知识储备、工作环境、施教对象、思维方式的差异，一般的人会在自己熟悉的领域持续研究。如有的老师擅长实验改进，有的老师擅长教学设计创新，有的老师擅长理论综述，有的老师擅长试卷评析，有的老师擅长复习备考，等等。要知道，从一个熟悉的教研领域转行到另一个陌生领域极富挑战性。

Z 老师是如何由实证转向高考命题的研究呢？主要有以下几个方面的原因。①通过实验对教学遇到的问题进行研究，几年下来后，Z 老师在这个领域似乎遇到研究瓶颈。Z 老师很不情愿为研究而研究，否则有可能钻进牛角尖里去了，其实身边的同事就有人经常批评 Z 老师喜欢抬杠。②Z 老师也逐渐由一名没有经验的青年教师成长为丰富经验的教师，并具有了一定的知名度，开始担任重点班的课务。对于一所学校而言，高考质量是学校的生命线，唯有研究高考，才能提高高三复习的效率。让更多学生圆大学梦。③同事鞭策。

关于开展高考试题研究。刚开始，Z 老师心里是胆怯的，为什么呢？研究高考，怎么研究？Z 老师发现很多高考研究文章都有一个省的改卷数据作佐证，自己根本没有机会到省里参加高考阅卷。即使要抽调一线教师到省里阅高考试卷，把阅卷指标下达县，县里也是把名额下发给重点中学。Z 老师痛苦迷茫了好一阵子。

Z 老师是一个非常执着的人，他决定好的事情一般不会轻言放弃。通过文献梳理相关的高考研究文章，Z 老师发现高考研究文章每年都很多，角度各异，但是有一个角度似乎没有人去涉及，即一个周期内的某类型高考真题变化趋势，如选择题、实验题、化学反应原理题、工艺流程题，等等。大的角度确定了，小的角度如何写，这考验着 Z 老师的研究水平。为什么没有人去研究这方面的内容，Z 老师认为，如果仅是找出同一类题型的变化趋势，首先不足以成文，其次没有什么新意，给读者的启发性不大，更重要的是互联网上有海量的相关分析。这着实难倒了 Z 老师。作为公开发表的文章，不管是与已发表的文章还是与网上的文字材料，如果重现率太高，即使不是有意的，也是学术不端，更严重的可能被认为抄袭或剽窃。

Z 老师考虑了很久，决定从选择题入手，一是选择题内容多，可有效避开雷同，二是选择题规律性明显，三是容易把握。最终 Z 老师将研究点放在选择题的知识模块、具体考点、难度、计算量、学习能力等方面，分析了 2011～2013 年全国高考试卷化学选择题的特点，挖掘此类试题的命题趋势。文章出炉后，Z 老师特意花钱去查文章的重现率，结果没有使 Z 老师失望。经过对文章再三修改，Z 老师战战兢兢地将文章投向《中学化学教学参考》，经过两个月的等待，在第二个月底，Z老师很紧张地打开《中学化学教学参考》网站，自己的名字出现在一审进二审的网页上。又是一个月的等待，文章如期进入了三审。按照《中学化学教学参考》的审稿流程，如果文章进入了三审，如果不出意外，意味着能公开发表。果然Z老师收到了当年第11期的样刊。

Z老师认为这是一个值得庆祝的喜事，这篇高考研究文章的发表，其意义丝毫不亚于自己发表的第一篇文章。当时在Z老师看来，选择题的突破为他研究其他题型的命题规律提供了范式，高考研究成果将会硕果累累。后来Z老师先后研究高考真题中的实验题、化学反应原理题、工艺流程题、有机题等题型的命题规律及对高三化学复习教学的启示，研究成果陆续发表在《中学化学教学参考》《中学化学》《化学教学》等杂志上。随着对高考题研究的深入，Z老师研究的视角不再局限于挖掘各类高考题型的命题趋势，有时也会针对某一具体的试题进行深度剖析，进而引发思考，如Z老师曾经就北京高考中一道化学反应原理题引发对反应方向的思考，用工业生产的实际例子说明了调控反应方向的三种手段：减焓增熵——早期铝的冶炼、增熵——工业制钾、加压——合成金刚石。

通过对高考试题的研究，一方面Z老师厘清了高考的命题方向，找到了命题规律，把握住了高考命题趋势，这为Z老师提高教学质量增色不少，真正实现"以研促教"的良性循环。

随着《普通高中化学课程标准（2017年版）》的颁布和新教材的陆续推出，Z老师计划继续挑战自我，突破研究瓶颈，转向对新课程标准和新教材的研究。

（3）教研副产物——专业有序发展　教研是以教育科学理论和知识为武器，以教育领域中发生的现象和问题为研究对象，以探索教育规律为目的的创造性认识活动。教研的主体不是教研员而是广大教师。进行教学研究最大的价值是促进教学，但同时伴随教师的专业成长。教研不仅能提高老师教学水平，同时也使老师获得了尊严和荣誉。国学大师王国维纵论为学的三种境界："昨夜西风凋碧树，独上高楼，望尽天涯路"，此第一境界也；"衣带渐宽终不悔，为伊消得人憔悴"，此第二境界也；"众里寻他千百度，蓦然回首，那人却在，灯火阑珊处"，此第三境界也。教师的教研也须经历三种境界：为研而研——功利之研，由感而研——传道解惑之研，顺情而研——人格独立之研。Z老师的教研心路恰好经历了教研这三个阶段。

刚开始为了评职称，Z老师不断积累素材，将平时所思所想整理成文章。有一次市里要求每个县上报一个有关实验研究方面的课题。快到截止日期了，Z老师所在的县都没有人上报，急得县教研员像无头苍蝇。抱着试试看的态度，县教研员将文件转发到Z老师所在学校。这么重要的活动，一般轮不到普通二类完中的。教研组长要求Z老师在三天之内按要求填写好课题申请立项证书。结果Z老师出色完成了任务，课题不但立项成功，而且一年后被评为优秀课题。至此县教研员开始逐步关注Z老师。Z老师所在的市每年都会举办优质课比赛，参赛人员要想出彩，教学设计一定要有新颖性。连续三年，Z老师所在县都由重点中学派老师参赛，但成绩都不是很理想。第四年县教研员想到了Z老师，顶着压力，力排众议，亲自带Z老师参赛。Z老师抽到的课题是"氧化还原反应"。Z老师将自己的创新实验和教学研究成果巧妙地融入课堂之中，给评委及观摩的教师耳目一新的感觉，最终荣获优质课比赛一等奖，为所在县争了一回光。同年Z老师也被推荐为县优秀教师。

在教研的道路上坚守，不求荣誉而荣誉自来。毕业五年后，Z老师凭借一个市级课题、两篇公开发表的论文、多篇市一等奖获奖论文、优质课比赛一等奖荣誉顺利评上一级教师。在教研的道路上，不但 Z 老师获得了较为顺利的专业发展，而且也为 Z 老师所在的学校增添了不少光环。当老教研组长退下来之后，Z 老师继任。在 Z 老师的带领下，化学教研组开展了学生奥赛培训工作，Z 老师指导学生参加化学奥林匹克竞赛，一年一个台阶，先是实现市级一等奖的突破，接着实现省级一、二、三等奖项的突破，这些无疑创造了 Z 老师所在学校的历史。学生获奖的同时，也成就了 Z 老师及其同事，大家都不用为业绩发愁。

Z 老师说："为荣誉而研究不是真研究，是一件痛苦的事。为兴趣而研究才是真研究，是一件幸福的事。专心从事教研一定会助推一个人的专业发展，厚实专业知识，提升人生格局。"当 Z 老师研究高考试题有了一定的成果之后，县、市两级高三化学研讨会经常邀请 Z 老师去讲课，参与市级高三调研试卷、模拟试卷等不同类试卷的命制工作。由此 Z 老师收获了很多聘书。在 Z 老师顺利评到高级教师两年之后，Z 老师参评其所在省的化学学科骨干教师，很荣幸被一次性评上。由于学校没有职数，评到骨干教师的 Z 老师并没有顺利聘到高级教师。当省骨干教师证书下来后，Z 老师拥有了走绿色通道的资格：即在不占学校职数的情况下直接聘为高级教师。

省骨干教师，省学科带头人，这些荣誉是一般老师很难企及的，Z 老师所在的学校从来都没有人有过这个奢望，包括 Z 老师。现在 Z 老师成了其所在县的第一位化学特级教师，而且其所在的化学组也拥有了省学科带头人、省骨干教师、市骨干教师、县骨干教师。Z 所在的化学组也成了明星化学组。这些其实并不是 Z 老师刻意追求的结果，要说有什么成功秘诀，用 Z 老师的话说：荣誉只是教研的副产物，教研助推专业有序发展。比如全国化学核心刊物《中学化学教学参考》杂志曾两次在教师风采栏目介绍 Z 老师，为什么呢？因为 Z 老师经常在该杂志上发表高质量的文章。杂志社也希望把有实力的作者推介给全国化学老师。

结语

教学研究应是每一位教师提升自我的必经之路，不管是提高教学水平、科学传承学科知识，还是职称晋升、增加知名度，都与教学研究休戚相关。本案例详述了特级教师 Z 老师的教研结缘、教研主题、教研副产物等方面的事迹，探寻了一位刚参加工作的新教师为什么选择教研、如何做教研、如何坚持教研、如何通过教研获得提升等相关线索，为教师的教研之路提供借鉴与参考。我们有理由相信，一个不会教研或不屑教研的老师绝不是位好老师，也成不了好老师。希望每位老师都能以 Z 老师的教研心路为灯，谱写好属于自己的教研心路，这是我们选择本案例的价值所在。

案例
思考题

1.请你梳理案例中 Z 老师从事教学研究的缘由及心路历程。

2.你对文中 Z 老师不断地改变研究方向是怎样理解的，你认为还可以通过哪些途径来提高教师的教学研究水平？

3.请你谈谈促进教师专业发展的积极因素和消极因素分别有哪些？

4.请你谈谈对文中"为荣誉而研究不是真研究，是一件痛苦的事。为兴趣而研究才是真研究，是一件幸福的事。专心从事教研一定会助推一个人的专业发展，厚实专业知识，提升人生格局"这段话的个人体会。

推荐阅读　[1]王国明.做反思型教师[M].北京：中国轻工业出版社，2013.

[2]乔敏，张毅强.元素化合物教学设计的行动研究[J].化学教育，2006（1）：30-33.

[3]徐敏.关于"物质的量浓度"教学设计的2次反思——"高端备课"项目促进化学教师专业发展记录之一[J].化学教育，2010（1）：8-10.

[4]姜建文，等.基于国培项目的农村初中化学骨干教师教学反思的调查与思考[J].化学教育，2011（9）：49-52.

[5]江苏教育编辑部.教学即研究：从实践到主张——对话陆军[J].江苏教育，2017（6）：67.

8.3.2　一次同"素"异构的化学教研活动

案例摘要

　　同"素"异构的提出，目的是让教师在教学设计时注意分析教学内容与化学学科核心素养的关系，促使教师增进对"素养为本"教学的理解，在今后的教学设计和实践中更加重视落实发展学生的核心素养。A、B两位老师同"素"异构教学活动的课例展示与分析，为高中化学的教学带来诸多启示，与此同时，借助案例为教育硕士进行相关教学设计提供一定的借鉴。

案例正文

　　所谓同"素"异构，就是在课堂上落实同一条化学学科核心素养，但教学结构和设计构思不同。对于同样的教学内容，落实的素养目标自然是相同的。此时的同"素"异构就与之前的"同课异构"有相通之处。然而，同一核心素养的培育也可以通过完全不同的教学内容加以落实。不同的教学主题，教学设计的整体构思和处理方式也就大不相同，但教学目标的制定都是紧紧围绕着化学学科核心素养五个维度展开的，所以最终学生形成未来发展所需要的观念品格和素养能力是相同的。

　　为了促进化学学科核心素养在课堂教学中的落地，G市高中化学教研室举行了一次同"素"异构的教研活动。本次研讨会由市教研员X老师主持，参与研讨交流的还有来自G市5所重点高中的12名化学教师以及当地师范高校的化学学科教学教授。教研活动开始前一个星期，参与研讨会的所有老师就知晓了本次交流活动的主题，教研室要求每一位高中化学教师提前了解"同'素'异构"，在此基础上自选教学主题，各自准备一份课时教学设计。

　　（1）群英荟萃，争夺展示机会　金秋十月，筹备已久的同"素"异构教研活动在G市二中正式拉开序幕。参加研讨的老师和专家们纷纷到达了现场，同行之间相互问好，交流自己的教学心得，热闹非凡。不一会儿，伴随着大家的掌声，市教研员 X 老师缓缓地走向讲台，面带微笑，高兴地说道：

各位老师，专家们，你们好！很荣幸我能作为本次研讨会的主持人站在这里。这次研讨活动和往常大家在学校化学组开展的不太一样，教研室为了加强重点高中之间的联系和交流，向 5 所学校发出邀请，指派教师代表来参与本次活动，也就是在座的 12 位高中化学教师。同时，我们还邀请了师范大学的化学学科教学教授来为我们进行专业上的指导。希望通过本次探讨交流，大家能有所收获。下面就进入本次活动的正题——同"素"异构。想必大家已经对这个名词有所了解，接下来大家可以畅所欲言，谈谈你对同"素"异构的看法。

X 老师话音刚落，场下的老师便立刻低声讨论，分享自己的观点。S 老师作为 G 市二中的化学教研组组长，带头发言：

首先我代表 G 市二中化学教研组欢迎各位老师和专家们的到来。在这次研讨会之前，我们教研组也对同"素"异构进行了探讨，我们认为"同'素'"其实就是教师在化学教学中需要最终落实和发展学生的学科核心素养。那么不同老师的教学各不相同，比如教学风格，教学处理方式以及教学内容主题不同等，这就是我们所谓的"异构"。教师们可以在同一主题的教学中落实相同的核心素养，也可以选择不同的教学内容发展同样的核心素养。

在座的老师们听完 S 老师的观点，有对其表示认同和赏识的，也有顿时醒悟并对 S 老师表示钦佩的。师范大学的 J 教授见此场景，感到兴奋不已，十分赞同 S 老师的观点，并且在他的基础上，作了进一步的补充：

S 老师的观点我非常同意。化学学科核心素养是学生通过化学学科学习而逐步形成的正确价值观念、必备品格和关键能力，是学生发展核心素养的重要组成部分。为了使学科核心素养落实在常规教学中，教师们需要深度理解教学内容所蕴含的学科本质。不同的老师上课，对于同样的教学内容，落实的素养目标当然是相同的；那么不同的教学内容能否实现共同的素养目标呢？如果能，我们又该如何设计教学来落实呢？这就是同"素"异构研究的意义所在。

J 专家的一席话使在座的教师们略显兴奋，X 老师见状，立刻借由 J 教授发出的疑问转入下一个研讨环节：

看来大家对 J 教授的话都有所思考，那么最近一个星期我们每一位老师还准备了一份教学设计，大家带着 J 老师的问题，再次分析自己的教学设计，或许能有所体会。

A 老师是 G 市实验中学的高级化学教师，曾多次在市教师教学技能大赛中获得荣誉。A 老师再次通读自己的教学目标和教学过程设计，厘清教学流程和设计意图，心中不禁有了主意，跃跃欲试，站起来分享自己的观点：

在一周前接到教学设计这个任务时，我就有所疑惑：以往都是给定教学主题的，为什么这次没有限定内容，而是自选高中化学的某一课时进行设计？通过 S 老师和 J 教授的话，我有种茅塞顿开的感觉。不同的教学内容，虽然教学结构和素材等几乎完全不同，但是它们落实的学科核心素养无非就是围绕五个方面："宏观辨识与微观探析""变化观念与平衡思想""证据推理与模型认知""科学探究与创新意识""科学态度与社会责任"。只是不同类型的知识，侧重培养的素养维度不同，有些是思维层面，有些是实践层面或者价值观层面。

J教授不禁露出了微笑，频频点头，其他老师也小声交谈表示赞同。J教授继续说道：

看来A老师已经完全理解本次教研活动主题的含义了。我们12位化学老师确定的教学设计主题不尽相同，那么核心素养的落实情况会不会相差甚远？衡量的标准就是"素养为本"的教学要求，即：倡导真实问题情境的创设，开展以化学实验为主的多种探究活动，重视教学内容的结构化设计，激发学生学习化学的兴趣，促进学生学习方式的转变，培养他们的创新精神和实践能力。

研讨进行到此，大家终于领悟本次活动的意义所在：对比不同教师的教学设计，分析他们设计需要达成的素养目标是否一致，侧重的是哪一条或者哪几条化学学科核心素养，是否可以通过这一教学设计的实施达到素养的培育。X老师继续推进下一个研讨环节：

一份好的教学设计无疑是教学实践成功的基石，相信大家的教学设计都各有自己的特色和创新。下面就请每一位老师依次简单分享一下自己的教学设计，主要讲述教学思路、教学流程以及设计意图。分享结束之后，大家以匿名投票的方式选择两份你认为最优秀的教学设计。得票最多的两位老师，将在下周进行公开课的展示。

得知有课例展示机会的老师们，情绪更加高涨。研讨活动现场气氛活跃，教师们认真地分享自己的教学设计，突出教学的创新点，阐明将要落实的学科核心素养，争取表现到最好，师范大学的教授也表示各位老师们的教学设计都有值得肯定的地方。最终的投票结果显示，得票数前两位的老师分别是G市实验中学的A老师和G市五中的B老师。A老师选择的教学内容是人教版选择性必修1《化学反应原理》第四章第二节第一课时"探秘电解池"；B老师的教学内容是人教版选择性必修3《有机化学基础》第三章第二节第一课时"烃的含氧衍生物——乙醇"。

（2）理论指引，细品两份教学设计　落选的老师们虽然有些失落，但仍旧对A、B老师表示赞赏和真心的祝贺，并及时寻找自己教学设计的不足之处。在本周的研讨活动接近尾声之时，其他老师向X老师提议，让A、B两位老师详细分享一下自己的教学设计，以便大家学习和参考。A老师欣然答应，同时希望老师们能对其提出宝贵的建议。A老师主要阐述了此次教学设计的思路、教学环节以及设计意图：

按照"素养为本"教学的要求，这节课我主要以"证据推理与模型认知，科学探究与创新意识"两个核心素养的落实开展"探秘电解池"的教学。我将通过"黑笔写红字"及电解氯化铜溶液的探究实验，让学生感受电能转化为化学能的方式及条件，帮助学生认识并构建电解池装置，发展学生的变化观念与平衡思想的素养；通过指导学生观察电解氯化铜溶液时的现象，分析电极上发生的化学变化，归纳微观粒子的移动路径，帮助学生掌握电解池的工作原理，促进学生宏观辨识与微观探析和证据推理与模型认知核心素养的发展；通过学生分组实验，分别探究离子得失电子能力、离子浓度、电极材料等对电极反应顺序的影响，培养学生实验探究能力和综合分析能力，发展其证据推理与模型认知和科学探究与创新意识的素养；

最后通过对"黑笔写红字"实验中神秘试剂的推测，培养学生学以致用和发散思维的能力，促进其科学态度与社会责任的素养的发展。围绕相应的素养目标，我设计了如下的教学过程：

教学环节	教学活动		设计意图
环节1： 创设情境，激发兴趣——感受电解池	实验情境：提出"黑色铅笔写出红色字"的猜想及其对应演示实验。 学生思考，自然引入新课的学习		体验电解池的神奇魔力，留下疑惑，激发学生学习的兴趣，提高学生学习的主动性
环节2： 由表及里，掌握新知——认识电解池	探究1： 电解氯化铜溶液	回顾初中学过的电解水实验现象，猜想向水中加入氯化铜后形成氯化铜溶液在通电条件下的可能现象，并进行实验探究1。通过观察实验现象，分析并写出电极上发生的电极反应和总反应，判断反应类型	学生不仅可以理解电解和电解池的基本内涵，还可以通过电解池实物装置，概括出构成电解池的具体条件，起到发展学生的变化观念与平衡思想的素养的作用
	flash 动画模拟电解 $CuCl_2$ 溶液时带电粒子的微观运动及变化	指导学生分析电解氯化铜溶液时电极上发生的化学变化，借助flash动画演示带电粒子在通电条件下的移动方向，将抽象事物具象化，指导学生归纳并掌握电解池的工作原理	宏观现象和微观本质的分析，帮助学生归纳并掌握电解池的工作原理，较为轻松地突破教学重点，促进学生宏观辨识与微观探析和证据推理与模型认知核心素养的发展
环节3： 自主探究，突破难点——掌握电解池	探究2： 电解等浓度的NaCl和KI混合液、等浓度的 H_2SO_4 和 $ZnSO_4$ 混合液	提出问题"电解氯化铜溶液为什么没有氢气和氧气产生，离子在电极上反应的顺序（放电顺序）与什么有关？"，再次激发学生的思考。学生根据离子在电极上发生反应的类型，结合已学的氧化还原反应知识，猜测电极反应的顺序与离子的氧化性和还原性有关，并通过小组合作，分组完成探究实验2	通过不断设计递进性、任务驱动型的问题链，引领学生通过自主探究，构建对影响电极反应顺序的认知模型，突破教学难点，帮助学生构建并完善影响电极反应顺序的知识体系，培养学生实验探究能力和综合分析能力，发展其证据推理与模型认知和科学探究与创新意识的素养
	探究3： 电解浓 $ZnSO_4$ 溶液	继续追问"离子的氧化性、还原性与离子浓度有关，离子浓度是否会影响其在电极上反应的顺序呢？"并让各小组同学完成（探究3）电解浓 $ZnSO_4$ 溶液的探究实验。 再继续提出"电解浓的NaCl溶液或 $MgCl_2$ 溶液能否得到金属Na或Mg"的问题，学生根据已有的知识经验顺利地得出结论	
	探究4： 探究3的电极对调实验	再次提出"电解池由电源、电极和电解质构成，电极材料、电压大小是否会影响电极反应的顺序？"指导学生小组合作完成实验探究4	

教学环节	教学活动	设计意图
环节4: 学以致用，释疑解惑——运用电解池	师生共同总结归纳本节课所学知识，启发学生利用所学知识，尝试解释"黑笔写红字"所用神秘液体的成分，并尝试自制"84"消毒液	巩固检验教学效果，提高学生运用所学知识解决实际问题的能力，培养学生学以致用和发散思维的能力，促进其科学态度与社会责任的素养发展

其他老师看完 A 老师的教学设计，一致觉得 A 老师的教学结构完整，层层递进，符合学生的认知规律，实验探究具有创新性和自主性，对于素养的落实有一定的预期效果。G 市三中的 N 老师在一旁沉默思考，心中一直有一个疑惑，他站起来说道：

我们知道，在教学设计之前不仅要对教材进行分析，还要进行学情分析，A 老师的教学设计是否预设过上课时的情况，一系列的递进式问题学生会不会有答不上来的情况，反而给学生造成一定的压力？

A 老师思考了一会儿，在教学设计上写写画画，向 N 老师回答道：

N 老师的问题我确实也想过，所以我在教学设计时也进行了学情分析，尽量联系旧知，保证知识结构的完整性。同时，学生在初中学习过电解水实验，能够判断出产生氢气、氧气的两个电极分别是与电源的负极和正极相连。必修 1 学习了氧化还原反应知识，能够判断金属阳离子和非金属阴离子的得失电子能力的强弱；知道物质的氧化性、还原性不仅与其本身得失电子能力有关，还与浓度、温度等因素有关。同时，上一节"原电池"的学习，不仅让学生通过"宏微结合，符号表征"对自发的氧化还原反应有了更深刻的理解，能熟练地写出电极反应方程式，更让学生掌握了认识和构建原电池模型的一般步骤和方法，并能将其迁移到电解池模型的构建和理解，降低了新授内容的难度。至于预设上课生成的情况，我确实没有思考得很深入，因为学生已经有了一些与电解原理相关的知识，所以我想的是根据自身的教学经验以及不断引导和启发，使得学生能最终得以理解。这一方面的问题我回去会再好好设计和改进一下。

得到课例展示机会的另一位教师 B 在一旁听得津津有味，一边听一边在纸上做笔记。B 老师是一位年轻的教师，自新课程改革以来，一直关注基于核心素养的化学教学设计与实施，在最近一次的省教学设计大赛中获得了二等奖。B 老师乐于分享自己的教学观点，教学理念与时俱进。获得这次公开课展示机会的 B 老师显得兴奋又略有一丝紧张，在 A 老师发言之后接过话茬：

我与 A 老师选择的教学主题的特点有相似之处，都能在学生已有的认知中找到衔接点，由此展开新课的学习。乙醇的一些知识，学生在必修 2 已经有一定的了解，那么本节课就在此基础上以"烃的含氧衍生物"这一视角对乙醇进行更加深入的认识。这节课的设计思路总的来说就是"一个中心，两个环节，四条主线"，即以化学核心素养为中心，根据结构决定性质将课堂分为羟基对乙醇物理性质和化学性质的影响两个环节，整堂课由生活情境线贯穿整个教学过程，由情境线引发思考，从而创建了活动线，用活动线的实践来丰富知识线，通过知识线的落实来培养学生的化学核心素养。具体细节如下：

环节	情境线	活动线	知识线	素养线
羟基对乙醇物理性质的影响	【视频】酒精在人体内的代谢过程	引出乙醇 ①对乙醇的物理性质进行回顾 ②对乙醇的物理性质（熔沸点和溶解度）在分子结构方面进行微观解释 ③用熔沸点的宏观数据进行进一步验证 总的来说是"宏—微—宏"的一个过程	乙醇的物理性质及微观解释	本环节重点培养了学生"宏观辨识与微观探析"的核心素养；也伴随着对乙醇的模型认知，及结构决定性质的证据推理，体现了"证据推理与模型认知"的核心素养
羟基对乙醇化学性质的影响	酒精代谢过程中90%去了肝脏	①了解酒精在肝脏中的代谢过程：乙醇—乙醛—乙酸—二氧化碳+水，回顾乙醇的催化氧化性质 ②回顾乙醇在铜为催化剂的作用下的实验现象、反应方程式及反应的断键位置 ③拓展不同醇的催化氧化，产物不同	乙醇的催化氧化及催化氧化产物	培养了学生"宏观辨识与微观探析"及"证据推理与模型认知"的核心素养；有机化学反应主要是官能团间的相互转化，体现了变化观念
	酒精中5%的酒精去了肺	①少量的酒精通过呼吸系统排出体外，除此之外由于乙醇易挥发的物理性质，通过口腔、食道也会挥发排出体外，引出测酒驾的原理 ②回顾乙醇被酸性高锰酸钾、酸性重铬酸钾等强氧化剂氧化等化学性质	乙醇被酸性高锰酸钾、酸性重铬酸钾等强氧化剂氧化	培养了学生"宏观辨识与微观探析" 呼吁学生拒绝酒驾，体现了"科学态度与社会责任"的核心素养
	酒精经过了胃，胃对酒精的代谢是否有作用	①探究乙醇能否与胃酸中的盐酸反应，猜想，设计实验，验证猜想，得出结论 ②在上述实验过程中发现一缕黑烟，可能原因是什么？猜想，设计实验，验证猜想，得出结论 ③拓展：不同醇的消去产物不一样	①乙醇与氢卤酸的取代反应 ②乙醇的消去反应	此过程是整堂课的核心部分，通过实验探究主要在于培养学生"宏观辨识与微观探析""证据推理与模型认知""科学探究与创新意识"等核心素养
	喝酒对人体的危害	播放过量饮酒对人体产生危害的视频	呼吁青少年拒绝饮酒，成年人适度饮酒	培养学生"科学态度与社会责任"

B 老师分享教学设计完毕，其他老师在场下小声谈论，此时 S 老师说道：

我们看到 B 老师关于素养线的设计，这其中囊括了所有的化学学科核心素养，这样看起来显得没有侧重点，而且一堂课不可能五条核心素养都能得到完美的落实，能不能请 B 老师再解释一下你落实的素养目标重点是哪些方面？

S 老师的一番话，让 B 老师感到获益匪浅，反复审视自己的教学过程设计之后，站起来回答道：

很感谢 S 老师对我的指点，我设计的素养线确实没有考虑到这一问题，通过再次分析教学过程，结合乙醇的内容特点以及教学的重难点，我认为本节课需要重点落实的核心素养是"宏观辨识与微观探析"以及"证据推理与模型认知"这两个方面，这启发我在教学实施中，要有重点，有突出讲解的地方，避免"平铺直叙""满堂灌"的现象发生。再次感谢大家指出这个关键性问题，我会及时改正。

第一周的同"素"异构教研活动完满告一段落，研讨之后老师们反馈都很不错。X老师部署了下周课例展示的相关工作，结束之后，许多老师和专家仍留在会场给予A、B老师鼓励和建议，并表示十分期待下一周的展示和研讨活动。

（3）公开教学，实践验证效果　A、B两位老师听取了研讨会上其他老师和专家对他们的教学设计分析、评价和建议之后，在原教学设计的基础上进行了适当的修改，做好充分的教学准备。一周后的课例展示活动如期而至，所有参加研讨会的成员准时到达了二中的教学活动现场，两位老师顺利地进行了公开课的展示——作为本次教研活动的两节研讨课，供所有教师观察和探讨。以下是A、B两位教师的课堂实录。

① 教师A的教学实录

a. 创设情境，激发兴趣——感受电解池

【师】（向学生展示一支普通的黑色铅笔）同学们，你们相信我手中的这支黑色铅笔能写出红色的字吗？

【生】相信！/能吗？（半信半疑）

【师】下面我们就一起来见证奇迹的发生。

【教师演示实验】在一张干净的滤纸上，依次滴加两种不同的神秘液体（各1~2滴），将两支铅笔接通电源，进行实验（实验现象如图8-1所示）。

【师】为什么黑色的铅笔能写出红色的字？今天我们就一起来探究其中的奥秘。

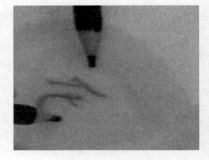

图8-1　实验现象

b. 由表及里，掌握新知——认识电解池

【师】在初中我们学习过，水在通电条件下能产生氢气和氧气。同学们回顾一下，这两种气体分别是在哪个电极上产生的？

【生】与电源正极相连的那一极产生的是氧气，与电源负极相连的那一极产生的是氢气。

【师】很好，分别与电源正、负极相连的两极，今天我们会给它们赋予新的名字，期待一下。同学们再思考一下，如果此时的水换成$CuCl_2$溶液，在通电条件下，溶液又会如何分解？

【学生猜想】铜和氯气。

【师】（展示电解$CuCl_2$溶液的实验装置）同学们看，老师在课前准备了这样一套实验装置（如图8-2所示），假设实验过程中有氯气生成，用什么方法验证比较合适？

【生】用淀粉-KI试纸。

【生a】应当用湿润的淀粉-KI试纸靠近电极。

【师】同学们能想到用淀粉-KI试纸非常好，但a同学的想法更加周密，因为我们的离子反应一般要在水溶液条件下进行。那么就请a同学和老师一起来完成这个实验，同学们认真观察实验现象，试着完成学案【探究1】的相关内容（如图8-2所示），说明并解释实验现象。

CuCl₂溶液

§4–3探秘电解池

【探究1】以石墨棒为电极，探究氯化铜溶液在通电条件下的变化。

（提示：红线与正极相连，黑线与负极相连）

项目	与电源负极相连	与电源正极相连
现象		
电极反应		
反应类型		

图 8–2　电解 $CuCl_2$ 溶液实验装置图及学案相关内容

【生】与电源负极相连的一端有红色固体析出，与电源正极相连的一端产生气泡，并且该气体能使湿润的淀粉–KI 试纸变蓝。

【师】联系我们实验用到的电解质溶液，并结合之前学习过的氧化还原相关知识，由此你能推断出什么结论？

【生】与电源负极相连的一端产生的红色固体应该是 Cu，发生了还原反应；与电源正极相连的一端产生的是氯气，发生了氧化反应。

【师】同学们根据刚才的讨论，补充和完善学案，写出相应的电极反应方程式。（学生代表上台板书电极反应方程式）

【教师总结】我们看到，像这样与电源负极相连的一极 Cu^{2+} 得到电子生成 Cu 单质，与电源正极相连的一极 Cl^- 失去电子生成氯气，这一装置实现了电能转化为化学能，我们就称该装置为电解池。

【师】结合刚才实验探究 1 所用到的仪器、药品，同学们思考一下，构成电解池需要哪些条件？同学们试着在学案上写一写。

【生 b】需要直流电源、形成闭合回路、电解质溶液、两个电极……

【师】通过实验以及电解 $CuCl_2$ 溶液实验装置图我们应该能发现，构成电解池需要四个条件。（和学生共同总结归纳，PPT 投影见图 8–3）

【师】以电解 $CuCl_2$ 溶液为例，在这一闭合回路中，一些粒子如 Cu^{2+}、Cl^- 以及电子，它们是如何运动的？同学们试着思考分析电路中的电子移动路径和电解质溶液中的离子移动路径是怎样的，完成学案（图 8–4）相应的内容。

　构成条件

1. 外接电源
2. 两个电极　阳极—氧化反应—接正极
　　　　　　　阴极—还原反应—接负极
3. 电解质溶液或熔融电解质
4. 闭合回路

图 8–3　PPT 投影

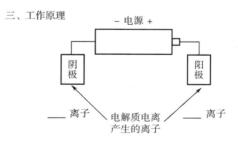

三、工作原理

图 8–4　学案

【生】在电解质溶液中，电解质电离产生的阴离子向阳极移动，发生氧化反应；阳离子向

阴极移动，发生还原反应。（学生对于电子的移动路径还不太清楚）

【师】提示一下，根据外电路电流的流动方向，能不能间接知道电子的移动方向？

【生】（立刻醒悟）电流是从正极流向负极，那电子的移动路径应该与其相反，电子从负极移动到阴极，再从阳极移动到正极。

【师】很好，同学们再回顾我们原来学过的原电池，在原电池内部离子是如何移动的？

【生】阴离子移动到电源的负极，阳离子移向正极。

【师】为了让同学们更好地理解通电后整套装置中带电粒子的运动路径，我们一起来看一下 flash 动画演示带电粒子在通电条件下的移动方向（PPT 投影 flash 动画，如图8-5所示）。

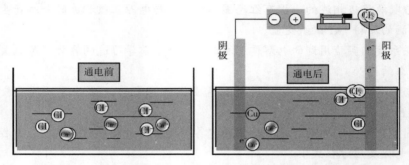

图 8-5　Flash 动画模拟电解 CuCl₂ 溶液的微观运动及变化

【师生共同总结归纳】整体来看，以负电荷为例，电子带负电荷，从负极移动到阴极，吸引了带正电的阳离子，使其得到电子发生还原反应；溶液中的阴离子则移向阳极，失去电子发生氧化反应，促使电子继续从阳极移动到电源正极；在电源内部，阴离子则移向负极。

【师】由此看来，整个负电荷是不是形成了一个闭合回路？如果我们分析正电荷，情况是不是相类似？

【生】（表示认同）得出如 PPT 投影所示的电解池工作原理模型图（图8-6）。

c. 自主探究，突破难点——掌握电解池

【师】同学们有没有这样的疑惑，在 CuCl₂ 溶液中，除了 Cu²⁺、Cl⁻，还有没有其他离子存在？

【生】还有 H⁺ 和 OH⁻ 存在。

【师】那么问题来了，为什么在电解过程中，是 Cu²⁺ 和 Cl⁻ 发生相应的变化？而 H⁺ 却没有变成氢气，OH⁻ 没有变成氧气？思考一下，应该是什么原因？

【生】可能和离子的活泼性有关。

【师】活泼性对应什么反应？换句话说，应该和离子的哪种能力联系起来？

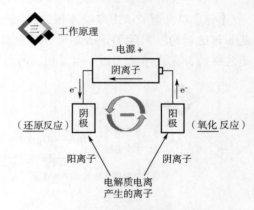

图 8-6　电解原理模型图

【生】发生氧化还原反应，也就与离子的氧化性和还原性有关。

【教师追问】我们追溯到氧化还原反应的本质，换种说法应该是与什么能力有关？

【生】（恍然大悟）应该与离子的得失电子能力有关！

【师】结合同学们的猜想，我们可以推断，在探究 1 电解 $CuCl_2$ 溶液中，电解池中的离子得失电子能力大小情况如何？

【生】Cu^{2+} 得电子的能力大于 H^+，Cl^- 失电子的能力大于 OH^-。

【师】在之前氧化还原反应的学习中我们知道，一些阳离子得电子的能力可与金属的活动性顺序联系起来，阴离子失电子的能力主要分析常见的卤族元素，同学试着将这些离子按照得失电子的能力大小，简单排个序。

【生】相互讨论，得出顺序。

【生 c】阳离子得电子的能力：$Ag^+ > Fe^{3+} > Cu^{2+} > H^+ > Fe^{2+} > Zn^{2+} > Na^+ > K^+$；

　　　　阴离子失电子的能力：$S^{2-} > I^- > Cl^- > OH^-$。

【师】很好，那究竟是不是如同学们猜想的这样，离子在电解过程中的反应顺序，也就是放电顺序，与离子得、失电子的能力有关呢？我们一起来通过探究 2 来一探究竟，老师将同学们分为了两个大组，给同学们提供了两组仪器：组别 1 的电解质溶液是等浓度 NaCl 与 KI 的混合液，组别 2 的电解质溶液是等浓度稀 H_2SO_4 和 $ZnSO_4$ 溶液。给同学们 3 min 的时间，按照学案的操作步骤（如图 8-7 所示），小组合作完成实验，在学案上记录实验现象，试着推断出结论。

【探究2】各组利用提供的电源、石墨棒、井穴板等材料组装电解池，电解以下电解质溶液，探究离子在电极上反应的顺序。

（提示：红线与正极相连，黑线与负极相连，两电极不得接触；通电时长约20s）

项目	组别1	组别2
电解质溶液	等浓度NaCl与KI的混合液	等浓度稀H_2SO_4和$ZnSO_4$溶液
现象		
结论		

图 8-7　学案的操作步骤

【生】进行实验，教师走下讲台进行指导。

【师】好的，很多小组已经完成了实验，请大家结束实验时将电源与电极断开。下面就先请组别 1 的同学来分享一下你们观察到的现象，由此得出了什么结论？

【生 d】我们小组看到了阳极附近溶液变成棕黄色，阴极有气泡生成。

【师】根据这一实验现象，你能得出什么结论？

【生 d】I^- 的还原性强于 Cl^-。

【师】很好，这也就证明了同学们在探究前的猜想，I^- 的失电子能力强于 Cl^-，换句话说，I^- 优先于 Cl^- 反应，先放电。那么另一电极，阴极上你小组看到的气泡，你认为是什么气体？

【生 d】应该是氢气。

【师】那证明了什么？

【生 d】H^+ 的氧化性大于 Na^+，也就是之前猜想的 H^+ 的得电子能力强于 Na^+，所以 H^+ 比 Na^+ 先反应。

【师】很好，组别 1 的其他同学还有没有人看到其他现象？

【生】（摇头），示意认同学生 d。

【师】组别 1 的同学们给我们的探究开了个很好的头，那么组别 2 有哪位同学愿意分享一下你们观察到的实验现象和得出的结论？

【生 e】我们小组在负极上看到有气泡生成。

【师】（面露疑惑）负极？在原电池中我们将电池两极分为正负极，但是我们今天所学的是电解池，应当称为什么？

【生 e】（立刻纠正）在阴极上看到有气泡生成，应该是氢气。

【师】还看到什么现象？

【师】（生 e 沉默）好，那你继续说你由此得出的结论是什么？

【生 e】说明 H^+ 的氧化性大于 Zn^{2+}，也就是我们猜想的 H^+ 得电子能力强于 Zn^{2+}，所以 H^+ 比 Zn^{2+} 先反应。

【师】好，另外电极呢？你看到什么现象？

【生 e】（沉默）没有注意到。

【师】好，那请你们小组的这位同学帮你补充一下。

【生 f】阳极上出现了大量气泡，应该是氧气，证明 OH^- 失电子的能力比 SO_4^{2-} 强，在阳极上优先反应。

【教师总结】我们同学通过实验得出，阴极上看到有气泡生成，没有 Zn 析出，说明 H^+ 的得电子能力比 Zn^{2+} 强；在阳极上依旧看到气泡生成，推断是氧气，证明 OH^- 失电子的能力比 SO_4^{2-} 强。这是我们同学通过实验探究 2 验证了自己的猜想：离子在电解过程中的反应顺序，确实与离子得、失电子的能力有关——在阴极上得电子能力强（氧化性强）的离子先反应，阳极上失电子能力强（还原性强）的离子先反应。

【PPT 投影】

探究2

各组利用提供的电源、石墨棒、井穴板等材料组装电解池，电解以下电解质溶液，探究离子在电极上反应的顺序。

提示：红线与正极相连，黑线与负极相连，两电极不得接触；
通电时长约20s

项　　目	组别1	组别2
电解质溶液	等浓度NaCl与KI的混合液	等浓度稀H_2SO_4和$ZnSO_4$溶液
现　　象	阳极附近溶液变棕黄色 阴极有气泡	阳极有气泡 阴极有气泡
结　　论	I^-比Cl^-先反应 H^+比Na^+先反应	OH^-比SO_4^{2-}先反应 H^+比Zn^{2+}先反应

【师】在学习氧化还原反应知识的时候我们知道，其实物质的氧化性和还原性除了与得失电子的能力有关外，还与其浓度、温度等一些外界条件有关。而对于电解池，我们已经知道了它的构成条件，那么电解质溶液当中的离子浓度、电极材料，甚至电源电压对其放电顺序是否有影响呢？

【生】（漠然，都表示想通过实验解决疑惑）。

【师】带着这样的疑惑，我们再来进行探究3和探究4的实验，根据所给的实验步骤，小组合作完成实验，整理实验记录，完成学案相应内容，给同学们5 min的时间。

【PPT投影】实验步骤及学案内容。

 以石墨棒为电极，电解浓硫酸锌溶液，探究离子在电极上反应的顺序。

提示：红线与正极相连，黑线与负极相连；两电极不得接触

 将探究3中的两个电极对调，继续电解浓硫酸锌溶液，探究电极反应顺序。

提示：红线与正极相连，黑线与负极相连；两电极得不接触

【探究3】以石墨棒为电极，电解浓硫酸锌溶液，探究离子在电极上反应的顺序。

现象 _____

结论 _____

【探究4】将探究3中的两个电极对调，继续电解浓硫酸锌溶液，探究电极反应的顺序。

现象 _____

结论 _____

【生】进行实验，教师走下讲台进行指导直至实验结束。

【生g】我们小组在进行探究3的实验时只看到了气泡的产生。

【师】好，其他小组是否认同他们小组的实验现象？（大部分小组均有异议，小声讨论）

【生h】我们小组看到了阴极有银白色固体生成，可能是Zn，但我们将这一电极放入稀硫酸溶液中并没有看到明显现象，所以有点不确定；阳极上有气泡生成，应该是氧气。

【师】很好，结合探究2电解$ZnSO_4$溶液，在阳极上产生氧气，说明OH^-优先于SO_4^{2-}反应。而在阴极上看到了银白色固体，同学们可以结合我们实验所用的电解质溶液——浓硫酸锌溶液，大家觉得这种固体应该是什么？

【生h】只可能是Zn单质析出。

【师】（表示认同）很好，请坐。那至于刚刚同学所说的银白色固体在稀硫酸溶液中没有溶解，可能是反应时间不够或者操作出现失误等一些原因。但是同学们有没有发现Zn^{2+}优先于H^+反应，这一结论与我们之前得出的部分阳离子得电子的顺序"$H^+ > Zn^{2+}$"恰好相反，这是为什么？

【生】（思考）探究3电解的是浓$ZnSO_4$溶液，Zn^{2+}的浓度很大，所以先析出Zn。

【师】很好，那么这一情况给了同学们什么启示？由此你们能想到什么？

【生】电解过程中，离子的反应顺序不仅与自身的得失电子能力有关，还与离子的浓度有关。

【师】好，那我们再来回顾之前得出的阳离子得电子能力顺序："$Ag^+ > Fe^{3+} > Cu^{2+} > H^+ > Fe^{2+} > Zn^{2+} > Na^+ > K^+$"，应该有所纠正，当$Fe^{2+}$或者$Zn^{2+}$浓度比较大时，会优先于水中的$H^+$反应。那电解浓NaCl溶液或者浓KCl溶液，能先析出Na或者K吗？

【生】不能，应该要在熔融状态下才有Na或K析出。

【师】通过探究3的实验，同学们应该能体会到，当电解质溶液的离子浓度改变时，离子的反应顺序可能发生改变，如Fe^{2+}和Zn^{2+}，当它们的离子浓度很大时，或者溶液中H^+浓度很小时，比如由水电离出来的H^+，这时Fe^{2+}或Zn^{2+}会优先于H^+反应；而对于活泼的金属离子如Na^+、Al^{3+}、Mg^{2+}，在浓度很大时都不会有单质析出，除非在熔融状态下。那么对于探究4，也就是探究3的电极对调实验，同学们看到了什么现象？

【生h】（探究3实验较成功，继续回答）我们看到了银白色固体一极银白色先消失，后产生气泡；另外一极有银白色固体析出。

【师】对应的是阴极还是阳极？

【生h】（补充阐述）当原来产生Zn的一极作为阳极时，银白色先溶解，后产生气泡；另外一极作为阴极，则重新产生了Zn单质。

【师】非常正确。通过这一实验，同学们又能想到什么？（提示）当阳极含有Zn这样的金属的时候，Zn会优先溶解，失去电子，再产生气泡，也就是OH^-后反应。这一现象给你什么启示？

【生】（讨论后得出）当阳极上含有像Zn这样比较活泼的金属时，更优先于OH^-反应。

【师】所以我们可以在阴离子失电子能力顺序表中加以补充，像Zn这样的金属作为电极时，将它们称为活性电极，最先反应。那么哪些电极属于活性电极？Zn这样比较活泼的金属作为阳极会先溶解，那么一些不太活泼的金属，比如Cu，它属不属于活性电极？它作为阳极时会溶解吗？

【生】会/不会。（不确定）

【师】（提示）回顾我们最开始的实验探究1，阴极有铜单质析出。

【生】（立刻明白）可以和探究4一样，做探究1的对调实验！

【师】（满脸笑容）非常好，那么老师来演示这个实验，同学们仔细观察对调电极之后阳极的变化。

【生】（一致得出）红色固体先溶解，后有气泡产生。

【师】所以我们要注意，Cu作为阳极时，也会先溶解。由此得出，所谓的活性电极，也包含了像Cu、Ag这样不太活泼的金属。（补充）所以相较于活性电极，也就是惰性电极——作为电解池的阳极自身不会放电的物质，比如Pt、Au、石墨作为电极时。

【PPT投影】

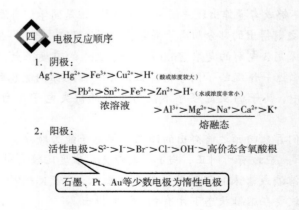

四　电极反应顺序

1. 阴极：
$Ag^+>Hg^{2+}>Fe^{3+}>Cu^{2+}>H^+$（酸或浓度较大）
$>Pb^{2+}>Sn^{2+}>Fe^{2+}>Zn^{2+}>H^+$（水或浓度非常小）
浓溶液　$>Al^{3+}>Mg^{2+}>Na^+>Ca^{2+}>K^+$
熔融态

2. 阳极：
活性电极$>S^{2-}>I^->Br^->Cl^->OH^->$高价态含氧酸根

石墨、Pt、Au等少数电极为惰性电极

【师】（PPT 展示文献）对于我们之前猜想电解池的放电顺序影响因素还有电源电压，通过查阅文献发现，确实与电压有关。并且通过今天的学习我们应该了解到，电极反应顺序与电解池电极材料、离子浓度、电压、电流密度、溶液性质等多种因素都有关。这一阶段我们主要掌握与离子得失电子能力的关系。

d. 学以致用，释疑解惑——运用电解池

【师】通过本节课的学习，同学们一定有不少收获，老师希望同学们课后能利用本节课的知识解释上课之初的神奇魔术——黑笔写红字。试着分析，实验用的是哪些神秘的液体？除此之外，结合本节课所学知识，利用家里常见的物品，自制"84"消毒液，设计制备装置并与同学交流分享。

② 教师 B 的教学实录

a. 情境引入，构建乙醇分子结构模型

【师】寒冷的冬天里，我们会采取一些措施进行御寒保暖，北方人喜欢喝一点小酒来获取温暖，这是什么原理呢？我们先来看一则广东药理协会关于酒在人体中代谢的科普性视频。

（教师播放视频，学生认真观看，过程中露出些许理解的神情）

【师】（观看结束）好，看完这则视频，我们知道，酒的主要成分是什么？

【生】酒精，学名叫乙醇。

【师】今天我们就以乙醇为代表，来学习一下第三章第 2 节——烃的含氧衍生物。在必修 2 我们已经初步认识了乙醇，了解了乙醇的结构，那同学们试着解释一下为什么乙醇属于烃的含氧衍生物？

【生】（沉默不语）。

【师】同学们还记得什么是烃吗？那么乙醇的组成与哪一种烃的组成最相像？

【生】由 C 和 H 两种元素组成的化合物。乙醇和乙烷比较像。

【师】乙醇和乙烷之间的区别又是什么？

【生】从乙醇到乙烷，只是将乙烷其中的一个氢替换成羟基。

【师】很好，乙醇可以看作是乙烷上的一个氢被一个羟基所替代，得到的一种新的有机物。那么我们把这种烃分子中的氢原子被含有氧原子的原子团替代，而衍生成的一系列新的有机物称为烃的含氧衍生物。

【PPT 投影】

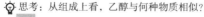
💡思考：从组成上看，乙醇与何种物质相似？

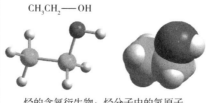

环节一构建乙醇分子结构模型

$CH_3CH_2 \!-\! OH$

烃的含氧衍生物：烃分子中的氢原子被含有氧原子的原子团替代，而衍生成的一系列新的有机物。

b. 结构决定性质之羟基对物理性质的影响

【师】在进一步学习乙醇之前，我们先来回顾一下，乙醇有哪些物理性质？

【生a】易挥发，密度比水小。

【生b】常温下是无色透明的液体，可与水以任意比互溶。

【教师总结】很好。乙醇俗称酒精，是无色透明具有特殊香味的易挥发液体，沸点78.5℃，密度比水小，可与水以任意比互溶，是良好的有机溶剂。

【师】那么对比乙烷，我们知道乙烷也是无色的，但是在常温下是气态的，也就是沸点很低，不溶于水。这里老师就有疑惑了，乙烷与乙醇就只有一个引入羟基的区别，为什么它们之间的溶解性和熔沸点等物理性质差别如此之大？有没有同学可以解释一下？

【生c】关于溶解性差异的原因我认为可能是乙醇和水分子都含有相似的羟基结构，所以乙醇属于水溶性的物质，而乙烷没有这种结构。

【师】回答得非常好。那么我们还可以从哪个方面来解释这一情况呢？这里老师提示一下，刚刚通过乙烷和乙醇组成和结构的对比分析我们知道，乙醇和乙烷相比多了一个氧原子，我们知道氧原子非金属性很强，它吸引电子的能力很强。所以氧原子两侧的共用电子对会偏向氧，使得羟基的两个原子电荷分布情况如何？

【生】氧原子带部分的负电荷，旁边的氢原子带部分的正电荷！

【师】当两个乙醇分子相互靠近时，两者之间会产生一种强烈的相互作用，我们将这种相互作用就称为氢键。同学们现在能完整地解释为何乙醇更易溶于水，熔沸点更高了吗？

【生】（师生讨论后得出）因为羟基的引入，使得电荷偏移，乙醇分子之间形成氢键，要使分子分开，需要很大的能量，所以乙醇的熔沸点较高；同样的，水也有类似羟基的结构，也能与乙醇形成氢键，所以乙醇易溶于水。

【PPT投影】

从结构上解释乙醇熔沸点、溶解度等相关物理性质

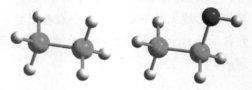

醇分子间形成氢键示意图：

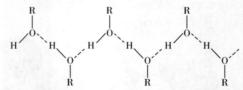

原因：由于醇分子中羟基的氧原子与另一醇分子羟基的氢原子间存在着相互吸引作用，这种吸引作用叫氢键。（分子间形成了氢键）

【师】很好，这就说明了羟基这个官能团的引入对物质的物理性质有一定的影响。

c. 结构决定性质之羟基对化学性质的影响

【师】羟基对物理性质有一定的影响，那么相应的对化学性质呢？我们知道羟基氧原子两侧的共用电子对会偏向氧，此时，氧原子相连的两个键会如何？

【生】会比较活泼，不稳定，会容易断裂。

【师】很好，那我们回顾一下在必修2，学习过哪些乙醇的化学反应？

【生】乙醇与钠反应，乙醇与乙酸发生酯化反应。

【师】这些反应断的都是氢氧键，那与氧原子相连的另一个键——碳氧键，会不会断裂发生相应的化学反应？（学生表示疑惑，不太确定）带着这个疑惑，我们先来回顾最开始的"酒在人体中代谢"的视频，酒在人体内代谢的过程中，肝脏起到了主要的作用，视频中，酒精在肝脏中发生了什么变化？

【生】乙醇在乙醇脱氢酶的作用下变成乙醛，乙醛在乙醛脱氢酶的作用下进而变成乙酸，最后乙酸分解变成二氧化碳和水。

【师】那么在体外，我们能否在实验室中将乙醇转化成乙醛？

【生d】在 Cu 或 Ag 等催化剂的条件下，乙醇与一些氧化性比较强的物质反应，可能会生成醛。

【师】很好，这正是我们在必修2学习过的乙醇的一个化学性质——催化氧化。（讲解必修2中关于乙醇催化氧化的实验）乙醇在铜或银催化的条件下能与氧气反应，你们还记得这一化学方程式是如何书写的吗？

【生】（书写化学方程式，学生代表上台板书化学方程式）。

【师】（学生代表没有配平化学方程式）大部分同学都还记得产物，但是没有配平，这说明我们同学不太记得反应时断的是哪个键了，我们一起来回顾一下乙醇的催化氧化过程，在这一过程中，乙醇断的是—OH上的H和—OH所在的碳原子上的H，一个乙醇分子断裂出两个氢，与氧气分子的一个氧原子结合，形成一个水分子，那么 1 mol 的氧气，相应需要多少乙醇？

【生】（恍然大悟）需要 2 mol 的乙醇，生成 2 mol 的乙醛和 2 mol 的水。

【师】在理解了这一反应之后，我们再来做一道练习，完成学案上相应的内容，判断一下，是不是所有的醇都能发生催化氧化？它们发生催化氧化的产物是不是一样的？

【PPT 投影】

1.判断下列醇反应能否发生催化氧化，若能请写出氧化产物

（1） $CH_3 - CH - CH_2 - CH_3$
　　　　　　|
　　　　　OH

（2） $CH_3 - \overset{\overset{\displaystyle C_2H_5}{|}}{\underset{\underset{\displaystyle OH}{|}}{C}} - CH_3$

（3） $CH_3 - CH - \overset{\overset{\displaystyle CH_3}{|}}{\underset{\underset{\displaystyle CH_3}{|}}{C}} - CH_3$
　　　　　　|
　　　　　OH

（4） $CH_3 - CH_2 - CH_2 - CH_2$
　　　　　　　　　　　　　|
　　　　　　　　　　　OH

【师】（下场检查学生的练习情况，学生代表上台书写答案）。

【生】（大部分都能得出）（1）、（3）、（4）能发生催化氧化，（2）不能发生催化氧化。

【师】（适当讲解醇的断键情况，与学生共同讨论）。

【师】那么同学们来总结一下，醇的催化氧化有什么规律？

【生】当与羟基相连的 C 上含有 H，则能发生催化氧化，如果没有氢，则不能发生催化氧化。

【师】（补充并拓展）很好，在练习中我们还会发现，C 连接的 H 原子个数不同，产物的种类也会不同，我们一起来看一下……

【PPT 投影】

拓展：

$$(1)\ 2R-CH_2-OH + O_2 \xrightarrow[\triangle]{Cu} 2R-\overset{\displaystyle O}{\underset{\displaystyle \|}{C}}-H + 2H_2O$$

连有—OH的碳原子上有2个氢，去氢氧化为醛

$$(2)\ 2\ \overset{R^1}{\underset{R^2}{\Big\rangle}}CH-OH + O_2 \xrightarrow[\triangle]{Cu} 2R^1-\overset{\displaystyle O}{\underset{\displaystyle \|}{C}}-R^2 + 2H_2O$$

连有—OH的碳原子上有1个氢，去氢氧化为酮

$$(3)\ R^2-\overset{\displaystyle R^1}{\underset{\displaystyle R^3}{\overset{\displaystyle |}{\underset{\displaystyle |}{C}}}}-OH$$

（连接—OH的碳原子上没有H），则不能去氢氧化

【师】我们接着回忆一下，刚刚的视频提到有约 5% 的乙醇会转入肺部，肺部中的乙醇会通过呼吸系统，挥发到口腔中，呼出体外。我们的交警人员检测酒驾就是运用了这一性质。同学们还记得检测酒驾的原理是什么吗？

【PPT 投影】

$$CH_3CH_2OH \xrightarrow{\text{酸性重铬酸钾}} CH_3CHO \xrightarrow{\text{酸性重铬酸钾}} CH_3COOH$$

$$\underset{\text{（橙红色）}}{K_2Cr_2O_7} \longrightarrow \underset{\text{（绿色）}}{Cr^{3+}}$$

应用：用重铬酸钾检验酒驾

【师】酒在人体代谢的过程中，剩下约 5% 的乙醇转入至肾脏，随着尿液排出了体外。但是视频中并未提到喝入的酒，最先通过的胃肠道吸收乙醇的情况，通过查阅资料我们发现，胃液中的胃酸一般含有 2%~4% 的盐酸，那其中盐酸到底能否与乙醇发生反应？

【生】能/不能。

【师】如果两者不能发生反应，那么导致乙醇不能与体内的盐酸反应的原因可能是什么？

【生e】可能是反应的温度不够，也可能是盐酸的浓度不够，导致酸性不强。

【教师总结学生的猜想】所以我们可以提出猜测：可能不反应；会反应，但是可能盐酸的浓度不够或者反应的温度不够，需要寻找合适的催化剂。

【师】（提出假设）如果能反应，产物可能是什么？小组讨论一下，写出你们的猜想。

（小组代表上台板书，分享实验假设，并讨论检验假设的方法）

【讨论结果】如下：

猜想一：$CH_3CH_2OH + HCl \longrightarrow CH_3CH_2Cl + H_2O$（未知检验方法）

猜想二：$CH_3CH_2OH + HCl \longrightarrow CH_3CH_2OCl + H_2$（运用检验氢气的方法验证猜想）

猜想三：$CH_3CH_2OH + HCl \longrightarrow CH_3CH_3 + HClO$（加热环境下，次氯酸分解生成氧气，运用检验氧气的方法验证猜想）

【师】猜想一中，如果我们要检验水，但是反应物盐酸本身含有水，所以不好操作。那么要是检验另一种产物——氯乙烷，通过查阅氯乙烷的相关资料，我们来了解氯乙烷的化学性质，并试着选择合适的方法检验氯乙烷。

【PPT 投影】

化学性质

· 极易燃烧，燃烧时生成氯化氢，火焰的边缘呈绿色
· 用氢氧化钠溶液水解后可以检出氯离子，同时产生乙醇
· 加入碘试液加热，有黄色结晶析出

以上三个反应可以用来检测氯乙烷

【生】可以选择燃烧的方法，因为操作相对简单，而且现象比较容易观察。

【师生】（由教师引导学生选择合适的实验试剂，设计实验，具体讨论内容省略）试剂尽量要避免含大量水，因为产物可能会生成水；另一反应物 HCl，为了实验方便，选择浓硫酸与氯化钠或氯化锌反应；在点燃尾气之前，为了避免原反应物乙醇和 HCl 易挥发，对检验氯乙烷产生干扰，要先除杂，通入水。

【师】老师在之前就设计了一套验证猜想一的实验装置（见图 8-8），同学们认真观看实验视频，观察实验现象。

【生】（认真观察实验现象，讨论并得出实验结论）。

【生】燃烧尾气看到有绿色的火焰，说明有氯乙烷生成。

【师】很好，通过这一实验我们证明了猜想一是正确的，并且科学表明，乙醇与 HCl 反应的产物确实是氯乙烷和水。这在有机化学反应类型中属于……

【生】取代反应。

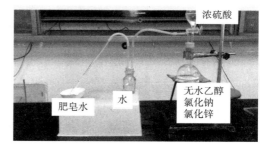

图 8-8　实验装置

【PPT 投影】

二、乙醇的化学性质

1. 氧化反应

2. 取代反应

$$CH_3 - CH_2 - OH + H - Cl \xrightarrow[\text{催}]{\triangle} CH_3 - CH_2 - Cl + H_2O$$

$$CH_3 - CH_2 - OH + H - Br \xrightarrow{\triangle} CH_3 - CH_2 - Br + H_2O$$

【师】老师在做这个实验的过程中观察到一个诡异的现象，在点燃尾气的过程中，有一缕黑烟生成。这缕黑烟从何而来？回想一下，我们学过什么物质燃烧会生成黑烟？

【生】木炭、乙烯、苯……

【师】回到这个实验，结合反应物和生成物，黑烟可能是哪种物质？

【生】（小声猜想）乙烯。

【师】那么实验中可能产生乙烯是在哪个地方？换句话说，什么物质可能生成了乙烯？

【生】乙醇发生了副反应，生成了乙烯这种副产物。

【师】乙醇在这一过程中是如何断键的？

【生】（结合教师播放的乙醇断键的 flash 动画）碳氧键断裂，另一个碳上的其中一个碳氢键断裂，生成水。

【师】（补充）很好，那么原来的两个碳之间再形成一个碳碳键，就生成了乙烯。如果我们要证明乙醇确实发生了这一反应，生成了乙烯，我们该如何检验？

【生 f】将气体通入酸性高锰酸钾溶液中，如果溶液褪色，则生成了乙烯；或者通入溴水中，如果溶液颜色变浅，则生成了乙烯。

【师】请坐，同学的想法都很正确。确实如此，实验室中，我们一般通过加热乙醇与浓硫酸的混合物来制取乙烯，并且验证乙烯的一些化学性质。一起来看一下"乙烯的制取及性质"实验视频。

【生】（认真观察实验，看到了和生 f 猜想一致的现象：溴水和酸性高锰酸钾依次逐渐褪色）。

【师】这就说明了乙醇在浓硫酸加热的条件下，生成了乙烯。那么在这一过程中，乙醇是如何断键的？

【生】碳氧键断裂，另一个碳的其中一个碳氢键断裂，两个碳之间形成了一个新的碳碳键，生成乙烯，剩余部分结合形成水。

【师】很好，我们把这种反应就称为消去反应。什么是消去反应呢？通过脱去小分子，形成不饱和键的一类反应就称为消去反应。所以我们今天学习乙醇的又一新的性质就是能发生消去反应。

【PPT 投影】

二、乙醇的化学性质

1. 氧化反应
2. 取代反应
3. 消去反应

醇消去反应原理：**脱去羟基和与羟基相邻碳上的氢生成水，原碳碳单键变双键**

$$CH_2{-}CH_2 \xrightarrow[170℃]{浓硫酸} CH_2{=}CH_2\uparrow + H_2O$$

H   OH

【师】那么是不是所有的乙醇都能发生消去反应呢？同学们在以下学案上练习完成，给大家 2min 的时间。

【PPT 投影】

判断下列醇反应能否发生消去反应，若能请写出产物。

（1） $CH_3 — CH — CH_2 — CH_3$
　　　　　　　|
　　　　　　 OH

（2） $CH_3 — \overset{\overset{\displaystyle CH_3}{|}}{\underset{\underset{\displaystyle CH_3}{|}}{C}} — CH_2OH$

（3） $CH_3 — \underset{\underset{\displaystyle OH}{|}}{CH} — \overset{\overset{\displaystyle CH_3}{|}}{\underset{\underset{\displaystyle CH_3}{|}}{C}} — CH_3$

（4） $CH_3 — CH_2 — CH_2 — \underset{\underset{\displaystyle OH}{|}}{CH_2}$

【师】（走下讲台指导，提醒学生运用消去反应的断键规律，学生代表上台书写答案）。

【书写情况】

Ⅰ能反应，产物为 $CH_2\!=\!CH—CH_2—CH_3$ / $CH_3—CH\!=\!CH—CH_3$ ；

Ⅱ不能反应；

Ⅲ能反应，产物为 $CH_2\!=\!CH—C(CH_3)_2—CH_3$ ；

Ⅳ能反应，产物为 $CH_3—CH_2—CH\!=\!CH_2$ 。

【师】老师在看同学们做的时候发现，对于Ⅰ，大部分同学都只写了一种产物。大家要注意，当与羟基相邻的两个碳上都有 H 时，此时，这两个碳都有可能消去一个氢，所以发生消去反应的产物应该有两种。（Ⅱ~Ⅳ的分析省略）通过这道习题，对于消去反应我们能得出什么结论？

【生】只有跟羟基连接的 C 相邻的 C 上有 H，才能发生消去反应。

【师】很好，看来同学们都理解了消去反应的原理。那么最后，我们通过一个表格来总结今天所学的新知识。小组讨论，共同完成表格。

【PPT 投影】总结

反应	断键位置
与金属钠反应	①
Cu或Ag催化氧化	①③
浓硫酸加热到170℃	②④
浓硫酸条件下与乙酸加热	①
与HX加热反应	②

【师】很好，所以我们总结知道，不同的反应条件下，乙醇断键的位置不同，对应形成的产物也就不同。我们再回到本节课最开始的时候，北方人喝酒取暖的原因其实就是乙醇在人体内转换成乙醛，而乙醛可以扩张体内的毛细血管，使得血液循环加快，从而会感觉到变热。但是，如果过量饮酒就会让"干杯"变成"肝悲"了，我们一起来看一则视频。（播放视频）

谈谈你们的看法。

【生】喝酒还是要适度/未成年人不能饮酒/喝酒莫贪杯……

【师】乙醇除了可以制酒，在我们日常生产、生活中还有很多的应用，比如制作饮料、汽车燃料、消毒剂以及作为化工原料等。希望通过今天的学习，同学们能更加清晰地认识乙醇，应用乙醇的相关知识去解决实际问题。今天的课就上到这里，同学们再见！

【生】老师再见！

（4）课后反思与集体评课　A、B两位老师的课堂教学展示获得了在场所有老师的称赞，赢得了热烈的掌声。课后，市教研员X老师组织与会的全体教师开展了集体评课活动。评课前，两位老师分别就自己如何落实化学核心素养分享了教学后的反思。

A老师的课后教学反思：

本节课，我利用"黑笔写红字"实验设疑引课，解密黑笔写红字原因，释疑结尾，围绕"探秘电解池"的主线展开电解池第一课时的教学。通过趣味实验和探究实验，设计了感受电解池、认识电解池、掌握电解池和运用电解池四个教学环节，并通过"宏、微、符"三重表征手段，从不同维度帮助学生了解电解池概念，认识电解池装置，掌握电解池的工作原理，探析影响电极反应顺序的因素，促进了学生化学学科核心素养的发展。

当然，本节课有一些不足之处，如我在教学过程中发现，学生容易将原电池、电解池装置中的电极名称及其反应类型混淆，分辨不清。因此，在今后教学过程中，我将采用"阳氧正"等简单的词语来概括电极特征，帮助学生记忆。另外，由于离子放电顺序与外界条件的关联性较强，影响因素也较多，受限于课堂教学时间，本节课未能对影响电极反应顺序的其他因素进行一一探究和论证。

B老师的课后教学反思：

这节课主要围绕"宏观辨识与微观探析""证据推理与模型认知"两个素养维度展开乙醇的教学。首先借助乙醇在人体内的代谢视频设计问题情境，引入新课。通过视频介绍人饮酒后的生理变化，引导学生归纳乙醇易溶于水、沸点低等物理性质，并启发学生从乙醇微观结构的特征推理出羟基对于乙醇物理性质的影响。同时，利用肝脏的解酒原理、警察检查酒驾的方法、介绍胃酸对乙醇的作用，依次分析了乙醇能发生的氧化反应和取代反应。进而通过氯乙烷燃烧时出现的"异常现象"推断乙醇在浓硫酸的作用下可以发生消去反应。在教学中，我还运用乙醇发生催化氧化和消去反应时的结构变化，启发学生归纳醇类发生催化氧化及消去反应的结构条件。最后，再次通过饮酒过量对肝脏的危害，培养学生正确的价值观。整堂课比较完整地将各个环节落实，但由于学生遗忘性较严重，故在回顾旧知上耗费了部分时间，且在提问方式上可以设计更多的开放式提问。

J专家眼中的A、B老师的课堂教学：

两节课上，A老师的教学内容饱满、活动形式多样；B老师紧密联系生活实际，教学思路清晰。电解池的教学难点在于探析电解反应顺序，其本质是电极上可能有很多竞争反应，这些反应的先后顺序与反应条件有关。在教学过程中，A老师采用了许多启发式的提问方式，而很少使用考查式的提问方式，不仅仅帮助学生解决问题，更指导学生发现问题，以问题链驱动整节课。核心素养的落实应该以学科基础知识为载体，促进学生学科能力和学科思想、方法的发展。乙醇这节课，B老师通过"酒在人体中的代谢过程"这一真实情境展开教学，通过观察、思考、讨论、探究、归纳等一系列活动，充分调动学生的参与度，提高了学生的理解能力、推理论证能力、实验探究能力和综合分析能力，促进了学生核心素养的发展。整体来看，A、B两位老师的教学都落实了"证据推理与模型认知"这一关键素养，促进了学生"证据推理"的思维和"认知模型"的构建，提高了学生解决复杂真实问题的能力。

评课结束后，X老师就开展"同'素'异构"教研活动的意义作了说明：

感谢A、B两位老师为我们作了精彩的分享，相信老师们对于"同'素'异构"有了更进一步的认识，希望通过这次交流研讨，老师们在今后的教学设计和实践中能迸发出更多的灵感。发展化学学科核心素养需要渗入常规教学中，需要通过一节节课来加以落实，我们大家一起努力，谢谢大家！

| 结语 | | 落实化学学科核心素养的重要途径是课堂教学。在课堂中，教师不能仅仅着眼于知识的传授，而应当更多地关注学生日后发展所需要的核心素养。同"素"异构教研活动的开展，促使教师在设计课堂教学时深入理解化学学科核心素养的内涵，更加注重对学生核心素养的培育，同时自身专业能力也得到了提高，教学理念得到更新。教师在常规教学中渗透化学学科核心素养观念，无疑影响着学生核心素养的发展，从而真正落实"素养为本"的教学。 |

| 案例思考题 | | 1.结合课程标准，分析A、B两位老师的教学内容发展了学生哪些学科核心素养。
2.你认为A、B两位老师的教学，哪些地方体现了"同'素'"？"异构"又体现在哪里？
3.结合案例分析，认知模型有哪些类型，构建认知模型又分别有哪些教学策略？
4.围绕同"素"异构这一主题，选择合适的教学内容，设计两份10~15min的教学片段。 |

| 推荐阅读 | | [1]王震.高中化学同课异构案例研究——以"化学能与电能"为例[D].上海：上海师范大学，2020.
[2]陆亮.初三化学"爱护水资源"同课异构优质课评析[J].化学教学，2016（09）：34-37.
[3]吴路路，刘冰，修明磊.化学师范生"乙醇"教学中的问题与建议——基于情境创设的视角[J].化学教育，2017，38（10）：56-61. |

[4]张玉娟，朱征，许亮亮."创设情境、驱动任务"的教、学、评一致性教学设计——以"电解池的工作原理"为例[J].化学教学，2018（05）：37-40.

[5]陈仕功，杨玉琴.元素化合物课题教学情境利用特征的分析——基于"铁及其重要化合物"同课异构的观察[J].化学教学，2020（10）：30-34.